# AGRICULTURE
## DU CENTRE DE LA FRANCE

# TERRAINS GRANITIQUES

# AGRICULTURE

## DU

# CENTRE DE LA FRANCE

PAR

## Félix VIDALIN

Ancien Élève de l'École Polytechnique,
Ingénieur hydrographe en retraite,
Vice-Président du Conseil général,
Agriculteur dans la Corrèze,
Chevalier de la Légion d'honneur.

### DEUXIÈME ÉDITION
REVUE ET AUGMENTÉE

TULLE
IMPRIMERIE DE J. MAZEYRIE
1898

TERRAINS GRANITIQUES

# AGRICULTURE

DU

# CENTRE DE LA FRANCE

PAR

## Félix VIDALIN

Ancien Élève de l'École Polytechnique,
Ingénieur hydrographe en retraite,
Vice-Président du Conseil général,
Agriculteur dans la Corrèze,
Chevalier de la Légion d'honneur.

### DEUXIÈME ÉDITION
REVUE ET AUGMENTÉE

TULLE

IMPRIMERIE DE J. MAZEYRIE

1898

*L'œuvre que nous présentons aujourd'hui au public, plus de dix ans après la mort de l'auteur, est une nouvelle édition revue et augmentée par M. Félix Vidalin, lui-même, de l'Agriculture du Centre de la France, éditée en 1885 par la librairie de la Maison Rustique, 26, rue Jacob, Paris.*

*Diverses circonstances n'avaient pas permis aux héritiers de M. Félix Vidalin, en publiant plus tôt cette nouvelle édition de l'Agriculture du Centre de la France, d'accomplir un des vœux les plus chers de celui qui y consacra les dernières heures de sa vie, toute de dévouement surtout aux intérêts agricoles de la région.*

*Ils espèrent ainsi, en accomplissant un devoir de piété filiale, répondre aux désirs souvent exprimés,* tant de ceux qui n'ont pas encore perdu le souvenir de M. Félix Vidalin, que des nombreux agriculteurs qui trouveront dans cet ouvrage essentiellement pratique et au courant des derniers progrès de la science agricole, un guide précieux, sûr et éclairé.

# PREMIÈRE PARTIE

LES AGENTS NATURELS DE LA VÉGÉTATION
LE SOL ET LES ENGRAIS
LES CHAMPS — LES PRÉS — LES BOIS

*Un hectare bien cultivé rapporte plus
que deux hectares mal travaillés.*

# PRÉFACE

*Terrains granitiques.* — Entre la Loire et la Garonne, se dresse un massif montagneux, caractérisé par la dureté pierreuse du sol qui est formé de la croûte primitive du globe. Un tel terrain est appelé *terrain granitique*, du nom de la roche qui y est la plus abondante.

Les départements de la Creuse, de la Haute-Vienne et de la Corrèze s'étendent sur l'étage supérieur de ce massif ; tandis que ceux du Puy-de-Dôme, du Cantal, de la Haute-Loire occupent son versant oriental, qui a été soulevé par des éruptions volcaniques. Enfin, les départements qui l'entourent à la base, tels que ceux de la Vienne, de la Charente, de la Dordogne, du Lot, de l'Aveyron, du Tarn, de la Lozère, de la Loire et de l'Allier, sont partiellement pénétrés par des ramifications plus ou moins étendues de ces terrains granitiques, constituant une notable partie de la France centrale (1).

Ce massif montagneux forme comme une sorte de front sur lequel s'arrêtent les nuages de l'Océan. La pluie et la neige y sont abondantes ; il en descend de toutes parts un réseau de ruisseaux et de rivières, aboutissant à la mer par la Loire, la Charente et la Gironde. L'eau a un rôle prépondérant dans cette région. Elle a contribué, avec la nature du climat et du sol, à lui constituer une agriculture spéciale. Cette agriculture mérite d'être décrite, tant elle diffère de celle du Midi, surtout de celle du Nord.

*Ancienne condition de la culture dans le Centre.* — Jusqu'à la pénétration des chemins de fer, cette région montagneuse était restée presque isolée du reste de la France. Gêné dans ses

(1) Un rameau granitique s'allonge par delà les rives de la Loire jusque dans le Morvan. Un autre traverse le Poitou, la Vendée, la Mayenne, occupe l'extrémité de la Normandie et vient former la Bretagne sur les bords de l'Océan. Mais ces régions sont dans une situation trop différente de celle du plateau central, pour qu'elles soient visées dans cet ouvrage.

importations et ses exportations, le pays vivait en lui-même. L'agriculture avait le caractère essentiellement pastoral, avec l'abondance de ses pâturages incultes, livrés toute l'année à un bétail errant. Les châtaigneraies contribuant à assurer une partie des besoins du ménage, la culture des champs était assez sommaire. Elle se faisait à bras par de très nombreuses familles de cultivateurs, l'emploi des attelages restant secondaire.

L'homme était frugal et par suite lent au travail, mais rachetant ce manque d'ardeur par un admirable esprit d'épargne, source de la petite propriété. Les bêtes étaient sobres, par conséquent tardives dans leur croissance et restreintes dans leur rendement en travail, en lait et en viande. La terre participait à ce régime général d'abstinence, de privations, de pauvreté résignée, ne recevant que peu de travail, encore moins d'engrais et produisant en conséquence. Tel était l'ancien état de choses qui a duré bien des siècles, et qui longtemps encore laissera de tenaces traditions.

*Nouvelle situation faite à l'agriculture.* — L'accès des chemins de fer dans le massif central a soudainement modifié les conditions de la culture. Ils ont mis à notre portée le phosphate, cette manne du sol granitique ; ils ont amené la chaux, énergique excitant de la végétation ; ils ont favorisé l'exportation du bétail, surtout celle des porcs à la marche pénible. Mais ils ont, du même coup, développé l'émigration dans la population rurale, avec d'autant plus d'intensité que la situation des cultivateurs était plus éloignée des exigences du bien-être moderne. Enfin ils ont importé, à pleins wagons, le blé et les produits agricoles étrangers. Bref, le pays s'est vu jeté dans le tourbillon de la concurrence universelle, par les merveilleuses applications de la vapeur sur terre et sur mer. Elles nous sauveront désormais de ces épouvantables famines dont nos neveux ne connaîtront pas les horreurs passées ; mais elles nous font une situation nouvelle et difficile, qui exige quelques explications.

*Production américaine.* — Jadis, la Russie seule nous envoyait des grains en cas de disette. Actuellement, le nouveau monde se fait le pourvoyeur de l'ancien. C'est surtout dans l'immense bassin formé par le Mississipi et ses puissants affluents, que la production agricole prend un irrésistible développement.

Qu'on s'imagine une plaine aussi grande qu'un continent, unie et nette comme une prairie, formée d'une douce et perméable argile *sans un seul caillou,* mots magiques pour nous dont le soc heurte le roc à chaque sillon. Précédé par la loco-

motive qui prolonge ses rails sur la plaine, sans autre obstacle que les rivières, le défricheur américain s'avance graduellement, avec ses maisons de bois, ses attelages, ses engins à
vapeur, à mesure que sa culture épuise le sol vierge. Cette
culture est des plus simples. Le gazon est retourné par une
charrue à deux roues, sur laquelle le laboureur s'asseoit pour
diriger son attelage de trois ou quatre chevaux. Parfois un
seul homme gouverne deux charrues traçant des raies longues
à perte de vue. La semaille se fait au semoir, à moins que du
haut de son siège, le laboureur ne sème directement dans le
sillon même du premier labour. La maturité venue, des mois-
sonneuses-lieuses attelées de quatre chevaux coupent les javelles, et façonnent les gerbes qui sont apportées directement
aux batteuses à vapeur, chauffées par la paille même de la
céréale. Puis le grain est conduit aux *élévateurs* de l'embarca-
dère voisin, immenses greniers dans lesquels le blé est déchargé,
vanné, trié, mesuré, pesé, jeté à fond de cale, le tout à la vapeur.

Pas de fumures, point de récoltes à garder dans ces immenses
exploitations. L'une d'elles, celle de M. Delarymphe à Dakota,
mesure 3o.ooo hectares, avec des capitaux à l'avenant !

Le sol est si fertile, le climat si favorable que malgré ces
procédés sommaires, le rendement moyen du blé est de 15 hectolitres à l'hectare ; celui du maïs atteint 4o hectolitres. Ce
qui dépasse de beaucoup nos recettes ordinaires.

Quant à l'élevage du bétail, il s'opère surtout dans l'Etat du
Texas, territoire plus vaste que la France, dans lequel la fertilité naturelle des pâturages est secondée par l'abondance des
rivières. Les troupeaux de 3o.ooo à 4o.ooo bêtes à cornes y sont
en grand nombre. Le bétail prêt pour la vente gagne les grands
centres par petites journées, à travers les prairies. Pour éviter
les risques de la navigation, les animaux sont abattus et dépe-
cés ; leurs quartiers sont refroidis à la glace et chargés sur des
navires qui les transportent en Europe, surtout en Angleterre,
où l'usage de cette viande commence à se répandre, paralysant
les exportations que la France faisait dans la Grande-Bretagne.

Les porcs des meilleures races sont élevés en abondance,
grâce au maïs. Il n'est pas de localité si retirée dans notre
région même, qui ne reçoive des barils de ce lard trop souvent
insalubre. Cette importation tient en échec l'engraissement de
nos cochons et menace nos profits les plus nets.

La production du beurre, du fromage devient assez abondante, pour subvenir à un grand commerce avec l'Europe.

Telle est la culture dans ces plaines de l'Ouest, le *Far-West*,

terre promise des émigrants; tandis que de l'autre côté des
Montagnes Rocheuses, la Californie produit également des moissons dorées sur un sol aussi favorable et sous un ciel encore
plus propice.

Tout est organisé avec une admirable simplicité. Une ferme
de 300 à 400 hectares compte à peine deux ou trois hommes en
permanence. Les grands travaux sont exécutés par des familles
d'ouvriers nomades, voyageant dans des espèces de maisons
roulantes. La moisson ou la semaille finie, ces ouvriers rallient
les usines, les mines; ils se font bûcherons, bateliers, s'astrei-
gnant partout dans leurs tâches à une vie bien autrement dure
que celle que nous menons dans la vieille Europe (1).

*Commerce américain.* — Des mains du défricheur, les produits agricoles passent dans celles de commerçants d'une activité sans pareille. Se faisant un jeu des spéculations les plus
audacieuses, *toujours en avant*, selon leur devise, ils lancent
leurs marchandises dans le monde entier, les faisant pénétrer
jusqu'au consommateur le plus reculé. Où trouver de tels hommes d'affaires, pour le placement de nos denrées ?

*Economie croissante du transport par mer.* — Jadis un obstacle, l'océan est actuellement le plus commode des traits d'u-
nion entre ses rivages. Sous le stimulant de la concurrence, le
progrès mécanique tend à rendre les traversées de plus en plus
rapides, le frêt de plus en plus faible, au moyen de navires à
vapeur de plus en plus grands. C'est surtout pour le transport
des dépêches, que ces navires atteignent des dimensions colos-
sales, nécessaires aux vitesses qui leur sont imposées. Chaque
gouvernement accorde à son pavillon, pour ce service postal,
une subvention suffisant aux frais de la navigation, avec les
recettes perçues sur les passagers. Quant aux marchandises,
elles sont transportées à bas prix, comme surcroît de profit, ce
qui règle et avilit le frêt général. Enfin la marine marchande a
également part, chez nous, à ces subventions. C'est ainsi que
1000 kilogr. de grains, de farine, de peaux, de laine, coûtent
environ de 5 à 10 francs pour aller des grands ports américains à ceux de l'Europe.

Or, le cultivateur français, ce contribuable par excellence,
participe de ses deniers à la subvention de nos paquebots,

---

(1) Au contact de cette nature sauvage, dans cette lutte contre les
distances, contre la faim, la soif, le chaud, le froid, surtout contre des
compétiteurs toujours en armes, l'émigrant s'anime d'une énergie presque féroce, et s'asservit à un labeur violent qui terrasse les faibles.

grâce à laquelle ils encombrent les quais de nos ports, avec toutes sortes de denrées. *Le cultivateur vide donc sa bourse, pour alléger les frais d'importation de la culture étrangère.*

*Situation comparée des producteurs américains et français.* — En Amérique, le bas prix du sol ne grève la production que de frais insignifiants ; sa vierge fertilité réduit les dépenses de la culture aux dernières limites du bon marché. Les contributions sont faibles, le plus gros du budget étant demandé aux douanes, c'est-à-dire, au travail du voisin. Pas de service militaire.

En France, la terre a de la valeur ne serait-ce que celle qui lui est assignée par le Fisc duquel elle doit se racheter périodiquement par les droits de mutation et de succession. Toute épuisée qu'elle est, cette terre ne produit qu'à grand renfort de travail et d'engrais. Les contributions grossissent chaque année, suivant le grossissement des charges publiques ; patriotiquement accepté, le service militaire avec son premier appel sous les drapeaux et ses convocations successives de la réserve et de la territoriale, n'en pèse pas moins très lourdement sur la population rurale, qui fournit toujours le plus net du contingent.

Cette désespérante disproportion des frais de culture, due à la diversité des conditions naturelles et politiques des deux pays, saurait-elle être compensée, atténuée même par les quelques centimes de frêt pour l'hectolitre de blé, entre New-York et Bordeaux ?

*Production indienne.* — Les Indes Anglaises nous envoient aussi, par le canal de Suez, des grains d'une production peu coûteuse, grâce à la fertilité des grasses rives du Gange et au bas prix du travail des Hindous.

*Production allemande.* — Moins grevés et moins morcelés que le nôtre, les pays qui nous entourent alimentent en majeure part le marché de Paris par des envois de leurs bestiaux, que favorisent les tarifs de chemins de fer réduits pour les importations. Audacieuse et laborieuse, l'Allemagne s'applique surtout à importer chez nous, en quantité croissante, ses animaux, son sucre, ses mauvais alcools. Sa culture sait atteindre les plus gros rendements, en faisant appel à une science agricole très avancée ; tandis que son gouvernement favorise l'expédition des produits de l'empire, par des primes à l'exportation, tout en couvrant son agriculture par des droits protecteurs. C'est qu'en effet, si on inflige une ruine momentanée à un voisin par une invasion à main armée, on le réduit plus

sûrement à un appauvrissement lent, à un dépérissement irréparable, en paralysant son travail par la concurrence de produits subventionnés.

*Solidarité entre les diverses branches du travail national en
France.* — Pendant longtemps nous n'avons frappé l'entrée des
denrées alimentaires étrangères, que de simples taxes de pesée,
tandis que les produits industriels subissaient des droits de
douane élevés, pour protéger nos ateliers. L'industrie développée au delà des besoins, et jetée dans des crises fréquentes ;
l'émigration excessive vers les villes y accroissant les inscrits
au bureau de bienfaisance, bien au delà des limites connues
jusqu'ici ; la rémunération agricole tellement atteinte que des
fermes sont laissées incultes, telle a été la conséquence de
mesures contraires à tout esprit de justice égalitaire.

C'est qu'on ne méconnaît pas impunément les lois de l'harmonie, les liens de solidarité, qui unissent les diverses mani-
festations du travail. La population rurale formant les deux
tiers de notre nation, constitue la vraie clientèle de l'industrie,
et cette clientèle suspend ses achats dans les magasins, aussitôt
qu'elle vend mal ses denrées. L'ouvrier peut, sans doute, vivre
à meilleur compte ; mais son salaire diminue. Lorsque la gêne
règne à la ferme, le chômage est aux portes de l'atelier.

Il y a donc à concilier les deux intérêts dont l'antagonisme
n'existe que dans l'ignorance de leur inviolable connexité.
Cette conciliation se trouve dans le très juste principe qu'une
matière quelconque : drap, fer, blé, viande, etc., ne devrait
passer nos frontières, qu'après avoir acquitté : 1º une taxe
égale à tous les impôts que supporte la matière similaire
produite au dedans, où elle est saisie par les mille bras du
fisc ; 2º un droit en échange des subventions maritimes qui ont
facilité son accès, et de la sécurité dont elle jouira sur le territoire.

*Inexorable nécessité du progrès agricole.* — Dans ces conditions, les denrées peuvent subir des impôts de douane, propres
à alléger les charges intérieures, sans que la vie en soit ren-
chérie d'une façon sensible, grâce aux effets de la concurrence
commerciale. Aller au delà, serait sans doute dépasser la mesure. Reconnaissons que de justes taxes compensatrices étant
établies, c'est au progrès agricole que nous devons faire un
appel énergique, pour nous sauver de la détresse qui va graduellement étreindre les inertes et les imprévoyants.

Pour ce qui concerne la région granitique du Centre, ce progrès comporte deux œuvres bien distinctes : diminution des

frais de production, prédominance des cultures spéciales au climat et au sol.

*Diminution des frais de production.* — Cette économie implique essentiellement : 1º un meilleur emploi du temps ; 2º une croissante substitution du travail du bétail à celui de l'homme ; 3º une réduction des surfaces cultivées par l'engazonnement périodique d'une partie des terres, sorte de jachère herbée.

*Meilleur emploi du temps.* — *Nous ne sommes plus assez forts !* Tel est le cri général des cultivateurs du Centre, dont les antiques familles groupées jusqu'ici autour du foyer, vont en s'affaiblissant par l'émigration des cadets, filles ou garçons (1).

Par suite de la réduction des bras, le labeur doit être sinon plus rude, du moins plus assidu. Le temps est trop gaspillé dans le cours de l'année, en dehors du repos du dimanche, trêve nécessaire au délassement du corps et au soin de l'âme. Ce gaspillage est surtout provoqué par l'excès des foires, le plus grand fléau de l'agriculture du Centre, la plus terrible menace contre l'amélioration du sort des cultivateurs de la contrée.

Il ne suffit pas que le travail devienne plus assidu, il faut encore qu'il se répartisse mieux dans tout le cours de l'année, afin qu'il soit moins accablant à certains moments de presse.

*Meilleure utilisation des attelages.* — Dans les pays de grande culture, l'homme tend à s'exonérer du travail manuel, pour n'avoir qu'à diriger des attelages, des engins à vapeur. Cette puissante machinerie ne nous sera jamais permise. Mais au moins devons-nous mieux utiliser nos animaux, sauf à leur donner toute la vigueur nécessaire par une alimentation plus substantielle. L'emploi de bons et vigoureux attelages atténue donc le trouble causé par la diminution des travailleurs.

*Réduction des surfaces cultivées.* — L'impuissance de cultiver et de fumer convenablement la totalité des terres, impose la nécessité d'en engazonner périodiquement une partie, ce repos devant du reste en favoriser la fertilisation par les agents naturels de la végétation.

*Prédominance des productions spéciales de la région.* — Concentrons nos efforts sur les cultures propres à notre sol et à

(1) Il est des pays dans lesquels les enfants restent sous le toit paternel après leur mariage, en constituant des associations de ménages, pour exploiter le domaine, soit en propriété, soit en fermage, soit en métayage. Si quelques tentatives de ce genre ont pu réussir dans les parties de la région les plus avancées, leur succès est peu probable partout où la culture n'est pas encore en bénéfices marqués. La gêne enfante vite la discorde.

notre climat, sur celles pour lesquelles la nature se montre notre alliée.

*Arbres.* — De toutes les végétations, celle des arbres convient le mieux à notre région. Si les deux grands ennemis du bois, l'homme et le bétail, venaient à disparaître pour quelques temps seulement, nos montagnes se couvriraient d'une forêt spontanée, tant le boisement est dans leurs aptitudes.

Les arbres fruitiers sont le précieux attribut de la petite propriété. Cultivons-les avec d'autant plus de sollicitude que la vente de leurs produits se développe par les progrès des voies de communication.

Plus grande encore est l'importance de la production forestière, pour notre montagneuse région. Ayons la prévoyance de la développer sur l'immensité de nos terrains maigres et mal exposés, sur les landes privées ou communales. Peu praticable jusqu'ici, faute de débouchés, le boisement devient l'indispensable complément de la création des voies ferrées à travers nos steppes.

Le boisement assainit le sol et il le peuple, en créant des moyens de travail à la population. Pourquoi ces deux biens suprêmes : aisance et santé, sont-ils tenus en échec par les sauvages revendications de la vaine pâture, cette tradition de la misère ? Pourquoi ces délais dans le boisement, alors que le peuplement par certaines essences est le vrai, le seul moyen de créer en montagne des pâturages productifs et abrités, en place de l'aigre bruyère ouverte à toutes les intempéries ?

*Herbes.* — Après l'arbre, c'est l'herbe qui pousse le mieux sur notre sol. L'eau y naît à chaque pli du terrain. L'utiliser par des arrosages plus soignés, c'est la maîtresse œuvre de l'agriculture du pays. *Qui a pré a blé.*

*Culture arborale et pastorale.* — Les difficultés de la main-d'œuvre, le coût et le peu de praticabilité de la machinerie agricole, la concurrence étrangère, tout tend à ramener notre agriculture à sa primitive simplicité. La voilà forcée par le progrès même à redevenir pastorale et arborale (1). Mais cette évolution ne doit pas être un recul. Il faut l'opérer avec des perfectionnements qui préservent la culture de l'état précaire dans lequel jadis elle végétait.

La culture arborale, c'est la greffe substituée au sauvageon ; c'est le fruit bon et beau, récolté à la place de l'avorton sans

---

(1) Qu'on fasse grâce à ce néologisme. Notre langue manque d'un mot simple traduisant l'idée de cette agriculture.

goût ni débit ; c'est l'arbre vert semé pour créer des dépaissances à son abri, ou planté pour préparer la venue du chêne,
après une judicieuse et lucrative exploitation. La culture arborale c'est l'art de diriger les grands végétaux par des élagages
intelligents, et de les amener à une haute valeur, au lieu de les
livrer à la lente destruction de la cognée malhabile ou mal-
veillante.

La culture pastorale, c'est le pré assaini et arrosé, succédant
au pâturage inculte ; c'est le succulent fourrage de la prairie
temporaire entretenue périodiquement sur la terre de labour ;
c'est le jeune bétail de toute espèce amélioré par les soins et la
sélection, au point d'acquérir cette qualité enviable qu'on nomme *précocité* ; c'est l'attelage capable de fournir au cultivateur
la force nécessaire pour suppléer la réduction des bras ; c'est
le laitage arrivant en plus grande abondance, et apportant dans
la nourriture du ménage une amélioration dont le manque
cause l'émigration ; c'est l'engrais obtenu en grande masse et la
région récoltant enfin sa subsistance en céréales, sur des emblavures plus réduites, mais mieux soignées. Voilà la culture
pastorale.

Dans cette voie du progrès, il ne s'agit pas d'inventer. Les
bons exemples ne manquent pas ; chacun n'a qu'à les adapter
aux ressources et aux convenances de son domaine. La Haute-
Vienne nous présente l'heureux type de belles exploitations
par métayage, réalisant des bénéfices, grâce à la graduelle prédominance des cultures fourragères.

*L'instruction primaire et le progrès agricole.* — La réalisation de ces réformes sera facilitée, il faut l'espérer, par la vulgarisation de l'instruction dans les campagnes. Cette instruction se montrera d'autant plus bienfaisante, qu'elle inspirera
mieux à nos enfants l'ambition d'améliorer leur sort, en restant sur le sol natal.

Forcément limité par le temps et les moyens d'action, l'enseignement agricole primaire ne peut qu'esquisser les traits
généraux de la culture. Mais, c'est surtout pour cela, qu'il doit
se guider sur les exigences tout à fait spéciales de notre sol,
de notre climat, de nos débouchés.

Dans cet ouvrage, destiné aux écoles de la région, nous
avons indiqué les points qui méritent le plus d'attirer l'attention de l'instituteur. Voilà, au reste, quel semblerait devoir
être le programme de son enseignement.

Qu'il initie d'abord ses élèves au rôle du soleil, de l'air, de
l'eau, de la terre, des engrais, dans la végétation. L'ignorant de

ces lois est fort exposé à contrarier la nature, à son détriment.

Passant ensuite à l'application, que le maître indique par quels soins de culture et surtout par quel emploi plus judicieux des fumures, la récolte sera fructueusement augmentée.

Sans entrer dans des détails techniques sur la tenue des prés, qu'il dise, qu'il répète combien leur production gagnerait à une plus grande régularité des irrigations d'automne et d'hiver, à une plus complète préservation des eaux en été ; qu'il familiarise son jeune auditoire avec la pratique trop peu connue du nivellement des rigoles, sans laquelle il n'est pas de bons arrosages.

Qu'il leur apprenne quels soins exigent les arbres si mutilés dans notre pays. L'enfance est peu respectueuse pour eux. Le maître éveillera donc en elle ce respect que nos pères les Gaulois avaient pour leurs forêts.

Par la bonne tenue de son jardin, le maître fera école dans la commune pour la culture des légumes si essentielle à une meilleure alimentation des cultivateurs.

Mais ce qui par dessus toutes choses paralyse le progrès de l'aisance agricole, c'est le mauvais entretien du bétail ; c'est la brutalité avec laquelle il est traité ; c'est la ruineuse parcimonie de son alimentation. Sur ces questions capitales, le maître devra secouer l'apathie native de ses élèves, à l'âge où l'esprit est encore ouvert aux choses nouvelles.

Qu'il leur enseigne quelques notions d'histoire naturelle sur le rôle du squelette, du cœur, des poumons dans l'organisme animal. Il est triste de voir encore des gens se croyant fins connaisseurs, et qui apprécient le mérite d'une bête par la longueur de la queue ou la tournure des cornes. Peut-on espérer l'amélioration du bétail, quand de telles notions font autorité dans la foule ?

Surtout, puisse l'instituteur déposer dans l'âme de ses élèves le germe du vrai patriotisme, de celui qui fonde le relèvement de la patrie également sur l'épée et le travail !

F. Vidalin.

Tintignac (Corrèze), 1er juillet 1887.

Je remercie les Agriculteurs de la région, dont les renseignements ont complété mon expérience personnelle, pour la rédaction de cet ouvrage. Je me fais un plaisir de citer MM. de Léobardy, Limousin, Déguzon, parmi ces zélés propriétaires qui en améliorant le métayage, ont réalisé une œuvre de progrès social. MM. Laplaud et Faure, régisseurs de domaines, m'ont obligeamment fourni des indications sur la culture intensive des environs de Limoges. M. Desliens, ancien inspecteur des forêts, m'a donné des renseignements que j'ai utilement mis en pratique sur le reboisement.

Parmi les livres que j'ai consultés, je dois mentionner le cours d'agriculture de M. Heusé, le traité de zootechnie de M. Samson, les œuvres de M. Joulie, les conférences de M. Trauchot, professeur à la Faculté de Clermont, les diverses œuvres de M. Barral, l'énergique champion du progrès agricole. Je rends hommage aux ouvrages de ces éminents savants, que les praticiens consulteront toujours sûrement.

Les figures ont été dessinées par M. Soulié, professeur de dessin au collège de Tulle, avec un soin dont je lui sais gré.

Je termine par un témoignage de piété filiale à la mémoire de mon père dont l'existence a été vouée à la médecine rurale, et à celle de mon beau-père, Gustave Toinet, qui m'a initié à la pratique des irrigations. Je suis reconnaissant à mes regrettés parents de m'avoir inculqué le goût de l'agriculture. Elle a fait le délassement de ma vie.

# DIVISION DE L'OUVRAGE

Les plantes vivent du sol, de l'air et de l'eau, en absorbant la chaleur et la lumière du soleil. Elles languissent, quand un seul de ces éléments leur fait défaut; elles meurent, dès qu'il leur manque complètement.

Ces agents suffisent à la végétation spontanée, à celle de l'humble bruyère, de la grande forêt. Mais pour forcer l'œuvre de la nature, pour en obtenir des récoltes abondantes et réitérées, l'homme doit cultiver la terre et y déposer des matières fertilisantes.

Il convient donc d'étudier d'abord les agents naturels de la végétation, puis les agents artificiels, c'est-à-dire les engrais. Nous examinerons ensuite la mise en culture des terres, l'entretien des prairies et l'aménagement des bois. Enfin cet ouvrage élémentaire se terminera par d'indispensables notions sur l'hygiène et l'alimentation de l'homme et des animaux.

# AGRICULTURE

DU

# CENTRE DE LA FRANCE

---

## LIVRE PREMIER

### AGENTS NATURELS DE LA VÉGÉTATION

---

## CHAPITRE PREMIER

### LE SOLEIL

**Son action sur l'air, l'eau, le sol, les plantes et les animaux.**

### § *1. Le soleil est la cause du vent.*

*Circulation permanente de l'air entre l'équateur et les pôles.* — La chaleur du soleil est plus forte dans les régions situées sous l'équateur que dans les pays voisins du pôle. La différence des températures de ces deux zones détermine dans l'atmosphère une double circulation, telle que celle qui s'établit entre deux chambres inégalement chauffées. L'air froid des pôles déplace l'air plus léger de l'équateur, qui va combler le vide laissé aux pôles.

Si la terre était immobile, l'un des courants soufflerait du sud, et l'autre du nord. Mais la rotation diurne de notre globe modifie ces directions de telle sorte que le vent de l'équateur nous vient du sud-ouest, et celui du pôle du nord-est.

Ces deux courants peuvent être superposés, ainsi que l'indiquent les nuages courant fréquemment en sens contraire, quand ils sont à des hauteurs différentes. Tantôt le vent équatorial prédomine et rase la terre, tandis que le vent polaire se tient dans les régions supérieures de l'atmosphère ; tantôt l'ordre est inverse. Parfois l'un d'eux souffle seul avec force dans une contrée, la vallée du Rhône par exemple ; tandis que l'autre règne dans la contrée voisine, le bassin de la Garonne.

*Tempêtes.* — L'intensité des vents ne saurait être régulière, parce que l'échauffement de l'atmosphère, qui les occasionne, est lui-même très variable dans les régions équatoriales. Parfois l'ardeur excessive du soleil imprime au déplacement de l'air l'impétueuse rapidité des ouragans. Ceux qui naissent sur le golfe du Mexique, traversent l'Atlantique, et nous parviennent d'ordinaire trois ou quatre jours après avoir désolé l'Amérique. Décrivant une immense courbe sur l'Océan, ils arrivent en soufflant du nord-ouest.

*Brise diurne.* — Ce n'est pas seulement entre le pôle et l'équateur qu'il se produit des inégalités de température. La terre dans son mouvement de rotation présente successivement chacune de ses faces au soleil ; il en résulte des échauffements alternatifs de l'atmosphère. Durant la matinée, ce sont les régions situées à l'est de la localité que l'on habite, qui se trouvent plus chaudes que celles à l'ouest, puisque les premières sont en plein soleil, tandis que les autres restent encore plongées dans la nuit. L'inverse a lieu dans la soirée. Il y a donc là une nouvelle cause de vents. Elle produit la *brise diurne* qui vient de l'est le matin, passe au sud dans l'après-midi, pour souffler de l'ouest dans la soirée, tournant ainsi avec le soleil lui-même.

*Brises locales.* — Il existe entre les plaines et les montagnes, entre les continents et les mers, des différences de température qui causent des brises locales. Ainsi au printemps le Limousin est déjà dégourdi par le soleil, pendant que les monts du Cantal sont encore couverts de neige. L'air froid qui les enveloppe se précipite alors sur le pays bas tout glacé par les aigres bouffées de *Jean d'Auvergne.*

La chaleur solaire est donc la cause première des vents. La terre en modifie la direction et la vitesse par son mouvement, par son relief, par son alternance de mers et de continents. De là l'extrême variabilité des courants de l'air.

## § 2. *Le soleil est la cause de la pluie.*

*Evaporation et condensation.* — La chaleur solaire évapore l'eau, pour la répandre en invisibles vapeurs dans l'air. Le refroidissement condense ces vapeurs en brouillard, en rosée, en pluie, en neige, en verglas, en grêle.

*Rosée.* — Tant que la chaleur croît, du lever du soleil à son déclin, l'air se charge d'une quantité croissante de vapeur d'eau. L'évaporation cesse dès que le soleil nous réchauffe moins. L'abaissement de température continuant pendant la nuit, la vapeur se dépose graduellement en rosée.

*Pluie.* — L'évaporation est surtout abondante sur les mers qui s'étendent dans les tièdes régions tropicales. Les vents de sud-ouest, ouest et nord-ouest, qui nous en arrivent, sont donc très chargés de vapeurs absorbées dans leur long trajet sur les océans. Ces vapeurs forment des nuages qui se résolvent en pluie par leur graduel refroidissement, à mesure qu'ils avancent dans nos régions moins chaudes.

C'est ainsi que l'eau est évaporée par le soleil sur la mer, transportée par le vent sur la terre, d'où elle revient à son point de départ par les rivières.

*Neige.* — Lorsqu'en hiver les vents humides sont refoulés par les vents du nord, leurs vapeurs refroidies se cristallisent en petites aiguilles, formant la neige.

*Grêle.* — Parfois ce refoulement élève les vapeurs dans les hautes régions de l'atmosphère, qui sont excessivement froides, parce qu'elles sont hors de portée des rayons solaires réfléchis par la terre. Chaque gouttelette d'eau y devient alors un petit glaçon, autour duquel se solidifie toute la vapeur d'eau qu'il rencontre dans les mouvements dont il est animé probablement sous l'influence de l'électricité atmosphérique.

*Vents humides et vents desséchants.* — Les vents du sud et de l'ouest sont de vrais porteurs d'eau. Ceux du nord et de l'est sont plus secs, parce qu'ils proviennent des régions polaires, où le froid favorise peu l'évaporation. Dans leur course à travers nos régions tempérées, ils se réchauffent graduellement de la chaleur qu'ils nous enlèvent. Leur capacité pour la vapeur d'eau va donc en croissant, alors que celle des vents du sud diminue par leur refroidissement. Les vents du nord et de l'est sont ainsi essentiellement desséchants.

*Variations du temps.* — La pluie menace, quand le vent tourne au sud ; puis elle tombe, lorsqu'il vient au sud-ouest, à l'ouest et au nord-ouest. La reprise du beau temps s'opère par le passage du courant aérien au nord et à l'est. Une observation attentive des changements du vent, peut donc renseigner sur les changements du temps lui-même.

Nous pouvons utiliser d'autres indications.

Le poids de l'atmosphère varie avec les variations du temps. L'air s'allège à mesure qu'il se mélange de vapeurs, dont la densité est moindre. C'est le cas d'un vase plein d'eau, devenant de moins en moins pesant, à mesure qu'une croissante quantité de cette eau est remplacée par du vin qui est plus léger.

Voici que le mauvais temps s'annonce par un premier souffle humide, s'établissant dans les régions supérieures de l'atmosphère, et déplaçant une partie de l'air sec. L'atmosphère s'allège donc de plus en plus, à mesure que les vapeurs augmentent. Elle atteint son plus grand allègement, quand la saturation de vapeurs amène la pluie. Puis elle tend vers son poids normal, aussitôt que la dose de vapeurs décroît, et que le temps se remet au beau. De telle sorte qu'une balance signalant les variations du poids de l'air, renseignerait aussi sur les changements du temps.

*Baromètres.* — Il existe diverses sortes de ces balances nommées *baromètres* (1). L'un de ces instruments est une véritable petite bascule ayant le couvercle d'une boîte

(1) Un enfant de l'Auvergne, Blaise Pascal, a le premier appliqué le baromètre à la prédiction du temps. Cet homme de génie est le bienfaiteur de l'agriculture.

Les instituteurs munis d'un bon baromètre, peuvent utilement renseigner les cultivateurs de leur commune durant les grands travaux. Il leur suffit de faire noter par leurs élèves la variation barométrique à la sortie de chaque classe, ce qui donne la prévision du temps pour vingt-quatre heures ordinairement.

métallique pour plateau. Ce couvercle très flexible s'enfonce ou se relève, selon que l'air pèse plus ou moins sur lui. Ces très petits mouvements sont rendus sensibles par des rouages commandant une aiguille qui parcourt un cadran. Quand l'aiguille marche vers la droite, le *baromètre monte*, l'air s'appesantit ; il y a apparence de beau temps. Quand l'aiguille tourne vers la gauche, le *baromètre baisse*, l'air s'allège, gare à la pluie ! Cette aiguille mue par l'appareil est noire. Une autre aiguille qui est indépendante, peut être tournée au moyen d'un bouton placé au centre du verre. Elle sert d'index pour marquer la position de l'aiguille noire, au moment des observations. Un bon baromètre ne coûte actuellement qu'une vingtaine de francs ; il rend d'inappréciables services, en temps de moisson et de fauchaison.

### § 3. Action du soleil sur le sol.

Les rayons du soleil ont une action indispensable dans la transformation des matières du sol en aliments des plantes. Aussi les matériaux du sous-sol restent-ils stériles, tant qu'ils n'ont pas été suffisamment ensoleillés. Il est certain que les labours et les sarclages ont une action plus fertilisante, en été, qu'en une saison moins chaude et moins lumineuse.

### § 4. Le soleil est la source de la chaleur produite par la combustion des végétaux.

**Action du soleil dans la végétation.** — La croissance des plantes s'arrête durant l'hiver. Elle ne retrouve son activité qu'au printemps, dès que le soleil nous envoie des rayons plus ardents. Alors les graines germent dans le sol ; elles produisent des plantes qui se couvrent de feuilles, donnent des fleurs, puis des fruits, dans la saison chaude. La végétation mesure donc ses progrès sur les progrès mêmes du rayonnement solaire. La croissance des plantes cesse avec la nuit, pour ne reprendre qu'à l'aurore. Elle diminue dès que le soleil s'obscurcit de brouillards, ou se voile de nuages. Les mauvaises récoltes coïncident le plus souvent avec des étés brumeux. On

2

a cru longtemps que le mal vient alors de l'excès d'humidité ; il tient bien plus du manque de soleil.

Nous verrons plus tard comment l'astre de chaleur et de lumière féconde la vie végétale. Remarquons seulement pour le moment qu'en se consumant, les plantes ne font que restituer la chaleur et la lumière absorbée dans leur formation. La dose considérable de calorique que l'on peut obtenir des végétaux, indique quels dons considérables ils reçoivent du soleil, pour croître et fructifier.

*Le soleil est la source première de la chaleur animale.* — C'est une sorte de combustion des aliments digérés et transformés dans le corps des animaux, qui y entretient la chaleur vitale. Les aliments de nature végétale dégagent simplement la chaleur solaire qu'ils avaient emmagasinée. Cette chaleur contribue ainsi à la formation des matières animales susceptibles de devenir elles-mêmes de nouveaux aliments, lesquels ne feront que restituer le calorique solaire (1).

## § 5. *Le soleil rapporte aux plantes les substances fertilisantes entraînées à la mer par les rivières.*

*Circulation des engrais entre les continents et les océans.* — Les matières les plus propres à nourrir les végétaux sont très solubles dans l'eau. La pluie les enlève aux fumiers, aux terres labourées ; elle les amène au ruisseau qui les entraîne à la rivière, et par elle à la mer. Ces engrais y contribuent à la végétation sous-marine, alimentant les poissons, les mollusques, tout ce qui paît au fond des océans. Lorsque ces hôtes de la mer meurent, leur substance se décompose et produit des gaz fertilisants qui s'évaporent avec l'eau salée. Les nuages les transportent

(1) Agent direct de la création végétale, le soleil n'intervient donc dans la vie animale que d'une indirecte mais indispensable façon. A la rigueur, les animaux peuvent vivre à l'ombre, reliés à l'astre du jour par leur nourriture. Toutefois, ils se trouvent bien d'être réchauffés et comme animés par ses bienfaisants rayons, qui ont un salutaire effet sur la formation des tissus et sur le système nerveux. Pas plus pour l'homme que pour le bétail, il n'est sain de vivre dans la privation de la clarté des cieux ; sans elle, les races s'étiolent dans une langueur maladive, sous l'influence d'une stabulation continuelle.

sur les continents, où ils participent à la nutrition de nouvelles plantes.

Ainsi grâce au soleil, cause première de l'évaporation et du vent, la fécondité de la terre est préservée d'un rapide épuisement. Cette admirable loi d'harmonie dans la nature a été découverte par M. Schlœsing, savant chimiste français.

### § 6. *Action universelle du soleil.*

En réalité, c'est le soleil qui nous réchauffe, lorsque le bois brûle dans nos foyers. C'est lui qui fond les métaux dans les fournaises de l'industrie, où flambe la houille, ce végétal des âges antérieurs. C'est lui qui fournit la vapeur à la rapide locomotive. C'est lui qui entretient notre chaleur vitale, par le charbon de notre propre substance se consumant en nous-mêmes. Cause première du vent, il pousse nos vaisseaux sur l'océan. Il vaporise ses eaux, et il les élève sur les montagnes, pour qu'elles en descendent, servant de moteurs à nos usines, et vivifiant les plantes. Chaleur, mouvement, vie, Dieu crée tout sur la terre par le soleil.

*Influence de la lune sur le temps.* — En raison de sa proximité, la lune est également une cause de mouvements sur la terre. Combinée à celle du soleil, son attraction se manifeste par les marées de l'océan, et par les perturbations de l'atmosphère. Cette action varie avec les déplacements de l'astre dans le ciel, c'est-à-dire avec ses phases. Ainsi s'expliquent les changements de temps survenant fréquemment avec les changements de lune. Les cultivateurs ont donc raison de se préoccuper de la lune dans la prévision du temps. Mais ils lui attribuent sur la fécondité de la terre, sur les semailles, sur le greffage et sur la coupe des bois, une sorte de puissance occulte que pourrait seule expliquer l'action de la lumière de cet astre sur la végétation. Cette lumière est bien faible; son action ne peut être que très minime. Il est probable qu'une observation plus attentive des faits dépouillera la lune de ses influences mystérieuses sur les plantes, comme elle lui a déjà fait perdre sa malignité sur les animaux. Son rôle agricole n'en restera pas moins considérable, par son pouvoir sur les variations du temps.

## CHAPITRE DEUXIÈME

### L'AIR

**Son action sur l'eau, le sol, les plantes et les animaux**

§ *1. Ses gaz, ses germes et ses poussières.*

*Composition de l'air.* — Il est formé du mélange de deux gaz, auquel s'adjoint une proportion variable de vapeur d'eau et d'autres gaz. Chacun de ces gaz a un rôle spécial dans la nature. Pour nous en rendre compte, remarquons qu'un morceau de charbon ardent achève de se consumer à l'air libre, tandis qu'il ne tarde pas à s'éteindre si on le place dans un flacon que l'on vient à boucher hermétiquement. Cela tient à ce que la combustion du charbon est un acte de combinaison de ce corps avec l'un des gaz de l'atmosphère, nommé *oxygène*. Il se consume donc en entier au grand air, où ce gaz ne lui manque pas. Mais il s'éteint dans le flacon aussitôt que l'oxygène est épuisé.

Ce gaz a un rôle direct, actif, universel dans tous les phénomènes de la vie végétale et animale, qui sont, en réalité, des combustions plus ou moins lentes des matières carbonées. Le résultat de cette combustion est un autre gaz, invisible et inodore comme le premier. Ce gaz carbonique se répand dans l'atmosphère; dix mètres cubes d'air en contiennent environ quatre litres. Nous verrons quel est son rôle dans la nutrition des plantes.

Le gaz qui n'intervient pas dans la combustion, se nomme *azote* (1). S'il ne prend pas une part directe à la vie végétale et animale, ses composés fournissent du moins un indispensable aliment à la plante et par elle à

(1) Que les cultivateurs ne s'effraient pas de ces noms : oxygène et azote. Qu'ils veuillent même accepter le nom d'un troisième gaz, l'hydrogène dont la combinaison avec l'oxygène produit l'eau. Grâce à la notion de ces trois corps et de leurs composés, tout devient clair dans l'explication des phénomènes de la végétation. Tout reste confus sans cette notion.

l'animal. Cent litres d'air contiennent environ soixante-dix-neuf litres d'azote et vingt-et-un litres d'oxygène.

*Poussières de l'air.* — Bien qu'elle paraisse absolument pure, l'atmosphère tient en suspension tout un monde de corpuscules qui deviennent visibles sur la traînée lumineuse d'un rayon de soleil pénétrant dans une chambre obscure. Formées en majeure part des matières constituant le sol de région, ces poussières peuvent néanmoins contenir une certaine quantité de chaux, de phosphates, de sel marin, matières qui en flottant dans l'air par leur ténuité extrême, arrivent parfois des latitudes les plus lointaines, pour nous apporter des parcelles de fertilité infinitésimales, qui n'en sont pas moins les bienvenues pour nos récoltes.

*Ferments.* — Il se trouve aussi parmi les poussières aériennes, des corpuscules moins gros que la pointe d'une aiguille, qui gonflent et prennent vie en trouvant le milieu favorable à chacun d'eux, avec les conditions voulues de chaleur et d'humidité. On les voit alors sous le microscope se multiplier prodigieusement, en se nourrissant du liquide qui *fermente*. On constate que les uns, sorte de champignons infiniment petits, sont de vrais végétaux ; tandis que les autres, anguilles ou vibrions minuscules, appartiennent au règne animal. Agents de la vie ou acteurs de la mort, ces ferments ont un rôle universel dans tous les faits de la croissance et de la transformation des plantes et des animaux. (Voir tome II, Fermentation.)

### § 2. *L'air est nécessaire à l'eau et au sol.*

*L'eau privée d'air est indigeste pour les animaux et inerte pour les plantes.* — L'eau absorbe une certaine quantité d'air, surtout lorsqu'elle est agitée. Cet air lui est nécessaire pour la rendre potable, sans doute en lui fournissant des ferments utiles à la digestion.

De même l'eau est d'autant plus bienfaisante pour les plantes, qu'elle est mieux aérée, les gaz qu'elle apporte étant nécessaires aux transformations des matières végétales, dans le cours de la végétation. Dès qu'elle renouvelle mal la provision de ces gaz, en devenant stagnante, l'eau est nuisible aux plantes qui sont pour ainsi dire asphyxiées.

*L'air est l'indispensable agent de la fertilisation du sol.* — La terre qui n'a jamais eu de contact axec l'atmosphère est frappée d'une stérilité tenant à plusieurs causes. Elle manque d'oxygène, cet élément nécessaire à la germination des graines et à la transformation des substances minérales du sol en matières assimilables ; elle manque aussi de gaz carbonique également utile à cette transformation.

Enfin ce sol vierge, puisé à de grandes profondeurs, est surtout privé de la semence des ferments, sans lesquels les engrais restent inaltérables et inutilisables par les végétaux. Aussi tout ce monde de rongeurs infiniment petits pullulent-ils merveilleusement dans les sols fertiles. Une seule pelletée de terre contient des millions de milliards de ces êtres plus infimes que le plus infime ver. Sans eux, l'homme mourrait d'inanition sur le globe qu'il foule en maître.

## § 3. *Eléments fournis aux plantes par l'air.*

*Le charbon des végétaux provient de l'atmosphère.* — Nous savons qu'en se brûlant, le charbon des plantes se combine avec l'oxygène de l'air, pour former du gaz carbonique. Or ce gaz sert lui-même à une nouvelle végétation. Les feuilles des plantes l'absorbent ; elles le décomposent sous l'action des rayons du soleil, pour s'assimiler son charbon. Cette substance constitue à elle seule environ les quatre dixièmes de la matière végétale (1).

*Respiration des plantes.* — Les matières d'un végétal subissent d'incessantes transformations durant la germination de sa graine, la croissance de sa tige, sa maturité et sa consomption finale. L'oxygène de l'air est, comme

(1) Le sol fournit aussi une certaine dose de gaz carbonique et par suite de charbon aux plantes. Mais ce gaz provient des détritus végétaux contenus dans la terre, lesquels tenaient leur charbon de l'air. C'est donc une fourniture indirecte de l'atmosphère. Ces faits ont été mis en lumière par MM. Dumas et Boussingault en 1854.

chez les animaux, l'agent indispensable de ces transformations, véritables combustions lentes dans lesquelles le charbon de ces plantes se change en gaz carbonique. Les végétaux aspirent donc l'air par leurs racines, leur écorce, leurs feuilles ; et elles rejettent ensuite l'acide carbonique par ces mêmes organes qui sont de vrais poumons.

Durant le jour, le gaz carbonique produit dans les réactions intérieures, est décomposé par les rayons solaires, à son arrivée dans les feuilles, où il vient servir d'appoint à la fourniture de ce gaz par l'atmosphère. Son dégagement n'est pas alors sensible, du moins tant que le végétal poursuit sa croissance. Mais cette production du gaz carbonique par les végétaux, devient sensible pendant la nuit, alors qu'il n'est pas décomposé par le soleil à sa sortie.

La maturité venue, la plante commence à se consumer lentement. L'émission du gaz continue nuit et jour, puisqu'il n'y a plus création de nouvelles matières. Finalement le végétal restitue à l'air tout le gaz carbonique qu'il en avait reçu dans le cours de sa croissance. Le résultat est le même, si la plante est consommée par les animaux. Son charbon est brûlé dans leur respiration.

## § 4. *Rôle de l'électricité dans la végétation.*

L'électricité de l'atmosphère se manifeste violemment dans les orages, par les éclairs, formidables étincelles jaillissant soit entre deux nuages électrisés, soit entre un nuage et un objet élevé sur terre. En temps ordinaire, cette électricité reste à l'état latent, variant fréquemment d'intensité.

*Action de l'électricité sur la nutrition des plantes.* — M. Grandeau a atrophié des plantes végétant dans les meilleures conditions d'aération, de lumière et d'arrosage, par le seul fait de les recouvrir de cages métalliques, qui avaient pour effet d'isoler ces plantes du fluide électrique répandu dans l'atmosphère. C'est une preuve manifeste de l'action de l'électricité sur la végétation.

Les grands arbres condensent ce fluide, ce qui les expose à la *chute du tonnerre*, c'est-à-dire au choc de l'étincelle des nuages électriques. Ils privent donc d'électricité les plantes végétant dans leur voisinage. Cette privation contribue avec la soustraction des rayons solaires et l'épuisement du sol par les racines, à étioler les récoltes poussant sous le couvert des grands végétaux.

*Matière fertilisante produite dans l'air sous l'influence de l'électricité.* — Les éclairs décomposent sur leur passage la vapeur d'eau dont les éléments se combinent avec le gaz le plus répandu dans l'air, l'*azote*, ces combinaisons produisent de nouveaux gaz très solubles dans l'eau, qui sont par suite rabattus sur la terre par la pluie. Là, ils subissent des transformations aboutissant à la production du *nitre*, ce sel blanc dont les efflorescences tapissent souvent les murailles des caves et des étables.

Or le nitre est l'élément essentiel à la formation des substances végétales qui se concentrent finalement dans le grain des plantes, pour assurer la première nutrition du germe, espoir de la race. Ces substances de choix sont également les plus nourrissantes pour les animaux.

Les matières de la nature du nitre constituent donc un aliment des plantes d'autant plus précieux, qu'il est plus rare dans la nature. Quand elle se décompose, la plante repasse ces matières fertilisantes à la végétation, surtout par la voie du fumier. Mais c'est en réalité l'électricité atmosphérique qui est la cause première de leur production. Cependant une partie des gaz fertilisants ainsi créés, reste à l'état de diffusion dans l'air, pouvant être absorbée par les feuilles des plantes, pour servir directement à leur nutrition (1). En renouvelant l'air, le vent apporte sans cesse de fraîches provisions de ces gaz nourrissants, au

(1) Pour plus de précision, la vapeur d'eau décomposée par l'éclair, donne des produits différents avec l'azote : l'oxygène forme des acides nitreux qui se transforment dans le sol en nitrate de potasse, de soude, de chaux, tous excellents engrais ; l'hydrogène engendre de l'ammoniaque transformé en carbonate par l'acide carbonique de l'air. Ce gaz fertilisant qui, d'après M. Schlœsing, est à la dose ordinaire d'un milligramme par mètre cube d'air, peut également provenir de la fermentation des matières végétales ou animales, telles que celle du fumier. Incorporé au sol, il s'y transforme finalement en nitrates, ces fournisseurs par excellence de l'azote aux végétaux.

contact des feuilles qui en absorbent d'utiles doses dans tout le cours de la végétation.

*Plantes absorbant le mieux les gaz nutritifs.* — Les céréales qui ont les feuilles peu développées et une courte végétation, n'aspirent que de faibles quantités de ces gaz fertilisants. Mais les légumineuses, telles que les trèfles, la jarousse, la luzerne, avec leurs vastes feuilles et leur végétation plus persistante, ont mieux le temps et les moyens de s'assimiler les substances ammoniacales de l'atmosphère. Elles demandent moins d'engrais au sol que les céréales. Elles peuvent même l'enrichir de matières fertilisantes qu'elles accumulent dans leurs racines. A ce compte, elles méritent le titre de plantes améliorantes.

## § 5. *Respiration des animaux.*

*L'air circule dans le corps des animaux comme dans celui des végétaux.* — Les êtres animés subissent d'incessantes modifications. Dans la première période de la vie, le corps croît et se développe. Les organes de l'adulte ne paraissent pas changer ; pourtant sans cesse usés par le travail et les fonctions mêmes de la vie, ils doivent être sans cesse régénérés par le sang que produit la nourriture. Enfin cette usure s'aggrave graduellement avec le dépérissement de la vieillesse.

La perpétuelle rénovation des matières animales ne pourrait s'opérer sans l'air qui est aspiré par les poumons, absorbé par le sang, entraîné dans la circulation et finalement expulsé par ces mêmes poumons. Cet acte de la respiration a une importance telle que la mort vient, lorsqu'il cesse durant quelques secondes.

L'air rejeté des poumons est très chargé de gaz carbonique ; on doit en conclure que le charbon des tissus se brûle, dans le travail d'entretien. Cette combustion s'opère par tout le corps, en y produisant une chaleur vitale à peu près égale dans tous les membres (1).

(1) L'air expulsé contient aussi une grande abondance de vapeur d'eau provenant de la combustion de l'hydrogène des tissus. Outre ces produits, gaz carbonique et vapeur d'eau, l'usure des organes des animaux produit aussi des résidus qui s'éliminent par la sueur et les urines.

***Importance des poumons.*** — Les fonctions de la vie s'exécutent avec d'autant plus d'intensité, que la circulation de l'air régénérateur est plus active. Lorsqu'on achète du bétail, on doit donc se préoccuper principalement du développement du poitrail. Il loge les poumons qui sont les vrais soufflets insufflant l'air dans les artères. Un animal à large poitrine croît plus vite, travaille avec moins de peine et s'engraisse plus économiquement qu'un animal à poitrine comprimée.

***Aération des lieux habités.*** — Dès que la dose de gaz carbonique dépasse la proportion ordinaire qui est environ de quatre litres par dix mètres cubes, l'air n'est plus suffisamment vivifiant pour les êtres vivants. S'ils sont condamnés trop longtemps à cette atmosphère confinée, les poumons se contractent, leur associé, le cœur, perd de son énergie ; tout l'organisme s'atrophie. La vie en plein air est un grand bienfait pour les gens de la campagne. Ils doivent autant que possible en assurer les bénéfices à leur bétail.

# CHAPITRE III
## L'EAU
### Son action sur le sol et les plantes.

### § *1. Aérage et désagrégation du sol.*

***Effet de l'évaporation et de l'infiltration.*** — En s'évaporant du sol, l'eau y laisse libre tout un réseau de petits canaux, dans lesquels l'air pénètre graduellement, sauf à en être expulsé par une nouvelle infiltration liquide, alors qu'il s'est appauvri par ses réactions sur le sous-sol. Ce flux et ce reflux alternatif de l'eau et de l'air à travers la terre, est essentiellement favorable à sa fertilisation.

Dans sa circulation souterraine, l'eau désagrège le sol ; elle en dissout les parties les plus fines, qui sont éminemment propres à nourrir les plantes. En les mettant à la portée de leurs racines, elle prélude au rôle important qu'elle joue dans la végétation.

### § *2. L'eau élève dans les plantes les aliments fournis par le sol, en contribuant elle-même à leur nutrition.*

*La végétation cesse dès que l'eau ne s'évapore plus par*

*les feuilles des plantes.* — La chaleur solaire détermine une active évaporation sur les feuilles. La perte ainsi subie est sans cesse réparée par l'ascension d'une nouvelle eau qui s'élève par capillarité dans les canaux intérieurs du végétal, après avoir pénétré à travers les racines, en entraînant les aliments fournis par le sol. Dès que cette circulation cesse, faute d'eau dans le sol, les feuilles cessent elles-mêmes de décomposer le gaz carbonique de l'air, pour en fixer le charbon. Le laboratoire de la matière première des plantes chôme par le manque d'eau et d'aliments provenant du sol. Privée d'humidité, la plante languit même sur le terrain le plus fertile. Assurez à la végétation une fourniture régulière d'eau, avec les engrais nécessaires, et vous lui donnez une puissante activité, sous un beau soleil.

« Le merveilleux architecte de la nature, dit M. Barral, a ainsi réglé les choses. En découvrant les lois de ces magnifiques phénomènes, la science a montré aux cultivateurs, comment ils doivent s'y prendre pour devenir en quelque sorte les collaborateurs de Dieu, et doubler, tripler les récoltes du sol qu'ils travaillent si péniblement. »

*Quantité d'eau évaporée par les plantes.* — D'après les recherches d'un savant français, M. Marié-Davy, une tige de blé placée dans de bonnes conditions de fumure, évapore environ mille grammes d'eau pour produire un gramme de froment. Mais en une terre aride, l'évaporation est bien plus considérable pour le même poids de grains. Il est certain que moins l'eau est chargée d'aliments, et plus grande est la quantité qui doit en monter jusqu'aux feuilles, pour apporter les provisions nécessaires.

Les végétaux sont donc gonflés de liquide, à l'époque du plein travail de la sève. L'herbe, le trèfle peuvent contenir jusqu'aux trois quarts de leur poids d'eau. La proportion est encore plus considérable pour les betteraves.

*Les éléments de l'eau fournissent la moitié de la matière végétale.* — L'eau ne sert pas seulement de véhicule aux aliments des plantes ; elle contribue encore à leur formation, par ses éléments, pour la plus forte part. Le rôle de l'eau est donc considérable dans la création végétale.

### § 3. *Moyen d'assurer l'eau aux récoltes.*

Leur rendement dépend donc d'une suffisante fourniture d'eau, à laquelle le cultivateur peut pourvoir, soit en complétant l'œuvre de la pluie par des arrosages réguliers, soit en mettant le sol en état de conserver une bienfaisante humidité.

*Arrosages.* — L'irrigation est une condition forcée de la bonne réussite des récoltes, même des céréales, dans les climats très chauds de l'Algérie et du midi de la France. L'évaporation très active du sol s'y ajoute à celle des plantes pour assécher promptement leurs racines.

Le climat plus humide de notre région rend les arrosages moins indispensables aux céréales et aux cultures sarclées. Celles-ci n'en reçoivent qu'à l'état de jardinage. Les irrigations y sont avec raison réservées aux prés qui seuls sont capables d'utiliser les eaux en hiver. C'est l'époque où elles sont les plus abondantes dans le pays.

*Approfondissement de la couche arable.* — Quand cette couche a une épaisseur suffisante, elle absorbe toute la pluie qui descend dans le sous-sol, où elle se tient à la disposition des plantes, sans noyer leurs racines. Lorsqu'elle est peu profonde, l'eau s'arrête à fleur de terre et elle s'évapore au premier soleil, faisant ainsi passer les récoltes par tous les excès d'humidité et de sécheresse.

Il importe donc que le sol soit bêché ou labouré à la plus grande profondeur possible, d'autant plus que sur les terrains en pente, la couche ameublie tend toujours à être réduite en épaisseur par le ravinement des orages.

*Ameublissement du sol.* — Les grosses averses ne sont pas les seules à fournir de l'eau au sol. Bien ameubli, il peut s'humecter par les brouillards, les rosées, et même par les invisibles vapeurs de l'air, pour lesquelles la terre a d'autant plus d'affinité, qu'elle est plus argileuse. Mais cette bienfaisante absorption de l'humidité cesse dès que la surface cultivée se recouvre d'une croûte isolante. Cet encroûtement du sol a en outre l'inconvénient d'arrêter l'ascension des provisions d'eau se trouvant dans le sous-sol, et d'en priver les récoltes.

*Etat superficiel du sol le plus favorable à son humidité.* — Les labours à grosses mottes déterminent une évaporation énergique du sol, par l'accroissement des surfaces évaporantes. Les buttages ont bien le même inconvénient. Au contraire, l'émiettement de la terre, tel qu'on peut l'obtenir avec le rouleau denté, lui donne une forme lisse qui réduit son évaporation au minimum, tout en le laissant assez meuble pour l'absorption des fraîcheurs de l'air et l'ascension de l'humidité souterraine. Le tassement du rouleau denté est donc essentiellement favorable après les semailles de printemps et d'été, qui ont le plus à redouter la sécheresse. Laissez au contraire le sol en grosses mottes aux semailles d'automne, quand le fond est humide à l'excès.

### § 4. L'eau dans les pays de montagnes.

*Abondance des eaux.* — Les montagnes granitiques du Centre forment au-dessus de la plaine un massif couronné, vers l'Auvergne, par des dômes et des pics volcaniques s'élevant à près de 1900 mètres. Ce massif arrête les nuages de l'océan, dont il reçoit d'abondantes pluies et d'épaisses neiges. Comme ce terrain granitique est peu perméable, pluie et neige ne le pénètrent pas profondément. Arrêtées par la roche souterraine, elles surgissent en petites sources nombreuses ou se réunissent aux ruisseaux formés par les eaux superficielles.

Le cultivateur de la montagne doit donc compter avec l'eau, plus que celui de la plaine. Elle est sa ressource ; elle est son fléau. Dirigée par de bonnes rigoles qui en assurent le déversement puis l'évacuation, elle nourrit les prés d'où vient la croissance du cheptel, le travail, le lait, la viande, le fumier et le blé. Abandonnée à elle-même, tantôt elle ravine les pentes et emporte la graisse des terres ; tantôt elle reste stagnante dans les fonds, où elle suscite le jonc qui amaigrit le bétail, et la fièvre qui épuise l'homme.

*L'utilisation de l'eau est le maître travail en pays de montagnes.* — Il ne saurait y avoir d'occupation plus profitable que celle de bien employer les sources ; elles sont précieuses par leur tiède température et par les substances minérales qu'elles apportent du sein de la terre. Quant aux eaux courantes, ce sont de vrais ravisseurs d'engrais, auxquelles il faut les reprendre à tout prix, avant que le ruisseau les mène à la rivière, et la rivière à la mer.

L'œuvre essentielle du cultivateur de la région montagneuse du centre, peut donc se résumer ainsi : *assécher les fonds, arroser les coteaux*. Si l'on y joint le précepte : *boiser les hauteurs*, on a en trois mots la culture la plus profitable, parce qu'elle est la plus en harmonie avec la nature de la région.

## CHAPITRE IV

### LE SOL

*Son rôle dans la végétation.* — Le sol fournit l'abri, l'humidité, la chaleur à la graine. Il sert de point d'appui à la plante ; il la nourrit de ce qu'elle ne peut trouver dans l'air et dans l'eau.

### § 1. *Composition des sols granitiques.*

*Partie inerte. Pierre et sable.* — Nos champs sont couverts de pierres plus ou moins abondantes, grosses et gênantes, selon la nature du sous-sol. Les outils les broient, l'hiver les délite, l'été les effrite plus ou moins vite, suivant leur degré de dureté. Elles tendent à se transformer en gravier, puis en sable.

Le sable rend la terre perméable au soleil, à l'air, à l'eau, aux racines des plantes. Celles-ci en contiennent elles-mêmes une certaine dose, à un état particulier que l'on nomme *silice*. Mais elles se l'assimilent surtout en combinaison avec d'autres minéraux. Si le sable pur joue un rôle dans la nutrition des plantes, ce rôle est bien peu important. Les terrains qui en contiennent des doses excessives, sont peu aptes à l'abondance des récoltes, sans le secours des engrais.

*Partie active. Argile.* — Quand on tamise une pelletée de terre sur un vase plein d'eau, le sable tombe immédiatement au fond du vase. Mais une partie de la terre reste en suspension dans l'eau, pour se déposer lentement en un fin limon. C'est de l'*argile*. Ce limon recèle les matières minérales propres à la nutrition des végétaux.

En outre l'argile a la propriété d'absorber l'eau et les éléments fertilisants du fumier, et de les livrer graduellement aux racines des plantes, tandis que ces matières filtrent à travers le sable, au détriment de la végétation.

Toutefois, l'argile rend le sol dur au travail, imperméable au soleil, à l'air, à l'eau, impénétrable aux racines quand elle est en excès.

La proportion de l'argile et du sable dans la couche arable dépend essentiellement de la nature du sous-sol, dont le graduel ameublissement constitue cette couche arable.

*Terrains sablonneux.* — Les plateaux supérieurs de la région reposent en général sur une roche souterraine, fournissant de la pierre de taille. Sa désagrégation produisant surtout du sable, de tels terrains sont sablonneux ou siliceux à l'excès. Ils ont surtout le grand défaut de mal se prêter à l'approfondissement de la couche arable. Le seigle est le produit naturel de ces sols. Mais la végétation forestière est leur vraie vocation.

*Terrains argilo-siliceux.* — Le granit taillable se montre peu dans la zone moyenne de la région. Les roches à fleur de terre y sont de qualité très variable. Ici des pierres bleues ont une dureté qui les fait rechercher pour l'empierrement des chemins ; là des *schistes* se laissent débiter en dalles plus ou moins tendres. Les affleurements de ces roches sont séparés par des couches de *tuf*, plus ou moins épaisses. Ce tuf se laisse attaquer assez facilement par les outils ; il donne nos meilleures terres, celles qui sont susceptibles d'un bon approfondissement. Ce sont nos *terres à froment*. La proportion ordinaire de deux parties de sable pour une partie d'argile, leur fait donner le nom de terres argilo-siliceuses (1).

(1) Analyse d'une terre de Saint-Jean de Ligoure (Haute-Vienne) par M. le docteur Le Play :

| | | |
|---|---|---|
| Grosses pierres......... | 11 k. | 37 |
| Petites      —     ......... | 10 | 50 |
| Sable ................. | 53 | 98 |
| Argile ................. | 24 | 06 |
| Débris végétaux ........ | 0 | 09 |
| | 100 k. | 00 |

*Terrains argileux.* — Le fond des vallées est graduellement réhaussé par le limon des eaux. Ces dépôts recouvrent le terrain primitif d'une couche très fertile, riche en argile.

*Sols des prairies.* — Le sous-sol de nos prés est évidemment le même que celui des champs qui les environnent. Mais leur couche superficielle est différente. Elle est formée d'une terre plus fine, moins pierreuse que celle de ces champs dont les parties ténues sont sans cesse enlevées par les pluies, ce sont ces matières mêmes qui vont exhausser les fonds des prés inférieurs, où elles sont retenues par le gazon.

La prairie est donc deux fois bienfaisante : elle arrête les meilleurs éléments enlevés à nos champs, pour leur restituer la fertilité par le fumier du bétail qu'elle nourrit.

C'est grâce aux prés et aux prés seuls, que nos montagnes sont sauvées de l'appauvrissement graduel, qui atteint les montagnes dégazonnées.

### § 2. *Eléments fournis aux végétaux par le sol.*

*La cendre.* — Quand on brûle une plante, ses éléments de provenances aériennes retournent à l'atmosphère. Ce que la terre a livré, elle le garde à l'état de cendres. Voici par ordre d'importance les minéraux qui la composent : 1º *silice*, sable d'une ténuité extrême, destiné à donner de la dureté et de la rigidité au tissu végétal ; 2º *potasse*, substance dont le rôle important dans la végétation est attesté par son abondance même dans les cendres ; 3º *chaux, soude, magnésie*, corps similaires de la potasse, mais d'une moindre importance dans la végétation ; 4º *acide phosphorique*, matière intimement associée à la potasse dans les phénomènes de la végétation, et aussi indispensable qu'elle à la fécondité des récoltes ; 5º *soufre, chlore et fer*, matières moins abondantes que les précédentes dans les végétaux. Si nous négligeons quelques corps dont la dose infinitésimale dans les plantes ne doit pas être l'objet de nos soucis, nous trouvons neuf matières dans les cendres qui forment environ le dixième du poids de la substance végétale sèche. Il est du reste à remarquer

que les végétaux contiennent d'autant plus de cendre,
c'est-à-dire de minéraux, qu'ils croissent à une altitude
plus élevée. Les nôtres en ont seulement les six centièmes
de leur poids (1).

*Dose des minéraux alimentaires des plantes dans les
sols granitiques.* — A part la silice et surtout le fer qui
sont en excès dans nos terrains, les substances nécessaires
aux végétaux ne s'y trouvent qu'à très faibles doses ; quelques-unes même y sont en quantité tout à fait insuffisante.
C'est le cas de l'acide phosphorique qui, d'après M. Gaspa-
rin, doit au moins former la millième partie de la couche
arable, alors que nos terres en contiennent une bien moindre proportion (2). *Cette pauvreté de notre sol en acide phosphorique est la plus grave cause de notre gêne agricole.*

*Entretien de la fertilité de la couche arable par son
approfondissement et son ameublissement.* — Sans cesse
épuisée de minéraux par les récoltes et surtout par le
lessivage des eaux, la couche arable contient une moindre
dose de ces aliments des plantes que le sous-sol. Mais ils

(1) Dans son beau rapport sur le concours d'irrigations dans la Haute-
Vienne en 1877 et 1878, M. Barral a publié de nombreuses analyses de
foin de notre pays, d'où il résulte que 100 kilos de ces foins contiennent
en moyenne 6 kilos de cendre ; et 100 kilos de celles-ci se composent de :

| | | |
|---|---:|---:|
| Silice | 21 k. | 0 |
| Potasse | 20 | 1 |
| Chaux | 7 | 0 |
| Magnésie | 6 | 0 |
| Soude | 5 | 2 |
| Acide carbonique | 16 | 0 |
| — phosphorique | 6 | 3 |
| — sulfurique | 4 | 2 |
| Chlore | 12 | 2 |
| Oxyde de fer | 2 | 0 |
| | 100 k. | 0 |

(2) Analyse d'un échantillon de terre de Tintignac (Corrèze) :

| | | |
|---|---:|---:|
| Silice | 73 k. | 25 |
| Alumine | 14 | 30 |
| Oxyde de fer | 5 | 20 |
| Potasse | 0 | 80 |
| Chaux | 0 | 50 |
| Soude | 0 | 30 |
| Magnésie | 0 | 40 |
| Acide phosphorique | 0 | 03 |
| — sulfurique | 0 | 02 |
| Matières végétales | 5 | 20 |
| | 100 k. | 00 |

se trouvent, dans cette couche souterraine, à un état difficilement assimilable par la végétation. Avant de servir à la nutrition, leurs composés très complexes doivent subir l'action du soleil, de l'électricité, de l'air, de l'eau et des ferments. L'homme active cette œuvre de désagrégation par les engrais, par les amendements calcaires et par son travail.

Ce travail consiste à tenir la couche superficielle du sol dans un parfait ameublissement, pour en faciliter la décomposition.

*Effets de l'ameublissement du sol.* — La perméabilité de la terre facilite ses échanges de vapeurs et de chaleur avec l'atmosphère. Ainsi les sarclages aggravent l'action des gelées dans le sol, en favorisant son refroidissement. Les vignerons habiles ne donnent donc pas de façons à leurs vignes, tant que les grands froids sont à craindre. Les sarclages augmentent également le dessèchement de la terre, dans les fortes chaleurs. Les cultivateurs intelligents se gardent bien de biner leurs betteraves, quand règne une grande sécheresse. L'ameublissement n'est donc bienfaisant, qu'étant donné avec discernement. C'est seulement, quand le temps est doux et l'atmosphère chargée de vapeurs, que *binage vaut arrosage.*

En résumé : le sol livre à peine la dixième part de la substance végétale. Mais les autres matériaux se trouvent en abondance dans l'atmosphère, c'est sur la fourniture même de cette petite portion d'aliments, que se règle la végétation.

# CHAPITRE V

## LES VÉGÉTAUX NOURRIS PAR LES VÉGÉTAUX

### § *1. Humus.*

*Sa formation.* — Toute matière végétale, feuille, bois, herbe qui vient à mourir et qui jonche le sol, ne tarde pas à se décomposer et à se transformer en un terreau noir, l'*humus,* qui est essentiellement fertile.

*Son action sur le sol.* — Ce terreau est bienfaisant. Il allège les terres argileuses ; il les rend perméables à l'air, au soleil, à l'eau, ce qui corrige le plus grave défaut de ces sols compacts. Tout au contraire, il donne de la cohésion aux terres légères ; il en cimente le sable, en atténuant une perméabilité excessive, cause funeste de leur stérilité.

*Son action sur les végétaux.* — Le charbon qui forme la moitié des matières végétales, se brûle lentement dans le sol. Le gaz carbonique produit par cette décomposition attaque les matières nécessaires aux plantes, et contribue à les rendre assimilables ; il participe ainsi à la nutrition végétale.

Les minéraux de ces plantes en décomposition tendent vers l'état où ils se trouvent dans les cendres. Ils sont donc très favorables à toute nouvelle végétation. L'humus est utile pour une fourniture encore plus importante.

*Albumine végétale.* — Rappelons-nous que sous l'influence des éclairs, il se forme dans l'air des gaz fertilisants qui, s'incorporant au sol, s'y changent finalement en nitre. Cet engrais est essentiellement favorable à la formation des matières que la végétation accumule en majeure part dans les graines pour y servir à la première nutrition du germe. Le type de ces matières végétales est le *gluten*, substance filante qui reste attachée aux doigts, quand on triture une poignée de farine de froment dans l'eau. Des matières analogues au gluten, mais inférieures en qualité et en quantité, se trouvent dans les autres céréales, dans les fruits, dans les parties tendres des végétaux. Cette matière a été nommée *albumine végétale*, à cause de l'analogie de sa composition avec *l'albumine animale* qui constitue la chair des animaux, ce qui est naturel, puisque celle-ci provient de celle-là.

*Raisons d'être des mauvaises herbes.* — Quand les plantes se décomposent, leur albumine produit du nitre, pour servir d'aliment à de nouveaux végétaux. Telle est l'admirable loi par laquelle les plantes revivent des plantes elles-mêmes. Obéissant à un merveilleux instinct de conservation, la nature prévoyante s'efforce donc de multiplier partout ses plantes, pour entretenir le cercle de la vie végétale. Reconnaissons la raison d'être même des herbes parasites infestant nos récoltes. Loin de nous livrer à de vaines plaintes contre la ravenelle, l'ivraie et le chiendent, cherchons à utiliser le travail de création qu'elles accomplissent, par l'introduction des éléments de l'air et du sol, dans le monde végétal. Employons-les donc à fumer la terre même qu'elles semblent vouloir stériliser.

*Plantes enfouies comme engrais.* — Dans les pays où les champs restent périodiquement une année entière sans récoltes, on les ensemence souvent durant ce repos avec des plantes à végétation rapide et à feuillage abondant, ce qui facilite leur nutrition aérienne. On sème à l'automne de la vesce d'hiver, du trèfle incarnat, surtout du lupin blanc, pour les enfouir au printemps ; on sème en été encore du lupin blanc, ou du lupin jaune, du sarrasin, de la moutarde blanche, pour les enfouir avant les semailles du blé. De même l'on enterre la dernière coupe du trèfle auquel un froment doit succéder.

Les plantes ainsi enfouies ont puisé dans l'air leur charbon, qui fournit de l'acide carbonique réagissant sur le sol. Elles ont également fixé les gaz fertilisants de l'atmosphère. Enfin elles se sont assimilé des matières minérales du sol, qui se trouvent toutes élaborées, pour les récoltes cultivées à la suite (1).

*Application des engrais verts à notre culture.* — Dans le mode de culture de notre région, la succession presque continue des récoltes rend peu facile ce mode de fumure. D'ailleurs, comme nous demandons avec raison notre meilleur profit à l'élevage, mieux vaut livrer les fourrages aux bestiaux qu'au sol ; ils en tirent meilleur parti. Mais on peut concilier l'un et l'autre intérêt, en laissant les troupeaux pâturer à demi les fourrages, sauf à enfouir ce qui en reste. De plus, si on fait parquer le bétail, il enrichit le sol de déjections qui réparent la perte de ce qui a été brouté.

(1) Il est un assolement triennal basé sur les engrais verts, avec addition de phosphate de chaux sans aucune fumure : 1re année, avoine phosphatée, avec semis de trèfle ; 2e année, trèfle enfoui en pleine floraison de sa première pousse ; puis à l'automne, semaille de froment occupant le sol durant la troisième année. Cette culture sans bétail ne nous conviendrait guère, bien qu'on la dise très lucrative. Nous la citons comme preuve de la puissance des engrais verts.

Il n'y aurait donc qu'à donner une plus grande extension aux cultures de trèfle incarnat et à la vesce, si la propreté des terres le permet, et à introduire le lupin blanc qui se sème à la même époque que le trèfle incarnat, et qui convient si bien à nos sols granitiques. Les résidus de ces verdures pâturées seraient enfouis par la semaille du sarrasin.

On pourrait aussi profiter de la végétation si rapide de la moutarde blanche, pour la semer sur le chaume de l'avoine, et l'enfouir pour la semaille du blé, qui lui succède à court intervalle.

Mais en vérité, nos vrais engrais verts à nous, ce sont les bruyères, les fougères, les genêts que nous fauchons dans nos bois pour en faire des litières. Conservons donc ces bois par utilité de ces engrais verts.

### § 2. *Causes de destruction de l'humus.*

Cette précieuse substance s'use avec d'autant plus d'énergie, que le travail de l'homme rend le sol plus meuble, plus accessible à l'air. L'usure s'opère pour le bien des récoltes, lorsque les labours, les sarclages sont faits avec le discernement nécessaire en agriculture. En dehors de cette consomption utile, l'humus a deux ennemis : le feu et le calcaire.

*Ecobuage.* — Lorsque nous brûlons le gazonnement du sol, nous en détruisons les matières carboniques et azotées. Les matières minérales mises en liberté excitent, il est vrai, une abondante production de céréales dans l'année qui suit l'incendie. Mais le terrain en reste ensuite épuisé et dénudé pour de longues années. L'écobuage ravage les châtaigneraies. Tout au plus est-il applicable au nettoyage des bruyères destinées au reboisement. L'incinération des mauvaises herbes est également destructive de leurs meilleurs principes fertilisants. Mieux vaudrait en faire des terreaux avec quelques pelletées de chaux, mais en quantité très modérée pour ne pas détruire à fond les matières végétales.

Quand dans les soirées d'août, l'horizon de nos montagnes s'illumine des feux de chiendent et des brasiers de nouvelains, avec des panaches de fumée emportant au ciel le meilleur de la terre, *le spectacle de cette culture barbare est vraiment affligeant.* Les sauvages n'en connaissent pas d'autres.

*Le calcaire.* — L'humus abonde peu sur les terrains riches en chaux, à cause de l'affinité de cette matière pour les acides formés dans la décomposition des végétaux. La conservation de cette précieuse *graisse* de la terre est un privilège des terrains granitiques, privilège qu'il faut leur garder, en n'employant qu'avec discernement le calcaire sous ses trois formes : chaux vive, plâtre et phosphate. (Voir Chaulage.)

***Terres de bruyères. Excès d'humus.*** — Nos landes se couvrent d'un noir dépôt formé par la décomposition des bruyères, des genêts et des fougères. Comme elles reposent sur une roche peu friable et ne fournissant point d'argile, leurs acides ne se neutralisent pas avec les substances minérales du sol. Cet excès d'acidité du sol a surtout une influence fâcheuse. Nous savons qu'une partie des matières fertilisantes du sol doit se transformer en *nitre,* c'est-à-dire, se *nitrifier,* pour l'alimentation des plantes. Or les réactions des acides de l'humus paralysent l'œuvre des ferments de cette nitrification. Telle est la cause de la mauvaise végétation spontanée de ces terres de bruyères, et de la chétivité des récoltes qu'on y cultive.

Des terrains de telle nature, pré ou terre, ne sauraient donc être améliorés que par un judicieux emploi du calcaire. Toutefois, si la couche arable de ces landes est trop misérable et trop peu profonde, il n'est qu'un seul parti à prendre : boiser en arbres verts.

*Conclusion.* — Le cultivateur qui utiliserait jusqu'aux moindres débris végétaux du domaine, serait bien payé de ses peines.

## CHAPITRE VI

### Résumé sur la nutrition végétale

*La sève.* — Les notions que nous venons d'acquérir, nous permettent d'embrasser d'un coup d'œil les phénomènes généraux de la végétation.

Réduites à un état de ténuité extrême par les réactions qu'elles ont subies, les matières minérales du sol pénètrent à travers le tissu spongieux des radicelles des plantes, par l'affinité chimique du liquide qui y circule. Cette affinité opère une sélection entre les fines poussières autour des racines ; elle laisse inertes à la porte les matériaux inutiles à la végétation.

Cependant la chaleur détermine une active évaporation sur les feuilles, ce qui détermine l'ascension de l'eau du sol. Elle s'élève par capillarité dans les canaux intérieurs du végétal, après avoir pénétré à travers les pores des racines, en entraînant les aliments fournis par le sol.

Voilà donc les interstices des feuilles, *les stomates*, gonflés d'eau, munis de toutes les matières à provenir de la terre ; ils se saturent du gaz carbonique de l'air. Vienne un rayon de soleil sur cet ensemble harmonique de tout ce qu'il faut à la plante, et dans ce frêle creuset, dans ce léger tissu de la feuille vont s'opérer les compositions chimiques les plus complexes, celles que nous ne pouvons obtenir qu'à l'aide des réactions les plus intenses de nos laboratoires.

Le premier produit est un granule très riche en amidon, qui constitue pour ainsi dire la matière première de la plante. De tels granules sont entraînés par la sève descendante, qui circule par les canaux voisins de l'écorce. Contenant tous les éléments du végétal, ils affluent dans les parties où la croissance est la plus active ; ils y passent, sous l'action de l'air respiré, par toutes les phases de la végétation. Puis ils émigrent de ces lieux, dès que la création y est consommée.

Finalement, sans jamais arriver à une unité complète de composition, les matières des plantes se classent, surtout vers la fin de l'activité végétale. Leur tige doit sa rigidité à une substance qui, selon sa variété, s'appelle *matière ligneuse, cellulose*, nom qui lui vient de sa constitution en cellules emboîtées les unes à la suite des autres. Des granules d'amidon se concentrent dans le grain des céréales par exemple ; la fécule se loge dans les tubercules des pommes de terre ; le sucre dans les tissus de la betterave. La semence de colza et de lin, les fruits du noyer et de l'olivier se garnissent de l'huile qui constitue la graisse végétale. Ces diverses matières végétales : cellulose, amidon, fécule, sucre, huile, ont une composition bien simple ; elles sont formées de charbon et des deux éléments de l'eau. Ces substances *hydro-carbonées* forment en moyenne les neuf dixièmes de la matière sèche des plantes.

La sève émigre finalement vers la graine, dernière phase de la vie végétale. Elle y concentre la substance que nous avons déjà nommée *albumine végétale* ; nous savons qu'elle se présente avec des qualités supérieures dans le *gluten* du froment. L'albumine végétale a une combinaison plus complexe que les matières hydro-carbonées. Outre le charbon et les éléments de l'eau, elle contient de l'azote, et des traces de phosphore et de soufre ; enfin elle est toujours associée à des sels complexes dans lesquels entrent surtout de l'acide phosphorique et de la potasse. Tel est l'aliment de choix préparé par la nature pour la première nutrition du germe de la plante, aliment recherché par les animaux qui y trouvent la matière de leur chair et de leurs os.

*Emigration des matières minérales et albumineuses des plantes.* — Lorsque la formation du grain est assurée, l'excès de sève émigre en grande partie. Si la plante est annuelle, la surabondance des matières est refoulée vers le sol, comme dernier acte d'une circulation dont les résidus se sont constamment évacués par les racines, durant la végétation. Chez les plantes vivaces, la sève s'accumule dans les bourgeons, pour la croissance du printemps suivant. C'est donc au moment de la floraison que les plantes sont le plus gorgées de sucs nourriciers ; c'est à ce moment que les fourrages sont à faucher.

*Relation entre les aliments des plantes.* — L'élaboration de la sève implique une proportion harmonique entre les divers aliments du végétal. Si l'un fait défaut, les autres restent inutiles. Si l'un est en excès, ce qui en surabonde peut devenir nuisible.

Ainsi, point d'eau, partant pas d'ascension des minéraux

du sol, inertie du soleil à décomposer le gaz carbonique, dont le charbon ne trouverait pas d'associés.

Voilà l'eau en suffisance, mais pénurie de minéraux, encore inertie du soleil, parce que les grains de fécule formés dans les feuilles par le charbon et l'eau, attendent la présence de ces minéraux, auxquels ils sont destinés à s'allier. .

D'autre part, l'insuffisance du charbon dans la plante, résultat d'une saison nuageuse, se décèle par la verse. Le déficit d'azote dans les aliments se constate par la teinte jaune et comme souffreteuse des végétaux. C'est alors que dans les pays à riche culture, on donne un supplément d'engrais azoté aux récoltes. L'excès d'azote se manifeste par une teinte verte très foncée, très vigoureuse, celle des blés qui poussent sur la partie du champ qui a reçu un dépôt de fumier. La plante tend alors à rester en végétation herbeuse, pour peu que la saison soit humide.

Quant au phosphate, il est trop peu assimilable, pour envahir fâcheusement les plantes. C'est un excès que nos végétaux ne connaîtront jamais. Sa pénurie dans notre sol stérilise en partie les autres principes fertilisants.

## Conclusion

*Utilisation des agents naturels de végétation.* — Ne pas contrarier l'œuvre de la nature par un labeur inintelligent ; ne point imposer des cultures de récolte à des terrains mal exposés, auxquels le soleil refuse les bienfaits de sa chaleur et de sa lumière ; ne pas faire pousser du blé sous des arbres touffus ; ne point mutiler les grands végétaux par une cognée dévastatrice, surtout lorsqu'ils sont en pleine sève ; ne pas livrer ses champs aux rapines des eaux ; ne pas détruire par le feu des principes fertilisants que la végétation a tant de mal à créer ; se souvenir que les feuilles sont le laboratoire dans lequel s'effectue le premier travail de la création végétale, et que par suite en privant un chêne de ses branches au mois d'août, ou en effeuillant des betteraves, on apporte un arrêt fatal dans la croissance de ces végétaux.

En un mot discerner le bien du mal, c'est le commencement de la sagesse en agriculture ; c'est se racheter de l'antique anathème : *Tu cultiveras la terre à la sueur de ton front,* pour lui substituer le précepte plus consolant : *Prends la nature pour aide dans ton labeur.*

Après avoir distingué le bien du mal, il reste à forcer la production, par l'apport des éléments de fertilité qui sont en déficit dans le sol. Telle récolte emprunterait à l'air une masse double ou triple de charbon ; elle s'assimilerait de même les éléments de l'eau avec une bien plus grande intensité, si elle pouvait disposer en suffisance de ses autres éléments nutritifs. C'est à l'homme de les lui fournir à l'aide des engrais.

# LIVRE DEUXIÈME

## LES ENGRAIS

---

## CHAPITRE PREMIER
### LE FUMIER

### § *1. Les végétaux nourris par les animaux.*

*Restitution des aliments par le bétail.* — Nous livrons la majeure part de nos récoltes au bétail qui les transforme en matière d'un plus haut prix. Mais dans l'ordre de la nature, les végétaux doivent faire retour à l'air et à la terre, pour y servir à la nutrition de nouveaux végétaux. L'intervention du bétail, toute à notre profit, semble donc troubler profondément cette circulation des matières fertilisantes. Toutefois les animaux rendent au sol une part de leurs aliments non digérés et presque inaltérés. Pas de déficit de ce côté. Ce qu'ils s'assimilent contribue en partie à réparer les matériaux usés dans l'organisme ; ces résidus éliminés avec les déjections font également retour au cercle de la fertilité. Quant à la part des aliments servant soit à la croissance des jeunes, soit à l'engraissement des adultes, soit à la production du lait ou de la laine, elle n'est que momentanément distraite. Les substances animales ainsi créées, finissent par faire retour à la nature, en passant le plus souvent par l'intermédiaire de l'homme. En sorte que s'il y a des fuites dans la circulation des matières fertilisantes, c'est bien par notre incurie à ne pas utiliser ces admirables lois harmoniques de restitution. Le premier soin du cultivateur sera donc de réduire cette perte au minimum (1).

*Déjections solides.* — Les résidus de la digestion sont imprégnés de sucs digestifs, qui ont une très forte dose de matières minérales, surtout de phosphates rejetés par le renouvellement graduel de l'ossature. Enfin ils contiennent une proportion d'eau variable suivant l'espèce des animaux, et aussi selon la nature de leurs aliments (2).

La valeur des déjections comme engrais varie également avec les animaux. Ainsi, 100 kil. de fiente de mouton valent 140 kil. de celle du porc, 200 kil. de celle du cheval, 500 kil. de celle du bœuf.

*Urine.* — Elle provient de l'excédent de l'eau qui n'a pas été enlevée par les excréments et par la sueur, ou vaporisée par la respiration. Elle se produit dans les reins, où le sang veineux vient s'épurer des matériaux usés qu'il élimine, après leur remplacement par les matériaux neufs qu'apporte le sang artériel.

*Urée, sa facile déperdition.* — Ces résidus sont formés de tout ce qui entre dans l'organisme des animaux. Or, ce qui prédomine dans l'animal, c'est la matière azotée, qui prédomine aussi dans ses résidus, sous le nom d'urée. Elle fermente très promptement dans l'urine, en produisant un gaz d'odeur caractéristique, *l'ammoniaque*, substance fournissant un aliment très important pour les récoltes, quand on sait la conserver dans les fumiers (3). Prompte à se volatiliser dans l'air, facile à se dissoudre dans l'eau, l'ammoniaque a une grande tendance à dispa-

---

(1) Les animaux éliminent aussi dans l'air une part de leurs aliments, par transpiration et respiration. Mais ce sont des matières hydro-carbonées qui correspondent à ce que les plantes ont puisé dans l'atmosphère, pour leur formation.

(2) En moyenne, 100 kil. d'excréments se réduisent en séchant, à : 43 kil. pour le mouton, 25 kil. pour le cheval, 16 kil. pour le porc, 10 kil. pour le bœuf. Ces données et les suivantes sont tirées de *l'Economie rurale,* de l'éminent savant Boussingault, le créateur de la chimie agricole.

(3) Pour plus de précision, c'est en *carbonate d'ammoniaque* que se décompose l'urée, par l'addition d'une certaine quantité d'eau, sous l'influence d'un ferment végétal fourni par l'air.

raître. Sa conservation constitue la bonne fabrication du fumier.

*Valeur comparée des déjections solides et liquides.* — La matière animale étant formée par les substances végétales les plus complexes, ses résidus contiennent tous les éléments des plantes ; ils constituent un *engrais concentré* et *complet*, faisant retour à la végétation de ce qu'elle a fourni de plus parfait. Or, l'urine en renferme une plus forte dose que les excréments (1). Comme elle est sécrétée en bien plus grande abondance que ceux-ci, il en résulte qu'un animal produit une quantité plus considérable d'engrais à l'état liquide qu'à l'état solide. Le négligent qui ne recueille que les seules bouses, sans se soucier du purin, agit comme le prodigue : *escampo forino, amasso brin.*

## § 2. *Le fumier.*

*Sa composition.* — Les déjections mêlées aux litières, forment le *fumier*, à l'aide duquel nous reconstituons et même accroissons la fertilité de nos terres et de nos prés. De telle sorte que *la meilleure des cultures est celle qui produit le plus de fumier.*

Il contient surtout des matières féculentes et ligneuses provenant des aliments non digérés et des litières. Uniquement formées de charbon et d'eau, elles sont utiles, en introduisant dans le sol les éléments de l'humus propres à fournir l'acide carbonique, cet indispensable agent de l'absorption des minéraux par les racines des plantes.

(1) La valeur fertilisante des déjections se déduit de leur teneur en azote, à laquelle correspond en général une dose proportionnelle de matières minérales.

| ANIMAL | 100 kil. d'excréments contiennent en azote | 100 kil. d'urine contiennent en azote |
|---|---|---|
| Mouton.............. | 1 k. 0 | 1 k. 3 |
| Porc ............... | 0　7 | 0　8 |
| Cheval ............. | 0　5 | 1　5 |
| Bœuf............... | 0　2 | 0　4 |

L'influence fertilisante de ces substances est donc d'autant moindre que le sol est plus riche en détritus végétaux. Comme elles ne s'évaporent pas et qu'elles sont difficilement entraînées par les eaux, elles restent à peu près seules dans les fumiers mal tenus, qui n'ont ainsi qu'une faible valeur comme engrais.

Les matières animales des déjections, l'albumine des aliments non digérés et des litières fournissent des engrais minéraux et azotés. Les premiers sont solubles et facilement entraînés par l'eau lessivant les fumiers négligés. Les seconds sont non seulement solubles mais volatils ; ils disparaissent des fumiers qui ne sont pas parfaitement soignés.

La conservation de ces matières minérales et azotées est également nécessaire à la nutrition des récoltes.

*La quantité et la qualité du fumier dépendent essentiellement de la bonne alimentation du bétail.* — La partie des aliments non digérée est d'autant plus copieuse et plus riche en principes fertilisants, que ces aliments eux-mêmes sont plus abondants et plus substantiels. Les résidus de l'organisme qui constituent l'engrais le plus actif, sont éliminés en quantité d'autant plus grande, que cet organisme est mieux réparé, c'est-à-dire mieux nourri (1).

La bonne qualité des fumiers tient donc essentiellement au bon entretien du bétail. *Maigres bêtes, maigre engrais, maigre domaine.*

L'emploi du fumier comprend trois opérations bien distinctes : la production à l'étable, la fermentation en tas, la mise en œuvre au champ ou au pré.

# CHAPITRE II

### Production du fumier à l'étable

*Utilité de la litière.* — Les végétaux répandus sous les animaux apportent au fumier des aliments pour d'autres

(1) 1000 kil. de bon fumier contiennent en moyenne : 750 kil. d'eau, 225 kil. de matières hydro-carbonées, de 2 à 7 kil. d'azote, de 3 à 5 kil. d'acide phosphorique, de 3 à 8 kil. de potasse, le reste comprenant les autres matières minérales. La valeur commerciale de ces substances fertilisantes fait ressortir de 7 à 10 francs le prix de ces 1000 kil. de fumier.

végétaux. Ils se mélangent aux déjections solides et absorbent les liquides. Enfin, ils fournissent une couche sèche, indispensable au bien-être du bétail.

*Pailles*. — La paille des céréales constitue le meilleur couchage. Elle enrichit le fumier, puisqu'elle formerait à elle seule un engrais complet, par tous les éléments de la végétation, que la nature laisse en excès, après la formation du grain (1).

*Déperdition de l'ammoniaque dans la paille*. — Ses tubes vides absorbent abondamment le purin ; mais la porosité qu'elle donne au fumier, détermine une déplorable vaporisation des matières volatiles. On réduit cette perte en secouant le moins possible le fumier, et en le laissant se tasser par assises épaisses sous les animaux. Cela contribue à la bonne qualité de l'engrais des bergeries.

*Le sol est le meilleur conservateur du purin*. — Il est à remarquer que l'urine des animaux ne laisse dégager aucune odeur, lorsqu'ils la répandent sur une terre fraîchement labourée. C'est qu'en effet l'argile a la propriété d'absorber énergiquement l'ammoniaque. Pour atténuer la déperdition de cette précieuse substance, il n'est donc pas de moyen meilleur et plus économique que de faire fumer le sol directement par le bétail, autant que cela est possible. Il convient aussi d'utiliser la propriété absorbante de la terre pour la conservation de l'ammoniaque, soit à l'étable, soit sur le tas de fumier, en en saupoudrant les déjections.

*Litières vertes*. — La fougère, la bruyère, les genêts sont très riches en matières minérales et azotées, surtout quand on a le soin de les faucher en pleine floraison. Toute cette végétation spontanée du sol granitique constitue une excellente litière, lorsqu'elle a séché au soleil ; elle fournit alors un meilleur couchage et elle absorbe mieux l'engrais.

*Feuilles*. — Les feuilles sèches, dont on fait grand usage,

(1) L'exportation des pailles du domaine est donc essentiellement épuisante. Elle devient plus malfaisante que celle du foin, si elle n'est pas compensée par l'achat d'engrais supplémentaires.

sont moins riches que la paille en principes fertilisants. Leurs meilleures substances ont passé dans les fruits, au moment de la maturité, ou se sont retirées dans les bourgeons des branches. Néanmoins elles rendent d'inappréciables services, que rien ne saurait remplacer dans notre région, où les pailles peu abondantes sont surtout attribuées au râtelier. La qualité de ces litières est améliorée par le soin de faucher la végétation sous bois, fougères et genêts, au moment de la récolte des châtaignes. Cette excellente pratique de faire précéder le râteau par la faux, assure l'entretien des châtaigneraies ; elle les garantit des incendies si prompts à se propager par les broussailles.

Il faut un soin extrême à faire absorber le purin par la litière. Sans cela, ce fumier de feuilles est d'une sécheresse qui lui enlève sa qualité fertilisante.

Comme qualité, les feuilles de noyer qui gardent quelque huile, sont préférables à celles de châtaignier, surtout à celles de chêne, dont l'acidité est nuisible à nos terrains granitiques déjà aigres eux-mêmes. Si l'on a raison de ne pas les employer à l'étable, on a tort de les détruire par le feu, après le balayage des prairies. Mieux vaudrait en faire des terreaux fertilisants, avec quelques pelletées de chaux vive pour neutraliser leur excès d'acidité.

*Pénurie croissante des litières.* — La culture améliorée du pays tend d'une part à accroître les cheptels, et de l'autre à réduire les céréales. Elle incline également, et cela est moins sage, à défricher les châtaigneraies. Les litières diminuent donc, alors qu'elles deviennent de plus en plus nécessaires. Telle est l'impasse à laquelle aboutissent les améliorations agricoles, même les mieux conduites, dans le pays, sans parler de l'Auvergne et du pays d'Aubrac, où la privation de litière est presque absolue en hiver, ce qui y provoque une lamentable perte d'engrais.

Les propriétaires qui savent boiser leurs landes, les villages qui en font autant pour une part de leurs communaux, échappent seuls à cette entrave au progrès, en trouvant dans les clairières et les allées de ces boisements, une utile provision de ces précieuses litières vertes.

*Parcage du bétail en été, faute de litière.* — Dans tous les cas, efforcez-vous d'assurer un couchage sec à vos animaux par d'abondantes litières, au moins durant l'hiver, alors qu'ils souffrent le plus cruellement de croupir dans leurs fientes glacées. Puis l'été venu, faites coucher les vaches au pré, les brebis au champ. Elles y seront plus sainement.

*Bonne disposition des étables pour la production du fumier.* — Quand on juche le bétail sur un pavé élevé au-dessus de la porte, la litière reste sèche, les purins s'écoulent au dehors. La première fermentation s'opère mal ; l'engrais perd du poids et de la qualité. Dans les pays bien cultivés, où la bonne fabrication des engrais est justement considérée comme la base de tout grand rendement, on s'efforce, autant que possible, d'absorber tous les purins par l'abondance des litières. Pour cela, l'emplacement du bétail est souvent creusé en contre-bas du couloir de service. A chaque curage, cette excavation est en partie remplie d'un tuf absorbant, sur lequel s'accumuleront les litières successives.

*Surabondance des purins.* — Toutefois les déjections liquides sont difficilement absorbables en totalité, quand le bétail est alimenté au vert, surtout avec une litière à peu près absente, comme en Auvergne. L'utilisation la plus économique, sinon la plus parfaite des purins, consiste à les déverser dans un courant d'eau passant devant la porte des étables, tel que celui obtenu par le trop-plein des fontaines. Ces eaux deviennent alors de qualité supérieure pour l'arrosage des prés.

*Fosses à purin.* — Faute d'eau, il faudrait déverser les purins en excès dans une fosse bétonnée et voûtée. Le liquide serait ensuite utilisé pour la confection de terreaux, ou employé comme engrais liquide. Cette installation entraîne une aggravation de main-d'œuvre ; toutefois elle serait très utile pour les porcheries donnant d'abondantes urines que nous avons la barbarie de laisser perdre en grande partie.

# CHAPITRE III

### Fermentation du fumier

*Nécessité de la décomposition des fumiers.* — Les déjections toutes fraîches, les litières inaltérées ne sauraient immédiatement nourrir la végétation. Ces diverses substances doivent revenir à l'état minéral, dans lequel elles lui ont primitivement servi d'aliment. Cette désorganisation s'opère par des fermentations successives, dont la plus simple est celle que nous avons vu transformer l'urée en ammoniaque. Elle commence à l'étable ; puis elle s'accomplit en majeure part dans le tas de fumier, pour s'achever graduellement dans le sol.

*Déperdition des matières fertilisantes dans la fermentation.* — Quand une matière fermente, elle est transformée par des végétaux ou des animaux microscopiques qui s'en nourrissent, rejetant dans l'air des produits gazeux, et laissant la matière fermentée comme résidu de leur digestion. La fermentation est donc un acte de leur nutrition. Les produits gazeux de la putréfaction du fumier sont principalement du gaz carbonique et de l'ammoniaque. La perte du premier gaz est réparée par l'abondance de l'humus dans le sol ; celle du second cause un vrai dommage. Elle peut devenir excessive dans les fermentations mal modérées. Elle aboutit même à la destruction presque complète de la matière fertilisante, lorsque l'engrais s'échauffe au point de se consumer, en dégageant une abondante fumée.

Le physicien de Saussure a eu l'idée de recouvrir un petit tas de fumier, par une énorme cloche de verre, du sommet de laquelle partait un tube allant déboucher sous du gazon. La végétation de ce gazon prit une admirable vigueur, due aux gaz fertilisants évaporés de l'engrais. Je voudrais voir cette cloche et ce gazon dessinés sur tous les murs de ferme ; car cette simple petite expérience est une des plus importantes qui aient été faites pour l'agriculture. Elle nous montre quelle est, à notre insu, la perte d'engrais que nous subissons. Sans doute, cet engrais répandu dans l'air ira toujours à la végétation ; mais ce sera chez le voisin.

Atténuer autant que possible cette déperdition, dans toutes les phases de la fermentation du fumier, depuis la production des déjections jusqu'à l'absorption définitive par les récoltes, telle est l'œuvre essentielle du cultivateur ; c'est son maître travail, c'est le régulateur de ses profits.

*Enfouissement immédiat du fumier.* — On réduit les pertes causées par l'évaporation, en enfouissant le fumier frais dans le sol, ce puissant condensateur des gaz fertilisants. De plus l'engrais est préservé du lessivage des eaux.

C'est ainsi que, pour la semaille des pommes de terre, on peut garnir le sillon avec du fumier sortant de l'étable. Il ne peut, il est vrai, nourrir immédiatement la plante naissante ; mais celle-ci vit du tubercule. Puis la fermentation se développe graduellement, à point pour alimenter la récolte en croissance. Aucune déperdition gazeuse ne se produit. Toutefois cette fumure doit être plus forte que celle faite avec un engrais consommé et promptement assi-milable.

*Fermentation en tas.* — L'enfouissement immédiat n'est praticable que pour une faible quantité de l'engrais ; la majeure part doit être mise en tas, dans l'attente du moment favorable à la fumure. Pour atténuer la déperdition qu'il y subira : 1° Mettez le tas à l'abri des gouttières des toits, et des eaux roulantes du sol ; elles lessiveraient les matières solubles, qui sont les plus fertilisantes. Les suintements du fumier seront directement recueillis par une terre ou une prairie ; 2° Donnez à la masse la plus grande hauteur possible, avec des faces bien verticales, pour diminuer les surfaces évaporantes ; 3° Superposez le fumier frais par assises régulières et bien foulées, pour modérer l'accès de l'air par un tassement régulier, qui ralentit convenablement la fermentation ; 4° Recouvrez chaque nouvelle couche par une bonne-épaisseur de terre, de feuilles ou de mauvaises herbes, afin de préserver l'engrais contre son plus grand ennemi, le soleil. Ces matières ajoutées s'imprègnent des gaz évaporés ; elles valent autant que le fumier lui-même, dont la masse est ainsi augmentée.

*Transport immédiat de l'engrais à la terre et au pré.*
— De tels soins ne sont praticables que par l'établissement
des tas de fumier, au bord des champs ou des prés. Il convient donc, autant que possible, de charger le fumier frais
sur les tombereaux dans l'étable même, et de le mener sur
place, ce qui peut s'opérer en tout temps, hors quelques
journées de verglas. Tous les transports de la fumure ne
sont pas ainsi remis au moment des grands travaux, chose
avantageuse dans notre région montagneuse, où les charrois sont spécialement lents et difficiles. Enfin la salubrité
des habitations ne peut que gagner à l'éloignement des
fumiers qui sont si aisément mal tenus.

*Le chômage d'hiver utilisé pour une abondante confec-
tion des fumiers.* — Employez la longue durée du mauvais temps à recueillir des feuilles, à faucher les brousses,
à faire d'épaisses litières vite pourries, pour peu que le
bétail ait quelques raves à manger. Charroyez l'engrais au
champ, au pré. Ramenez au retour de grosses charretées
de tuf, pour absorber les purins. Vous doublerez, vous
triplerez même ainsi vos engrais, pour le plus grand profit de vos récoltes, et vous pourrez fumer vos prés, essentiel point de départ de la culture améliorante.

*Tas de fumier dans la cour.* — Toutefois le transport
immédiat, qui doit être la règle, n'est pas toujours praticable, surtout au moment des grandes presses. Il est donc
nécessaire d'avoir un dépôt à proximité des étables ; mais
il doit être l'accessoire et non le principal. Ces fumiers
sont installés avec soin dans les pays de bonne culture ; le
fond en est bétonné, de façon que les suintements aboutissent à une fosse d'où une pompe les rejette sur le tas, pour
en régulariser la fermentation. Un simple pavé bien plan,
l'isolement des gouttières et des égoûts de la cour, quelques arbres pour abriter l'engrais contre le soleil, voilà
tout ce que l'on peut demander à nos petits moyens.

Un fumier bien tenu, au champ ou dans la cour, ne
laisse exhaler aucune mauvaise odeur. Après deux ou
trois mois de décomposition des matières bien saturées de
purin, la masse forme une pâte noirâtre, grasse, juteuse,
bien homogène. A ce fumier appliqué sur de bons labours,

répondent d'abondantes récoltes. Pour créer cette source de fertilité, que faut-il ? De l'intelligence et du travail. Cela ne coûte pas même un petit écu.

*Négligence des fumiers.* — Mais que voyons-nous dans la plupart de nos exploitations ? La litière surabonde au bois ; elle manque à l'étable, où le bétail subit le dur supplice de croupir dans sa fiente. Les bouses presque sèches sont versées en désordre dans quelque partie basse de la cour, pour y être alternativement brûlées par le soleil et lessivées par la pluie. Ce qui reste d'urine va rejoindre l'égoût des étables dans quelque puante mare, foyer de fièvres. La fermentation est très inégale. Ici, la litière ne se pourrit pas, les mauvaises graines se conservent intactes ; là, tout se consume dans une putréfaction excessive, sous la libre action de l'air et du soleil. Une telle chose ne mérite pas l'honorable nom de fumier. Parcimonieusement répandue sur un sol à peine gratté et tout infesté de chiendent, elle donne cinq ou six hectolitres de maigre blé à l'hectare. C'est la misère, fille de la paresse.

Aussi, voulez-vous savoir si un cultivateur est dans l'aisance ? Ne consultez personne, allez droit à son fumier qui répondra sans vous tromper.

*N'altérez vos fumiers ni par la chaux, ni par le plâtre, ni par le vitriol.* — La chaux est utile pour activer la décomposition de terreaux formés de gazon, de bruyères ou de boues. Mais ne la mélangeons jamais directement aux substances d'origine animale ; elle les détruit, en éliminant les principes les plus fertilisants.

Le plâtre brûle également le fumier. Sans doute il absorbe une partie de l'ammoniaque, pour former un nouveau corps moins volatil. Mais cette désorganisation n'est pas sans dangers pour la bonne marche de la fermentation. Il est plus sûr et moins coûteux de laisser agir la nature, et de ne pas troubler l'action des ferments. Même observation quant au vitriol (1). Pour améliorer les fumiers, faites de la litière, encore de la litière, toujours de la litière.

(1) Le vitriol vert, sulfate de fer, attaque les phosphates du fumier ; il les transforme en phosphate de fer, que les plantes s'assimilent très mal.

# CHAPITRE IV

### Utilisation du fumier

*La décomposition du fumier s'achève dans la terre.* —
La litière et les déjections ne subissent pas dans le tas de
fumier une décomposition assez complète pour les rendre assimilables par les plantes. Il est bon que cette
décomposition se continue dans le sol, et qu'elle ne s'y
achève que graduellement, pour ainsi dire à la demande
des récoltes. L'utilisation de l'engrais est ainsi plus complète.

*Le fumier et les mauvaises herbes.* — Toutefois le
fumier contient en abondance des graines de toute sorte,
provenant des litières ou des fourrages, soient qu'elles
tombent du fenil ou de la crèche, soit qu'elles échappent
à la digestion des animaux. La fumure est donc salissante
par elle-même ; d'autant plus salissante, qu'une fermentation moins complète a produit une moindre altération
des matières de l'engrais. En outre, elle favorise avec
intensité la mauvaise végétation dont les germes sont recé-
lés dans le sol.

*Vices de nos fumures.* — La culture traditionnelle du
Centre ne remédie nullement à ces fâcheuses conséquences du fumier. Elle procède par petites fumures réitérées,
mais insuffisantes, qui entretiennent les champs dans une
perpétuelle saleté, sans les mettre en état de fertilité.

Les bonnes cultures remédient de deux façons à cette
infestation des terres : 1º par l'accumulation de l'engrais
sur les plantes sarclées ; 2º par le soin de faire précéder la
semaille par la fumure. Nous allons examiner dans quelle
mesure la méthode est applicable à nos assolements et à
nos terrains.

*La fumure des plantes sarclées utilisée pour la céréale
suivante.* — Si l'on applique de très grosses fumures à
ces récoltes qui ne risquent pas de verser, l'engrais peut
encore se trouver à dose suffisante pour la céréale cultivée
à la suite. Celle-ci bénéficie d'un fumier épuré et d'un sol
bien purgé des germes de la végétation parasite, avantages
qu'il faut bien se garder de perdre par une fumure nou-

velle. Cela implique évidemment une première mise d'engrais considérable pour les plantes sarclées. Mais quelle simplification dans les travaux d'automne ! Moins de fumure à charroyer et à épandre, au moment des plus grands tracas de notre culture, alors que les jours sont déjà si courts. A moins de pentes toutes rocheuses, il n'est pas de si petit terrain qui ne puisse emmagasiner la fertilité pour deux récoltes 'se succédant à bref intervalle, surtout lorsque l'engrais est si bien préservé par son enfouissement.

Dans la culture alternant judicieusement les herbages avec les céréales, les graines fourragères sont ensemencées sur le seigle, le froment ou l'avoine succédant aux plantes sarclées. Puis on cultive du grain, sans nouvel engrais, sur le retournement du gazon de l'herbage. Voilà donc une série de récoltes vivant chacune abondamment, grâce à l'alternance des produits. Cette méthode pourrait être appliquée avec discernement à une bonne part de nos terrains.

*Fumure précédant la semaille.* — L'engrais très consommé importe de moindres germes ; mais il donne une impulsion plus vive à la végétation parasite, provenant des semences conservées dans le sol. Il est alors sage de fumer un mois ou six semaines avant de semer le bon grain, comme cela se pratique dans les pays bien cultivés. Les graines nuisibles ont le temps de germer et de produire des pousses tendres qu'un vigoureux hersage extirpe aisément au moment de la semaille. On fait ainsi une culture spéciale pour les mauvaises herbes, ce qui simplifie fort le nettoyage des céréales.

*Fumure du blé noir.* — Le cultivateur assez diligent et assez favorisé du temps pour avoir la sole de sarrasin prête dès le milieu de mai, doit s'empresser d'y épandre et enfouir le fumier incontinent. Il verra sa tâche bien allégée à la Saint-Jean. Quelques hersages, au besoin un léger labour, auront vite raison de la végétation développée à la suite de cette fumure. Le blé noir sera lestement couvert à la herse. La semaille s'effectuera dans les intermèdes de la fauchaison, presque sans l'interrompre.

*Fumure du blé après l'avoine.* — Quant à la sole ayant porté l'avoine, il est facile de la fumer au moment du labour qu'il est d'usage de lui donner, aussitôt la moisson enlevée. Les mauvais germes de la terre et du fumier ont tout le temps d'éclore dans l'intervalle de ce labour et de la semaille du blé. Voilà donc deux cultures, celle du sarrazin et celle du blé succédant à l'avoine, auxquelles il est facile d'appliquer des fumures précédant les semailles, tout en obtenant une meilleure répartition du travail.

*Fumure du blé succédant au blé noir.* — On ne fume point trop fortement le sarrasin, pour ne pas l'exposer à la verse. Il convient donc d'attribuer un engrais supplémentaire au froment ou au seigle qui le suivra. Employons-y au moins du fumier très décomposé pour qu'il soit moins salissant.

*Nécessité de mélanger le fumier au sol.* — La plante ne profite de l'engrais qu'autant qu'il est intimement fondu dans la terre. Lorsqu'après la semaille, vous voyez des mottes de fumier à demi enfouies, tenez pour certain que leurs matières fertilisantes s'évaporeront au soleil, ou se dissoudront à la pluie, et qu'il en restera très peu pour la racine des plantes. C'est ce qui arrive, quand on fume les terres au moment de l'ensemencement, et qu'on couvre tout à la fois grain et fumier, à l'aide de la vieille charrue du pays, qui gratte le sol sans le retourner. On tente ainsi vainement deux œuvres incompatibles, le grain voulant être à fleur de sol, et l'engrais sous terre.

*L'ameublissement de la couche arable est nécessaire à l'action du fumier.* — L'engrais reste inerte ; il est même exposé à se perdre dans la terre, lorsque celle-ci n'est pas perméable à l'eau et à l'air, agents indispensables de la décomposition finale de cet engrais (1). Quand le cultivateur a fourni d'abondantes litières à l'étable, qu'il a soigné

(1) Le premier produit de la putréfaction des matières azotées est l'ammoniaque, qui tend à se *nitrifier* par les dernières réactions de l'air et des ferments. Le nitre est enlevé aux récoltes de deux façons : il est entraîné par les eaux infiltrées, auxquelles il faut le reprendre en captant des sources ; il est détruit par un ferment spécial, dont on doit le préserver par l'ameublissement du sol, ce ferment étant de la nature de ceux qui ne vivent pas au contact de l'air.

avec vigilance la fermentation en tas, qu'il a bien enfoui la fumure, il n'a fait que la moitié de sa tâche ; il lui reste à en assurer l'action par des sarclages et des hersages.

*Fumure directe par le bétail.* — Nous avons vu que la litière manquant, le mieux est de faire coucher les moutons au champ, comme cela se pratique dans le Causse, et les vaches au pré, selon la mode d'Auvergne. Cette méthode a de nombreux avantages. Nous ne signalerons pour le moment que ceux concernant la fumure.

Il n'y a pas de transport d'engrais, les urines qui sont les plus riches des déjections, ne subissent aucune déperdition, quand elles sont directement absorbées par la terre ou le gazon. Enfin la fumure n'est point salissante. Elle n'apporte aucun mauvais germe. La sole de sarrasin, le chaume d'avoine destiné à la semaille du froment pourraient ainsi être en partie fumés par le parcage des moutons. Enfin les prés entourés de bonnes haies vives devraient garder pendant la nuit les vaches qu'on y mène paître le soir ; elles y resteraient le lendemain matin, jusqu'à la grande ardeur du soleil. C'est la vraie fumure des prairies, avec la simple précaution d'épandre chaque jour les bouses, à l'aide d'une raclette.

*Matières fertilisantes perdues.* — Une ferme étant une fabrique d'engrais, tout ce qui a une parcelle de fertilité devrait être utilisé avec sollicitude. Il n'en est malheureusement pas ainsi. Qui dira les sacs de blé, les quintaux de foin que pourraient produire les boues qui se perdent dans les cours et les chemins, les cendres et les balayures de maison dont on tire si peu de profit, et toutes ces choses puantes qui vicient l'air de nos habitations ?

*Déjections humaines.* — Dans les pays propres et bien cultivés, les habitants de la ferme déposent leurs ordures sur de la litière, dans une fosse qu'abrite une guérite en planches. La fertilité des champs, la salubrité des maisons gagnent également à cette habitude de propreté. L'homme ne fait pas exception à la loi harmonique, par laquelle tout être restituant à court intervalle ce qu'il a consommé, fournit à peu près les matières fertilisantes nécessaires à la formation de nouveaux aliments pour lui. C'est la mé-

connaissance de cette loi, et l'inutilisation trop générale
des déjections humaines qui sont la cause la plus grave
de la rupture d'équilibre entre la production et la consommation sur un sol usé comme celui de la France.

*Meilleur emploi de la fertilisation par les agents natu-
rels.* — Certes nos fumures sont insuffisantes en qualité
et en quantité ; assurément nous les répartissons mal ;
nous pratiquons même des cultures sans aucune espèce
d'engrais, celle de l'avoine, de l'orge et des raves. Cette
pratique barbare aboutit à de faibles récoltes ne payant
pas notre travail.

Il est vrai que nous ne pourrions jamais produire assez
d'engrais pour notre vieux système de culture, appliquant
céréales sur céréales sans répit. Donnons donc du repos à
la terre, en la couvrant périodiquement d'herbages, durant
lesquels elle se saturera de principes fertilisants fournis
par la nature. Cultivons des herbes de choix sur nos meilleurs terrains, sauf à n'ensemencer les plus pauvres qu'a-
vec de simples graines de foin. Quand viendra le temps
de retourner ces gazons, ils nous donneront de belles
avoines, ou des orges pesantes, sans apports d'engrais.

En produisant du fumier meilleur, plus abondant,
employé avec plus de discernement, surtout en réduisant
nos emblavures, pour qu'elles reçoivent tout l'engrais
nécessaire, nous serons mieux rétribués de notre travail.
C'est affaire de soin plus que d'argent. Puis, il y aurait à
élever les rendements et les profits à un degré supérieur,
par l'achat de quelques amendements.


# CHAPITRE V

### Engrais complémentaires du fumier

*Perte des matières fertilisantes.* — Le fumier produit
dans l'exploitation est employé en partie pour la culture
des céréales, en partie pour celle des plantes fourragères.
Les céréales fournissent la paille des litières ; les fourrages
se réduisent en déjections. De là un nouveau fumier. Il se
fait donc un courant continu d'éléments de fertilité ; mais
il y a des fuites. Parmi les substances enlevées, les unes

s'en vont avec profit, par la vente du grain et du bétail ; les autres s'éliminent en pure perte, par l'évaporation ou le lessivage du fumier, durant sa fabrication, son épandage et sa combustion dans le sol. Ces déperditions prennent de désolantes proportions entre les mains des cultivateurs négligents.

Pour réparer ces pertes de toutes sortes, les exploitations du Centre ont des prairies irriguées, par lesquelles une dose notable de principes fertilisants est reprise à la rapine des eaux, et revient au champ en passant par l'étable. Elles ont encore les châtaigneraies dont les fruits alimentent le bétail, dont les feuilles, les fougères, les genêts et les ajoncs servent à la litière. Ces châtaigneraies contribuent ainsi à la formation des engrais, sans en recevoir jamais une miette.

Mais le sol granitique est pauvre de certaines substances essentielles aux végétaux, lesquelles sont rares dans les eaux, les litières et les fumiers eux-mêmes. La production ne saurait donc y prendre une profitable extension, et suffire à un accroissement de l'exportation du grain et de la viande, sans l'apport complémentaire de ces indispensables aliments qui ne se trouvent pas en assez grande quantité dans notre sol. En nous rappelant la composition des plantes, nous allons reconnaître qu'à la rigueur nous n'avons à importer que deux amendements : la chaux et le phosphate.

*Éléments des récoltes abondamment fournis par la nature.* — Tous les végétaux, depuis l'humble mousse jusqu'au chêne élevé, ne contiennent qu'une quinzaine de substances, parmi lesquelles l'air livre le charbon en inépuisable quantité ; l'eau fournit ses deux éléments, à suffisante dose, pourvu que l'approfondissement de la couche arable lui permette de garder de grandes réserves d'humidité.

Parmi les éléments tirés du sol, la silice et le fer sont en surabondance dans les terrains granitiques. Voilà donc cinq corps dont la nature fait tous les frais.

*Éléments des récoltes qu'un cultivateur soigneux peut fournir en quantité suffisante.* — Voici une substance et des plus importantes, qui ne doit pas nous faire défaut, si nous sommes diligents et intelligents au travail. C'est l'*azote*. Formant la majeure partie du corps des animaux, promptes à se dissoudre et à se volatiliser, les substances azotées ont la plus grande tendance à disparaître du circuit des matières fertilisantes de l'exploitation. On s'oppose à leur déperdition par la soigneuse utilisation des déjections du bétail et des habitants de la ferme. Pour en introduire de nouvelles doses, ayons la plus grande étendue possible de prés arrosés ; employons toutes les eaux possibles, surtout celles qui s'égouttent des basses-cours, des chemins, des champs labourés et fumés ; cultivons force fourrages, tels que les trèfles, la vesce, la jarousse. Ces plantes, de la famille des légumineuses, absorbent activement par leurs larges feuilles les gaz fertilisants de l'air.

S'il est attentif à recueillir les immondices de toute espèce, s'il est habile à tirer partie de l'eau, s'il est alerte à la fenaison, à la moisson, et vigilant à préserver son foin et sa paille des moisissures détruisant leur albumine, s'il est intelligent à profiter du travail de la nature, fixant les matières azotées dans les fourrages et les litières des bois, le cultivateur de la contrée peut fournir à son domaine ces matières en dose suffisante pour une lucrative exploitation de produits. Laborieux et soigneux, il ne sera pas contraint à l'achat d'engrais azotés du commerce, qui sont spécialement coûteux (1).

De même en recueillant bien les purins, nous devons assurer une provision suffisante de *chlore* et de *soufre* à nos récoltes. Du reste les nuages venus de l'océan entrainent des particules de *sel marin*, qui fournissent au sol et par suite aux plantes une certaine dose de chlore, matière entrant dans la composition de ce sel.

(1) Le moins cher et le plus actif de ces engrais est le *nitrate de soude*, sel blanc importé du Chili, au cours moyen de 25 fr. les 100 kil. Il ne faut l'acheter que sur une garantie de titre faisant ressortir le kilo d'azote à 1 fr. 70 environ. L'engrais se répand au printemps à la volée, sur les prés ou les céréales, à raison de 300 kilos à l'hectare. Mais si la terre n'est pas parfaitement propre, la récolte sera étouffée par l'exubérance des mauvaises herbes.

## § 1. *Eléments des récoltes à compléter par l'achat d'amendements.*

*Chaux.* — Quatre matières de même nature : la potasse, la chaux, la soude et la magnésie ont, la première surtout, un rôle tellement important dans la végétation, que la terre est progressivement épuisée par la continuité de la culture. Elles entrent dans la composition du tuf ou des roches formant le sous-sol ; de telle sorte qu'il faut en chercher de nouvelles provisions dans l'approfondissement graduel de la couche arable. Mais les minéraux vierges ainsi amenés à la surface, sont excessivement lents à se décomposer, et à devenir assimilables par les végétaux. Leur transformation est plus prompte et plus complète, si l'on a le soin de répandre de la *chaux vive* sur ce sol ainsi régénéré. Douée d'affinités plus énergiques, la chaux se substitue à la potasse, à la soude et à la magnésie dans leurs combinaisons ; elle livre ainsi ces aliments aux plantes. De telle sorte que le *chaulage* n'apporte pas seulement du calcaire aux récoltes ; il leur fournit indirectement d'autres aliments. L'on peut même dire qu'il est surtout utile pour la livraison de la potasse.

Le chaulage modifie donc avec intensité la composition du sol ; il le rend plus perméable et moins compacte. Pratiqué avec discernement, il est un puissant auxiliaire du travail de l'homme, qui devient ainsi plus rémunérateur.

*Phosphates.* — Comme la potasse, le phosphate intervient dans la formation des matières albumineuses, ces substances végétales nourricières par excellence de l'homme et des animaux. C'est par l'abondance du phosphate dans les terrains volcaniques d'Auvergne que s'explique la grande valeur de son bétail et la forte constitution de ses habitants ; tandis que sa pénurie dans notre granit est la plus grave cause du moindre développement de ses races.

*Le phosphate de chaux est l'amendement le plus utile et, à la rigueur, le seul indispensable pour les terrains granitiques.* — Cet engrais contient de la chaux qui produit les effets du chaulage sur le sol, mais avec une moindre intensité que la chaux vive. Il livre l'acide phosphorique qui est la matière alimentaire des plantes la plus rare dans notre sol.

Il est le plus nécessaire de ses amendements ; nous devons consacrer à son achat le plus petit écu disponible.

### § 2. *Chaulage* (1).

*Chaulage des prés.* — La chaux étant l'agent le plus actif de l'assainissement des gazons humides à l'excès, le chaulage des prés doit être considéré comme la plus importante et la plus urgente des améliorations agricoles de notre région. Il nous importe bien plus que le chaulage des champs. (Voir l'assainissement des prés.)

*Chaulage des terres.* — S'il est peu de risques d'épuiser par la chaux vive l'épaisse couche d'humus des prés marécageux, le danger est au contraire très grand de consumer par le calcaire la provision de la couche arable en matières fertilisantes accumulées par les fumures antérieures. Pratiqué sans discernement, le chaulage livre ces provisions à la récolte qui le suit, sauf à laisser la terre épuisée, à moins qu'il ne soit combiné avec de très fortes fumures. C'est ainsi que trop souvent la chaux enrichit le père et ruine le fils, selon le vieux proverbe.

*L'approfondissement de la couche arable est l'œuvre préparatoire du chaulage.* — L'effet utile du calcaire consistant dans la désagrégation des minéraux vierges du sous-sol, la pratique n'est judicieuse que tout autant qu'on a au préalable retourné à la surface une bonne épaisseur de ce sous-sol, tout en enfouissant dans les profondeurs de la raie, les matériaux superficiels saturés des détritus redoutant le calcaire. Délitée de longue main par les agents naturels, le travail et les fumiers, lavée par les pluies, épuisée par les récoltes, la couche superficielle ne pourrait offrir à la chaux qu'un champ d'action tout à fait appauvri des éléments qu'elle a pour mission spéciale de

---

(1) Réunissez-vous entre voisins, s'il est nécessaire, afin de recevoir la chaux par wagon complet de 5.000 kil. et l'avoir ainsi au meilleur compte possible. Pour la charroyer, profitez du répit de l'hiver et des transports de denrées à la gare ou à la ville. Recherchez la chaux de bonne qualité. C'est celle qui fait le plus d'usage.

dissocier, pour hâter leur assimilation par les plantes. Donc *chaulage et labour profond sont absolument solidaires*, ces deux opérations se complètent mutuellement. La première sans la seconde est peu efficace, presque nuisible. La seconde, privée de la première, expose la couche superficielle à une stérilité passagère, dont elle est préservée par les attaques énergiques du calcaire.

Tout pauvre petit terrain non susceptible d'approfondissement est donc indigne de la chaux. D'autre part, jugez-vous de quel élan nous marcherions vers les bons rendements, si périodiquement tous les six ou huit ans, nous amenions à la surface une couche de tuf épaisse de six ou huit centimètres, pour en saturer de calcaire les éléments minéraux encore intacts.

Mais cessons d'user de la chaux vive sur les terres de labour aussitôt que pour un motif ou un autre, l'approfondissement de la couche arable n'est plus praticable. La continuation du chaulage vouerait le sol à un lent mais irréparable épuisement. Alors il faut recourir à des calcaires plus doux, au plâtre, au phosphate, et ce qui est préférable, à l'un et à l'autre mélangés.

*Règles pratiques du chaulage.* — Défoncez le sol aussi profondément que possible, par un labour ou par un bêchage, et mieux encore, par l'un et l'autre combinés, en bêchant le fond du sillon pour rejeter la terre à la surface.

Faites, autant que possible, ce défoncement durant les derniers temps secs de l'automne, afin que le gros hiver puisse commencer le délitement des matériaux extraits du sous-sol. Dès que la fin des grands froids ne rend plus les charrois impraticables sur les routes et à travers les champs, approvisionnez-vous de chaux. Répartissez-la sur le sol par petits tas d'un quintal environ ; recouvrez-les d'une épaisse couche de terre, pour que le calcaire fuse lentement, à l'abri de la pluie qui en ferait une pâte impulvérisable ; puis aux premiers jours secs de février, brassez la chaux et la terre qui la recouvre, jusqu'à complet émiettement. Epandez bien régulièrement ce mélange ; passez la herse jusqu'à ce que le calcaire soit bien fondu dans le sol. Voilà votre champ prêt pour les pommes de terre ou les betteraves.

La terre ayant comme digéré la chaux, vous pourrez à la semaille, fumer dans la raie, selon l'usage, sans que l'engrais risque d'être brûlé par le calcaire.

*Dose de chaux*. — On répand environ de 4000 à 5ooo kil. de chaux par hectare, tous les huit ans. Mieux vaudrait sans doute en donner la moitié, tous les quatre ans.

*Terreaux chaulés*. — On peut économiser le calcaire, en l'employant en terreaux, comme pour les prés. Ces terreaux chaulés se fabriquent vers la fin de l'été, en tête du champ, avec les mauvaises herbes résultant du déchaumage après la moisson. On peut ainsi tirer parti des bruyères, des ajoncs, des genêts, de tout ce qui est trop grossier pour être utilisé comme litière, et qu'on a trop souvent le tort de brûler. On dispose des couches successives de ces matières, que l'on saupoudre de chaux. On brassera une ou deux fois le tas à la pelle dans le courant de l'hiver, pour obtenir un mélange homogène qu'on répandra en février sur la terre défoncée.

La confection de ces terreaux aggrave beaucoup le travail du chaulage. Mais leur emploi permet de réduire les fumures appliquées avec le calcaire. Il facilite l'utilisation du chiendent qui est décomposé par la chaux, à la condition qu'il soit bien en contact avec elle, et bien étouffé par la superposition d'autres matières.

C'est le mode de chauler convenant à la petite propriété qui a plus de bras que d'argent.

*Récoltes cultivées après le chaulage.*— Ce sont les pommes de terre et les betteraves qui profitent le mieux de la chaux et des minéraux qu'elle leur livre, la présence de la potasse dans leurs feuilles étant indispensable à la formation de la fécule ou du sucre. Les herbages réussissent surtout sur une terre fraîchement chaulée. C'est moins la place immédiate des céréales qui pourraient bien y verser, par excès d'engrais.

A 12 francs les 1000 kil. de chaux rendus en gare, le chaulage ne coûte guère qu'une cinquantaine de francs par hectare, surtout à l'aide de terreaux. Cette dépense est deux à trois fois couverte par la plus-value des plantes sarclées et de la céréale qui les suit, sans compter la bonne venue des herbages semés sur cette céréale.

*Poussière de chaux.* — Abandonnée en tas sous un hangar, la chaux se réduit, après plusieurs brassages, en une fine poudre produisant, au printemps, d'excellents effets sur la verdure et les prairies (1).

Employons ce précieux amendement, autant que nos ressources nous le permettent, mais employons-le avec discernement, pour féconder notre travail. En facilitant la substitution du froment au seigle, l'usage du calcaire importe essentiellement à l'amélioration de notre nourriture, de même qu'en favorisant la végétation des herbes de qualité supérieure, il assure les progrès de notre bétail et rend la culture moins misérable.

### § 3. Phosphate et plâtre.

*Condition d'assimilabilité du phosphate pour les plantes.* — L'engrais de cette nature le plus convenable pour notre sol granitique, est le phosphate naturel réduit en poudre d'une ténuité extrême (2). Mais ce phosphate n'est

(1) *Epandage des engrais pulvérulents.* — Les engrais en poudre doivent être semés, autant que possible, par un temps calme et brumeux, qui est assez fréquent dans les matinées printanières, avant que le vent ne fraîchisse avec la chaleur du soleil. S'il s'agit d'herbages, l'humidité fait adhérer l'engrais aux feuilles qui en absorbent directement une certaine dose.

(2) On n'a longtemps eu d'autre phosphate que celui des os, le *noir animal.* Puis, grâce aux recherches de M. de Molon, chimiste français, dont les agriculteurs doivent garder le nom avec reconnaissance, on a découvert et on découvre tous les jours des gisements phosphatés. Notre région reçoit des poudres rouges obtenues par la mouture de filons exploités dans le Lot ou l'Aveyron, et des poudres grises tirées des grès verts des Ardennes et du Cher. La poudre est dans de bonnes conditions quand elle renferme de 30 à 40 kil. de phosphate pur par 100 kil. Son degré d'assimilabilité est alors très favorable, et la *gangue*, c'est-à-dire la matière inerte ou moins utile comme engrais, qui est mêlée au phosphate, n'atteint pas un poids excessif. Cette gangue est ordinairement formée de sable et d'argile, sans valeur comme engrais. Mais elle peut contenir du carbonate de chaux, qui a une bonne action sur nos terrains.

Certaines scories de hauts fourneaux, de forges, sont très riches en pas soluble dans l'eau, et par suite il ne peut pénétrer aisément à travers les spongioles des racines des végétaux, que tout autant que l'affinité de cette eau est accrue par un acide. La poudre doit donc trouver dans le sol les acides végétaux, particulièrement l'acide carbonique que produit l'humus. Du reste de telles réactions chimiques sont facilitées par la finesse même de la poudre, finesse qui doit entrer en ligne de compte dans le prix de l'achat de l'engrais.

*Mélangez du plâtre au phosphate, pour le préserver de la décomposition par le fer contenu dans le sol.* — Quand le fer prédomine dans nos terrains, il peut réduire l'engrais en partie à l'état de phosphate de fer, substance beaucoup moins assimilable que le phosphate de chaux. Pour prévenir cette perte, il convient de mélanger du plâtre pulvérisé avec l'engrais. Le plâtre est un composé dans lequel il entre du soufre et de la chaux. Le soufre se porte sur le fer pour former un sulfure, tandis que la chaux reconstitue le phosphate de chaux.

Du reste, l'action du plâtre pur sur les terrains marécageux est à peu près la même que celle du phosphate : répression des joncs, développement des trèfles. Le plâtre est également très favorable aux verdures. Cela tient à ce que soit au pré, soit au champ, il opère par les deux corps entrant dans sa composition. Son soufre transforme le

phosphate et en carbonate de chaux. Elles conviendraient bien à nos terrains, si l'éloignement de leur lieu de production, qui est l'est de la France, n'en rendait pas le transport trop onéreux pour nous.

Les minerais de phosphates très riches sont réservés pour être traités par des acides et convertis en superphosphates. La nature acide de ces engrais les rend peu convenables pour les terrains granitiques, toujours un peu acides eux-mêmes. Nous devons d'autant moins les employer, qu'à égalité de pouvoir fertilisant, ils sont plus coûteux que les poudres naturelles.

A défaut de syndicats, réunissez-vous entre voisins pour commander un wagon complet de 5.000 kil., afin d'avoir la poudre à meilleur marché. N'achetez surtout que *sur titre*, c'est-à-dire qu'un échantillon prélevé en gare d'arrivée devant l'agent du vendeur, sera analysé dans une station agronomique, celle de Clermont, de Châteauroux ou de Nancy, afin qu'il soit fait une réduction proportionnelle de prix, s'il y a déficit dans le titre annoncé. Le coût de ces analyses est de 10 francs.

peu de phosphate contenu dans nos terrains, où il se trouve à l'état de phosphate de fer. Sa chaux constitue en partie du phosphate de chaux, et dégage en partie de la potasse.

Il convient donc de mélanger intimement ces deux amendements avant l'épandage, c'est-à-dire d'employer par exemple 300 kilos de phosphate et 300 kilos de plâtre, au lieu de 600 kilos de phosphate pur par hectare. Le plâtre coûtant moins cher que le phosphate, l'économie elle-même conseille un mélange que le sol réclame pour la meilleure rémunération du travail de l'homme.

Pour plus de simplicité nous n'allons plus parler que du phosphate de chaux. Mais il est entendu que ce qui en sera dit s'appliquera encore mieux au mélange des deux engrais (1).

*Emploi de la poudre sur les prés humides.* — Comme pour la chaux, nous envoyons à *l'assainissement des prés*.

*Emploi sur les terres.* — D'après ce qui précède, la poudre doit être efficace sur les *terres noires*, riches en humus ; peu active sur les *terres blanches*, qui sont presque privées de détritus végétaux ; inerte sur les *terres rouges*, abondantes en fer qui altère l'engrais. L'emploi de la poudre seule ne serait donc à propos que pour les terres noires. Mais le grand rendement de la récolte qui en profite n'est obtenu qu'au prix de l'épuisement des autres minéraux fournis par le sol. Celui-ci se trouve ensuite épuisé pour de longues années. L'usage de la poudre seule n'est donc pas à conseiller même pour ces terres noires.

*Addition de la poudre au fumier pour les terres argi-*

(1) Le plâtre vient en général des carrières voisines de Paris. Mais nous avons à Couge (Dordogne) des gisements plus rapprochés. L'effet utile de cet engrais est d'autant plus grand qu'il est plus pur et plus finement moulu. La cuisson n'a d'autre avantage au point de vue de la culture, que celui de faciliter la mouture et d'alléger les prix de transport, en éliminant l'eau qui entre environ pour un quart dans le plâtre crû. Les chemins de fer auraient tout intérêt à favoriser l'usage agricole du plâtre dans notre région pour laquelle cet amendement est des plus précieux.

*leuses et les prés secs.* — A plus forte raison la fumure s'impose-t-elle pour les terres peu riches en humus, et pour les prés secs qui sont dans ce cas.

Additionné de phosphate, le fumier constitue un engrais vraiment supérieur, puisqu'il est complété de ce qui lui manque surtout, l'acide phosphorique. De plus, le dégagement de l'acide carbonique du fumier rend le phosphate beaucoup plus soluble et assimilable.

Le meilleur moyen d'obtenir le mélange intime de l'engrais et de la poudre, mélange nécessaire à leurs réactions, c'est d'en saupoudrer le fumier, pendant le chargement des tombereaux, pour l'épandage. On évite ainsi la perte des parties les plus fines de la poudre que le vent entraîne dans les semis à la volée.

Ce qu'il faut surtout éviter, c'est de répandre la poudre sur les déjections fraîches, soit à l'étable, soit au tas de fumier. La chaux du phosphate éliminerait leur ammoniaque, qui se répandrait dans l'air ; tandis que ce gaz est absorbé par le sol ou le gazon, lorsque le mélange n'a lieu qu'au moment de l'enfouissement dans le sol ou de l'épandage sur le pré.

*Excellence du fumier phosphaté.* — Ce mélange constitue un engrais d'une grande fécondité, d'un effet admirable pour toute espèce de récoltes : céréales, pommes de terre, betteraves, raves, verdures, prairies. Pour éviter les redites, nous ne répéterons pas à chacune de ces cultures: Employez, employez du fumier phosphaté ; mais la chose sera sous-entendue, tant cet engrais constitue une vraie manne pour les terrains granitiques.

Une immense amélioration sera réalisée dans le bétail et chez l'homme même, lorsqu'une part de nos terres et de nos prés sera phosphatée chaque année. Pour se procurer l'argent nécessaire, on peut utilement vendre une certaine quantité de fourrages, l'importation d'engrais compensant largement l'exportation de ces denrées. Beaucoup de propriétaires autorisent sagement leurs métayers ou fermiers à se procurer ainsi des sacs de phosphate par la vente du foin.

*Cendres.* — Elles contiennent la totalité des minéraux

des plantes, dans les meilleures proportions. Il ne leur manquerait donc qu'une dose convenable de matières azotées, pour devenir un admirable engrais complet. Veillons donc à ne pas laisser perdre une parcelle de ces utiles cendres, alors même que le lessivage les aurait privées de leurs substances solubles.

*Importation indirecte d'engrais par l'achat de son et de tourteaux.* — Ces denrées constituent une excellente nourriture, enrichissant le fumier de matières azotées et phosphatées. Leur achat est une indirecte mais profitable façon d'importer des engrais. (V. IIe partie : Tourteaux et son.)

# LIVRE TROISIÈME

## LES CHAMPS

### CHAPITRE PREMIER

#### INSTRUMENTS DE CULTURE

*Ancien outillage.* — Une bêche, un hoyau, une simple aiguille de fer passée dans la courbure d'une pièce de bois pour charrue, voilà tous les outils du vieux temps (1). C'est encore l'unique armement du plus grand nombre des exploiteurs.

### § 1. *Instruments perfectionnés.*

*Charrue Dombasle.* — Dans quelques pays, la flèche de l'araire ne se prolonge pas jusqu'au joug ; elle s'y attelle par une chaine ou par une tige de bois. Un fermier de Lorraine, qui est le père du progrès agricole en France, Mathieu de Dombasle, a perfectionné l'outil, en lui donnant plus de solidité, de stabilité et de résistance. Au lieu d'un seul mancheron, la charrue Dombasle en a deux, ce qui rend le maniement moins pénible. L'aiguille de fer qui égratigne seulement le sol, est remplacée par un soc coupant la bande de terre en dessous, tandis qu'un coutre la fend latéralement.

*Son maniement.* — Les labours se règlent au moyen d'une tige de fer, *le régulateur,* dans laquelle passe le

(1) Cet araire diffère bien peu du croc de bois au moyen duquel les peuples primitifs ont cherché à employer la force des animaux, pour ouvrir le sein de la terre. Il se trouve en Espagne, en Italie, en Turquie, aux Indes et jusqu'en Chine, où les parties frottantes sont incrustées de porcelaine.

crochet d'attelage. Abaissez ce régulateur pour diminuer
la profondeur de la raie ; montez-le pour l'accroître. Pour
augmenter la largeur de la bande, fixez le crochet d'attelage sur un cran plus éloigné de l'équerre du régulateur,
laquelle équerre doit toujours être du côté même du versoir.

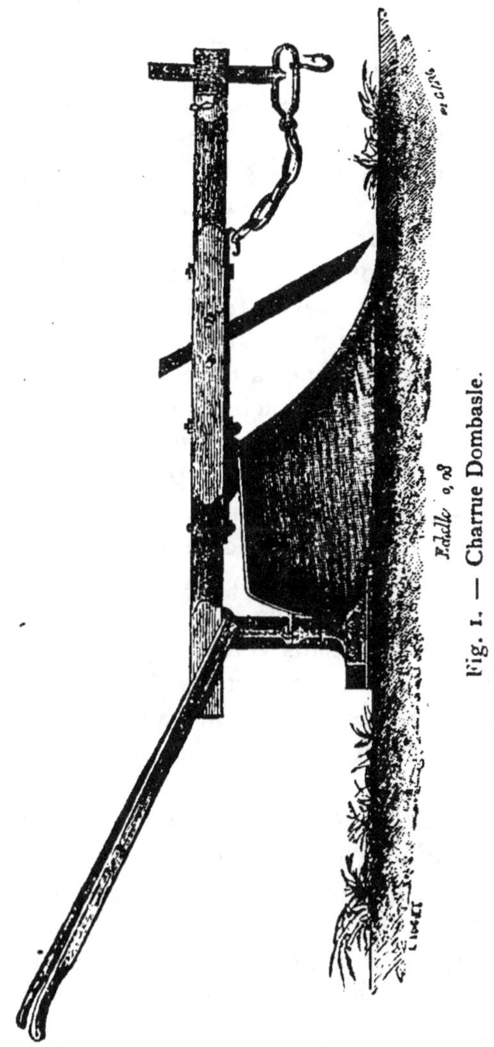


Fig. 1. — Charrue Dombasle.

La charrue pique en terre, lorsqu'on soulève les mancherons, c'est le contraire pour l'araire à flèche.

Le régulateur installé, mettez en marche, les mains soutenant très légèrement les mancherons, de façon que la charrue prenne d'elle-même la profondeur et la largeur de raie données par le régulateur. Si l'une ou l'autre de ces dimensions ne conviennent pas, arrêtez l'attelage, et modifiez le régulateur. Après quelques tâtonnements, l'instrument opère le travail voulu. Il suffit de le soutenir à l'aide des mancherons, contre les trépidations.

Lorsqu'une charrue est bien construite, elle fonctionne avec la moindre fatigue possible pour le laboureur et l'attelage. Mais que le régulateur soit défectueux, et le soc mal forgé, que le versoir soit d'une mauvaise forme, tout aussitôt elle devient pénible pour l'homme et le bétail.

C'est avec cette charrue de bonne fabrique, que le cultivateur de la région doit marcher à la conquête des trésors de fertilité, qui gisent inexplorés dans les sous-sols d'argile, de tuf ou même de pierres schisteuses. Une charrue d'une cinquantaine de francs attelée d'une bonne paire de bœufs ou de deux paires de vaches, peut aisément atteindre une profondeur de 0,25 qui est suffisante pour accroître notablement le rendement des récoltes.

On peut aller au delà, et fouiller jusqu'à 0$^m$30 et 0$^m$40 de profondeur, avec de fortes charrues de défrichement attelées de quatre bœufs. Enfin dans les pays de grande culture, on fait suivre la première charrue par une *fouilleuse*, sorte de charrue sans versoir, qui ameublit le fond du sillon. Cette fouilleuse est attelée de quatre, six et même huit bœufs, spectacle bien nouveau pour nous, qui ne voyons le plus souvent que deux chétives vaches à l'araire en bois.

*Amélioration de la charrue du pays.* — Notre antique *layre* n'est cependant pas à abandonner. Avec l'adaptation d'un talon en fer, qui lui donne plus de force et diminue les frais de réparation, elle doit être conservée pour certains labours légers, tels que les déchaumages. Enfin, elle est et restera l'outil obligatoire de la culture des petits terrains en pente, culture qui dégrade les flancs de nos montagnes et qui paiera de moins en moins ses frais, avec les progrès de la concurrence des céréales étrangères.

L'installation d'un petit versoir en fonte et d'un soc tranchant transforme l'outil en une petite Dombasle, légère, maniable et utile pour des labours peu profonds.

*Herse*. — La herse à losange, perfectionnée par Dombasle, a pénétré dans le pays en même temps que la charrue de cet innovateur bienfaisant.

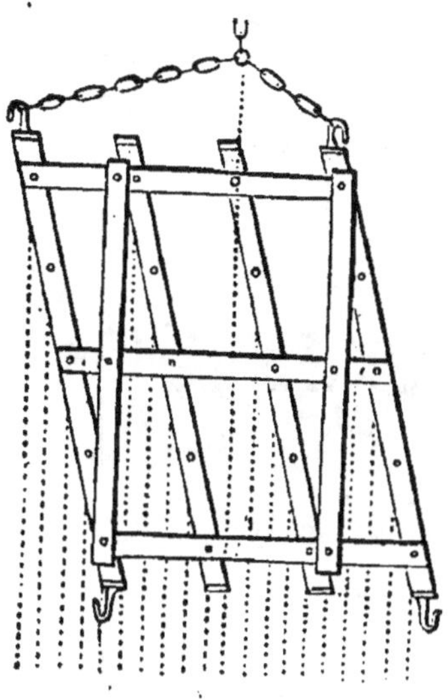

Fig. 2. — Herse.

On a parfois le tort d'atteler cet instrument directement à l'un des crochets du bâtis même. On doit employer une chaîne reliant ces crochets, et prendre l'anneau d'attelage au tiers de cette chaîne, à partir de l'angle le plus ouvert. De cette façon, chaque dent trace une raie isolée, si la herse est bien faite.

Pour nos pays, il faut de fortes herses à dents solides, longues et recourbées en avant, afin de faire au chiendent une guerre énergique. On peut néanmoins, avec un tel instrument, obtenir des hersages légers, en l'attelant à l'arrière, de façon que les dents marchent en sens inverse de leur courbure.

*Houe à cheval*. — La destruction des mauvaises herbes naissant dans les récoltes est rendue plus efficace et moins coûteuse, lorsqu'on a le soin de les atteindre dès leur premier développement, en coupant leurs racines à fleur de terre. Cette opération s'exécute à la main avec la houe, le *tranchou*, et à l'aide du bétail, avec une sorte de herse munie de lames recourbées, qui coupent sous terre les racines pivotantes des ravenelles, des bluets, des coquelicots, des crêtes de coq. Il suffit d'un simple passage de cette houe pour que les détestables plantes encore tendres restent flétries sur le sol. On l'attelle d'ordinaire avec un cheval ; cependant on en vient à préférer les bœufs, dans les pays de grande culture, où l'instrument est utilisé même pour le nettoyage des céréales, grâce à leur semis en ligne.

Fig. 3. — Houe.

Il peut nous rendre de grands services pour les plantes sarclées, partout où les champs ne sont ni trop morcelés, ni trop inclinés, ni trop pierreux.

Fig. 4. — Rouleau.

**Rouleau.** — Les fabriques de la région construisent un rouleau à disques dentés, qui est une réduction d'un grand instrument anglais, connu sous le nom de rouleau Croskill. Le plus petit modèle, qui est du prix de 200 fr., peut aisément être traîné par une paire de bœufs. Cet instrument rend les plus grands services, après les hersages et les labours, pour compléter et faciliter l'extraction du chiendent. Il produit un bon effet pour les céréales au printemps ; il est également précieux pour recouvrir les graines légères de trèfle, de ray-grass.

*Choix du temps pour l'emploi de ces instruments.* — Charrue, herse, houe, rouleau sont excellents, quand on s'en sert à la bonne *tempoure*. Employés à contre-temps, ils ont un détestable effet. Ne les attelez jamais avant que la terre soit réchauffée de toute gelée, ou essuyée de la pluie et même de la simple rosée. Malheur au cultivateur sans jugement, qui laboure, herse ou roule un sol humide : il en fait une brique stérile par sa compacité.

Le résultat est également mauvais, quand le dessèchement du sol par la chaleur est tel que la bande retournée par la charrue se disloque en grosses mottes qui achèvent de se durcir au soleil. Elles forment ensuite dans la couche arable des blocs isolés, lui enlevant l'homogénéité nécessaire à l'entretien de sa fraîcheur et au développement des racines des récoltes. La terre en est stérilisée ; *elle perd son amour*, selon un vieux dicton.

Ainsi l'humidité et l'excès de sécheresse sont également à éviter. La terre aime les instruments, quand elle est assez franche pour s'ameublir finement à leur contact, sans adhérer au versoir de la charrue, au fer de la houe, aux dents de la herse ou du rouleau. Employons-les donc toujours avec discernement.

*Obstacles à la propagation des instruments dans la région.* — Les outils que nous venons d'indiquer, constituent un matériel bien modeste, si nous les comparons à la puissante machinerie qui est employée dans les pays de plaine. Néanmoins ils ont beaucoup de peine à se répandre dans le pays, à cause des difficultés d'achat, de terrain et de traction.

*Dépense d'achat.* — Bien qu'il soit relativement modeste, le prix de ces instruments effraye beaucoup de cultivateurs. Les fabricants devraient, dans leur propre intérêt, s'efforcer de les livrer avec une réduction qui leur serait possible, s'ils ne s'égaraient pas dans des inventions et modifications le plus souvent négatives. Du reste, la grande baisse du fer et de l'acier permettra de fabriquer ces instruments tout en métal, à des prix de plus en plus modérés.

*Terrains abruptes impraticables aux instruments.* — On cultive, surtout dans les environs des villes, des terrains tellement en pente, qu'ils sont impraticables pour les attelages même de vaches. Alertes comme chèvres, des ânes peuvent seuls tracer un mince sillon sur ces précipices.

Quand ils ne sont pas étagés en terrasses et soumis à une sorte de jardinage, de tels terrains ont bien du mal à payer le travail de l'homme dont l'œuvre est constamment dégradée par les orages. La nature les a faits pour les prés, les bois et pour les arbres fruitiers aux bonnes expositions.

Voilà donc une catégorie considérable de terrains hors de la vraie culture. On ne saurait évidemment recommander pour eux l'outillage de fer.

*Appropriation des terrains de moyenne pente, pour les instruments. Dérochement des champs.* — Préalablement les terres seront purgées des plus grosses pierres roulantes, débarrassées des rochers à fleur de terre. L'extraction graduelle des têtes de roches dans les champs en culture est indispensable pour porter nos chétives récoltes de 8 ou 10 hectolitres par hectare à un rendement double et même triple, aisément atteint dans des pays d'une nature moins fertile mais d'une culture plus profonde. Le petit propriétaire, d'ordinaire si énergique de ses bras, devrait connaître assez du métier de mineur pour enlever quelques roches chaque hiver. Cela lui vaudrait mieux que de perdre tant d'heures précieuses sur les routes des marchés et des foires.

Les pierres extraites seront mises en réserve, soit pour l'agrandissement des bâtiments, conséquence de tout accroissement des produits, soit pour des drainages ou la construction des réservoirs. L'approvisionnement des matériaux ainsi fait de longue main rend ces réparations moins coûteuses. Dans tous les cas, il est fort irrationnel de recourir à des carrières spéciales pour exécuter ces travaux, alors qu'aux champs on a chaque jour des outils brisés par le choc sur quelque roc à fleur de terre.

Il est beaucoup de pays où les cultivateurs laborieux trouvent une bonne vente de ces pierres, pour l'entretien des grands chemins dont le réseau se déploie chaque jour.

*Dessouchements.* — L'abondance de grosses racines de noyers ou même de châtaigniers plantés en plein champ est aussi un obstacle à l'approfondissement des labours. Mais cet obstacle tend à disparaître par l'enlèvement des vieux arbres. C'est avec raison que les plantations sont actuellement reportées sur les bordures. Le sillon en devient plus facile, et la récolte souffre moins des funestes ombrages.

C'est ainsi que, sans aller jusqu'à constituer une couche arable absolument fine, on doit au moins enlever les plus gros obstacles à la marche des instruments.

*Insuffisance des attelages.* — L'insuffisance des animaux de trait est le grand vice de la culture de la région. Celui qui a une belle et forte paire de bœufs, la ménage pour la vente, tout en lui attribuant la nourriture de choix. La généralité des exploitations fait supporter tout le faix du travail à une ou deux paires de vaches. Epuisées par la ménagère et le veau se disputant leurs mamelles, affamées par une maigre ration de foin mélangé de paille, elles restent sans force sous le joug, et ne prêtent à l'homme qu'un insuffisant secours.

Le cultivateur n'est donc pas assez secondé par les attelages. De là, un perpétuel retard dans les travaux. De là, des cultures mal faites, un sol perdu de chiendent. De là, de chétives récoltes. Deux robustes attelages par homme, telle devrait être la règle dans les exploitations susceptibles de donner une grande extension aux fourrages. Un bon laboureur qui a toujours à sa disposition du bétail frais et dispos vaut trois hommes privés d'une telle ressource.

Il n'est pas défendu aux petits exploitants de multiplier

ainsi leurs forces; s'ils veulent bien se prêter un concours réciproque, en associant leurs jougs au moment des grands travaux, ainsi que cela se pratique dans beaucoup de provinces.

*La culture par les instruments s'impose aux exploitations étendues.* — Par leur pente, par leurs roches, par leur boisement, les terrains de la région présentent de réelles difficultés à l'emploi général des instruments perfectionnés. Il est entendu, une fois pour toutes, que nous ne les recommandons que là où ils sont utilisables. Mais alors leur emploi devient d'une inexorable nécessité, pour que le cultivateur aux forces réduites puisse suffire à sa tâche, en l'accomplissant au temps voulu, pour qu'il puisse surtout assurer au sol un ameublissement et un nettoyage que l'outillage à bras est désormais impuissant à lui assurer. Nous en avons la triste preuve dans les exploitations dirigées d'après l'ancien usage, où tout se fait avec un retard croissant. Si le chef de maison est indolent, c'est la misère invétérée ; s'il est vaillant, c'est l'épuisement et la fièvre.

*Les terres profondes et peu en pente à conserver seules en culture, dans les grandes exploitations.* — Suspendue le plus souvent sur les flancs d'un coteau, la petite propriété est ordinairement astreinte au travail de terrains mal aisés. Elle est bien inspirée, si elle demande la consolidation de son sol à de bons arbres fruitiers.

Mais la réduction des familles de cultivateurs, l'accès facile des grains étrangers, imposent aux grandes exploitations la nécessité de renoncer à l'ingrate production des céréales, sur les champs dont la culture est impraticable aux instruments. Lorsque de tels champs occupent les hauteurs, il faut les boiser ; ils donnent ainsi un meilleur rendement qu'en terre, surtout lorsqu'une pente excessive les expose à de fréquents ravinements par les orages. On doit convertir en prairies ces terrains peu profonds, quand ils s'étendent sur des flancs de coteaux, où ils soient accessibles à des dérivations de ruisseaux. Le maître et le métayer ont un égal intérêt à soustraire ces champs médiocres au labourage, pour concentrer le travail et l'engrais sur des terres susceptibles d'un profond ameublissement.

# CHAPITRE II

## Changements successifs dans l'agriculture du Centre

### § *1. Ancienne culture*

*Différence de la culture du Nord et du Midi de la France.* — Les deux antiques récoltes du Nord de la France, le blé et l'avoine, s'alternaient sur les champs de labour. Toutefois la terre qui les avait portés chômait pendant un an ; elle restait en *jachère*, pour être nettoyée et ameublie par une série de labours. L'ordre des cultures pouvait donc être figuré ainsi :

> 1re année : Jachère.
>
> 2e    —    Blé.
>
> 3e    —    Avoine.

Venu des Germains avec la charrue à roues et le système de culture par fermage, cet *assolement* a amené la périodicité des baux de trois, six, neuf ans.

 Le repos du sol prolongé durant une année entière est moins nécessaire dans le Midi, dont le climat est moins favorable aux mauvaises herbes, dont le soleil rend les réactions du sol plus promptes que dans le Nord. Du reste, la moindre étendue des héritages s'y prête moins aisément à une trop longue inaction de la terre. Le repos pendant un printemps étant suffisant, la terre qui le recevait, portait ensuite une récolte l'été ; d'où son nom d'*estiade* ; venait ensuite le blé. Puis on faisait retour à la récolte d'été. Cet assolement était ainsi biennal :

> 1re année, ou estiade : récolte d'été.
>
> 2e    —      hivernaille : blé.

C'est la culture léguée par les Romains, avec le colonage et la petite charrue (1).

Placée entre le Nord et le Midi, notre région a adopté la culture méridionale, avec sa rotation biennale sans jachère complète ; pourtant ce repos prolongé y serait bien à propos avec l'humidité du climat et la petite fertilité du sol.

---

(1) Ils la nommaient *dental*, terme que nous avons conservé au coin de bois adapté à la flèche de notre instrument, pour fendre le sol.

***L'assolement primitif ne convient plus à la situation présente de l'agriculture.*** — Produisant exclusivement du grain, ce mode de culture répondait à la constante angoisse d'autrefois, celle du pain quotidien, alors que le manque de voies d'accès rendait fort précaire le ravitaillement par l'étranger.

Actuellement, que notre récolte soit bonne ou mauvaise, les grands pays à céréales du dedans et du dehors profitent de la mer et des chemins de fer, pour nous envoyer des grains meilleurs et moins coûteux que les nôtres. Les conditions sont donc changées. La nécessité disparue, la culture exclusive des céréales nous apparaît avec ses graves défauts : elle donne de faibles rendements parce qu'elle convient mal à la rudesse de nos hivers, à la variabilité de nos étés. Elle ne fait pas usage de l'alternance des récoltes, cette loi fondamentale de toute bonne agriculture.

***Nécessité d'alterner les cultures.*** — Le retour incessant des mêmes plantes n'épuise pas seulement le sol ; il le livre à l'invasion des mauvaises herbes, s'adaptant à la réitération des mêmes façons de la terre. Il favorise surtout la conservation et la multiplication soit des insectes destructeurs, soit des germes de maladies spéciales aux végétaux sans cesse reproduits.

Tous ces maux sont en partie conjurés par la variété des cultures ; chaque plante demandant certains minéraux en prédominance, les récoltes variées peuvent se laisser des réserves de l'une à l'autre. Le blé trouve mieux à vivre après les pommes de terre qu'après le blé lui-même. Les mauvaises herbes, les insectes, les germes microscopiques de rouille ou de carie, tout ce monde de parasites est comme dérouté par l'espacement à long terme des végétaux qui sont leurs victimes spéciales. Enfin la variété des produits est bienfaisante à l'alimentation des hommes, comme à celle des animaux.

Le retour incessant des mêmes productions amène donc la stérilité, dans les cultures pauvres par l'épuisement du sol, dans les cultures riches par le foisonnement des germes morbides (1).

(1) La prairie et le bois paraissent faire exception à cette loi. Mais

*Introduction de plantes nouvelles.* — Aussi notre assolement biennal primitif sarrasin-blé, n'a-t-il pas conservé sa simplicité absolue. Les premiers changements de culture sont dus à l'importation de la pomme de terre, et à sa vulgarisation, non sans de vives résistances. Venu comme elle du Nouveau Monde, le topinambour s'est vu relégué à un rôle plus modeste où il rend de réels services. Une très ancienne plante, la betterave, reçoit chaque jour une heureuse extension.

Enfin des herbes du tertre et des haies, les trèfles de toute nuance, l'ivraie, l'avoine des prés, etc. ont été l'objet de soins qui les ont améliorées, au point qu'elles ont pu apparaître comme des nouveautés, sur le sol même où elles ont vécu de tout temps, à l'état sauvage.

*Le progrès agricole se caractérise par la culture des fourrages, inconnue dans les temps anciens.* — Les peuples peu avancés en agriculture réservent avec un soin jaloux toutes leurs peines pour la culture de leurs propres vivres, le bétail, même celui de l'exploitation, se nourrissant tant bien que mal de la végétation spontanée. L'utilisation des animaux comme organismes destinés à transformer les plantes en produits supérieurs, ne vient que plus tard, quand l'état agricole s'est déjà perfectionné. En vérité, le profit se mesure sur l'importance même donnée aux aliments des cheptels, sur le souci de leur assurer toute l'année une ration variée, dans laquelle la rudesse des fourrages secs est tempérée par la succulence des verdures et des racines.

*Modèles d'une bonne agriculture.* — Guidés par un sentiment exact des conditions agricoles du pays, munis des avances indispensables à toute amélioration, de nombreux propriétaires de la région, surtout dans la Haute-Vienne, ont su inspirer assez de confiance à leurs métayers, pour les diriger graduellement vers une culture plus rémunératrice, basée sur le bon entretien du bétail. L'expé-

sous sa permanence apparente, la prairie renouvelle sans cesse ses herbes en les variant. Quant à la forêt, la vie des arbres plusieurs fois séculaires recule à de très longues périodes le renouvellement des essences. Néanmoins un défrichement d'arbres feuillus convient mieux à des arbres verts, qu'à d'autres arbres feuillus et inversement.

rience a sanctionné leur œuvre. *Il ne s'agit plus d'inno-ver. Chacun de nous n'a qu'à les imiter, dans la limite de ses moyens.*

*Situation précaire des exploitations stationnaires.* — Malheureusement le progrès ne s'est pas généralisé, surtout dans les exploitations dont les forces ont faibli, et qui n'ont su ou n'ont pu suppléer à la dispersion de la famille, par l'utilisation de nouveaux instruments, et adapter leur mode de culture aux exigences de la situation présente. Leurs récoltes ont un rendement plus pitoyable que par le passé. Bon an, mal an, le pays ne peut pas suffire à sa consommation, bien que la population soit faible, par rapport à l'étendue des emblavures. D'où vient un si triste résultat ?

*Causes des mauvaises récoltes.* — Certes, dans la montagne, la nature est peu clémente aux récoltes autres que les herbes. Trop souvent la gelée flétrit les épis trop précoces du seigle, les grappes trop tardives du sarrasin ; le gros froid glace le froment ; la grêle hache tout, sans compter les maladies, la carie, la rouille. Mais en dehors de ces causes si nombreuses d'anéantissement de notre travail, les chétifs rendements tiennent essentiellement aux causes suivantes :

1° La mauvaise exposition ou la pente excessive des terres, qui les vouent à la stérilité, hors du gazonnement ou du boisement ; le manque de profondeur de la couche arable, exposant les récoltes alternativement à l'excès de sécheresse et d'humidité.

2° Le fumier insuffisant, desséché, lessivé de son nitre, pauvre surtout en phosphate.

3° La saleté du sol dont les bonnes plantes sont épuisées par les mauvaises.

4° La qualité médiocre ou impure des semences, la semaille tardive, la couvraille inégale.

Ces deux premières causes de nos faibles rendements ayant été étudiées, il nous reste à nous occuper des deux dernières.

# CHAPITRE III
### Les mauvaises herbes

*Causes de leur multiplication.* — Les prés et les bois sont des foyers de contagion pour les champs qui en reçoivent par le vent toute espèce de graines. Les terres cultivées sans soin contribuent aussi à infester leurs voisines. Le fumier mal fermenté est surtout un véhicule de mauvais germes qui viennent également des semences mal nettoyées. Enfin les plantes parasites se propagent sur le champ lui-même, par une culture trop continue et souvent trop négligée.

L'humidité du climat, la ténacité du sol favorisent la germination et l'efflorescence de ces innombrables graines funestes, qui sont capables de se conserver en terre pendant des années. Telles sont les causes d'infestation de nos terres. Il n'est donc point nécessaire d'imaginer de mystérieux effets de génération spontanée, pour expliquer la végétation excessive des parasites, dévorant plus d'un tiers de nos *viandes*.

Cernées entre les prés et les bois, nos petites parcelles en labour sont d'un entretien bien plus difficile que celui de ces vastes champs qui s'étendent sans discontinuité sur la plaine, à l'abri de tout voisinage compromettant.

*La culture en usage est peu efficace contre les mauvaises herbes.* — Les procédés ordinaires de culture sont malhabiles et impuissants contre ces ennemis des récoltes. A la moisson, la faucille laisse intacts les chardons, les ravenelles, les fougères, tout ce qui rendrait la javelle piquante ou inégale. C'est autant de semences déplorables pour le champ lui-même et pour ses voisins. D'autre part, le chiendent, l'ivraie, la crête de coq, les bleuets arrivent à maturité en même temps que les récoltes. Leurs graines se répandent sur le sol dans le moissonnage. Mais ces graines ne germent pas immédiatement sur le chaume durci, qui le plus souvent reste intact sous le prétexte d'une pâture aux brebis. Le nettoyage des terres est remis au printemps dont la trop fréquente humidité contrarie cette opération.

Enfin rappelons que la fumure faite au moment même de la semaille favorise l'invasion des mauvaises herbes.

Nous devons corriger avec discernement ces deux vices de notre culture.

### § 1. *Culture plus efficace contre les mauvaises herbes.*

On ne peut se préserver de cet ennemi que par un travail intelligent à prévenir le mal, autant que possible. Prévenir le mal, c'est éviter la chute des mauvaises graines à la moisson ; c'est faire germer sans délais celles qui sont répandues sur le sol ; c'est fumer de telle sorte que les germes du fumier soient éclos et détruits avant la semaille ; c'est intercaler des herbages dans les cultures, afin de nettoyer le champ par la faux et de dérouter les plantes sauvages, qui ont adapté leur végétation au retour trop fréquent de certaines récoltes.

*Moissonner sur le vert.* — Les cultivateurs commencent à moissonner, autant que possible, quelques jours avant la maturité complète, ce qui prévient l'égrainage du bon comme du mauvais grain. Coupant la majeure part du blé à la faux, ils rasent tout sans laisser une mauvaise herbe sur pied. Lorsqu'en employant la faucille, ils ont épargné quelques plantes parasites, ils s'empressent de les faucher après la récolte et de les faire pourrir en tas.

*Nettoyage des terres après la moisson.* — Dès que les gerbes ont été enlevées ou rangées en moyettes sur le champ même, les cultivateurs soigneux font un labour superficiel, travail peu pénible, tant que la terre conserve l'humidité qu'elle avait sous la céréale moissonnée. Ce *déchaumage* est suivi de bons hersages facilitant l'œuvre du hoyau pour l'extraction du gros des herbes et du chiendent, qu'il faut autant que possible utiliser pour la confection de terreaux chaulés, au lieu de les brûler. Mais ce qui est exécrable, c'est d'abandonner ces herbes à demi sèches sur le bord du champ, sans avoir le soin de les comprimer en tas bien foulés. Elles repoussent de plus belle pour livrer leurs graines au vent et infester le champ.

Ceux qui jettent leur chiendent dans les chemins perdent leur engrais.

L'ameublissement du sol favorise l'éclosion des germes qui auraient mal levé sur le chaume durci, si favorable à la conservation du chiendent. Les pousses tendres des mauvaises herbes sont aisément détruites par quelques hersages.

*Labour d'automne.* — Le labour de déchaumage doit avoir peu de profondeur, afin de ne pas enterrer le chiendent et de faciliter la germination des grains. Le premier nettoyage ainsi obtenu est utilement complété par un labour profond opéré dans le dernier beau temps de l'automne, lorsque la fin des semailles rend les attelages disponibles. Ce défoncement livre à la gelée les racines du chiendent les plus tenaces, ainsi que celles des fougères qui pullulent dans la plupart de nos champs. La terre se trouvera ainsi bien préparée pour les pommes de terre, l'avoine et le sarrasin, dont les semailles pourront être rapidement exécutées en leur temps.

*Précautions pour le nettoyage des terres légères.* — Ces travaux faits avec discernement sont les plus favorables à l'appropriation et à la fécondation du sol par les agents atmosphériques. Les terres fortes s'en trouvent toujours bien. Quant aux terres légères, un tel ameublissement peut parfois les exposer au délitement par l'hiver, inconvénient facile à éviter grâce au soin de tasser ces terrains à l'aide du rouleau, après les avoir purgés des mauvaises herbes.

*Dépaissance des chaumes.* — Pour peu qu'il perde la fraîcheur conservée sous les blés, le chaume se métallise si durement au soleil d'août, qu'il faut attendre une ondée pour le labourer. C'est le cas de le faire paître par les bestiaux. Mais quel mauvais calcul de retarder le déchaumage, quand il est possible, pour conserver une dépaissance aux troupeaux. Ce peu de pâture se paie par l'infestation des champs et l'aggravation des travaux ultérieurs ; c'est trop cher.

*Des difficultés du déchaumage.* — Pour cette bienfaisante préparation du sol, il faut de solides charrues, de

vigoureux attelages ; il faut que la fauchaison ne soit pas
remise après la moisson ; il faut que tous les bras ne soient
point absorbés par le battage en grange des gerbes, durant
ces précieuses journées d'août et de septembre. Que ceux
qui, pour l'une de ces causes, restent impuissants à nettoyer leurs terres en temps si propice, ce qui leur donnera
une avance considérable pour les travaux ultérieurs, que
ceux-là désespèrent à tout jamais de sauver leurs récoltes
de la voracité des mauvaises herbes, et de s'arracher à la
misère qui en est le résultat.

Examinons rapidement les plantes adventices, dont
nous avons le plus à souffrir.

*Chiendent.* — Les diverses variétés de cette exécrable
plante, châtiment du mauvais cultivateur, se propagent
plus activement par leurs graines que par leurs radicelles.
Les labours d'été, les fumures pratiquées avant les semailles sont le meilleur procédé de destruction des chiendents.

Même observation à l'égard des *renoncules* nommées
*lepautes* dans le pays. Ce sont encore des plantes qu'il faut
éviter d'enfouir dans le sol où elles périraient difficilement.

*Ivraie.* — Les labours d'été sont également nécessaires
pour cette plante que nous appelons *herbe de porc*. Mais
à l'inverse des premières, elle périt et se décompose par
l'enfouissement. Lorsque le sol en est couvert après la
moisson du sarrasin, retournez complètement ce gazon
par un bon labour ; puis, couvrez le blé à la herse ou au
hoyau. Mauvaise au champ, l'ivraie est bonne au pré. Le
ray-grass d'Angleterre et celui d'Italie sont des variétés
améliorées de cette plante.

*Ravenelles.* — La famille variée des raves et des mou-
tardes sauvages se propage avec intensité par ses nombreuses graines capables de se conserver longtemps dans
le sol. On doit autant que possible provoquer leur germination avant les semailles. Lorsque les sarclages sont impuissants à en préserver certaines récoltes, l'avoine par
exemple, le mieux est de faucher cette céréale en vert
comme fourrage, sauf à la remplacer par du sarrasin. La
faux prévient également la maturité de cette détestable

plante, quand on laisse la terre se reposer pendant deux ou trois ans en herbages.

*Chardons.* — Ceux qui laissent après la moisson les chardons mûrir leurs graines, sont coupables pour leurs terres et pour celles de leurs voisins. Le déchaumage fait germer une partie de ces graines dont les pousses tendres sont aisément détruites par la herse. Cela facilite d'autant l'échardonnage de la récolte suivante.

*Fougère.* — Pour la faire foisonner dans vos champs, ne la moissonnez pas avec la récolte, afin qu'elle mûrisse bien ses graines. Contre ce parasite et beaucoup d'autres, la faux est une arme excellente. *Qui moissonne tôt et fauche proprement ses chaumes, s'évite bien de la peine à nettoyer ses terres.*

*Crête de coq.* — Nous l'appelons *tartaliège*. Elle est la plus mauvaise des mauvaises herbes. Les procédés qui sont plus ou moins efficaces avec les autres plantes nuisibles : déchaumage, labour précédant la semaille, ces procédés sont complètement impuissants contre la crête de coq, dont les graines ne germent qu'à bon escient, alors seulement que les plantes cultivées ont développé leurs racines. C'est sur ces racines que le *parasite* implante ses suçoirs, pour vivre des sucs élaborés par ses victimes. Enfin les autres herbes adventices sont généralement peu nuisibles aux prés, tandis que la crête de coq étend partout ses ravages. Autour d'elle l'herbe est sèche, l'épi vide.

Plante annuelle, la crête de coq se reproduit exclusivement par ses graines, elle pousse après les froids, en avril, quand la sève des bonnes plantes est en activité ; elle fleurit une fleur jaune, et mûrit en mai ses graines s'ouvrant comme des grelots. Dans le fanage du foin, ses grains se répandent en partie sur le gazon ; c'est de la semence pour le printemps suivant ; d'autres tombent du fenil ou de la crèche dans le fumier ; celles qui sont mangées par le bétail échappent en grand nombre à la digestion et se retrouvent intactes dans les déjections. Au champ, l'ensemencement du parasite a été plus qu'assuré par les secousses de la plante, dans le moissonnage et le javelage, sans compter ce qu'apportera la fumure suivante.

L'attaque d'un tel ennemi est difficile au pré autant qu'au champ. Le couper avant sa maturité n'est guère praticable; il faudrait opérer la fenaison, dès les premiers jours de mai. Néanmoins, parmi les nombreux avantages de la fauchaison précoce, le moindre n'est certainement pas une certaine répression de la crête de coq.

Le moyen vraiment efficace est de favoriser le développement des bonnes plantes par des arrosages bien menés et surtout par de bonnes fumures réitérées. La crête de coq qui a grand besoin d'air et de lumière, dans sa très courte existence, est étouffée par le développement de ses voisins.

Tout au contraire, le mauvais entretien des prés, les arrosages à contre-temps, la dépaissance printanière, tout ce qui compromet les bonnes herbes, tout cela est au bénéfice de la tartaliège.

Au champ, les crêtes de coq ne viennent pas sur la terre nue, tant qu'il n'y a pas de voisins dont elles puissent vivre. Elles ne sortent pas dans le sarrasin ensemencé trop tard pour ces plantes mûrissant en mai. Elles foisonnent surtout dans les céréales d'hiver et dans l'avoine, où il est presque impossible de les extirper à la main. La faux seule peut les détruire, en moissonnant la récolte comme fourrage. Quand une terre est par trop infestée de crête de coq, il faut donc l'ensemencer en seigle pour herbage, en trèfle incarnat, en trèfle violet, en un mot en verdures que l'on fauchera avant la maturité du parasite.

Intercaler des herbages dans les cultures, voilà en effet le meilleur moyen de détruire la crête de coq qui cause de si graves pertes à l'assolement continu des céréales ou des plantes sarclées. Les façons données à ces plantes sont impuissantes contre l'herbe maudite qui se garde bien de naître entre les pommes de terre ou les betteraves, dont elle vivrait mal.

La faux maniée avec discernement est en réalité aussi utile que la herse et le hoyau contre une bonne part des plantes nuisibles.

# CHAPITRE IV

### Les Semences

## § 1. *Leur amélioration*

*Les cultures négligées emploient une quantité excessive de semence de qualité médiocre.* — Nous prenons généralement pour la semaille le grain tel qu'il sort du vanneur, mélangé de céréales de nature inférieure, infesté de pois sauvages, de grains noirs, de bluets et de pavots, avec de fines semences d'ivraie et de chiendent. Nous employons par hectare deux hectolitres et demi de ce mélange impur, dont les méchants germes pulluleront encore davantage dans la récolte suivante. C'est presque le double de la semence usitée dans les pays bien cultivés, qui ne confient l'œuvre de la reproduction qu'à des grains améliorés et bien nettoyés.

*Création de variétés productives.* — La qualité et la fécondité des végétaux s'accroissent par les mêmes soins que ceux consacrés à l'amélioration des animaux. On place donc les plantes dans les meilleures conditions possibles de culture et de fumure. Puis à la moisson on choisit les touffes les plus productives ; on y trie les grains les plus gros et les plus lourds, pour la semaille suivante. Ceux-là seuls sont capables de donner au germe une première alimentation vigoureuse. C'est un point de départ essentiel, comme l'allaitement pour les animaux.

On obtient ainsi des variétés d'un rapport supérieur, que l'on peut livrer à la culture courante. Comme pour les animaux, ces variétés s'amoindrissent avec de moindres soins, surtout avec un changement défavorable de climat et de sol.

*Amélioration de semence sur place.* — Il ne saurait être question de cette création de variétés perfectionnées dans les exploitations ordinaires. Mais voici ce qui y est réalisable avec profit. Sans vous exposer aux frais et surtout aux risques d'importation de grains étrangers, soyez attentifs à vous procurer des échantillons des semences améliorées déjà en vogue dans le pays. Confiez-les à la partie du champ la plus ensoleillée, la mieux labourée, fumée et sarclée. Moissonnez à part les épis ainsi soignés ; criblez-en bien les grains, de façon à éliminer les plus légers. Vous aurez une bonne semence pour la récolte suivante, dont la plus-value vous dédommagera de vos peines. Etudiez ce mode de culture ; faites-vous, dans la contrée, la réputation de produire des grains de choix pour semence ; et vous écoulerez vos produits à un bon prix.

La même observation s'applique à la sélection des pommes de terre, des raves, des semences de verdures. Le plus modeste bordier pourrait ainsi accroître ses bénéfices, par une spéculation exigeant du travail, des soins et peu d'argent.

Le parfait criblage des semences est difficile avec nos petits cribles ordinaires. On trouve dans les concours des cribles cylindriques à rotation, qui opèrent le nettoyage et le triage des grains de diverses qualités.

Chaque village devrait se cotiser pour l'achat d'un tel instrument, qui serait vite payé par la plus-value des récoltes.

*Chaulage et trempage des semences.* — Ce n'est pas tout de trier de la bonne, grosse et nette semence. Il faut encore la tremper dans une solution de matières corrosives, chaux ou vitriol, pour la débarrasser des germes de champignons microscopiques qui, adhérant aux grains, développeront plus tard sur les plantes les maladies telles que la carie, le charbon, etc. On ne chaule généralement que le froment. Cependant le seigle serait ainsi purgé de l'ergot, l'avoine de la carie, et le maïs du charbon. En outre ce trempage dans un liquide au moment de la semaille, amollit le grain, et le prépare à la germination. C'est pour cela que nous avons recommandé d'humecter les graines de betteraves, de raves, de choux, de carottes, etc., dans de l'urine ou du purin acidulés de vitriol qui agit comme insecticide.

## § 2. *La semaille*

*Etat convenable de la terre pour l'ensemencement.* — Le sol doit fournir l'air, la chaleur et l'humidité nécessaires à la germination des semences. C'est l'humidité qui peut surtout faire défaut aux semailles de printemps et d'été. Il ne faut donc pas à ce moment semer sur une terre trop sèche, et on doit lui conserver sa fraîcheur, en l'émiettant à l'aide du rouleau denté. L'humidité est au contraire généralement en excès, au moment des semailles d'automne. Elle a pour effet de s'opposer au réchauffement du sol, tout en lui donnant une compacité qui prive les semences d'air et provoque leur pourriture. Il importe donc en chaque saison de ne confier la semence à la terre que lorsqu'elle est en bon état de la recevoir.

*Époque des semailles*. — Il est en chaque localité, suivant l'exposition et l'altitude, un moment propice, au point de vue de la température, pour chaque espèce d'ensemencement. Plus la semaille est retardée sur l'époque favorable, plus les manques à lever sont considérables, plus les risques de perte des germes tendres par la chaleur ou le froid sont grands, plus il faut forcer la dose de semence (1). Malgré ce sacrifice, le préjudice causé par la semence tardive est trop souvent irréparable.

*Semis en ligne*. — La semence doit être également répartie et uniformément enfouie, à une profondeur variable suivant les grains, les terrains, la saison même. Un tel résultat s'obtient à l'aide du *semoir*, instrument un peu compliqué et assez coûteux, qui dépose le grain en lignes, et à la profondeur et à l'écartement voulus, régularité impossible avec le semis à la volée et la couvraille par les outils ordinaires.

L'ensemencement en lignes facilite l'aérage et le sarclage des céréales. L'uniformité de profondeur du grain assure l'uniformité de germination et permet une notable économie dans la quantité de semence employée. Mais le semoir ne fonctionne bien que sur les terres peu inclinées, bien nettes de pierres, de racines d'arbres et de mauvaises

---

(1) L'agronome anglais, Hallett, qui a fait de longues recherches sur la dose des semences de froment, a trouvé qu'au moment le plus propice, en septembre, il réalise le plus grand rendement sur une terre bien amendée, en semant les grains à 17 centimètres les uns des autres en tous sens, à raison de 36 litres de froment par hectare. Puis la dose doit être augmentée à 48 litres en octobre, à 72 en novembre, et à 140 en décembre, pour obtenir des résultats à peu près équivalents.

herbes ; son emploi ne saurait malheureusement se généraliser encore dans la région.

*Couvraille à la herse.* — La couvraille à la charrue est peu favorable à la levée régulière des grains dont une part trop enfouie périt faute d'air, et dont l'autre laissée à nu entre deux sillons se dessèche faute d'humidité, quand les oiseaux ne la mangent pas. Ce mode de couvraille est justement en discrédit. On préfère avec raison enfouir d'abord le fumier ou les mauvaises herbes par un labour à la charrue munie d'un versoir ; puis on sème et on couvre au hoyau, en donnant un vrai sarclage. La herse peut faire un travail aussi bon et plus rapide, en réglant la profondeur du hersage sur la nature du grain, du terrain et sur la saison.

*Résumé.* — Pour économiser la semence, tout en réalisant les plus grands rendements, il faut : 1º que le sol soit bien labouré, nettoyé et fumé.

> *Per troumpa toun vesi,*
> *Sameno clar, fumo espi.*

2º Que le grain soit net et pesant ; 3º que la semaille s'opère au temps le plus favorable pour la localité, la terre étant dans l'état le plus convenable pour la germination. L'excès de semence qui doit être confié au sol, à défaut de ces conditions, suffirait chaque année à alimenter la famille entière des cultivateurs, durant plusieurs semaines, dans bien des exploitations du pays.


# CHAPITRE V

## Plantes sarclées

### § 1. *Pomme de terre*

(Provenant d'Amérique ; importée dans le Centre vers le milieu du siècle dernier.)

*Culture en usage.* — Les pommes de terre, seules plantes sarclées d'un usage général, donnent ordinairement un rendement trop faible pour la qualité du terrain qui leur est réservé. Cela tient autant à l'insuffisance des fumures qu'à la préparation incomplète du sol qui ne reçoit le plus souvent qu'une seule façon, soit à la bêche, soit à la charrue, au moment même de la plantation. L'ameublement de la terre se borne ensuite à un seul sarclage qui est évidemment impuissant à l'aérer et à l'humecter.

Des procédés de culture si sommaires peuvent suffire aux terrains légers redoutant peu le chiendent, s'accommodant mal de la fréquence des labours et sarclages. On ne saurait même en employer d'autres sur les pentes abruptes, que la nécessité seule doit contraindre à travailler, malgré la nature qui les fit pour les prairies et les bois.

*Culture améliorée.* — Les terres fortes, celles qui sont praticables aux instruments, exigent des travaux plus complets pour être nettoyées, ameublies et fertilisées à l'aide du joug. Une bonne préparation implique en effet : 1° un labour d'été destiné à la germination des mauvaises graines et à la dessication du chiendent ; 2° un labour d'automne, dont le but est d'approfondir et de régénérer la couche arable ; 3° un labour pour la plantation.

Dans chacun de ces travaux, l'action de la charrue sera complétée avec discernement par l'emploi de la herse et du rouleau, autant que le temps de la saison, les bras et les attelages disponibles permettront de faciliter ainsi l'œuvre du hoyau.

*Approfondissement du sol appliqué aux plantes sarclées.* — C'est bien le cas d'accroître l'épaisseur de la couche arable, travail dont nous avons indiqué la nécessité pour mettre la végétation dans les meilleures conditions au point de vue de l'eau, et pour la doter d'une nouvelle provision de minéraux. C'est le cas, parce que les pommes de terre, très exigeantes en potasse, peuvent le mieux profiter de ces minéraux vierges du sous-sol. De plus, leur première existence est assurée par le fumier déposé dans la raie, sous leurs germes ; elles ne souffrent donc pas, comme le ferait l'avoine par exemple, de la nature du nouveau sol qui est tout d'abord réfractaire à la végétation, tant qu'il n'a pas été fertilisé par les agents atmosphériques et les sarclages.

La chaux étant très utile pour la désagrégation du sous-sol ramené à la surface, c'est aussi le cas de chauler, quand on le peut.

Ce défoncement serait le moins gênant à opérer en hiver ; mais le temps y est rarement propice dans notre région. Le mieux est de commencer le travail dès la fin des semailles, opération qui peut être très simplifiée par une bonne disposition adoptée pour les fumures. Puis on reprend à la fin des grands froids le bêchage ou le labour, qui n'ont pu être achevés avant leur début. Une excellente pratique consiste à approfondir à la bêche le fond du sillon de la charrue.

Cet approfondissement du sol est souvent donné au moment même de la plantation. Mais il est préférable de l'opérer avant cette plantation pour que le sous-sol mis à l'air ait bien le temps de se déliter.

*Semaille*. — Elle doit être aussi hâtive que le permettent le climat de chaque localité et le temps de la saison. Les germes seront enterrés un peu profondément, pour être mieux abrités des derniers froids. C'est un risque à courir ; mais la plantation hâtive est en général un préservatif contre la maladie qui sévit surtout à l'arrière-saison.

Selon un excellent usage assez répandu dans le pays, plantez les pommes de terre, en fumant sous la raie ; c'est-à-dire, ouvrez à la bêche ou à la charrue un sillon profond ; garnissez-le de fumier ; posez les taillons de tubercules sur le bord du sillon, au contact du fumier ; puis couvrez par le bêchage de la terre ou le tracé d'un nouveau sillon. Ainsi de suite, de façon que les lignes de tubercules soient espacées environ de 0$^m$50 à 0$^m$60. C'est la bonne distance pour les sarclages et la vigoureuse végétation de la récolte.

*Choix de la semence*. — Employez autant que possible de gros et lourds tubercules ; coupez-les à deux yeux pour chaque taillon ; faites ces taillons aussi forts que possible, afin qu'ils puissent imprimer un vigoureux départ aux germes. Pour une même quantité de semence, de gros taillons espacés produisent un rendement plus considérable que de petits morceaux plus serrés en ligne. Surtout n'employez pas des tubercules de faible grosseur. Ils ont moins de fécule ; ils peuvent moins bien nourrir les germes que les gros tubercules très pesants.

*Fumure.* — Donnez aux pommes de terre un engrais aussi abondant que possible, avec l'intention de ne pas fumer la céréale qui suivra. Saupoudrez le fumier de phosphate, s'il vous est possible. C'est une dépense d'une vingtaine de francs par hectare. Si vos ressources vous le permettent, vous serez bien remboursé par une grosse plus-value dans la quantité et surtout dans la qualité de la récolte.

*Façon.* — Si le temps est sec, passez le rouleau après la plantation ; l'émiettement du sol s'opposera à la trop prompte évaporation, ce qui favorisera la germination.

Les façons suivantes sont bien simplifiées par l'emploi de la herse que les bons cultivateurs n'hésitent pas à passer, par un temps sec, dès la sortie des premières feuilles. Attelée à l'envers de la courbure des dents, elle ameublit le sol, sans arracher les germes ; elle facilite l'œuvre du hoyau.

Puis l'usage de la houe accélère aussi le travail complémentaire de ce hoyau, partout où elle est applicable.

La pomme de terre se plaît, comme la betterave, le panais, la rave, dans les terres rendues très fines soit par la nature, soit par le travail. Cette finesse est indispensable pour que ces plantes se développent à leur aise. Leur rendement est pour ainsi dire une question de binage.

Que chacun s'ingénie à accélérer ces façons, en simplifiant l'œuvre du hoyau par l'emploi du bétail. Ceux qui savent user à propos de la houe et de la charrue buteuse, avancent rapidement leurs travaux, alors que les exploitations s'attardant dans les sarclages exclusivement à bras, voient leurs cultures souffrir de l'excès des herbes et du manque d'ameublissement du sol. Des cultivateurs laborieux mais peu avisés s'épuisent ainsi à la peine, sans pouvoir terminer leur tâche en temps utile. Complètement absorbés par la lenteur de leurs procédés, ils négligent les prairies qui ont un si grand besoin de soins au printemps. Leur arriéré ira croissant jusqu'à la fauchaison et la moisson.

*Maladie des pommes de terre.* — Depuis 1843, elles sont attaquées avec des alternatives de recrudescence, par un champignon microscopique, le *perenospora*, dont le vent apporte les germes sur les fanes de la plante. Il les détruit par sa multiplication, puis il passe aux tubercules qui se pourrissent en transmettant la contagion autour d'eux, soit au champ, soit à la cave (1).

*Arrachage.* — La menace de maladie, la crainte de la formation de petits tubercules avec la substance des anciens, surtout en temps humide, toutes ces raisons doivent faire procéder à un arrachage aussi hâtif que le permet la variété de pommes de terre employée. La semaille de blé qui suit, s'en fera dans de meilleures conditions.

*Variélés améliorées.* — Elles sont très nombreuses. Qu'il nous suffise d'indiquer : la *chardon*, tubercule blanc très productif dans le pays ; la *merveille d'Amérique*, énorme tubercule à peau rouge, grands rendements avec ·de fortes fumures ; la *Richter's imperator*, très recherchée pour la qualité de sa fécule.

## § 2. *Betterave*
(Importée d'Italie au moyen-âge)

*Approfondissement du sol.* — L'ameublissement de la couche arable, au moins jusqu'à 0^m40 de profondeur, est la condition expresse de la réussite de la précieuse racine. Comme à la pomme de terre, il lui faut une grande provision de minéraux, une forte réserve d'humidité. De plus son pivot ne se développe bien que dans une assise du sol meuble et épaisse. Cet approfondissement est facile pour les petites surfaces consacrées à cette culture. On l'opère en automne à la bêche ou à la charrue, en bêchant le fond du sillon. On chaule, si l'on peut ; tout au moins on saupoudre le fumier de phosphate. Ceux qui peuvent faire ces avances en sont bien rémunérés (2).

(1) Ce champignon est le même que celui du mildew de la vigne. Le traitement des fanes par une dissolution de chaux et de vitriol, est donc un remède contre le mal, remède peu applicable aux pommes de terre.

(2) A raison de 4000 kil. de chaux à l'hectare, au prix de 15 fr. les 1000 kil. ce serait une dépense d'environ 12 fr., pour une vingtaine d'ares cultivées en betteraves. Il faudrait pour 6 fr. de phosphate.

*Semaille.* — Profitez des premiers beaux temps de la fin de mars ou du commencement d'avril. Comme pour les pommes de terre, ouvrez un sillon à la bêche ou à la charrue, garnissez-le du meilleur fumier possible ; recouvrez-le en bêchant une nouvelle bande de terre, ou en ouvrant un nouveau sillon, de façon qu'il reste une petite dépression du sol au-dessus de la ligne de fumier ; semez-y la graine que vous recouvrirez non avec de la terre, mais bien avec du bon terreau ou des crottins de poule. Cette petite fumure superficielle est deux fois nécessaire : tenant le sol meuble et frais, elle favorise la germination de la graine, sans s'encroûter comme le ferait la terre qui pourrait ainsi s'opposer à la levée des germes. De plus elle nourrit ces germes, alors qu'ils ne peuvent encore atteindre la fumure inférieure, qui est seulement destinée à la seconde période de la végétation des racines. Cette fumure auxiliaire est réellement indispensable pour faire sortir rapidement la plante de la période critique d'éclosion durant laquelle elle court mille risques : la sécheresse, l'excès d'eau, les vers, les puces, les insectes.

Ce terreau se prépare en brassant du fumier bien décomposé avec de la bonne terre ; il doit former une poudre fine, sans présenter des pailles ou des feuilles mal décomposées ; elles serviraient d'abri aux pucerons.

Les lignes de betteraves doivent être espacées de 0$^m$50 à 0$^m$60 environ, comme les pommes de terre. Les sarclages sont plus faciles et le développement des racines est plus considérable qu'avec des rangs plus serrés. Mais semez très dru les graines dans chaque ligne : vous parerez aux manques à lever ; vous aurez du plant pour repiquer soit les vides, soit de nouveaux terrains ; enfin l'éclaircissage graduel de ces racines épaisses dans la ligne, vous fournira un utile fourrage pour tout bétail, en juillet et août ; et vous le pratiquerez jusqu'à ce que les racines soient espacées de 0$^m$20 dans le rang. Cette densité de racines dans la ligne ne nuit pas au développement final de celles qui sont conservées, parce qu'elles sont assez petites pour ne pas se nuire dans la première période de la végétation.

Employez environ de 80 à 100 grammes de graines pour

7

un are. La *globe jaune* est regardée comme la meilleure variété fourragère.

*Sarclage.* — Les femmes et les enfants de la famille doivent s'employer à arracher les mauvaises herbes, aussitôt qu'on peut les distinguer des bonnes plantes. Dès que les betteraves ont la grosseur du petit doigt, on donne un binage très soigné, en procédant à un premier éclaircissage et au repiquage des vides. Avec l'ongle, on retranche le pivot afin qu'il ne se replie pas dans la plantation. Les binages suivants sont plus faciles ; on les pratique en continuant l'éclaircissage.

*Effeuillage.* — Le bien qu'il procure aux animaux ne vaut pas le mal qu'il fait à la plante. Il est absolument mauvais.

***Nécessité de bien fumer et de bien cultiver les betteraves.*** — S'ils sont impraticables pour de grandes surfaces, de tels soins peuvent être parfaitement appliqués aux petites étendues consacrées à cette culture. Lorsque, grâce à eux, quelques lignes de cette plante donnent de grosses et massives racines, leur rendement est plus considérable que celui de surfaces souvent décuples, ne produisant que des betteraves grosses comme des carottes, par suite d'un travail négligé. Concentrez donc l'engrais disponible et la main-d'œuvre réalisable sur une très petite étendue.

***Culture par repiquage.*** — Quand on sème avec les soins indiqués, les-naissances sont assez abondantes pour repeupler les vides des lignes et pour garnir de nouveaux terrains, sans pépinières spéciales. Le repiquage ne donne généralement pas des racines aussi grosses que le semis direct ; mais il dispense des premiers sarclages, les plus onéreux. Il permet d'utiliser les terres qui ont porté des verdures : seigle, fourrage, jarousse, raves en fleurs.

La betterave devient alors une vraie culture dérobée, bien permise à la petite propriété qui a des champs assez propres pour supporter les récoltes continues. Le repiquage se fait sur fumure dans la raie, comme la semaille ; il lui faut du fumier bien consommé, avec du phosphate, s'il est possible.

***Avantages de la betterave pour les grandes exploita-***

*tions*. — L'amélioration du bétail obtenue dans la Haute-Vienne, les bénéfices réalisés par l'élevage et l'engraissement basés en grande partie sur la précieuse plante, l'ardeur de simples métayers à ne pas se laisser rebuter par les exigences de cette culture, tout prouve éloquemment les bienfaits de la betterave pour les grands domaines.

*Avantages pour la petite propriété*. — Lorsqu'au lieu de pâtir tout l'été, les cochons sont bien alimentés de betteraves tendres dès la fin de juin, leur engraissement marche plus vite. Il peut être terminé au commencement de l'automne, ce qui permet un second engraissement avec le reste des châtaignes et des pommes de terre. De là, double fumier, double profit. C'est par ces engraissements continus que les petits cultivateurs de Belgique et d'Allemagne approvisionnent le marché de Paris, au grand détriment de notre agriculture qui soutient mal la concurrence, par suite d'une production lente et ainsi trop coûteuse.

Il n'est pas de propriété si minime qu'elle soit, qui ne doive cultiver quelques bandes de cette plante dans un carreau de jardin, ou sur la bordure de la sole des pommes de terre. Elle donne, sur une superficie réduite, la matière nutritive de grandes surfaces cultivées en fourrages ordinaires. Elle rachète donc l'infériorité des héritages privés d'étendue.

Vraie corne d'abondance, l'utile racine vient autant par la pioche, la bêche et le hoyau que par le fumier ; elle est l'apanage du petit peuple agricole, qu'elle paye au mieux de ses peines.

## § 3. Rave

La rave est une des plus anciennes plantes qui aient été cultivées dans notre pays, où elle faisait les délices de nos pères, les Gaulois. Précieuse par la rapidité de sa croissance et par son aptitude à venir sur nos terres à seigle, elle mérite de voir sa culture reprise et améliorée.

*Culture principale*.— La première quinzaine de juin est le vrai moment de la semaille des raves qui peuvent ainsi succéder aux verdures du printemps, ou occuper une part de la sole préparée pour le blé noir. C'est bien à tort que l'on cultive ainsi fort peu de raves, alors qu'elles seraient si utiles pour suppléer la pomme de terre malade.

Certains cultivateurs ont le soin d'en répandre quelques graines avec la semence du sarrazin ; ils ont bien raison, ces deux récoltes s'associant parfaitement pour le moment de la semaille, celui de la cueillette et pour un même goût des engrais phosphatés.

*Culture dérobée.* — La rave est surtout utile dans notre pays par sa venue sur le chaume du seigle et du froment. Mais à mesure que l'on s'éloigne de l'époque de la semaille la plus favorable, le milieu de juin, la levée de la graine devient de plus en plus difficile. La terre desséchée par l'août fournit moins d'humidité au germe. Les pucerons pullulent de plus en plus, avec la canicule. Voici par quels soins s'atténuent les effets de la semaille tardive.

Labourez, nettoyez le chaume, fumez, semez la graine après la moisson, sans le moindre délai, sans laisser à la terre le temps de perdre la fraîcheur qu'elle avait sous les blés. Accordez à ces raves un peu d'engrais avec du phosphate ; elles vous paieront bien cette avance. Mais l'emploi de la poudre seule est mauvais. Après la couvraille, passez le rouleau denté, afin de conserver l'humidité du sol.

Si à ces soins vous ajoutez celui de faire tremper la graine pendant deux jours, dans de l'urine acidulée de vitriol, les raves ont une première végétation assez vigoureuse pour se sauver des ravages du puceron noir, nommé altise.

Quelques grains de sarrasin, mêlés à la semence, donnent des pousses tendres qui attirent les insectes, et les détournent des raves. Enfin, les pucerons s'assemblent dans les chaumes que la herse accumule, au moment du nettoyage du champ ; on en détruit une bonne quantité en incendiant ces chaumes.

La semaille sans fumier, sur un sol désséché par huit ou quinze jours d'insolation, telle est la cause ordinaire de l'insuccès des semis de raves. Mieux vaut réduire la surface ensemencée, et concentrer tous les soins nécessaires sur une moindre étendue. Du reste, rien d'aussi barbare que ces cultures sans fumure sur des sols médiocres. C'est vouloir n'être pas payé de sa peine.

*Sarclages.* — Les bons cultivateurs ne redoutent pas de herser les raves, avant que leur développement rende ce travail impossible. Le sol en est ameubli, les herbes traçantes sont arrachées. A défaut de cette façon, quelques sarclages seraient bien utiles aux raves, qui pourraient ainsi contribuer à la propreté du sol, comme une vraie plante sarclée.

*Variétés.* — La rave la plus rustique, la *rabioule Limousine,* est petite ; elle sort peu de terre, ce qui lui permet de se conserver en hiver et de donner au printemps un fourrage hâtif. La rave violette d'Auvergne est plus grosse, plus fine, mais plus délicate au froid. Il est prudent de l'arracher avant les grandes gelées. Enfin les espèces les plus perfectionnées, les *navets,* sont plus succulents et plus hâtifs, mais plus exigeants. On les cultive beaucoup en Angleterre sous le nom de *turneps.*

## § 4. Topinambours
### (Importés du Brésil vers le xvi<sup>e</sup> siècle)

*Sa rusticité.* — De toutes les racines, c'est la moins exigeante, la plus résistante aux gelées, aux maladies et aux insectes. Le topinambour vient sans grande culture ni sans grande fumure, sur le sol le plus maigre. Il est vrai que sa production diminue à mesure que les conditions de végétation deviennent plus défavorables.

*Semaille.* — On plante les topinambours comme les pommes de terre et au même temps ; on les herse dès la première sortie des feuilles ; puis on leur donne un sarclage qui est ordinairement suffisant. Les tiges s'élèvent rapidement et étouffent les mauvaises herbes.

*Récolte.* — On les arrache en hiver, à mesure des besoins. Ils viennent fort à point quand les pommes de terre, les raves, voire même les betteraves sont épuisées.

*Reproduction.* — L'arrachage des topinambours laisse toujours dans le sol un nombre de tubercules suffisant pour en assurer la reproduction. Tout au plus faut-il repiquer quelques tubercules dans les places reconnues vides, au moment de la sortie des premières feuilles. Mais quelques soins sont nécessaires pour que la grosseur des tubercules ne diminue pas graduellement, si l'on veut les conserver pendant longtemps sur le même sol. L'arrachage étant terminé, nettoyez bien le terrain, fumez-le au moins avec quelques terreaux. Si, vers la fin de juin, les tiges sont trop touffues, passez-y la charrue, pour qu'elle arrache une partie des jeunes pousses. La plantation peut ainsi être disposée par lignes convenablement espacées.

C'est ainsi que de pauvres terres épuisées peuvent produire une abondance de topinambours, pendant plusieurs années. Il n'est pas de meilleur moyen d'utiliser une part des vastes champs de beaucoup de nos métairies assises sur des terrains peu fertiles. Le topinambour facilite à de telles exploitations l'engraissement des bêtes à cornes, des moutons, des agneaux et des porcs. Sa culture est donc à recommander pour nos landes.

*Récoltes succédant au topinambour.* — La crainte de la persistance de cette plante est une des causes pour lesquelles on hésite souvent à la cultiver. Pourtant il n'est pas de destruction plus facile. Fauchez les tiges dans le cours de l'été ; les tubercules meurent complètement. Les tiges tendres forment un succulent fourrage que l'on peut améliorer, en ensemençant de l'avoine ou de la jarousse au printemps sur les topinambours. Après cette fauchaison le sol devient libre pour du sarrasin ou du seigle.

## § 5. *Racines de moindre importance dans notre région*

La betterave aux domaines bien cultivés, petits et grands ; le topinambour aux métairies faibles de bras ; la rave aux uns et aux autres. Voilà les cultures sur lesquelles doit se porter notre effort principal, en fait de racines. Toutefois il n'est pas mauvais de cultiver, en second plan, quelques-unes des plantes suivantes ; ne serait-ce que pour introduire une utile variété dans l'alimentation, surtout dans celle des porcs, si coûteusement engraissés à grand renfort de son.

### Panais.
(Culture ancienne.)

*Son utilité.* — Cette plante rend les plus grands services en Bretagne, pour la nourriture des chevaux d'élevage et de travail, pour celle des vaches laitières et surtout pour l'engraissement des bœufs et des porcs. Répandu dans toute la France, avec un zèle méritoire, par M. Le Bian, agriculteur breton, le panais a déjà pénétré dans le Centre. Il doit être cultivé comme la plus succulente sinon la plus abondante des racines.

Le panais se conserve en terre tout l'hiver, même par les plus grandes gelées, parce qu'il végète enfoui dans le sol. On l'arrache pour ainsi dire au jour le jour, ce qui dispense de tous frais et de tous risques de conservation. Les racines laissées dans le sol jusqu'au mois d'avril montent en feuilles et fournissent un abondant et succulent fourrage. On garde en un coin du carreau quelques pieds éclaircis pour avoir de la semence ; elle arrive à maturité en août. Comme les graines de l'année germent seules, il est prudent à chacun de faire sa provision.

*Sa culture.* — La préparation du sol et le mode de semence sont les mêmes que ceux de la betterave. Forte fumure, grand ameublissement du terrain sont aussi les deux conditions essentielles de la réussite des panais. On les sème dès les premiers jours de mars en saupoudrant les graines avec de la cendre, leur engrais de prédilection. La levée de la graine est très lente ; elle se fait attendre souvent plus de vingt jours. On emploie 60 grammes de graines pour un are.

### Carotte.
(Culture ancienne.)

*Variété fourragère.* — Outre la carotte rouge destinée au ménage, il existe une carotte blanche à collet vert, qui a une racine beaucoup plus grosse ; les animaux, surtout les chevaux, en sont très friands. Elle est indispensable à l'entretien des poulinières et de leurs produits.

*Sa culture.* — La même que celle de la betterave.

### *Rutabaga ou navet de Suède.*
#### (Importé de Suède vers la fin du siècle dernier.)

*Semis.* — Cette variété de navet est très cultivée dans l'Ouest ; son aptitude à croître sur des terrains argileux granitiques, ses qualités fourragères la désignent pour prendre rang dans nos exploitations soucieuses de tirer un grand profit du bétail.

On pratique les semis en pépinière, à deux ou trois reprises, vers la fin de février et le commencement de mars, afin de se mettre à l'abri des manques à lever. On saupoudre de chaux vive les jeunes pousses pour les défendre des insectes.

On transplante les rutabagas vers la fin de juin sur un terrain bien fumé et ameubli de frais. On opère un ou deux binages dans le cours de l'été. On arrache les racines, avant les premiers froids, après avoir effeuillé en octobre, mais les feuilles flétries seulement.

On recommande la variété : rutabaga de Laing.

### *Choux fourragers.*
#### (Culture ancienne.)

*Variété.* — Les grandes et utiles plantes qui se laissent effeuiller des saisons entières, exigent un terrain bien fumé et préalablement chaulé et phosphaté, s'il est possible. Elles ont deux variétés. Le chou branchu du Poitou est semé en pépinière, dès la fin des grands froids ; il est repiqué en avril ou mai ; il fournit du feuillage, l'hiver suivant. Le chou cavalier de Bretagne est semé en juillet, transplanté en octobre, pour produire durant le printemps suivant.


## CHAPITRE VI
### Céréales de printemps

Notre région en cultive trois : l'avoine, le sarrazin, le maïs, l'orge étant semée à l'automne pour qu'elle ait une plus grande précocité. Ces céréales d'été ont chez nous le précieux avantage d'être préservées des atteintes du froid, si pernicieuses à nos céréales d'hiver. Mais elles ont un grand besoin d'engrais, pour se développer dans leur courte existence.

## § 1. *Avoine*

### (Originaire du nord de l'Europe.)

*Culture en usage.* — On sème communément l'avoine de mars sur un seul labour sans fumure, à la suite du seigle ou du froment succédant aux pommes de terre, afin de profiter des derniers bienfaits de la culture sarclée.

Le manque de nettoyage du sol par un déchaumage d'été, l'absence traditionnelle de fumure, telles sont les causes du faible produit d'une plante qui, grâce au développement de ses feuilles et de ses racines, est susceptible de plus grands rendements (1). C'est donc un mauvais calcul de mal soigner et surtout de ne pas fumer une récolte capable de si bien payer le travail.

*Culture améliorée.* — Parfois on accorde à l'avoine une place de choix, en la faisant succéder aux plantes sarclées, pour l'employer à l'ensemencement du trèfle ou des herbages intercalés dans la culture des céréales. Souvent on la fait venir sur le retournement de ces herbages, ce qui lui procure une sole assez amendée pour qu'elle puisse se passer de fumier.

L'avoine profite donc de cette culture si judicieuse des fourrages alternant avec les grains. Lorsque, faute de cette alternance, on est forcé de faire succéder l'avoine à un blé, il faut au moins nettoyer le terrain le mieux possible par des labours d'été, puis s'ingénier à trouver de l'engrais, soit par l'accroissement de production des fumiers en hiver, soit par la fabrication de terreaux chaulés, avec des mauvaises herbes, des chiendents, des brousses de toute sorte.

*Semaille.* — Les grains de l'avoine étant très inégaux, il convient de trier par des criblages les grains les plus lourds, les seuls capables de bien nourrir le germe. Ensemencez, dès que cela est permis par le temps de la saison et le climat de la localité. Hâtives, les avoines peuvent redouter la gelée ; tardives, elles risquent la sécheresse,

_______

(1) Dans les pays de bonne culture, l'avoine fumée rend en moyenne 60 hectolitres à l'hectare, alors que le blé ne donne que 40 hectolitres.

qui leur est encore plus nuisible. Il y a chez les cultivateurs de la contrée une telle disposition à s'attarder, qu'ils ne sauraient trop se mettre en garde contre cette tendance naturelle.

La couvraille de l'avoine s'opère rapidement à la herse que l'on fait suivre du rouleau. Celui-ci émiette et unit le sol ; il en rend le dessèchement moins intense. On fait également passer le rouleau denté lorsque l'avoine, à ses premières feuilles, est arrêtée dans son développement par le durcissement du sol. On alterne le rouleau avec la herse attelée à l'arrière, à l'opposé de la courbure des dents.

*Sarclage.* — Malgré les soins préparatoires, l'avoine est envahie souvent par les mauvaises herbes, spécialement par la ravenelle et la crête de coq, que nos petits sarclages sont impuissants à extirper. N'hésitez pas alors à faucher le champ pour le bétail, dans le courant de mai, avant la maturité des mauvais germes ; puis à donner un trait de charrue, en vue d'une semaille de blé noir, ce qui ramène au blé destiné à suivre l'avoine.

*Moisson.* — C'est surtout l'avoine qu'il faut moissonner un peu sur le vert. Elle s'égrène moins ; et comme toutes les céréales, elle achève de mûrir en javelle. Quand l'avoine n'est pas trop versée ou hachée par les orages, on gagne beaucoup de temps, en la moissonnant avec la grande faux à râteau.

*Variétés.* — Avoine jaune de Flandre ; grande et belle espèce pour les terrains parfaitement cultivés, elle atteint les rendements les plus élevés. Avoine noire de Brie, très productive. Avoine de Californie, acclimatée dans la région, donne de grosses récoltes sur les bons sols.

## § 2. *Sarrasin*
### (Introduit d'Asie au moyen-âge.)

*Culture en usage.* — On donne au sol deux labours, en avril et en mai, et on le nettoie du mieux possible, à l'aide du hoyau (1). Vers la Saint-Jean, on sème et on couvre avec l'araire.

(1) Nous appelons cela : *pouiccindre* les terres, de *proscindere*, labourer en latin.

Pour réussir, le sarrasin demande des étés chauds et humides. La floraison se fait mal, quand elle s'opère dans le temps brûlant de l'août. C'est pour faire fleurir les blés noirs avant ou après la canicule, qu'on les sème hâtivement durant la lune d'avril, ou tardivement après la lune de mai (1).

Les ensemencements tardifs sont d'autant plus risqués que le climat est plus froid. Ceux qu'on opère sur les déchaumages des blés, réussissent dans la plaine ; mais ils ne donnent que de piètres résultats dans la montagne, où souvent les premières gelées d'automne flétrissent les épis en retard.

La part étant faite à ces difficultés, on est forcé de reconnaître les défauts suivants dans la pratique du pays. La fumure immédiate à la semaille, a un double inconvénient : 1° elle infeste le sol de mauvaises herbes se perpétuant dans le blé à la suite ; 2° elle aggrave et prolonge les travaux de l'ensemencement, alors que le cultivateur devrait être tout aux foins, aux moissons. Charroyer péniblement du fumier, l'épandre, puis semer et couvrir à pas lents, quand le foin se dessèche au pré perdant poids et qualité, lorsque le seigle mûr reste exposé à la grêle, c'est une détestable organisation du travail.

La vogue du phosphate pour le blé noir, s'explique par l'instinctif désir de remédier à ces deux inconvénients. Mais le phosphate est épuisant, quand il est employé seul ; mieux vaut s'en servir comme complément du fumier ; ce qui est son vrai rôle.

*Culture améliorée.* — Nettoyez le champ dès la moisson du blé ; profitez de ce déchaumage pour un semis de raves, si la propreté et la fertilité du sol vous le permettent. Sinon, laissez-le libre pour un labour en automne. La préparation du terrain sera ainsi plus facile et plus

(1) La lune de mai est regardée comme néfaste aux ensemencements du sarrasin, de telle sorte que si elle se prolonge fort avant en juin, elle retarde beaucoup la semaille. Pour peu que la Saint-Jean se passe sans pluie, la terre devient si sèche que le grain y germe mal ; tandis que, plus sauvages, les ravenelles naissent à foison. Alors on regrette d'avoir laissé passer le temps vraiment favorable de la mi-juin, et de s'être effrayé de cette lune de mai, moins coupable qu'on le dit.

prompte au printemps. Vous pourrez aisément épandre le fumier et l'enfouir par un trait de charrue, dès le mois de mai. Les mauvais germes de la terre et du fumier vont éclore ; ils seront assez tendres pour être détruits par les hersages pratiqués pour la couvraille du sarrasin. Enfin, passez le rouleau, afin de conserver la fraîcheur du sol.

La semaille du blé noir s'opérera ainsi très rapidement sans gêner la fauchaison. Ce mode de culture est aussi expéditif que celui en usage ; il amène une meilleure répartition du travail, et il est plus complet. Le sarclage qu'il faut donner à la récolte, est surtout simplifié par la bonne préparation du sol.

*Moisson.* — Le blé noir a surtout le grand inconvénient de retarder l'ensemencement du blé. Il est donc capital d'obtenir une maturité hâtive par l'emploi de variétés précoces, et surtout par l'ensemencement aussi hâtif que le permet le temps de l'année et le climat de la localité.

Il faut surtout effectuer rapidement la moisson. L'emploi de la grande faux à râteau accélère admirablement le travail. On peut l'exécuter à la fraîcheur des matinées, ce qui diminue l'égrainage. Sans doute ce mode rapide de moisson est impraticable pour les sarrasins infestés de ravenelles. C'est le fait des mauvaises cultures de se refuser à toute opération économique. Mais que de gens plus méticuleux que prévoyants, s'attardent, courbés sur leur faucille, à cueillir leur blé noir tige à tige, par effroi de perdre un seul grain. Survienne le mauvais temps fréquent à cette saison, et voilà toute la récolte avariée, germée, dévorée des oiseaux ; alors que le vaillant qui a une moisson assez propre pour la faux, a son grain déjà battu, et son froment semé. Quel est en fin de compte celui qui a le moins perdu ?

La faucille laissant intacts les raves sauvages et les chardons, il est bon de faucher et d'enlever ces mauvaises plantes qui en résistant au retournement par le labour, reparaîtraient dans le blé suivant.

*Variétés.* — Le sarrasin *gris argenté*, que nous nommons *blé noir Breton*, est productif et précoce. Huit jours gagnés pour la récolte, c'est souvent le salut de la grêle !

## § 3. Maïs
### (Importé d'Amérique au moment de sa découverte)

Dans le Pays-Bas on cultive cette plante concurremment avec le sarrasin, pour la production de son utile grain. Le travail est généralement très bien entendu. Les binages approprient le sol et le préparent pour la céréale suivante. Mais la fumure est généralement insuffisante pour cette vorace récolte.

Le maïs est surtout cultivé comme fourrage, dans le reste de la région, où il peut s'ensemencer dès la fin d'avril. Des semis successifs permettent ensuite d'avoir de la verdure à point pendant tout l'automne. Il ne saurait y en avoir de meilleure pour l'étable et la porcherie.


# CHAPITRE VII
### Céréales d'hiver

## § 1. Seigle
### (Cultivé dans les Gaules dès la plus haute antiquité.)

*Nature du sol.* — Le seigle s'accommode des terrains granitiques légers, des terres de bruyères dont il est le produit naturel, et sur lesquelles il donne de meilleurs rendements que le froment.

*Culture en usage.* — Succédant soit aux pommes de terre, soit à l'avoine, soit au sarrasin, il reçoit une petite fumure, avec laquelle il est enfoui tant bien que mal, au milieu du chiendent. A peine est-il délivré du plus gros des mauvaises herbes, par un furtif sarclage au printemps.

*Culture améliorée.* — Nous avons vu, au chapitre des fumures, que pour la bonne organisation du travail, la répression des herbes et la meilleure utilisation de l'engrais, la sole ayant porté des pommes de terre peut ne pas être fumée à nouveau ; celle qui a produit l'avoine doit avoir son engrais immédiatement après la moisson de cette céréale ; enfin la sole du sarrasin recevra seule du fumier au moment de la semaille du seigle. Ce fumier sera enfoui par un trait de charrue, qui retournera le gazon d'ivraie

couvrant le plus souvent le sol, après la cueillette du sarrasin.

Les choses étant ainsi disposées, la couvraille du seigle
peut s'opérer partout au hoyau, ou mieux encore à la
herse qui est plus expéditive. Elle enterre le grain à une
profondeur moyenne de $0^m05$ environ, qui est bien suffisante pour le seigle.

Si le terrain n'est pas déjà labouré en planches, com-
plétez ce travail en ouvrant des sillons d'égouttement avec
l'araire à double versoir. Faites-les aboutir jusqu'aux prairies en contre-bas des champs ; elles vous en seront recon-
naissantes.

*Bonne répartition du travail.* — Tout en étant plus
favorables à la propreté des terres que ceux en usage, ces
procédés allègent la semaille d'une bonne part des lenteurs
de la fumure et de la couvraille à l'araire du pays. Ils
accumulent le moins de travail possible aux journées
courtes et pluvieuses d'automne ; ils peuvent seuls vous
sauver du fléau de l'ancienne culture, qui est la semaille
tardive, livrant nos blés encore tendres à la gelée.

Les ensemencements peuvent ainsi être partout en
pleine activité dès le milieu de septembre.

> *Per Sento crou*
> *Somenaillas pertou.*

Toutefois le travail doit être terminé avant cette époque
sur les plateaux de la région.

*Seigle fourrage.* — La semaille de cette verdure doit
être effectuée, dès le déchaumage des champs. Elle est
précieuse, en ce qu'elle est la première venue au printemps.

*Vitriolage.* — On ne chaule pas la semence de seigle ;
c'est bien à tort ; on détruirait ainsi les germes de *l'ergot.*

*Variétés.* — Le pauvre seigle n'a encore été l'objet d'aucune sélection ; il se perfectionnerait pourtant aussi bien
que le froment. Le *seigle de Russie,* introduit par M. Moll
qui fut si dévoué au progrès agricole, est à recommander ;
il est plus précoce, plus productif que l'espèce commune.

*Seigle de mars.* — On cultive dans quelques parties de

la région, un seigle de mars qui rend moins que le seigle d'hiver ; mais il donne du pain plus savoureux et plus blanc.

## § 2. *Froment*
(Importé d'Orient en Europe dans les temps les plus reculés.)

*Nature du terrain.* — Le froment est une plante des plaines calcaires plutôt que des montagnes granitiques. Il n'y réussit bien que sur les terres fortes profondément défoncées. Il ne veut pas des terres légères ou humides, et encore moins des terres noires de bruyère qui sont plus ou moins acides.

Ce que les céréales d'hiver redoutent et le froment plus que toutes, c'est un sol mal tassé au moment de la semaille, ce qui expose les racines de ces plantes à être déchaussées par l'affaiblissement graduel du terrain. Le froment réussit donc mieux sur la sole des pommes de terre, quand elles ont été arrachées depuis un certain temps, de façon que la terre ait eu le temps de se raffermir.

C'est grâce à la consistance donnée au sol par l'engazonnement, que l'on peut avantageusement cultiver du froment sur des trèfles ou des prairies retournées, en terrains moyennement compacts ; mais à la condition expresse que le retournement du gazon aura été pratiqué assez tôt avant la semaille, pour que le sol soit définitivement tassé, au moment de recevoir le grain de semence. Enfin, ce qui convient par dessus tout à cette plante, c'est une terre motteuse, qui l'abrite en hiver et la chausse au printemps.

Le calcaire sous toutes ses formes, chaux, plâtre, phosphate, est essentiellement favorable à la production du froment par les terrains granitiques.

*Culture en usage.* — Elle est la même que celle du seigle, dont elle partage tous les défauts au point de vue de la mauvaise répartition des fumures et de la concentration des travaux dans les courtes journées d'octobre.

*Culture améliorée.* — Elle doit être ordonnée avec le même discernement que celle du seigle. Dans la région moyenne, la semaille sera bien en train, dès la dernière semaine de septembre.

*Lo lendemo de sent Mathiau .*
*Sameno tu, sameno iau.*

Tous les risques de l'ensemencement tardif dans notre froide région sont laconiquement signalés par le proverbe connu : *Quand réussit la semaille de Toussaint, le père ne doit pas le dire à son fils.*

*Couvraille.* — Il faut autant que possible ensemencer le froment sur le sol disposé par planches, partout où il est humide, ces planches étant dirigées de façon à faciliter l'égouttement du terrain. Il convient donc de labourer de la sorte le chaume de l'avoine, ainsi que celui par lequel on enfouit le fumier et l'ivraie, sur la sole du sarrasin. Puis on couvre au hoyau ou à la herse, mais plus profondément que pour le froment. A défaut de ces planches, pratiquez des raies d'écoulement.

*Variétés de froment.* — L'espèce commune du pays n'est ni très lourde, ni très productive ; mais elle est faite aux rudesses du climat, aux négligences de la culture. Elle s'améliorerait sans nul doute par une sélection persévérante.

L'excellente variété *bleu de Noé* est connue et employée déjà depuis plusieurs années dans la région où elle réussit bien, tout en se montrant cependant un peu moins résistante que l'espèce commune, aux hivers très rigoureux. La supériorité du blé bleu est surtout marquée, quand il vient sur des terres profondes, bien fumées, bien nettoyées. Tant vaut employer l'espèce commune dans les cultures peu soignées. Le blé bleu est précoce ; cette qualité doit le faire rechercher pour les méteils.

Parmi les nombreuses familles de la noble plante, la plus en vogue actuellement est celle que l'on nomme soit *Shireff*, soit *square head*, c'est-à-dire, épi carré. C'est un blé qui a une grosse paille inversable et qui donne jusqu'à 5o hectolitres de grain à l'hectare, sur des terrains de choix, fumés et cultivés suivant les derniers progrès de la science agricole. Sans prétendre à de si grosses récoltes, nous devons néanmoins tenter d'énergiques efforts pour améliorer notre production de blé ; sinon, la concurrence étrangère finira par rendre cette production tout à fait onéreuse.

*Froment de mars.* — Dans les plaines, on sème des blés de printemps ; ils sont peu cultivés chez nous, où ils ne paraissent pas devoir présenter un grand intérêt.

*Méteil.* — Le mélange des deux grains est applicable aux bonnes terres de froment épuisées par la mauvaise culture, ou aux terres de seigle améliorées par le travail et les fumures. Il y a progrès dans un cas, recul dans l'autre.

Protégé par les hautes tiges de seigle, le froment se trouve comme sous un châssis ; il mûrit plus vite que lorsqu'il est cultivé seul.

## § 3. Orge et Avoine d'hiver

(L'orge est originaire du nord de l'Europe.)

*Culture en usage.* — Ces deux plantes ont peu d'importance dans la région ; elles y sont, en général, assez mal cultivées. On les sème par un simple labour sur un chaume de seigle ou de froment, dans une partie de la sole du sarrasin. Celui-ci les remplace immédiatement après leur récolte. On ne saurait imaginer rien de plus salissant et de plus épuisant que cette continuité de céréales.

*Orge.* — Par sa précocité, l'orge est d'une grande utilité. Il importe donc d'en cultiver quelques ares dans chaque exploitation. Un complet nettoyage du sol, une fumure enfouie à la charrue, puis la couvraille au hoyau ou à la herse, amélioreraient la production de la plus précoce de nos céréales.

Une variété anglaise, l'orge chevalier, est en grand renom depuis quelques années. C'est une orge de printemps, convenant également comme céréale d'hiver.

*Avoine d'hiver.* — Elle donne d'excellents résultats sur le retournement d'un gazon de prairie sèche. Quand on la cultive à la suite d'un blé, il faut, comme pour l'orge, bien nettoyer le sol. Enfin l'avoine aussi bien que l'orge doit être suivie d'une culture de raves, et point par une autre céréale.

Les variétés de l'avoine de printemps donnent aussi de bons résultats comme avoine d'hiver.

*Sarclage des céréales d'hiver.* — La couvraille au hoyau usitée par beaucoup de cultivateurs doit être combinée avec un hersage qui accélère l'œuvre de l'outil à main. Cet excellent procédé permet un dernier nettoyage des mauvaises herbes, qui simplifiera les sarclages du printemps. Il ne serait pas mauvais de profiter alors du premier temps sec de mars pour herser et rouler ces céréales. A la grande désolation de ceux qui font pour la première fois ce travail, quelques pieds de la récolte sont arrachés, çà et là, avec les herbes traçantes, mais la plante talle plus vigoureusement. Le rendement et la propreté des champs s'en ressentent favorablement. Les céréales résistent mieux aux sécheresses du printemps, qui leur sont souvent si défavorables.

Quand la végétation est plus avancée, il est bon de procéder à l'échardonnage et à l'arrachage des ravenelles, des bluets et des crêtes de coq, travail rendu facile par la série de travaux indiqués. On peut les exécuter en majeure part, à l'aide du bétail, ce qui rend de tels procédés de culture plus efficaces et plus prompts que les façons données toutes à la main.

# CHAPITRE VIII

## Moisson et Battage

### § *I. Moisson*

*Machines à moissonner.* — Ce lent travail s'opère actuellement avec rapidité dans la plaine, à l'aide d'une machine qui rend la gerbe toute liée. Mais coûteuse et fragile, difficile à déplacer par nos mauvais chemins, très pénible à traîner sur les parties montantes de sa piste, la moissonneuse n'est guère un engin de montagnes, ainsi que j'en ai fait l'épreuve. Le vrai progrès pour nous serait d'employer la faux partout où cela est praticable (1).

(1) La faux à céréale est armée d'un râteau; elle est plus longue de fer et de manche que notre faux des prairies. Plutôt que de chercher à adapter celle-ci au travail de la moisson, mieux vaut acheter la vraie faux de la Beauce; elle coûte 12 francs.

*Fauchage du froment.* — Sous notre humide climat, les céréales d'hiver, le seigle surtout, prennent une hauteur de paille telle que leur fauchage est excessivement pénible. Il devient impraticable, quand les tiges sont courbées ou enchevêtrées par la grêle, la pluie ou le passage des troupeaux, lorsque la récolte est envahie par les chardons, les raves sauvages, dans tous ces cas où un mauvais travail au début contraint à un travail final plus mauvais encore.

Ces exceptions admises, la faux travaille bien dans les froments de moyenne grandeur, aux pailles droites et serrées. Le moissonneur doit alors *faucher en dedans*. A l'inverse de l'herbe, les tiges coupées sont déposées par le râteau, toutes droites, appuyées sur le froment non encore moissonné. Des femmes ou des enfants suivent le faucheur pour saisir la javelle à l'aide de faucilles, et la déposer en ligne sur le côté libre de la piste.

Un faucheur vigoureux et exercé coupe des rangs larges de quatre mètres ; secondé par deux aides, et travaillant quatre heures le matin et trois heures le soir, il fait l'œuvre de deux actifs moissonneurs courbés le jour entier sur leur faucille.

*Fauchage de l'avoine, de l'orge et du sarrasin.* — Le travail devient plus facile pour les petites céréales moins dures à couper, moins pesantes à déverser. Elles se *fauchent en dehors*, comme l'herbe, en formant un andain continu. Des aides prennent l'andain ; ils le disposent en javelles pour l'orge et l'avoine, en moyettes pour le blé noir. Pour ces petites céréales, un bon faucheur fait l'œuvre de trois moissonneurs, même en ne fauchant que le matin et le soir.

Outre l'avantage de la rapidité, la faux coupe plus ras que la faucille. Le gain de la paille est notable ; le chaume est net de toutes mauvaises plantes.

Chaque famille ou du moins chaque village devrait posséder une faux à râteau ; les hommes robustes se feraient honneur de leur habileté à manier cet utile instrument. La durée de la moisson réduite de quelques jours, il n'en faut pas davantage pour échapper à la grêle.

*La moisson sur le vert et les moyettes.* — Sous la menace du mauvais temps, nous avons adopté deux excellentes mesures pour le blé noir. Nous le moissonnons avant sa complète maturité, alors qu'il est encore vert, ce qui prévient l'égrainage ; puis nous le dressons en *moyettes*, que nous appelons *demoiselles*, pour qu'il achève de mûrir en séchant, malgré l'humidité ordinaire de la saison.

Il est avantageux de procéder ainsi pour les grandes céréales, et d'en commencer la moisson, aussitôt que le grain prend de la consistance, en cessant d'être laiteux. La paille est moins dure à couper, l'épi moins prompt à s'égrainer ; les mauvaises herbes sont englobées dans la javelle, avant d'avoir mûri et ensemencé leurs exécrables germes.

Mais il y aurait danger de moisissure à engranger trop vite une telle récolte ; d'autre part, on ne peut la laisser exposée aux intempéries. Alors, liez les gerbes, aussitôt la javelle coupée, surtout si le temps est menaçant ; dressez les gerbes en l'air, réunies par faisceaux au nombre de neuf ; puis coiffez cette pyramide avec une dixième gerbe étalée en chapeau. La moyette est formée. On facilite l'opération en serrant la touffe des épis des neuf gerbes, à l'aide d'une corde que l'on retire, dès que la coiffe est en place.

Fig. 5. — Moyette.

*Amélioration de la paille et du grain en moyettes.* — Les gerbes n'étant pas serrées par le bas, l'air circule dans la masse. La paille se dessèche graduellement en se boni-

fiant comme fourrage. Le grain n'est pas saisi et durci par
l'ardeur du soleil ; il achève sa maturité avec la dernière
sève des tiges, en acquérant du poids et de la valeur nutritive. Les moyettes étant bien faites, le grain peut résister à de longues averses, sans moisir ni germer. Toutefois
les gerbes seront d'autant moins volumineuses que la
paille sera moins sèche et plus herbeuse. Ce n'est pas un
mal ; tant nos gerbes sont lourdes à manier. La moisson
acquiert plus de sécurité et même plus de rapidité en saison pluvieuse. Plus de javelles à retourner après chaque
averse, soins absorbants et souvent impuissants à préserver la paille de moisissure et le grain de la germination.
Plus de gerbes à engranger toutes humides, sous la menace d'un orage. Plus de fermentation dans les gerbiers.

Très pratiqué sous les climats humides, ce mode de
moisson est usité dans le Bas-Limousin. On y range les
moyettes bien en ligne, de façon à ne pas gêner le déchaumage immédiat. Les gerbes ne sont enlevées qu'autant
que leur dessication est suffisante pour que le battage en
soit facile.

## § 2. *Battage*

*Fléau.* — Il est d'un travail pénible ; il laisse dans l'épi
une notable quantité de grain ; sa lenteur même est une
cause de gaspillage. Quel mal ne cause-t-il pas aux autres
travaux, quand il absorbe tous les bras durant les belles
journées d'août et de septembre, ou qu'il occupe tout le
monde en hiver, faisant négliger l'œuvre capitale de
la confection du fumier, par un abondant approvisionnement de litières. Il n'a qu'une excuse, c'est de conserver
intactes les pailles nécessaires à l'entretien des toitures en
chaume. Le seigle devra donc continuer à être battu au
fléau, partout où il est nécessaire pour cet usage. Mais
toutes les autres récoltes : froment, avoine, sarrasin, toutes
devraient être battues mécaniquement.

*Machines à battre.* — Les frais du battage à la vapeur
sont largement payés par les excédents de grains obtenus
à l'aide d'un battage plus complet, par le parfait vannage
et le triage de ce grain en qualités propres à la semence,

à la vente, à la consommation du ménage, à l'alimentation du bétail. L'extension des entreprises de battage serait donc un grand bienfait pour notre agriculture dont elle allégerait les travaux en automne, au moment le plus chargé de travail de toute l'année.

***Conservation des pailles au dehors.*** — Enfin les pailles peuvent être dressées au dehors en paillets aussitôt leur sortie de la machine. Elles y sont moins attaquées par les rats qu'à la grange. Le gerbier reste disponible pour les excédants de foin ou de regain.

# CHAPITRE IX

### Les Verdures

***Leur utilité.*** — Le grand mal de la culture ordinaire de notre région, le véritable obstacle au profit, c'est la misère extrême de notre bétail pendant l'hiver. Il est ordinairement réduit à une maigre pitance de paille et de foin médiocre, qui étiole les veaux et arrête leur croissance, épuise les vaches et les laisse sans lait, sans force au travail. Les bêtes se relèvent un peu de ce dépérissement par la dépaissance d'automne, mais le retour du froid ramène le retour des privations. Peu de travail, peu de fumier, peu de profit de cheptels ; tel est le résultat de cette alimentation parcimonieuse suivant l'antique tradition. Ajoutez à cela qu'au prix actuel, le foin constitue la plus coûteuse des rations.

Tout au contraire, la belle venue des élèves, la puissance des attelages, l'abondance et la qualité des engrais, les grosses récoltes, les bons prix de vente, tous ces profits viennent récompenser celui qui a assez de discernement pour nourrir à l'étable son bétail *au vert* durant l'hiver et le printemps au moyen des racines et des verdures.

***Légumineuses.*** — Les haricots, les pois, les lentilles, constituent une famille de plantes que le botaniste L. de Jussieu a nommées *légumineuses*, à cause de leur importance alimentaire. Les vesces se rattachent à cette famille, ainsi que la vaste tribu des fourrages à trois feuilles, celle des trèfles.

*Plâtrage des légumineuses.* — Certes le plâtre convient par ses deux éléments, chaux et acide sulfurique, à toutes les récoltes possibles sur notre sol granitique tant affamé de calcaire sous toutes ses formes. Mais il réussit spécialement aux légumineuses, pour lesquelles il faut l'employer au printemps, autant que le permettent nos ressources.

### § 1. *Trèfle incarnat, Vesces.*

*Trèfle incarnat.* — Nous l'appelons improprement *luzerne*, nom qui doit être réservé à un autre fourrage bien supérieur. La culture de cette plante pouvant venir à la dérobée entre le blé et le sarrasin, devra recevoir une grande extension avec les progrès dans le nettoyage des terres et l'accroissement des fumures. Son rendement et surtout sa valeur nutritive sont en raison des engrais qui lui sont attribués.

*Vesces.* — Voilà toute une famille de plantes donnant d'excellents fourrages dont l'extension est très souhaitable. Elles se nomment *jarousses* dans le pays. Ce nom est réservé par les botanistes à des plantes voisines.

On cultive surtout dans la contrée la vesce d'hiver à fleurs mélangées de bleu, de blanc et de rouge, à graines anguleuses. Quand elle est semée hâtivement sur un sol bien préparé, elle résiste aux hivers même rudes. Dans tous les cas, l'avoine qu'il convient de lui ajouter dans la proportion d'un quart, reste comme récolte.

On cultive en Auvergne une petite jarousse qui est, à vrai dire, *la lentille à une fleur*. Cette jarousse n'est pas très productive, mais elle est moins difficile sur le choix du terrain que les plantes de sa famille. Elle s'accommode bien des sols légers et schisteux.

Il existe une variété de vesce qui, semée en mars ou en avril, mûrit en juin et juillet. Peu connue dans la région, cette vesce printanière mériterait d'y être adoptée. Elle est très utile pour remplacer le trèfle quand il a manqué, ou pour subvenir à la récolte de foin, quand elle s'annonce mal.

*Culture.* — Un ensemencement hâtif, sur une terre

bien déchaumée, nettoyée, fumée et non encore desséchée de la fraîcheur qu'elle avait sous les blés, telle est la condition de la réussite de ces verdures. L'emploi de la herse accélère la couvraille ; puis le rouleau denté viendra émietter le sol et le mettre en état de conserver son humidité, pour favoriser la germination.

## § 2. *Trèfles violet, blanc, hybride*

*Végétation naturelle*. — Nous avons plusieurs variétés de cette plante parmi nos herbes : le *trèfle blanc*, qui végète sur les terrains incultes ; le *trèfle élégant* à fleurs roses, dont les touffes se montrent dans nos bonnes prairies. Le trèfle appelé indistinctement *violet* ou *rouge*, que nous ensemençons sur nos terres, paraît avoir reçu les premières cultures en Hollande. C'est de là qu'il s'est propagé. Son introduction dans notre pays date au plus du commencement de ce siècle (1).

*Lassitude du sol pour le trèfle violet*. — Cette variété est beaucoup plus productive et nutritive que nos espèces sauvages. Mais un trèfle violet, même très dru dans sa première végétation, se dégarnit dès la deuxième année pour se réduire à quelques touffes isolées au milieu des mauvaises herbes, vers la troisième année, résultat fatal quelques soins qu'il reçoive. De plus, le même terrain ne devient apte à porter le trèfle de nouveau, qu'après une période de plusieurs années, même à l'aide des fumures les plus abondantes et les plus complètes en toutes substances nécessaires aux plantes. Ce fait encore mal expliqué tiendrait-il à ce que cette succulente mais exigeante plante veut une élaboration spéciale de ses aliments, qui ne s'effectuerait qu'à la longue dans le sol ?

Quoi qu'il en soit, ménagez les facultés productives de votre terrain pour le trèfle. N'y faites revenir ce fourrage que tous les huit ou dix ans, et pour en augmenter le

(1) Un émigré ayant rapporté des graines de trèfle d'Allemagne, n'avait cependant pu réussir à les faire germer dans notre pays ; quand, en mourant, son métayer lui avoua avoir fait bouillir ces graines avant de les ensemencer, pour ne pas infester son champ d'une mauvaise herbe nouvelle.

produit, rendez la couche arable profonde, meuble, en la fertilisant par le calcaire et le phosphate. Ne le conservez qu'un an à moins de le cultiver avec d'autres plantes fourragères.

*Semaille.* — On ne sème guère le trèfle sur une terre nue, parce qu'il est bon qu'il soit protégé par une céréale dans sa première végétation. Ce mode de culture diminue du reste le prix de revient du fourrage. Mais cette céréale ne doit pas être trop touffue, pour ne pas étouffer le trèfle naissant ; ce qui fait choisir l'avoine de mars, de préférence au froment et surtout au seigle. De plus, cette avoine devra autant que possible succéder à une plante sarclée, qui assurera au fourrage un sol meuble, nettoyé des mauvaises herbes, bien fumé et parfois chaulé.

Sous notre climat, les gelées tardives de printemps sont excessivement funestes au trèfle naissant. La graine ne doit donc être confiée au sol, qu'après la fin probable de ces gelées, en chaque localité. Ensemencez donc l'avoine en temps voulu pour cette céréale, en donnant encore un dernier nettoyage au sol. Puis attendez la fin de mars ou le commencement d'avril, pour la semaille du trèfle. Choisissez autant que possible un adoucissement du temps, faisant prévoir ces premières pluies tièdes du printemps. Répandez la graine en deux fois, comme cela se doit faire pour toute graine légère. Opérez la couvraille en passant le rouleau denté, si la terre est assez sèche, en promenant un fagot d'épines ou une herse très légère, si le sol est un peu humide. Mais ce serait trop de négligence de laisser la graine sur le terrain.

Surveillez bien la levée, prêt à recommencer le semis, si elle s'opère mal par le fait du froid ou des limaçons.

Quand on use de telles précautions sur un sol bien amendé, il suffit de 12 kilogr. de bonne graine de trèfle par hectare, pour avoir une germination compacte et homogène ; soit de 15 à 18 kil. pour les terres moins bien tenues.

Après la moisson de l'avoine, le trèfle doit couvrir presque complètement le sol. C'est le vrai moment de le plâtrer. L'amendement donne à sa végétation une vigueur telle, qu'il n'est pas rare que l'on puisse faire une bonne coupe, vers le mois d'octobre. Ce fourrage savoureux est alors très précieux pour soutenir les attelages surmenés par les travaux des semailles. Si les derniers coups de faux ne sont pas trop tardifs, le trèfle a le temps de se faire une toison nouvelle qui protège ses racines contre l'hiver.

Il importe à tous les points de vue de ne pas laisser le gros bétail ni les moutons pénétrer dans les jeunes trèfles. La plante est si tendre, qu'elle peut recevoir beaucoup de mal des animaux ou leur en faire davantage. On ne saurait trop prémunir les bergers contre les dangers de la météorisation pour le bétail. (Voir II⁰ Partie : Météorisation.)

*Coupes.* — L'année suivante, on fauche deux fois le trèfle qui donne d'abondantes récoltes. A la seconde coupe, on laisse mûrir un carreau du champ, pour recueillir de la graine. Cette graine en bourre réussit toujours mieux que celle du commerce, qui est souvent vieille, stérilisée par le décorticage au tour, ou infestée de *cuscute*. De là l'insuccès de beaucoup de semis de trèfle.

*Pâturage de la dernière pousse.* — Quand on ne veut garder le trèfle qu'un an, on peut en faire pacager la dernière végétation, en ayant le soin de n'y amener les animaux, qu'après que leur première faim a été assouvie, afin qu'ils s'en repaissent moins avidement. Puis on retourne les détritus de l'herbage enrichis des déjections des animaux. C'est un engrais suffisant pour une bonne récolte de froment, sans addition de fumier. Rappelons que le retournement du trèfle se fera assez à temps avant la semaille, pour que le sol soit bien tassé au moment de l'ensemencement de la céréale.

*Trèfle blanc.* — Cette variété à fleur blanche est très vivace ; elle ne donne guère qu'une coupe au printemps ; puis elle fournit une dépaissance, tout le reste de l'année. Semé rarement seul, le trèfle blanc est fort utile pour la constitution d'herbage d'une certaine durée.

*Trèfle hybride.* — Cette variété cultivée en Suède est intermédiaire entre le trèfle violet et le trèfle blanc, comme production et comme durée ; elle est également très utile dans les mélanges de fourrages.

## § 3. Luzerne. — Lupuline.

***Terrain propre à la luzerne.*** — Cette admirable plante a été importée d'Asie dans l'antiquité. Elle donne les coupes les plus abondantes, les plus nourrissantes durant de longues années. Mais elle est la plus exigeante sur la nature du sol. Il lui faut un terrain riche, meuble, profond et surtout très perméable. La moindre humidité stagnante détruit ses grosses racines.

La réussite complète d'une luzernière est donc chose difficile dans les terrains argileux et compactes, surtout lorsque la rudesse du climat peut détruire les jeunes plantes au début. On serait imprudent de tenter une telle culture sur un sol granitique qui ne serait pas très ameubli par le travail et le chaulage. Néanmoins il convient d'ajouter une certaine quantité de graines de luzerne au mélange de fourrages, et cela en quantité d'autant plus grande que le sol est meilleur, et l'exposition moins défavorable. On obtient ainsi, à tout hasard, quelques pieds isolés qui font bonne figure.

La *lupuline*, également nommée *minette, trèfle or*, à cause de la belle couleur de ses fleurs, appartient au genre de la luzerne ; elle vient parfois à profusion dans les récoltes durant les années humides, couvrant alors le chaume de ses fleurs jaunes. Enfin le phosphatage des prairies humides fait pousser le trèfle-or comme spontanément, tant ses semences abondent dans le sol granitique. Cette herbe n'est pas de première qualité. Si le bétail la mange avec avidité dans sa première fraîcheur, il la néglige quand elle devient coriace. Mais en raison de sa rusticité et de sa sauvage croissance, la lupuline doit trouver place dans le mélange de fourrages.

## § 4. Sainfoin
### (Originaire d'Asie.)

***Son terrain.*** — Le sainfoin ne croît pas à l'état naturel sur le sol granitique comme les plantes précédentes. Sa patrie est dans les plaines calcaires et arides. Plus nos terrains s'approchent des terres aigres de bruyère, et moins il y pousse volontiers. Mais il a une qualité précieuse, il est peu météorisant, ainsi que l'annonce le titre de sain qu'il porte justement. Il est très succulent et de longue durée ; sa graine est relativement peu coûteuse ; autant de raisons sinon pour le semer isolément, du moins pour le cultiver à l'état de mélange partout où le terrain a reçu des chaulages.

*Cuscute*. — On voit souvent les trèfles et les luzernes envahis par des sortes de taches rougeâtres. Ce sont de nombreux filaments qui s'implantent sur les tiges des fourrages, en vivant à leurs dépens au moyen de suçoirs par lesquels ils aspirent leur sève. Telle est la cuscute, vrai type du parasite dont la graine infeste celle du trèfle.

Plante annuelle, la cuscute ne reparaît pas l'année suivante, si on prévient sa maturité. Le seul moyen de destruction consiste donc à tondre la tache très ras, *dès qu'elle apparaît*, en l'agrandissant pour ne laisser aucun filament inaperçu. On coupe de nouveau le fourrage, lorsqu'il a poussé de nouveau, dans la crainte de nouvelle apparition du parasite, dont la faux ou la faucille est le seul et vrai adversaire.

Les graines de cuscutes, étant très coriaces, résistent à la digestion des animaux, il faut donc faire pourrir en un coin le fourrage contaminé, et ne pas le donner au bétail, dans la crainte de réensemencement par le fumier.

Les graines du commerce sont maintenant tellement infestées de cuscute, que chacun doit tâcher de récolter chez lui la semence qui lui est nécessaire, sur des trèfles bien sains.

Une variété de la cuscute est du reste indigène ; elle pousse sur la bruyère et sur le petit ajonc des châtaigneraies. On aurait tort d'en négliger la destruction. Si on la laisse prendre pied dans le pays, adieu le trèfle.

# CHAPITRE X
## Graminées et Prairies temporaires

### § 1. *Graminées les plus communes sur le terrain granitique*

*Leur prédominance dans nos prairies*. — La plupart des

herbes de nos prés ressemblent à nos céréales par la disposition des chaumes et des épis. Comme elles, elles appartiennent à la famille des *graminées* ou plantes à *grains*, famille nombreuse et surtout utile à l'homme. Les céréales sont même représentées dans cette végétation spontanée par des plants du même genre, dont elles semblent dériver par une lente transformation due à la culture, à travers la durée des siècles. Ainsi le froment a plusieurs caractères communs avec le chiendent, qui pourrait bien être son ancêtre. L'orge, l'avoine ont chacune des variétés peu différentes d'elles-mêmes. Mais ce qui caractérise les plantes des prés, c'est qu'elles sont *vivaces*, c'est-à-dire que sans être absolument permanent, leur *chaume* constitue un *gazon* qui ne meurt pas forcément après la maturité des épis, vitalité perdue par nos céréales dans leur domestication.

D'après les nombreuses analyses de foin de la Haute-Vienne, faites par M. Barral, ce regretté champion du progrès agricole, les graminées dominantes dans nos bons prés sont : la *houlque laineuse* et la *flouve odorante*. La première tire son nom des poils soyeux dont toute la plante est couverte. La seconde, qui- est une plante des bois autant que des prés, se caractérise par la douce odeur qu'elle prend en séchant. Ces deux bonnes plantes constituent environ le tiers des fourrages de nos prés bien assainis.

Viennent ensuite une série de graminées qui épient comme l'avoine. Leurs grains sont répartis sur divers pédicules, au lieu de se grouper autour d'un axe unique, comme ceux du blé. Ce sont : le *fromental ;* la *fétuque* à qui un gazon fin et touffu a valu le nom de *barbe de capucin* ; le *paturin,* dont les épillets sont très étalés ; le *brome,* qui a les plus longues barbes à ses épis ; les *agrostis*, dont les panicules sont plus fines et plus serrées ; la *brise*, aux épillets en forme de petites lentilles, tremblant à l'extrémité de longs pédicules ; le *dactyle*, caractérisé par l'agglomération de ses épis en pelotons ; puis l'ivraie, reconnaissable à ses épis comprimés le long de sa tige ; la *cretelle*, qui a une même disposition d'épis ; la *fléole*, munie d'un épi.cylindrique, plus doux et plus fin que celui du vulpin, également cylindrique mais plus barbu.

Cet ensemble de graminées secondaires compose environ le second tiers des fourrages de nos prés.

Le dernier tiers comprend : des légumineuses, *trèfles*, *minettes* et *gesses* ; des *composées*, *jacée*, ou *centaurée noire*, plante haute et coriace, épiant comme les chardons ; des marguerites ; des *plantaginées*, dont les plantains se montrent surtout dans les regains ; des *labiées*, famille d'herbes odorantes, et malheureusement des *rhinantacées* avec la crête de coq ; des *cypéracées*, qui comptent les joncs et les carex.

Telle est la nomenclature succincte des innombrables plantes de nos prés, où les graminées tiennent la première place par l'importance et la qualité de leurs herbes. Délicates et inconstantes, les légumineuses n'y occupent qu'un rang secondaire, forcées par leur nature exigeante à de fréquents déplacements, à moins qu'un vigoureux phosphatage ou plâtrage ne vienne surexciter l'aptitude du sol à leur égard.

*Graminées améliorées par la culture.* — La plupart de ces herbes ont acquis plus de développement et de qualité par la sélection. Ainsi l'*ivraie*, *herbe de porc*, a donné les excellentes variétés du *ray-grass* (mots anglais signifiant *rayonnante herbe*) anglais et italien, plantes qui fournissent trois et quatre coupes, pendant plusieurs années, sur un sol bien fumé. Le fromental et le dactyle se sont également améliorés par les soins.

La culture de ces graminées ne saurait être conseillée à l'état isolé, à cause des risques d'une mauvaise ou inégale levée. On amoindrit ces risques, lorsqu'on les sème en mélange.

## § 2. Prairies temporaires

*Engazonnement périodique des champs.* — Les difficultés de l'agriculture qui croissent en tous pays, imposent en premier lieu la réduction des frais d'exploitation. Cette économie se réalise dans les mauvaises cultures, par l'entretien du domaine de plus en plus négligé, et dans les bonnes cultures, par la conversion successive des terres en herbages destinés au retournement après une certaine durée. C'est ce qu'on appelle les *prairies temporaires*.

L'Angleterre, l'Allemagne, nos plus riches provinces du nord et de l'ouest engazonnent ainsi une partie de plus en plus grande de leurs champs, pour lesquels ils reviennent à l'admirable simplicité de la culture pastorale.

Les travaux de culture sont réduits par la réduction même des surfaces à échiendenter, à labourer, à ensemencer, à sarcler, à moissonner. Les vivres du bétail s'accroissent; son labeur diminue. La terre se repose de la série continue des récoltes, favorisant la reproduction de tout ce qui est nuisible : herbes, insectes, germes de maladie. La couche gazonnée se sature d'humus essentiellement propice à l'absorption des gaz fertilisants de l'air, et à la production du nitre, sous l'action des agents atmosphériques. Il y a donc aération et conservation de l'un des éléments importants de la fertilité du sol. Tels sont les bienfaits de ce mode de culture.

*Préparation du sol.* — Le meilleur ensemencement d'une prairie, comme d'un trèfle, se fait sous une avoine de mars, succédant à des plantes sarclées dont la sole aura bénéficié d'un labour profond, et autant que possible d'un chaulage et d'un phosphatage.

Lorsque l'avoine ne peut venir après une plante sarclée, le terrain doit au moins recevoir les labours d'été nécessaires à son nettoyage, puis un labour d'automne.

Toutefois, celui-ci ne défoncera le sous-sol que tout autant qu'un chaulage pourra promptement désagréger la couche stérile ramenée à la surface ; sans cela, la terre ne saurait convenir à la végétation immédiate de l'avoine et surtout des fines graminées. En tous cas, on fumera bien la sole. On sèmera d'abord l'avoine, puis les graines de fourrage, respectivement en temps voulu, comme pour le trèfle.

N'épargnez pas votre peine à bien préparer le terrain, en considération de ce qu'il ne recevra plus aucune façon pendant plusieurs années. Du reste, la réduction des surfaces cultivées rend un meilleur travail possible.

*Choix des graines*. — En nous inspirant de la composition de nos bons prés permanents, nous serions portés à faire prédominer les graminées dans nos prairies temporaires. Nous ferions sagement ainsi pour des gazonnements destinés à une très grande durée. Ce serait le vrai moyen d'atténuer l'invasion des mauvaises herbes occupant les vides laissés par l'extinction successive des légumineuses. Mais pour des gazonnements de courte existence, on peut sans danger faire prédominer les légumineuses.

*Trèfle et ray-grass*. — Le plus simple et le plus usuel des mélanges est celui de ces deux excellentes plantes, à raison de 12 kil. de trèfle et de 6 kil. de ray-grass pour semence par hectare, sur les sols bien préparés.

Le trèfle prédomine à la première végétation ; le ray-grass l'emporte à la seconde année, qui est le terme ordinaire de ces herbages.

*Mélanges plus variés*. — Lorsqu'on assigne une durée de trois ou quatre ans à la prairie, il convient de recourir en certaine quantité aux légumineuses plus vivaces : trèfle blanc, trèfle hybride, comme aussi de varier et d'accroître les graminées, ou de recourir à des graines de foin, provenant de fourrages de bonne qualité. C'est de la semence adaptée au sol et au climat ; elle a le mérite de n'être pas fraudée. Il suffit de la bonifier par une certaine dose de graminées de qualité supérieure, telles que du ray-grass, qui fait défaut dans nos prés.

Très suffisante pour des terres fertiles, cette semence s'impose par économie pour de médiocres terrains. Du reste la noblesse des graines importe bien moins que la bonne préparation du sol, son approfondissement, son ameublissement, sa puissante fumure. Nos plus modestes plantes des prés y font alors merveille, atteignant aisément trois et quatre pieds par les chaumes élancés de leurs vigoureuses touffes ; alors que les semences améliorées ont une végétation pitoyable sur les sols mal amendés.

*Semences pour terrains de bonne qualité*. — On peut adopter le choix suivant, se rapportant à un hectare.

| LÉGUMINEUSES | GRAMINÉES |
|---|---|
| 3 kilog. trèfle violet. | De 3 à 6 kil. de ray-grass |
| 3 — — hybride. | selon la quantité de graines de |
| 3 — — blanc. | foin dont on dispose, comme |
| 2 — minette. | complément de semence. |
| 1 — luzerne. | |

12 kil.

C'est environ une dépense de 25 fr. par hectare, que l'on peut réduire par la suite si l'on a le soin de recueillir des graines de prairies temporaires déjà existantes. Car alors c'est un simple appoint de légumineuses à ajouter.

*Semences pour terres légères.* — Elles conviennent peu aux légumineuses, surtout au trèfle violet. Voici un choix de graines économiques :

| 5 kil. trèfle blanc. | Et des graines de foin d'aussi |
|---|---|
| 5 — minette. | bonne qualité que possible. |

10 kil.

*Fauchaison des premières pousses.* — Le plus souvent les herbes sont aussi hautes et touffues que l'avoine, au temps de la moisson ; alors on fauche le tout comme verdure.

Mais il arrive, dans les années de sécheresse, que l'herbage n'a pas toujours une belle apparence, après la moisson de la céréale. Néanmoins, on doit se garder de le détruire. Si la terre a été bien préparée, il reprend vie aux premières pluies, surtout si on le plâtre et si on le roule au rouleau denté, pour chasser les radicelles du gazon naissant.

Alors les jeunes pousses ayant été préservées des ravages des troupeaux, il n'est pas rare que l'on puisse faire une bonne coupe de fourrage, vers le milieu de l'automne. Ce fauchage a pour effet utile de moissonner les ravenelles, *rabegeaux* et toutes les herbes parasites annuelles, qui foisonnent d'ordinaire dans ces jeunes herbes. On arrête ainsi leur abondante végétation et surtout leur germination. Si le dernier coup de faux n'est pas trop tardif, le gazon reprend les forces nécessaires avant les premiers froids.

S'il n'est pas ravagé, l'herbage fournit au printemps suivant une coupe hâtive et abondante, à laquelle succède une seconde coupe importante, dans le cours de l'été. C'est à ce moment que l'on peut laisser mûrir un carreau d'herbe pour avoir le fondement de la semence d'une autre prairie.

Les fourrages de ces deux premières coupes doivent être consommés à l'étable, mélangés avec de la paille ou du foin. Bien que l'addition des graminées au trèfle rendent celui-ci moins météorisant, il serait néanmoins très imprudent de laisser pacager les premières pousses d'herbes si substantielles.

*Dépaissance*. — Après la seconde coupe, le danger de météorisation est conjuré pour les bêtes bovines et ovines, pourvu qu'elles n'aillent pas y assouvir leur première faim. Dès lors, la prairie sera consacrée à la dépaissance, jusqu'à son retournement, les légumineuses devenant de moins en moins prédominantes et dangereuses.

On voit combien l'utilité de ces prairies est accrue par de bonnes clôtures entourant chaque parcelle destinée à être périodiquement engazonnée. Ces clôtures éloignent les troupeaux de l'herbage, quand il leur est interdit ; elles les y retiennent, lorsqu'il leur est permis.

*Fumure*. — Un plâtrage tous les printemps est utile et peu coûteux ; des terreaux donnés chaque hiver en couverture, sont très efficaces ; enfin les animaux fumeront économiquement le sol, si on les y laisse passer les nuits d'été.

*Durée des prairies temporaires*. — Le calcaire et la fumure entretiennent le gazon en grande production, pendant les trois premières années. Puis la fertilité diminue par le durcissement du sol, arrêtant le progrès des racines des herbes, et par l'envahissement du chiendent. A moins de nécessité, la durée de ces prairies est donc de trois ans ; c'est le terme qu'on leur assigne ordinairement, quand on les fait entrer dans un assolement régulier.

*Défrichement*. — Quand le gazon forme un feutre touffu et assez net de chiendent, retournez-le à la charrue, puis tassez-le au rouleau, une quinzaine avant la semaille. Ce gazon forme un engrais suffisant pour le froment ou l'avoine d'hiver.

Si vous voulez faire le sacrifice de cette récolte, en raison du bon état de l'herbage, conservez-le encore durant
l'hiver et le printemps suivant ; puis préparez-le en juin,
pour un ensemencement de sarrasin.

Mais trop fréquemment la prairie est tellement envahie
par les mauvaises herbes, qu'il lui faut un défrichement
complet, auquel on doit souvent consacrer plusieurs
labours, durant l'été entier. C'est la conséquence ordinaire
de tout ensemencement malpropre ou d'une durée excessive
de la prairie, sans engrais.

*Rendement des prairies temporaires.* — D'après M. Du
Miral, un herbage bien réussi et composé de légumineuses
pour les deux tiers, nourrit facilement quatre bêtes bovines ou une vingtaine de bêtes ovines par hectare, soit quatre fois plus qu'une bonne prairie ordinaire. L'espèce
porcine en est très friande. L'engraissement de tous ces
animaux est très rapide. Les vaches laitières augmentent
de lait, dès qu'elles vivent de ces herbes ; elles en perdent
aussitôt qu'elles en sont privées.

*Utilité des pacages printaniers.* — Après la maigre pitance hivernale de foin et de paille, le bétail a grand besoin de
se rafraîchir par le paître des herbes printanières. Mais si
on lui livre alors des prés irrigués, il y fait grand mal en
détériorant les rigoles, en effondrant le gazon et en arrêtant la croissance des herbes. La fenaison diminue ainsi
d'année en année, d'autant plus que le pré est moins fertile. La création des prairies temporaires permet de faire
bénéficier le bétail des herbes tendres du mois d'avril et
de mai. Les prés irrigués sont ainsi respectés au moment
le plus critique de leur végétation.

*Excellence des pâtures sèches pour les bêtes à laine.*
— La dépaissance des prés arrosés par les brebis est funeste à l'herbe, encore plus funeste à la bête. Certes, nul
gazon n'est bonifié par la dent des pécores broutant les
plantes jusqu'au collet. Mais les prairies temporaires sont
soutenues par leur fertilité contre les atteintes du troupeau, auquel elles fournissent du moins une dépaissance
très saine.

*Répression du foisonnement des mauvaises herbes*

*par l'engazonnement.* — Le fréquent fauchage des prairies temporaires à leur début a pour effet de les purger des ravenelles, des crêtes de coq, de la fougère même, en un mot de toutes les mauvaises plantes qui perdent la faculté de se reproduire en étant coupées avant la maturité de leurs graines. Sans doute, les innombrables germes antérieurement enfouis dans le sol pourront se développer après le défrichement; mais leur multiplication n'en subira pas moins un utile temps d'arrêt.

*Obstacles à la généralisation des prairies temporaires.* — Malgré cette somme de biens, ne nous dissimulons pas les difficultés d'extension de ces herbages améliorateurs. La petite propriété ne les peut guère loger. Les verdures annuelles venant à la dérobée sont mieux son affaire.

La place toute naturelle des prairies temporaires se trouve dans les exploitations d'une certaine étendue, surtout dans celles qui sont à métayage ou à fermage. Celles-là ont plus de terrain que de bras. Mais craignant de faire au sol une avance de travail ou de fumier, qui ne soit pas immédiatement payée par la moisson de quelques épis de seigle ou la cueillette de quelques grains de blé noir, le colon résiste à de pareils engazonnements, qui apporteraient pourtant une si grande amélioration à l'ensemble des cultures. L'intervention des propriétaires est évidemment indispensable pour cette utile innovation. A eux de prêcher d'exemple en cultivant ces herbages dans leurs réserves ; à eux d'encourager les colons et fermiers par la fourniture de graines et de plâtre. Ce n'est point sans effort que nous pourrons rompre avec les traditions de la culture au petit fumier, pour atteindre les profits de la culture aux bons fourrages.


# CHAPITRE XI

## Les Assolements

*Progrès à réaliser sans modifier l'assolement en usage.* — Mieux labourer, user plus judicieusement de fumures plus abondantes, semer de plus beaux grains, moissonner plus lestement, en un mot tirer un meilleur parti du travail mieux réparti, voilà les plus urgentes améliorations à réaliser dans le train ordinaire des cultures du pays. D'utiles progrès peuvent ainsi être réalisés, sans aucune modification dans le roulement ordinaire des récoltes en usage. En les conservant, on risque moins de se heurter à de tenaces résistances basées soit sur la tradition, soit sur les conventions séculaires du métayage ou du fermage. Les indications que nous avons données sur les céréales et les plantes sarclées ne supposent donc forcément aucun changement dans la rotation des cultures du pays.

Toutefois, il est incontestable que le cultivateur est mieux rémunéré de sa peine, quand il introduit dans ses récoltes une alternance qui y fait fâcheusement défaut, quand il fait la part plus large aux fourrages, pour tirer plus de profit du bétail. De nouveaux assolements répondant mieux aux conditions actuelles de l'agriculture, sont déjà éprouvés par l'expérience sur divers points de la région. Il est nécessaire de les signaler à l'attention des cultivateurs.

*La rotation suivie n'est plus biennale.* — Disons tout d'abord que l'assolement primitif n'est plus suivi, même dans les domaines les plus arriérés. La première sole, ou *estiade*, est généralement répartie : un quart en pommes de terre, un quart en avoine, deux quarts en blé noir ; la seconde estiade étant toute en blé. En sorte que les pommes de terre ne reviendraient que tous les huit ans sur la même parcelle, si elles occupaient successivement tout le terrain. Même observation pour l'avoine. L'assolement usité est en quelque sorte de huit ans. Il pourrait être figuré ainsi, en confondant le seigle et le froment, sous le nom générique de blé, pour plus de simplicité :

| | | |
|---|---|---|
| 1<sup>re</sup> année | ............... | Pommes de terre. |
| 2<sup>e</sup> — | ............... | Blé. |
| 3<sup>e</sup> — | ............... | Avoine. |
| 4<sup>e</sup> — | ............... | Blé. |
| 5<sup>e</sup> — | ............... | Sarrasin. |
| 6<sup>e</sup> — | ............... | Blé. |
| 7<sup>e</sup> — | ............... | Sarrasin. |
| 8<sup>e</sup> — | ............... | Blé. |

Dans tous les cas, cette période de huit ans s'est naturellement offerte pour les nouveaux assolements ; elle rompt le moins possible avec la rotation usuelle ; elle fournit un cadre commode pour intercaler les cultures fourragères, qui ainsi ne reviennent pas sur la même sole, à trop court intervalle.

*Variété des nouveaux assolements.* — Dans cette période de huit ans adoptée par un grand nombre d'agriculteurs du Limousin, de l'Auvergne, de la Marche, la répartition et la nature des cultures changent selon les circonstances locales. Toutefois ces combinaisons diverses peuvent se ramener à deux assolements types. L'un vise à la réduction du travail ; il convient aux terrains peu fertiles et distants des voies ferrées. L'autre a pour but les grands rendements. Il ne saurait s'appliquer qu'aux exploitations munies de capitaux suffisants et de débouchés faciles, et aux petites propriétés.

## § *1. Assolement à travail réduit*

Cette réduction est naturellement basée sur l'engazonnement périodique d'une partie des terres, par des dispositions se rapportant à l'un des deux types suivants :

*Assolements et herbages*

| | Nº 1. | Nº 2. |
|---|---|---|
| 1re année. | Pommes de terre. | Pommes de terre. |
| 2e — | Avoine et semis d'herbe. | Blé suivi de verdure. |
| 3e — | Herbe fauchée. | Sarrasin. |
| 4e — | Herbe pâturée. | Blé. |
| 5e — | Sarrasin. | Avoine et semis d'herbe. |
| 6e — | Blé suivi de verdure. | Herbe fauchée. |
| 7e — | Sarrasin. | Herbe pâturée. |
| 8e — | Blé suivi de raves. | Blé ou sarrasin. |

Avec la première disposition, l'herbage a une place de choix, sur l'avoine, après la plante sarclée. Par la seconde, il est rejeté à la fin de la rotation.

*Conditions de l'application de cet assolement.* — Les cultivateurs de la région mettent avec raison leur point d'honneur à ce que leur exploitation produise les vivres de la famille en céréales : blé et sarrasin. Quelque peu rémunératrice que soit la production du grain sur notre sol et sous notre climat, il est prudent de maintenir cette production au moins dans les limites où elle doit assurer, bon an mal an, l'existence du ménage. Le nouvel assolement n'est donc applicable que là où la réduction des emblavures du blé et du sarrasin, qui est d'un quart environ, peut être compensée par un rendement plus élevé, dû à une meilleure culture. Or il est un grand nombre de modiques héritages qui fournissent à peine le pain de l'année, malgré de bonnes récoltes obtenues par le plus tenace des labeurs. Pour ceux-là, la marge des améliorations est assez faible, pour que le nouvel assolement puisse compromettre l'alimentation de la famille. La méthode n'est donc pas faite pour la petite propriété.

***Cet assolement convient essentiellement aux grandes métairies.*** — Mais prenons la catégorie encore si considérable des métairies de 50 à 60 hectares, posées sur des terrains de moyenne fertilité. Ce sont elles qui sont dans le plus grand désarroi. Les familles de dix à douze personnes qui les exploitaient autrefois, tendent à se réduire au chef de la maison, assisté de ses seuls enfants mineurs. De telles exploitations succombent sous le faix de l'étendue excessive des terres à labourer, à nettoyer, à fumer, à ensemencer, à moissonner. Réduire cette étendue dans une large proportion, quel soulagement pour la famille ! quel accroissement pour le rendement, si le travail du bétail et l'engrais augmenté par une plus grande masse de fourrages, sont concentrés sur une moindre surface cultivée et fumée convenablement !

Nous supposons qu'une certaine étendue de terre est distraite de l'alternance des cultures pour la production des topinambours.

## § 2. *Assolement à grand rendement*

Cet assolement est essentiellement basé sur l'accroissement des plantes sarclées par l'introduction de betteraves, et sur la culture du trèfle annuel. Il peut être représenté ainsi :

      1re année...... Betteraves.
      2e   —   ...... Avoine avec semis de trèfle.

3ᵉ année...... Trèfle.
4ᵉ — ...... Froment suivi de raves.
5ᵉ — ...... Pommes de terre.
6ᵉ — ...... Blé suivi de verdures.
7ᵉ — ...... Sarrasin ou maïs fourrage.
8ᵉ — ...... Blé.

*Cet assolement convient aux grandes exploitations très améliorées, et à la petite propriété.* — Une telle culture exige une coûteuse main-d'œuvre et beaucoup d'argent ; elle exige une direction habile ; elle n'est donc l'apanage que des exploitations privilégiées par tous ces avantages.

Mais travaillant son patrimoine avec une patiente énergie, le petit propriétaire de la contrée se rapproche instinctivement de cet assolement alterne, par l'extension donnée aux pommes de terre ; car il cultive souvent jusqu'au quart de ses terres en plantes sarclées. Il s'en rapproche aussi par les raves, le seigle vert, le trèfle incarnat et la jarousse, dont il dérobe la récolte entre deux céréales. Mais il en est encore éloigné par les fumures dont il est pauvre ; tandis qu'elles abondent dans les exploitations à grands fourrages. Puissance de travail, impuissance d'engrais caractérisent en effet la petite propriété en tous pays. C'est de cette infériorité qu'elle doit se relever.

Pour attribuer au cheptel toute l'importance compatible avec l'étendue restreinte de l'héritage, il faut : 1º la culture de quelques planches de betteraves et de panais qui donneraient le lait aux vaches et la graisse aux porcs ; 2º le sacrifice d'une part de la sole de sarrasin, qui serait ensemencée en trèfle. Un tel sacrifice est grandement payé par le rapport de ce succulent herbage et par le rendement du froment qui lui succède sans engrais. Faisant participer plus largement les champs à la production des fourrages, cet assolement supplée utilement au peu d'étendue des prés, qui font surtout défaut dans les petits domaines.

## CHAPITRE XII

### Les enfants aux champs

*Précocité de l'instruction.* — Cultivateurs, envoyez vos enfants à l'école, dès qu'ils sont en âge et en force de pouvoir fréquenter la classe la plus voisine. Vous leur ferez ainsi acquérir l'instruction à un âge où ils ne vous sont point encore indispensables. Ce temps venu, ils pourront commencer à vous seconder, sauf à refréquenter l'école en hiver, pour compléter leur savoir. En cela la multiplicité des écoles de hameaux est absolument nécessaire au bien de l'agriculture.

Quoi qu'il en soit, bien avant l'âge où ils sont assez robustes pour manier le hoyau, enfoncer la bêche ou tenir le manche de la charrue, les enfants sont capables de rendre de grands services sans efforts pénibles, tout en gardant les troupeaux aux champs.

*Nettoyage des chaumes.* — Leur bâton de pâtre armé d'un léger fer de houe, ils peuvent abattre toute cette exécrable végétation de chardons, de ravenelles, de fougères, laissée intacte à la moisson. La fougère et les ravenelles seront apportées pour la litière de l'étable ; le reste, mis en tas, sera brûlé au moment du déchaumage.

Ils peuvent encore, à l'aide de leurs couteaux, enlever les drageons poussant au pied des noyers et des pommiers, épuisant ces jeunes arbres.

Les instituteurs accompliront une œuvre utile, en inspirant à leurs élèves le goût de tels soins. Ce sera une excellente initiation à la vie agricole, qui est autant une affaire de menues précautions qu'une chose de gros travail.

*Conservation des oiseaux.* — Aussi nuisibles que les plantes parasites, les insectes causent d'incalculables ravages aux récoltes. Les oiseaux sont, dans l'harmonie de la nature, destinés à contenir la multiplication de ces innombrables petits rongeurs. Que l'enfant sache donc quel mal il cause en détruisant ces charmants auxiliaires du laboureur.

# LIVRE QUATRIÈME

## LA PRAIRIE ARROSÉE

*Son rôle.* — Préserver le sol contre les ravinements par les orages, sinon contre les éboulements par infiltration ; retenir le limon enlevé aux terrains supérieurs par la pluie ; reprendre aux ruisseaux et aux sources le nitre et les minéraux soustraits aux terres labourées (1) ; assimiler activement les gaz fertilisants, grâce à la permanence de sa végétation ; avec les divers engrais perdus sans elle, fournir l'herbe nourrissant le bétail dont le fumier restitue la fertilité des champs, dont les produits fournissent le meilleur revenu, telle est l'action bienfaisante de la prairie.

Il n'existe pas, il ne saurait exister de bonnes cultures, dans notre région, sans prairies arrosées. Quelle doit être leur étendue, par rapport à celle des terres ? C'est affaire de bon entretien plutôt que de surfaces. Tel petit proprié-

---

(1) D'après une analyse de source, faite par M. Durand-Claye, ingénieur des ponts et chaussées, un mètre cube d'eau contient :

| | |
|---|---|
| Résidu insoluble dans les acides............. | 28 gr. |
| Albumine et peroxide de fer................traces. |  |
| Chaux..................................... | 18 |
| Magnésie.................. .................... | 7 |
| Potasse et soude............................. | 14 |
| Chlore.................................... | 5 |
| Acide sulfurique .........................,.......... | 12 |
| Matières organiques.,.....................:........... | 17 |
| Acide carbonique......................... | 6 |
| Total des matières dissoutes dans un mètre cube. | 107 gr. |

taire équilibrera suffisamment son exploitation avec un pré à peine égal à la moitié de son champ, mais un pré bien tenu ; alors que la métairie voisine se soutiendra difficilement à égalité de superficie, ses gazons descendant graduellement à l'état de pâturages incultes.

Toujours est-il qu'il faut avoir le plus possible de prés bien cultivés. Leur rendement fixe à peu près la vente du domaine, quand il est en fermage, le produit des terres comptant à peine, tant leur culture est précaire et peu rémunératrice, avec les procédés en usage.

*Position des prairies.* — Glissant sur la pente des terrains, les eaux du ciel se réunissent en ruisseaux, dans les vallons. Les veines liquides du sous-sol, également nourries par l'infiltration de la pluie, viennent aussi y surgir en sources plus ou moins abondantes selon l'étendue du bassin. Ces vallons sont naturellement occupés par des prairies, tandis que les châtaigneraies couronnent les sommets où de trop vastes landes sont encore malheureusement en friche. Les terres arables s'étendent à l'étage intermédiaire, entre les bois et les prés, C'est également à mi-hauteur que les habitations sont posées à l'abri des vents qui balaient les cimes, au-dessus de l'humidité excessive des bas-fonds.

La séparation des cultures n'est du reste pas tranchée absolument par des lignes de niveaux. Les bois descendent souvent très bas sur les terrains secs, en forme de dos d'âne ; les prairies remontent parfois très haut dans les gorges. Cette disposition de terrain se prête admirablement à l'extension des prairies, partout où l'on peut capter dans les gorges des eaux abondantes qu'il est ensuite facile d'amener sur les coteaux, par des rigoles à faible pente.

Le pré, ce cœur du domaine, produit surtout par l'eau dont l'utilisation constitue la plus profitable et la plus grande tâche des cultivateurs du Centre. Leur aisance, leur santé même en dépendent essentiellement.

Cette utilisation comporte trois œuvres bien distinctes : recueillir l'eau nécessaire ; disposer le sol pour la recevoir ; l'employer en quantité et en temps convenables.

# CHAPITRE PREMIER

### Réservoirs

*Leur utilité*. — Quand elles coulent librement, nos petites sources ne s'étendent que sur une minime superficie de gazon. De plus l'arrosage n'est bon ni à toute heure, ni en tout temps, ni en toute saison. D'où l'obligation de recueillir les sources dans des réservoirs, pour disposer de plus grands volumes d'eau, au moment propice, et pour préserver le gazon de toute imbibition intempestive. Enfin l'eau se bonifie dans les réservoirs; elle s'y aère ; ses matières minérales y subissent les transformations nécessaires à leur assimilation par les plantes ; elle s'y enrichit de vase et de détritus, surtout lorsqu'on a le soin de racler vigoureusement le fond du bassin pendant qu'il se vide. Les eaux partent chargées de limon, de débris d'herbes, et de toutes ces *graisses* que le courant répartit au loin. C'est dans ces conditions qu'il est juste de dire que l'eau des *serbes* vaut mieux que celle des ruisseaux (1).

*Petitesse excessive de nos réservoirs*. — L'action des bassins de retenue se mesurant sur la masse même de l'eau qu'ils peuvent accumuler pour qu'il en soit fait usage en temps propice et à grande portée, leur effet utile est d'autant plus grand qu'ils ont une capacité plus développée. Toutefois cette capacité est limitée par le débit des sources alimentaires, comme nous le verrons. Mais même avec cette restriction, nos serbes retiennent en général une trop minime provision d'eau pour des arrosages complets. Leur agrandissement, combiné avec une alimentation plus abondante grâce à des drainages, est une des améliorations les plus nécessaires à nos prairies.

*Forme convenable des réservoirs*. — Le dessin d'un carré ou d'un rectangle adopté habituellement pour les bassins, peut convenir aux sols plats. Mais lorsqu'on a le tort de construire un réservoir carré et par trop large sur un terrain déclive et ondulé, la chaussée surplombe sur

(1) Les réservoirs de nos prés s'appellent *serbes* ou *serves*, du latin *servare*, conserver.

la pente, en exigeant un coûteux mur de soutènement.
Dans ce cas, les lignes de la chaussée doivent s'adapter le
mieux possible aux sinuosités mêmes du terrain. Plus la
pente sera forte, moindre sera la largeur. C'est à cette
condition qu'un bassin sera économiquement et solidement construit en prairie de montagne.

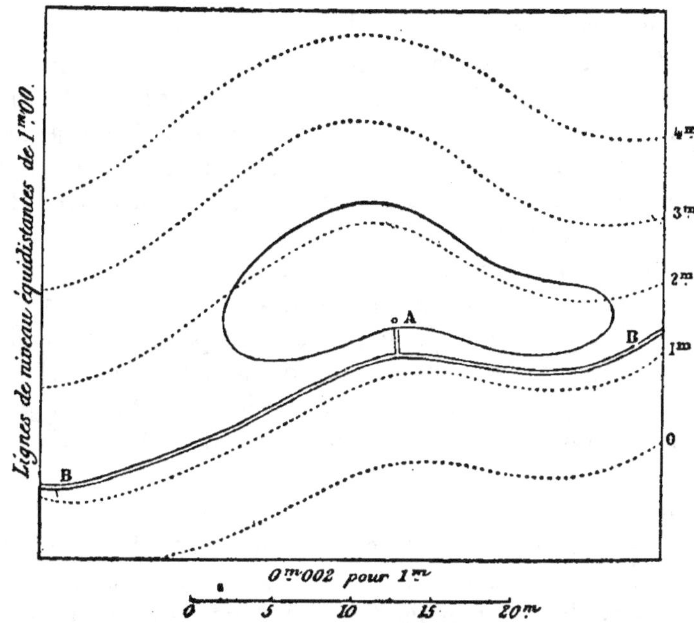


Fig. 6. — Forme d'un réservoir en prairie de montagne.
A trou de bonde. — B B rigoles.

***Nivellement des bords d'un réservoir.*** — Cette adaptation
de lignes d'une serbe aux courbures du terrain peut se
réaliser aisément à l'aide d'un prompt nivellement qui
fait éviter bien des tâtonnements dans l'exécution.

Etant donné un groupe de sources à capter, on jalon-
nera une ligne horizontale à la limite inférieure du terrain sourcier, et une autre ligne à la limite supérieure.
Voilà les deux bords opposés tout tracés. Il ne restera
qu'à les raccorder par une courbe à chaque extrémité. On
prend, bien entendu, la ligne moyenne du nivellement, en
corrigeant les sinuosités excessives.

***Largeur.*** — Lorsque les formes d'un réservoir s'adap-

tent ainsi aux contours mêmes du terrain, il n'a pas la largeur uniforme qu'il présenterait avec le tracé géométri-
que d'un carré ou d'un rectangle. En tous cas, la dimension moyenne ne doit pas excéder six ou huit mètres, sur
un sol à faible pente, pour se réduire à trois ou quatre
mètres, sur un terrain escarpé. Plusieurs raisons nous
limitent dans ce sens :

1º Lorsque le réservoir se déploie ainsi à flanc de
coteau, sur une faible largeur, le creusement s'en effectue
avec rapidité et économie. Les terres peuvent être rejetées
hors de la fouille, par un ou deux jets de pelle, au lieu des
transports à la brouette qui sont indispensables avec de
grandes largeurs.

2º Cheminant en tranchées longitudinales, on opère
dans les meilleures conditions pour mettre à nu une série
de filets d'eau ; tandis qu'en s'enfonçant par une tranchée
transversale, on risque de ne suivre que la même veine.

3º Cette faible largeur se prête aisément à la pratique
si utile du râclement du fond du bassin, pendant qu'il se
vide.

Il se peut que la nécessité de ne pas donner trop d'élar-
gissement au réservoir, force à laisser hors des fouilles
un certain nombre de sources en amont ; mais il sera
toujours facile de les diriger par un drain dans le bassin.

*Profondeur.* — La profondeur ne doit pas non plus être
trop forte. Plus on donne d'élévation à la colonne d'eau
pesant sur les sources, et plus on réduit leur débit. D'autre part, de trop grandes pressions provoquent des fuites
par le fond et les bords ; elles déterminent d'inévitables
infiltrations formant marais autour de la serbe. Enfin, il
est prudent de ne pas donner à ces bassins une profondeur qui les rendrait dangereux pour les bestiaux et les
bergers.

Sans doute la profondeur usuelle, qui est de moins d'un
mètre, est trop faible ; mais 1$^m$30 doit suffire. Plus l'eau
s'étale au soleil et à l'air, meilleure elle devient.

*Longueur.* — Aucune limite pour cette dimension, à
laquelle on peut donner une étendue d'autant plus grande
que le débit des sources est plus considérable. C'est en

somme le seul facteur sur lequel on ait toute liberté, pour régler la capacité du bassin.

*Capacité.* — Le débit des sources de la contrée est excessivement variable. La plupart disparaissent en été ; elles reprennent de la force en automne et acquièrent ordinairement leur plus grande production en hiver et au printemps. La capacité des réservoirs se mesure sur le débit hivernal des sources. Il suffit qu'en été, elles puissent compenser l'évaporation et les infiltrations, en maintenant le réservoir plein.

Comme il convient que le gazon reçoive un arrosage par semaine, à l'époque des irrigations, tout bassin qui emploie plus de huit jours à se remplir est évidemment d'une capacité exagérée pour ses sources. Le réservoir débordant en vingt-quatre heures, est au contraire susceptible d'agrandissement. Celui qui est plein en deux ou trois jours durant l'hiver et le printemps, se trouve dans les meilleures conditions.

La longueur étant déterminée par l'appréciation aussi juste que possible du débit des sources, il se pourra que le réservoir soit reconnu trop petit après une année de fonctionnement ; alors rien n'est aussi simple que de l'étendre en long par l'une des extrémités ou par les deux à la fois.

Les indications qui précèdent sont également applicables à l'agrandissement des vieux réservoirs. Souvent deux ou trois petites serbes sont assez contiguës pour qu'il y ait un avantage évident à les réunir en un seul grand collecteur. On aura encore recours aux mêmes règles de tracés.

*Surface arrosée par un réservoir.* — Dans l'humide climat du Centre, une prairie préservée du desséchement grâce à des arrosages périodiques, est suffisamment humectée par une couche liquide épaisse de 0$^m$10, s'étalant *avec lenteur* sur le gazon. A ce compte, un mètre cube d'eau irrigue 10 mètres carrés de surface, c'est-à-dire qu'en multipliant par dix la capacité d'un bassin, on a la superficie d'un arrosage bien complet.

Comme il suffit de renouveler l'irrigation une fois par semaine sur chaque portion du pré, tout réservoir qui se remplit en deux ou trois jours, peut desservir une zone égale à vingt fois sa capacité, c'est-à-dire qu'un réservoir de 100 mètres cubes d'eau, peut irriguer 2.000 mètres carrés.

En général, on demande aux réservoirs de servir une zone plus étendue que celle que nous indiquons. Alors la fécondation du sol par l'eau est insuffisante. L'irrigation doit être complétée par des terreaux, des fumures dont la plus simple est celle produite sur place par le bétail couchant les nuits d'été au pré.

*Construction des réservoirs.* — On n'emploie ni chaux, ni ciment pour la construction des réservoirs agricoles. On ne fait même usage de pierres pour le revêtement de la chaussée, que tout autant qu'on les a sur place. Le principe d'un tel travail est de *trouver tous les éléments des remblais dans les déblais*, en ne recourant qu'exceptionnellement à des charrois. Ils sont toujours difficiles à travers des prairies, durant la mauvaise saison, qui est celle où il convient d'exécuter ces améliorations, pour occuper les ouvriers en temps de chômage.

Le niveau en main, étudiez d'abord le dessin du bassin et jalonnez le tracé ; puis dégazonnez l'emplacement ; découpez le gazon en briquettes épaisses de 0$^m$10, larges de 0$^m$20 et longues de 0$^m$40. Ces briquettes destinées au revêtement de la chaussée seront soigneusement mises de côté. Si vous trouvez de la bonne terre végétale sous le gazon, employez-la à niveler et à amender les parties voisines du réservoir. Puis fouillez l'emplacement de la chaussée jusqu'à la rencontre du sous-sol imperméable. Cela fait, corroyez avec le plus grand soin ce barrage souterrain, destiné à arrêter les infiltrations par le fond du bassin. Dès que le corroi a atteint le niveau du fond de la serbe, il faut mettre en place la buse de bois destinée à servir au passage de l'eau à travers la chaussée. Le trou de bonde de cette buse est appelé à s'agrandir avec l'usure du temps ; il doit au plus avoir un décimètre carré de surface, quand on le façonne. Plus le réservoir se vide lentement, meilleur est l'arrosage.

La buse sera creusée dans un tronc de châtaignier ou

d'aulne ayant 6 ou 7 mètres de long. Elle doit être recouverte par des planches d'aulne, qui sont de peu de valeur et qui résistent à l'eau. Ces planches seront cloutées aussi jointivement que possible; les interstices seront calfatés avec de la mousse bien sèche; enfin la buse reposera sur un lit de cette mousse, et elle en sera pareillement doublée, à mesure qu'elle sera saisie dans le corroi.

Tant de soins sont nécessaires au raccordement de la buse et du corroi. C'est le point dangereux, celui où les fuites sont le plus à craindre. Si la buse ne reposait pas sur des planches, le courant laverait le corroi, et produirait des fissures; si les planches n'étaient pas jointives hermétiquement, leurs fissures pourraient donner passage à des filets d'eau, malgré la fermeture de la bonde. La mousse sèche est le meilleur des obturateurs. Elle se conserve indéfiniment à l'abri de l'air (1).

*Revêtement de la chaussée.* — Pour fonder le revêtement de la chaussée du côté de l'eau, on emploie les pierres extraites des fouilles, ou celles qui sont à proximité. On continue ensuite le parement avec les briquettes provenant du dégazonnement du terrain. On les dispose tantôt en long, tantôt en large. Ce parement est économique et très résistant, à la condition d'avoir une inclinaison suffisante.

Le déblaiement du réservoir sera mené de front avec la construction de la chaussée. Les terres grasses sont rejetées en arrière du parement, où elles sont soigneusement pilonnées; la pierraille est lancée sur le bord extérieur, pour renforcer la chaussée par un talus en pente douce, qui se consolidera vite en s'engazonnant.

*Parachèvement du travail.* — On arrive ainsi gra-

---

(1) La façon du corroi de la chaussée est la partie délicate du travail; elle doit être confiée au plus habile et au plus consciencieux des ouvriers employés, à celui qui assume en quelque sorte la responsabilité morale de l'œuvre. Une damette en mains et de solides sabots aux pieds, cet ouvrier parcourt la fouille des fondations, en pilonnant incessamment la terre qui est rejetée par ses aides. Cette terre est prise dans la partie des excavations où elle est de la pâte la plus grasse. Les pierres et les graviers qui peuvent s'y trouver, sont attentivement éliminés.

duellement jusqu'au fond, qui doit présenter partout une surface horizontale au niveau de la bonde. Quant au bord supérieur de la chaussée, il sera réglé bien horizontalement, et bordé d'un tronc d'aulne. Une rigole sera tracée pour l'évacuation du trop-plein, de façon que l'eau reste au moins à 0<sup>m</sup>20 au-dessous de la crête de la chaussée.

La construction terminée, tenez le bassin rempli, afin que la pression de l'eau contre-balance la poussée des terres en remblai, tant qu'elles ne seront pas consolidées.

*Entretien des réservoirs.* — Les réservoirs se comblent à la longue par l'éboulement des bords, l'apport des sources, les détritus de la végétation qui s'y développe. Cette obstruction diminue la capacité et tend à aveugler les sources du fonds.

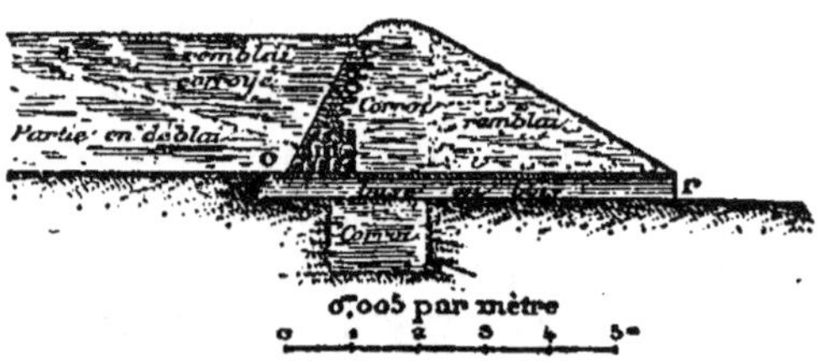


F. 7. — Coupe de la chaussée d'un réservoir.

*m*, revêtement en maçonnerie à pierres sèches.—*g*, revêtement en briquettes de gazon. — *o*, trou de bonde. — *r*, rigole.

Le meilleur moyen de tenir ces réservoirs en état, c'est de les racler souvent pendant qu'ils se vident. Il est bon néanmoins de les curer à fond tous les trois ou quatre ans. Les vases extraites constituent un excellent engrais pour les parties du pré les plus sèches, surtout si l'on peut les saupoudrer d'un peu de chaux.

*Nécessité de tenir les réservoirs remplis durant les fortes chaleurs.* — Les serbes que la négligence laisse débondées en été, se fendillent au soleil ; les taupes et les rats en labourent les bords, la chaussée et le fond. Ce sont ensuite de grosses dépenses pour les rendre étanches. Puis les algues et les plantes qui poussent dans ces réservoirs, se pourrissent au soleil, en répandant des germes de nature végétale, qui sont la cause des fièvres intermittentes minant les forces des populations agricoles, et les appauvrissant par de longs chômages.

Tout au contraire, les réservoirs tenus bien fermés restent étanches ; leurs végétaux se trouvant submergés, gardent une inocuité complète. De plus, lorsqu'ils ont une grande superficie, ils évaporent plus aisément leurs eaux nuisibles au gazon, durant le temps du pacage.

Utiles en hiver, comme puissants accumulateurs d'eau pour les arrosages, les grands réservoirs sont encore plus utiles en été, comme appareils évaporatoires et préservateurs de la stagnation des eaux dans la prairie. Ce n'est pas le moindre mérite des vastes collecteurs.

## CHAPITRE II

### Des Ruisseaux

*L'eau des ruisseaux inférieure à celle des sources.* — En s'étalant sur le gazon, l'eau des sources perd sa tiède température si bienfaisante aux herbes. Elle leur cède la meilleure part des matières fertilisantes qu'elle tient en dissolution. Ce qu'elle en garde, devient de plus en plus insaisissable à la végétation. L'eau est donc *dégraissée*, en arrivant au ruisseau, après sa course sur les prés supérieurs.

Mais cette infériorité en qualité, les ruisseaux la rachètent par leur supériorité en quantité, surtout lorsque à l'automne, en hiver et au printemps, ils coulent à plein bord.

*Extension des prairies par une meilleure dérivation des ruisseaux.* — Or les prés riverains ont été jusqu'ici à peu près les seuls à bénéficier de tels courants. La dérivation de ce flot vers les coteaux permettrait d'étendre l'engazonnement bien au-delà de ses limites actuelles. Cette amélioration a déjà été entreprise et menée à bonne fin çà et là par l'initiative de quelques propriétaires. Mais en général, cette œuvre féconde rencontre de graves difficultés ; elle est souvent paralysée par des servitudes établies sur la plupart des cours d'eau ; elle implique de grosses dépenses ; surtout elle exige, dans la plupart des cas, un effort collectif, qui n'est pas encore dans nos mœurs.

*Construction des barrages*. — La dérivation des ruisseaux s'opère le plus souvent à l'aide de petites vannes en bois mobiles dans un cadre, qui conviennent parfaitement aux ruisseaux réguliers des plaines ; mais un tel obstacle n'est pas assez solide pour les ruisseaux torrentiels des montagnes. Comme dans ce cas on a généralement à sa disposition de gros blocs de pierre et des troncs d'arbres, on peut avec ces matériaux construire des barrages fort résistants, à peu de frais et sans ouvriers spéciaux. On déblaie d'abord le terrain jusqu'au roc ou jusqu'au sous-sol imperméable ; puis avec ces blocs, dressez une épaisse muraille, verticale en amont, et talutée en aval. Couronnez-la par un robuste tronc d'arbre, s'épaulant sur chaque rive ; au besoin, consolidez-la par un autre arbre arcboutant le bas du talus. Le barrage devient étanche, en s'obstruant de vases. L'aulne, très commun sur le bord des ruisseaux, est excellent pour cet usage.

*Dégagement des ruisseaux*. — Le défaut d'égouttement est le grand vice des prairies basses. Il vient en partie de l'obstruction ou du défaut de pente des ruisseaux, dans le fond des vallées.

A l'état naturel, leurs rives se couvrent d'une végétation touffue d'aulnes et de broussailles, qui protègent sans doute les rives, mais qui arrêtent l'écoulement des eaux. Cette végétation est d'un mince rapport ; son ombrage achève de rendre l'herbe mauvaise. Il est donc bon de débarrasser les ruisseaux de tout ce branchage qui peut être utilement employé dans les tranchées de drainage.

A ne consulter que l'intérêt de l'herbe, les rives des cours d'eau devraient rester nues. Mais il est prudent de les fortifier contre les érosions par une plantation de bonnes essences : chênes, peupliers.

*Rectification des ruisseaux*. — Utiles pour modérer la rapidité des torrents, les sinuosités des cours d'eau deviennent nuisibles dès que le défaut de pente amollit leur vitesse. Le redressement de leur lit est alors une excellente opération qui fait gagner du terrain et assainit les prairies.

# CHAPITRE III

### Rigoles d'arrosage

*Des différentes rigoles.* — Dans nos prés bien tenus les rigoles partant des ruisseaux ou des réservoirs, sont munies de petites rigoles latérales, par lesquelles l'eau se déverse sur le gazon. Appelons les premières : rigoles *alimentaires* ; et les secondes : rigoles *versantes*.

## § 1. *Rigoles alimentaires*

*Leur pente.* — L'eau ne peut se mouvoir dans un canal, sans une certaine pente destinée à lui imprimer la vitesse nécessaire pour vaincre les frottements contre les parois du conduit. Cette pente sera donc d'autant plus forte que le canal sera plus étroit, c'est-à-dire que le frottement sera plus considérable.

D'autre part, un canal à faible section, comme nos rigoles, est plus ou moins exposé à être obstrué par des feuilles, des branches mortes, selon qu'il est plus ou moins près des bois ou des haies, selon que le courant y est continu comme dans la dérivation de ruisseaux, ou intermittent comme dans les rigoles de réservoirs. De là autant de raisons pour modifier la pente des rigoles.

Enfin, il est bien rare qu'une rigole ne rencontre pas des terrains de nature différente, sur son parcours ; ici le sol sec d'un mamelon, là le fonds mouillé d'une combe. Il est clair qu'il faut réduire la pente sur les parties sèches, pour favoriser leur imbibition, et l'accroître sur les parties humides, afin de contribuer à leur desséchement, par la plus prompte évacuation de l'eau. Encore autant de raisons pour faire varier la pente d'une même rigole, selon la nature variable des terrains traversés.

Enfin on serait conduit à exagérer la pente des rigoles alimentaires, pour favoriser le transport à grandes distances, si on ne devait laisser au-dessus d'elles une zone de terrains qu'elles auraient pu atteindre, grâce à une moindre déclivité. La bande ainsi perdue pour l'arrosage est d'autant plus grande que le parcours de la rigole est plus long, et le sol plus plat.

Comme on le voit, la pente des rigoles alimentaires doit varier suivant les circonstances. Toutefois l'expérience indique les données suivantes : la pente de $0^m001$ par mètre est suffisante pour les canaux à courant continu, tels que la dérivation des ruisseaux, lorsque la largeur est au moins de $1^m50$ et la profondeur de $0^m50$. Une réduction graduelle de ces dimensions impliquerait des pentes de $0^m002$ à $0^m003$.

La discontinuité du courant qui se produit dans les rigoles de réservoirs, exige des pentes de $0^m005$ par mètre, avec des dimensions de $0^m40$ de largeur et $0^m15$ de profondeur. Cette déclivité moyenne d'un demi centimètre par mètre sera graduellement portée jusqu'au double, à la traverse des terrains très mouillés. Enfin la déclivité d'un centimètre est celle qui convient aux rigoles de petites sections, exposées aux obstructions.

*Défectuosité des rigoles tracées à l'œil.* — Ces explications suffisent pour démontrer combien un judicieux emploi des pentes est nécessaire pour la bonne utilisation de l'eau. Cette rectitude est difficile, impossible même à obtenir avec le tracé des rigoles à l'œil. Il implique toujours d'inévitables tâtonnements, tant il est rare de ne pas monter trop haut ou de ne pas descendre trop bas, quand on marche au juger, avec le seul contrôle de l'eau, après l'ouverture de la rigole. Même dans ces conditions, le tracé manque parfois de la pente suffisante, ce qui rend l'eau stagnante, et détériore le pré, tandis qu'il a un excès de chute à quelques pas plus loin ; d'où une difficulté pour le bon déversement de l'eau en arrosage. Ces variations de pente s'opèrent même le plus souvent à contre-sens. Même les plus fins rigoleurs n'échappent pas à la prédisposition de l'œil, qui est de réduire la pente en passant d'une combe sur un dos d'âne et de l'accroître en redescendant de ce dos-d'âne dans la combe suivante. La tendance toute naturelle à l'eau de se répandre en excès dans les parties creuses, se trouve ainsi favorisée par ce défaut de l'œil même le plus exercé. La pente est irrégulière, au rebours de ce qu'elle devrait être pour assécher les bas et mouiller les hauts. De là le jonc qui déshonore la bonne moitié de nos prés ; de là l'état chétif de notre bétail.

*Usage du niveau d'eau.* — Pour appliquer à propos les pentes convenables en chaque cas, il faut employer des instruments de nivellement, dont le plus simple est le niveau d'eau. Toute personne habile à viser avec un fusil peut rapidement en acquérir la pratique.

La pente moyenne d'un demi centimètre, convenable aux rigoles des prairies de montagnes, est assez forte pour ne pas exiger la précision extrême qui est nécessaire aux canaux des pays plats, dont la déclivité est souvent au-dessous de 0$^m$001. Le nivellement de nos rigoles peut s'effectuer très rapidement. Il est possible de se passer d'une chaîne métrique, pour peu que le porteur de la mire soit exercé à faire des pas d'un mètre. La mire graduée, d'un usage difficile aux illettrés, peut être remplacée par une gaule de bois, avec une bande de papier blanc, comme voyant.

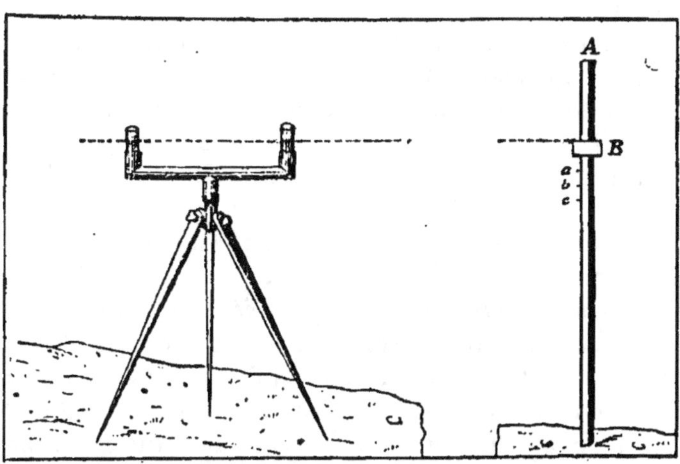

Fig. 19. — Emploi du niveau d'eau.

A, gaule de 2$^m$ de long. — B, bande de papier blanc servant de voyant. — *a*, *b*. *c*, coches faites sur l'écorce de la gaule, pour marquer les positions successives du voyant.

*Réglage du niveau.* — L'axe de l'instrument doit être vertical, afin que l'eau ne bouge pas dans les fioles, quelle que soit la direction visée. Les pieds de cet instrument seront donc disposés en conséquence. Pour achever la rectification, faites les deux épreuves suivantes : 1° placez le tube dans la direction de deux des pieds; si l'eau ne monte pas à la même hauteur dans les deux fioles, déplacez légèrement l'un de ses pieds, jusqu'à ce qu'il en soit ainsi. Cela fait, tournez le tube dans la direction du troisième pied, qui, s'il est nécessaire, est déplacé à son tour, afin d'égaliser l'eau dans les fioles. Pour plus de sûreté, recommencez promptement l'épreuve.

*Manière de viser avec le niveau.* — L'instrument étant réglé, et la mire se trouvant *placée verticalement* en un point, dirigez le tube vers elle ; éloignez-vous de la fiole voisine de vous, à la distance d'un pas environ. Fermez l'un de vos yeux ; placez-vous la tête de façon que l'œil ouvert se trouve sur la ligne des bords des deux surfaces de l'eau dans les fioles. Rectifiez la direction du tube, pour que la visée prenne bien la direction du voyant ; puis faites descendre ou monter ce voyant le long de la mire, jusqu'à ce que son bord supérieur soit exactement sur la ligne de visée.

Comme exercice, fermez l'œil viseur un instant; puis pointez de nouveau ; et vous devez retrouver le voyant dans la visée, si la première opération a été bonne.

*Tracé d'une ligne de niveau.* — Pour piqueter sur le terrain une telle ligne partant d'un point donné, placez approximativement l'instrument sur le parcours de cette ligne. La mire étant à ce point, faites amener le voyant à l'alignement de la visée. Alors le porte-mire s'avance de quelques pas, *sans changer la position du voyant*, puis il dresse la mire qu'il déplace d'un côté ou de l'autre, suivant la pente du terrain, jusqu'à ce que le voyant vienne sur votre visée. Quand il en est ainsi, le pied de la mire se trouve évidemment au niveau du point de départ. Cette position est marquée par un piquet ; et on continue ainsi de suite. Les piquets jalonnent sur le terrain *la ligne de niveau, l'horizontale* passant par le point donné.

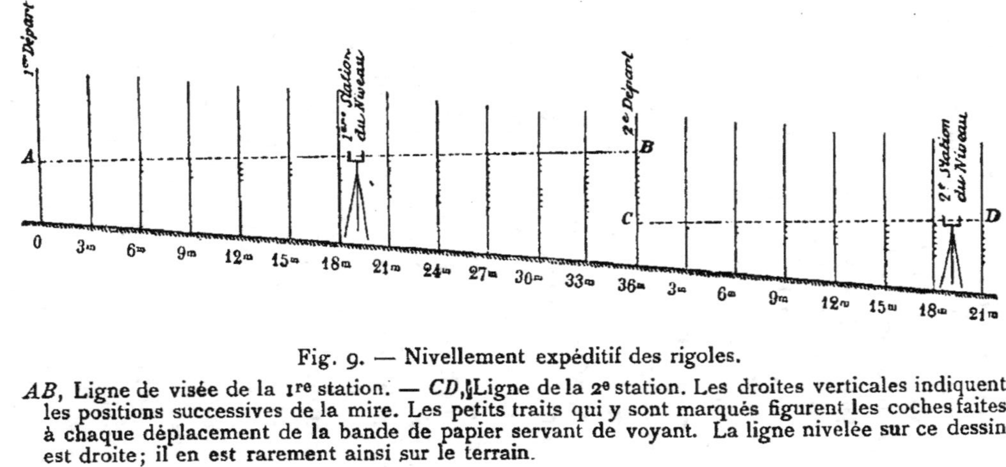



Fig. 9. — Nivellement expéditif des rigoles.

*AB*, Ligne de visée de la 1re station. — *CD*, Ligne de la 2e station. Les droites verticales indiquent les positions successives de la mire. Les petits traits qui y sont marqués figurent les coches faites à chaque déplacement de la bande de papier servant de voyant. La ligne nivelée sur ce dessin est droite ; il en est rarement ainsi sur le terrain.

*Tracé d'une ligne d'une pente déterminée.* — Lorsqu'au lieu de conserver le voyant à la même place, on le hausse d'une même quantité, à chaque changement de station, on trace une ligne qui n'est plus horizontale, et qui prend une pente régulière. Si, par exemple, la bande de papier est remontée de 0m05 par intervalles de 10 mètres, la pente est d'un demi centimètre. Quand on hausse le voyant, la ligne descend ; elle monterait si on le baissait.

*Nivellement des rigoles.* — La mire étant au point de
départ, sur le bord inférieur de la rigole, placez le niveau
sur sa direction probable, à une distance de vingt pas
environ. Réglez l'instrument, puis faites amener le bord
supérieur de la bande du papier sur votre visée. Le porte-
mire y encoche la gaule. *Le niveau ne bougeant pas*, le
porte-mire s'avance de trois pas ; puis il monte le papier
de la quantité dont la rigole doit baisser en ces trois pas. Il
mesure aisément ce déplacement avec le papier même, en
lui donnant pour largeur le nombre de centimètres voulus, soit un centimètre et demi pour trois mètres, avec la
pente d'un demi-centimètre. Il encoche la gaule au bord
supérieur du voyant ainsi remonté. Puis sans bouger ce
voyant, il déplace la gaule dans la direction de la plus
grande pente du terrain, jusqu'à ce que vous ayez le bord
supérieur du voyant sur votre visée. La mire sera tenue
bien verticalement dans ces tâtonnements ; pour cela son
porteur la soutiendra seulement par le pouce et l'index de
la main gauche qui fixent la bande de papier sur la gaule.

Quand la mire est en bonne position, indiquez-le d'un
signe, son porteur se baisse, et de la main droite, il enfonce
un piquet au pied de la mire, sans que sa main gauche
déplace le voyant. Voilà un second point de la rigole marqué. Il n'y a qu'à continuer de la sorte.

En opérant ainsi, le porte-mire atteint le niveau, puis il
le dépasse. Comme les visées ne sont plus aussi justes, dès
que la distance excède une vingtaine de mètres, le porte-
mire s'arrête au sixième piquet, après le niveau. *Alors
déplacez-vous à votre tour* ; allez poser l'instrument à
vingt pas environ en avant de la mire, en l'installant au
jugé, sur le passage de la rigole, ce qui est rendu facile
par la direction des piquets déjà plantés.

Vous agissez comme au premier point de départ, en
réglant le niveau, en faisant amener le voyant sur la visée,
sans qu'il soit tenu le moindre compte des coches antérieures. Repartez de là comme du premier point, et ainsi
à la suite. L'espacement de trois pas, équivalant autant
que possible à trois mètres, est bien suffisant pour les
piquets, en tracé ordinaire ; toutefois il ne faut compter

que deux pas aux sommets de courbes et dans les parties sinueuses ; la largeur de la bande de papier est alors réduite d'autant.

*Contrôle du nivellement.* — Les piquets doivent marquer sur le terrain une courbe très régulière, épousant parfaitement tous les mouvements du sol. Quand il en est ainsi, il est probable que le nivellement est bon ; lorsqu'au contraire quelque piquet sort notablement de la courbure naturelle, on est sûr qu'il y a une erreur provenant soit d'une mauvaise visée, soit de la faute du porte-mire qui a opéré quelque déplacement illicite du papier ou qui n'a pas enfoncé le piquet exactement au pied de la mire, ou qui ne l'a pas tenue verticale. Le nivellement est à recommencer au point douteux.

Les piquets marquent le *bord inférieur* de la rigole. Pour achever le tracé, tendez sur ces piquets un cordeau assujetti parfaitement aux sinuosités du terrain, à l'aide de chevilles intercalées. La profondeur de la rigole serait inégale, si l'on cheminait en ligne droite, d'un piquet à l'autre, et le coup d'œil trop disgracieux.

*Façon des rigoles.* — Il est prudent de ne jamais déblayer plus de 20 mètres de rigole, sans y mettre l'eau, et y examiner le courant. Si une erreur trop considérable est commise, il ne faut pas essayer de la corriger en creusant ou remblayant le fond du canal ; il vaut mieux remettre le gazon en place, rendre au terrain sa forme primitive, puis recommencer le nivellement défectueux (1).

Les cultivateurs de la contrée sont habiles à manier le pique-pré, la *tranche* et la pelle ; mais il n'y a pas lieu d'entrer dans des détails pratiques du rigolage.

Ce travail est du reste trop délicat en prairies de montagnes, pour qu'il soit avantageusement exécutable à la charrue. Mais celle-ci sera utilement employée à l'ouverture des profondes saignées d'assainissement, dont elle réduira les dépenses. Une charrue Dombasle devient la

---

(1) On emploie parfois, pour les nivellements, une règle ou un arc avec un fil à plomb. Ces instruments ne sont ni plus simples, ni moins coûteux que le niveau d'eau, et ils sont infiniment moins précis et d'un emploi plus lent. L'usage n'en est pas à recommander.

meilleure des rigoleuses, par le changement du soc plat
en un soc de la forme d'un étrier, qui coupe en bas et de
côté.

***Rigoles en retour.*** — Ce n'est qu'à proximité des rigoles que le gazon est arrosé d'une façon bien égale et uniforme, la nappe liquide tendant à se-concentrer dans les
plis du terrain, au détriment des parties en bosses, à mesure qu'elle s'éloigne de la ligne de déversement. Les rigoles alimentaires ne devraient donc pas être espacées de plus
de cinq à six mètres, pour donner des arrosages complets.
Quand cet espacement est notablement dépassé et que
l'eau abonde, on intercale des rigoles en retour. Parvenue
à l'extrémité du pré, chaque rigole alimentaire fait un
coude et descend en longeant la bordure, jusqu'au milieu
de l'intervalle à arroser. Elle y reprend la direction quasi
horizontale, pour ramener l'eau en sens inverse du courant primitif.

***Rigoles en terrains rocheux et abrupts.*** — Le tracé des
rigoles vient parfois se buter contre des rochers dont la
traversée exigerait de trop grosses dépenses de mine. Faites alors descendre l'eau en cascade le long du roc, pour
reprendre la pente voulue, après l'avoir contourné. Mieux
vaut cheminer par paliers et chutes, que d'éviter l'obstacle
par une trop grande pente continue.

Enfin le creusement des rigoles sur des terrains abrupts
détermine un talus excessif du côté intérieur. Pour l'éviter, supprimez tout creusement, en formant un bourrelet,
le long des piquets de nivellement, avec la pierraille toujours fournie en abondance par le nettoyage de tels terrains. Consolidé avec quelques fascines d'aulne qui font
rarement défaut, et revêtu du gazon fourni par le dresse-
ment du fonds de la rigole, ce talus devient vite étanche
et résistant, grâce à quelque surveillance de l'eau au début.

## § 2. *Rigoles versantes*

***Les rigoles alimentaires conviennent peu à l'arrosage.***
— On emploie souvent ces rigoles au déversement de la
nappe liquide, soit en y pratiquant des saignées rapprochées, soit en les barrant avec une pierre ou une motte de

gazon. Mais l'arrosage est ainsi très inégal. L'eau afflue
aux environs de la coupée ou du barrage, en laissant à sec
le gazon en amont. Favorable au transport, la pente nuit
à un déversement bien uniforme.

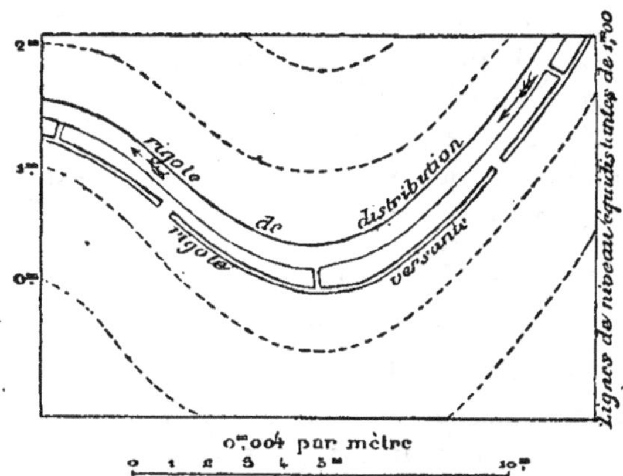


Fig. 10. — Rigoles versantes des prairies de montagne.

Les formes du terrain sont représentées par des courbes horizontales tracées en traits ponctués. Ces courbes marquent des différences de niveau
d'un mètre. Les flèches figurent le sens du courant de l'eau.

*Réseau de rigoles latérales versantes.* — On obtient une
meilleure répartition de l'eau, en amorçant une série de
petites rigoles au bord inférieur du canal alimentaire.
Elles se font rapidement par l'enlèvement d'une simple
bande de gazon, ayant la largeur de la bêche, et cinq ou
six centimètres d'épaisseur. On leur donne peu de pente,
un millimètre à peine. Leur longueur ne doit pas excéder
cinq ou six mètres. Avec de si faibles dimensions, ces
rigoles ne sauraient transporter l'eau à de grandes distances.

Si le tracé de la rigole principale est correct, il donne
des indications suffisantes pour la façon de ces petites
rigoles, qui n'ont pas besoin d'un nivellement spécial.

Quand ces petits canaux sont bien faits, quand leur prise
d'eau est bien réglée, ils déversent sur toute leur longueur une mince nappe liquide, qui s'étale avec uniformité
sur le gazon, sans le noyer, sans le raviner. De tels arrosages peuvent persister en hiver durant des mois entiers,

sans altérer l'herbe qui en est admirablement vivifiée. Malgré la continuité du courant, ces rigoles versantes n'usent que très peu d'eau. Elles en consomment moins que les grossiers moyens de déversement par la rigole alimentaire elle-même. La production du foin devient régulière et par suite plus abondante ; car l'inégalité de la végétation est la plaie de nos prairies.

Une rigole alimentaire ne peut servir au déversement, que tout autant que par son peu de pente et de longueur, elle se rapproche des rigoles versantes. C'est le cas des rigoles des petits réservoirs.

## CHAPITRE IV
### Assainissement des prés

*Causes du jonc.* — Le sol ondulé de nos prairies présente une alternance de mamelons et de dépressions, dans lesquelles l'eau s'accumule en permanence, par suite de l'imperméabilité du terrain granitique. Or cet excès d'humidité empêche l'accès de l'air dans le sol ; il s'oppose à son réchauffement, l'eau absorbant sans cesse la chaleur du soleil pour s'évaporer. Ces conditions sont défavorables aux plantes, dès qu'elles entrent en pleine végétation. Sans air, pas de combustion de l'humus, pas de production de gaz carbonique, pas de dissolution de matières minérales du sol dans l'eau, pour l'alimentation des végétaux. Sans air et chaleur, pas d'activité pour tout ce monde providentiel de ferments, pourvoyeurs de la végétation, tandis que le défaut d'aérage provoque la vitalité d'autres ferments destructeurs des engrais. De plus, faute de se brûler, l'humus s'accumule à l'excès ; ses matières acides paralysent la production du nitre, cet aliment indispensable aux bonnes plantes. L'herbe nourricière du bétail, ne trouvant pas ses éléments de vie, est remplacée par la végé-tation des joncs qui s'accommode de ce mauvais régime, mais au détriment des meilleures matières nutritives.

L'amélioration du gazon comprend donc deux œuvres solidaires, mais distinctes : 1° préservation du sol contre la permanence de l'eau en été ; 2° destruction de son acidité, contraire aux bonnes plantes.

### § 1. *Préservation du sol contre l'humidité permanente en été*

*Aménagement du terrain.* — En général, la pente de nos prés est assez forte pour en rendre l'asséchement peu difficile, au prix de quelques soins. Il suffit de niveler les cavités favorables à la stagnation de l'eau, ce fléau des irrigations. Les balayures de la prairie au printemps, les curures des rigoles et des réservoirs peuvent servir à combler graduellement ces cavités. Telle est la première œuvre de l'assainissement.

*Le bon tracé des rigoles et la surveillance des arrosages sont essentiels à l'assainissement des prés.* — En s'inspirant du principe : *Assécher les bas, mouiller les hauts*, le rigolage bien fait est le premier et le plus indispensable des préservatifs du jonc, surtout lorsqu'une suffisante surveillance des arrosages permet de prévenir les obstructions des rigoles et l'arrêt de la nappe liquide.

Par contre, la façon de ces rigoles au juger est non seulement impuissante à adapter leurs pentes au relief du sol, mais encore elle conduit fatalement à des déclivités vicieuses, qui sont l'inévitable cause de l'accumulation des eaux dans des bas-fonds. Le mal est d'autant plus grand que la masse d'eau à gouverner est plus considérable. Il est incalculable, le bien qui se réaliserait par la rectification des rigoles au moyen du nivellement, tant pour l'amélioration du bétail, que pour la salubrité du pays. L'œuvre serait peu coûteuse à opérer graduellement chaque hiver, si les enfants apprenaient le maniement du niveau à l'école.

La bonne construction des réservoirs qui, faute d'être étanches, convertissent le terrain voisin en marais, le déboisement des prés, partout où l'ombre est excessive, contribueront aussi à prévenir le jonc. En cela, prévenir est plus facile que guérir.

### § 2. *Asséchement des fonds marécageux*

*Leur isolement.* — Le premier soin sera d'intercepter les eaux découlant des terrains supérieurs. Pour cela, cernez toute la mouillère par une rigole qui en contournera les limites, pour venir déboucher de part et d'autre, soit au ruisseau, soit aux rigoles d'arrosage.

*Evacuation des eaux superficielles.* — Les eaux étrangères étant ainsi coupées, il faut éliminer la pluie tombant sur la mouillère. Le tracé des rigoles à pratiquer dans ce but est indiqué par le relief du sol. Celui-ci présente presque toujours une ligne basse, plus ou moins sinueuse, par laquelle l'excès d'eau se fraie un passage. Rectifiez cette sorte de fossé naturel par une série d'alignements ; et, suivant cette ligne brisée, creusez une rigole qui sera l'égout central. Ses dimensions en largeur et profondeur dépendront de l'importance du marais. Plus elle sera profonde, et meilleure sera son action asséchante. C'est dans cet égout central que déboucheront les rigoles secondaires, destinées à compléter l'asséchement. Tracez-les suivant la plus grande pente du terrain, pour qu'elles aient la plus forte déclivité possible, et par suite, le plus de facilité à éconduire l'eau. Ces rigoles doivent avoir au moins 40 centimètres de creux, au lieu des saignées dérisoires pratiquées en grains d'orge, à quelques centimètres de profondeur, qui sont trop souvent le seul moyen d'égouttement de nos mouillères.

*Captation des eaux souterraines.* — Des drains sont indispensables pour assécher convenablement les terrains sourciers, formant des fondrières. Ces travaux souterrains assainissent les prés plus énergiquement que les fossés à ciel ouvert ; l'eau qu'ils donnent est excellente pour les arrosages, tandis que les suintements des saignées fournissent le plus souvent un liquide rouillé, rendu acide par la putréfaction des joncs, par suite très impropre à l'irrigation des terrains inférieurs. Le drainage est donc le maître travail d'assainissement de nos prés. Quand il est bien fait, le fonds reste amélioré sans nouvelle dépense, au moins pour la vie d'un homme ; tandis que des fossés à ciel ouvert exigent un constant et coûteux entretien.

*Construction des drains.* — Le tracé d'un réseau de drains est absolument le même que celui du réseau de rigoles asséchantes, que nous venons d'indiquer. Le piquetage étant fait, fouillez d'abord la tranchée centrale jusqu'à la profondeur qu'elle doit atteindre, c'est-à-dire, autant que possible, jusqu'au roc imperméable. Egalisez-en bien le fond, dont la pente sera autant que possible invariable, ou croissante, mais jamais décroissante. Pour cela, il n'est point besoin de nivellement ; il suffit d'examiner la marche de l'eau circulant dans les fouilles ; son courant doit être bien régulier. Si des dépôts ont une tendance à se former en certains points, les rugosités du sol qui les provoquent seront évasées jusqu'à ce que le courant soit bien régulier partout. Cela fait, procédez aux fouilles des branchements, en commençant par la partie en amont. Réglez la pente de chacun d'eux sur le point de la tranchée centrale où il vient aboutir. Mêmes précautions pour que le fond de ces fouilles successives soit d'une déclivité bien régulière. Dès qu'un de ces embranchements est déblayé, il faut se hâter de le munir de drains, puis de le combler pour éviter les éboulements.

Le plus simple et le meilleur de ces drains est obtenu avec un saucisson façonné de branches de saule, d'aulne, que l'on serre très fortement à l'aide de liens en fil de fer, formant des cercles espacés de mètre en mètre environ. Ce saucisson aura juste les dimensions du fond de la fouille. Mis en place, il sera recouvert d'une couche de mousse sèche, bien tassée sur une épaisseur de $0^m05$ environ. Sur cette mousse, on appliquera des bandes de gazon retournées, puis on versera la terre du remblai, en la damant soigneusement.

Un tel drain a une longue durée, quand il est bien fait, quand le saucisson est bien serré sur un diamètre de $0^m30$ environ, quand la mousse est bien tassée. Le bois, on le trouve souvent sur place ; la mousse abonde dans nos châtaigneraies, dans nos prés même où on peut l'extraire à l'aide d'une herse. On utilisera ces ressources, tant qu'elles ne seront pas épuisées. Puis on aura recours aux pierres, en employant celles qui proviennent d'abord des fouilles, puis de l'épierrement des prés et des champs du domaine.

Il y a trois modes de façonner les drains en pierre, suivant la nature des matériaux dont on dispose : 1º si vous avez assez de dalles, établissez un conduit rectangulaire, avec deux fortes pierres verticales pour pieds droits, sur lesquels reposera une pierre plate formant voûte ; 2º disposez un conduit triangulaire, avec deux dalles s'arcboutant à leur arrête supérieure. Dans l'un et l'autre cas, recouvrez ces conduits d'une couche de 0m50 environ de menues pierres, pour augmenter la puissance d'écoulement du drain à construire ; 3º faute de dalles, garnissez le fond même du fossé avec une couche de pierraille dont il convient de porter l'épaisseur à 0m70 environ. Une bonne assise de mousse tassée fera ensuite bien l'affaire du drain, si vous en avez. En tout cas, recouvrez les pierres par des bandes de gazon retournées ; puis tassez le remblai avec soin.

Faute de fagots et de pierres, employez des tuyaux spéciaux de drainage. Mais leur pose exige un soin excessif ; et leur durée est généralement moindre que celle de nos drains traditionnels.

Si le fond du fossé traverse une couche très friable ou très poreuse, fouillez-la à 0m30 en contre-bas du drain, mastiquez-la avec de la mousse, puis pilonnez-y de la pierraille.

*Préservation du drainage contre les racines des arbres.* — Il n'est d'autre moyen que de les arracher, au moins à 30 mètres des conduits. C'est un sacrifice nécessaire auquel il faut se résigner.

*Utilisation des eaux drainées pour les arrosages.* — Nous n'employons qu'une part minime de ces précieuses eaux souterraines, que nous laissons aller sourdre dans le fond des vallées, hors de nos héritages. Sans doute ces tunnels ne sont pas partout d'une exécution aussi facile que dans les sous-sols tufeux de la Haute-Vienne, où ils sont si répandus sous le nom de *renards.* Mais sans entreprendre des travaux si coûteux, nous pourrions aisément construire chaque hiver quelques mètres de drainage, en vue d'accroître la provision de nos réservoirs. C'est ainsi que nos *cerbottes* se changeraient souvent en puissants bassins de 400 à 500 mètres cubes, envoyant leurs eaux à grande portée, sur les coteaux secs.

*Aspect d'une prairie bien rigolée, pour l'arrosage et l'assainissement.* — Quand un pré est disposé d'une façon satisfaisante pour la distribution et l'évacuation des eaux, le réseau des rigoles arrosantes s'adapte gracieusement aux formes du terrain. Ces formes sont ainsi dessinées par des courbes parallèles et quasi horizontales. Tracées d'équerre surcelles-ci, les saignées d'égouttement accusent nettement leur rôle, par l'approfondissement et la pente rapide des tranchées. Dans ces prés bien aménagés, il n'existe point de canaux ouverts obliquement et sans ordonnance ; car dans ces directions intermédiaires, la déclivité est trop grande pour l'arrosage, trop faible pour l'assainissement. La disposition des rigoles à faibles pentes et des saignées à grande chute témoigne seule du soin à recevoir l'eau et du souci de l'éliminer après son emploi.

### § 3. *Acidité des prairies*

*Son action funeste sur la végétation.* — Pareils en cela aux terres de bruyère, les sols tourbeux de prairies sont mauvais aux bonnes plantes, malgré leur abondante couche d'humus. Cela tient à l'excès de leurs matières acides, qui s'opposent à la transformation des engrais en nitre, aliment indispensable aux végétaux les plus nourriciers pour les animaux.

Ainsi, il ne nous suffit pas d'arroser soigneusement nos prés, à l'aide d'un rigolage correct, de les assainir par des drainages et des fossés d'asséchement ; il nous reste encore à neutraliser l'excès des matières acides des fonds marécageux, en les amendant par des calcaires, que nous pouvons employer sous trois formes : chaux vive, plâtre et phosphate.

*Chaulage des prés.* — La chaux a d'autant plus d'action sur le gazon, qu'elle est plus finement pulvérisée. Or nous n'avons pas, comme pour les terres, la ressource de la faire fuser en petits meulons sur le gazon humide, où elle formerait une bouillie compacte. Il faut construire une sorte de hangar, sur une partie sèche du pré, avec des piquets et quelques gluis de paille, pour y faire déliter le tas de chaux qui sera ensuite répandue à la volée. Le mieux est encore de l'employer pour la confection de terreaux avec des curures de rigoles et de réservoirs, des balayures, du gazon, des feuilles de chêne, en un mot avec tous les matériaux qui ne manquent pas dans les prés, et que nous laissons généralement perdre, quand nous ne les brûlons pas sauvagement. Le tas doit être fait au commencement de l'hiver, dès qu'on commence le curage des réservoirs et celui des rigoles. Il sera brassé une ou deux fois, c'est-à-dire recoupé à la pelle, de telle sorte qu'on ait au printemps un terreau bien homogène, dans lequel la chaux s'est comme fondue complètement. On l'écartera au mois de mars sur le gazon, en l'incorporant dans le sol par un léger hersage, avec les dents de la herse au rebours. Tout cela peut s'opérer en temps perdu d'hiver. Voilà une œuvre peu coûteuse dont la graduelle exécution transformerait nos plus mauvais prés, en y substituant les bonnes herbes au jonc.

*Phosphatage.* — On sème ordinairement six sacs de 100 kilog. à l'hectare. Cet épandage se fait après la fauchaison, au moment où la chaleur de l'août rend les réactions du sol très actives. Du reste les irrigations chôment à ce moment, ce qui n'expose pas l'engrais à être lessivé par l'eau. Ceux qui ont pratiqué le phosphatage en diverses saisons, reconnaissent que les effets en sont plus immédiats et plus efficaces à l'automne qu'au printemps.

*Plâtrage.* — Sans valoir tout à fait le phosphate, cette manne de nos prairies humides, le plâtre, a néanmoins une action efficace sur les gazons granitiques. Il convient du reste de le mêler au phosphate. Employé pur, il sera semé en même quantité, et à la même époque que ce dernier.

L'attribution du calcaire aux prés est la plus importante des améliorations agricoles du pays. Le perfectionnement et le produit du bétail en dépendent essentiellement. Il faudrait donc, pour bien faire, chauler graduellement les prés humides, tous les six ans, et les plâtrer et phosphater, une fois dans l'intervalle. L'emploi de ces amende-

ments doit toujours être combiné avec un bon égouttement du sol, qui en rend l'action plus bienfaisante et plus
durable.

## CHAPITRE V

### Emploi de l'eau

*Ce qui caractérise la culture épuisante.* — L'indice de
la mauvaise agriculture, de celle qui cause la misère croissante du cultivateur par la ruine graduelle du domaine,
c'est d'abord la négligence des fumiers, puis l'abandon
des champs au chiendent, aux fougères, aux ravenelles et
aux chardons. Mais l'aspect désolé des prairies revenues à
l'état de sauvages pâturages, les réservoirs à sec, les rigoles éventrées, l'eau stagnante; voilà la plus affligeante
image de l'incurie.

Pauvres prés ! C'est vous qui subissez les premières
atteintes de la négligence du domaine, de même que la
pièce la plus délicate d'une machine est la première dété-
riorée. Car c'est vous qui exigez sinon le plus de travail,
du moins le plus de soins intelligents.

*Progrès réalisés.* — Heureusement qu'à côté de ces
tristes restes du passé, l'avenir se montre consolant, par
le nombre toujours croissant des prés bien tenus. L'eau
est de mieux en mieux utilisée. Au lieu d'arroser le
gazon à peine quelques semaines au printemps, on comprend que pour produire tout son effet utile, l'irrigation
doit débuter dès l'automne, persévérer en hiver, ne souffrir aucune interruption au printemps, pour ne s'arrêter
qu'à la pleine végétation des herbes. Les animaux sont
donc éloignés des prés arrosés à une saison moins tardive
que jadis. Les cultivateurs ont de petits prés spéciaux, pour
que leur cheptel y bénéficie de la dépaissance printanière.
Le *déprimage* des prairies par les vaches, les agneaux et
les cochons, est qualifié d'exécrable, ainsi qu'il le mérite.

On s'évertue à faucher avant la moisson, pour que le
foin soit plus tendre et le regain plus abondant.

L'amélioration du bétail, l'accroissement du fumier et
des récoltes, voilà la récompense d'un premier effort. Il

est encore possible d'obtenir des résultats plus profitables, au prix d'un travail plus assidu et surtout dirigé avec plus d'intelligence.

Toutefois, l'étendue de prairie cultivée souvent par un homme seul, est telle que la tenue ne saurait en être aussi parfaite que celle des cultures arrosées dans certains pays, où chaque cultivateur se consacre à une superficie de quelques ares à peine. Il convient donc de se borner à l'indication de l'entretien, tel qu'il est possible avec l'organisation des exploitations du Centre. Même dans ces limites on peut faire plus et mieux.

*On doit aimer son pré.* — Nous ne sommes pas assez *pradaliers,* c'est-à-dire, affectueux pour nos prés. Nos goûts sont ailleurs. Après tant de jours perdus aux foires, après de si nombreuses heures gaspillées dans un stérile va-et-vient à la ferme, nous nous complaisons dans les travaux secondaires : dresser des haies mortes, quand une clôture vive, une fois faite, exigerait un moindre entretien ; nous escrimer du hoyau, le bétail se reposant à l'étable, sans forces, il est vrai ; nous tenir à l'abri durant des mois entiers le fléau en main, lorsque la vapeur ne serait qu'au prix d'un peu d'entente entre nous ; passer des semaines entières dans les bois, dont la cueillette des fruits devrait être l'œuvre exclusive des femmes, des enfants, des vieillards. Voilà nos passe-temps de prédilection. Quant à la grande œuvre des prés, au seul travail rémunéré entre tant d'occupations sans rétribution sérieuse, nous n'y songeons qu'autant que nous n'avons même plus un prétexte à nous trouver ailleurs.

Notre emploi du temps est à changer. Plus d'assiduité, durant tout le cours de l'année, doublerait nos forces. Dans tous les cas, si nous n'en avons pas assez pour bien faire tout ; du moins, faisons bien ce qui paie le mieux.

## § 1. *Effet des arrosages*

*Arrosages périodiques.* — Les irrigations réitérées à courts intervalles sur chaque partie du pré au moyen des réservoirs, agissent à la fois sur la terre et sur l'herbe.

La fréquente pénétration de l'eau ameublit le sol ; elle

y facilite les progrès des racines du gazon. Elle l'aère par le flux et le reflux d'air qu'elle produit. Quand l'eau s'élimine par évaporation ou infiltration, elle laisse vide tout un réseau de petits canaux souterrains, que l'air occupe, prêt aux combinaisons nécessaires pour rendre les substances fertilisantes assimilables par les herbes. Dès qu'il est appauvri par ses réactions, il est chassé par une nouvelle pénétration liquide. C'est ainsi que les arrosages facilitent la transformation puis l'assimilation des nombreux détritus laissés dans le gazon par le renouvellement périodique des plantes. Car sous leur apparente permanence, les herbes des prairies se renouvellent sans cesse ; elles meurent, quand elles ont vécu leur vie, pour être remplacées par des plantes différentes.

En outre, les arrosages apportent des matières fertilisantes. S'ils ne détruisent pas complètement les grillons, les courtillières et autres, du moins ils molestent et éloignent ce monde de petits rongeurs ; ce n'est pas le moindre mérite des irrigations, tant ils causent de mal aux prés secs.

*Condition d'un bon arrosage.* — Pour obtenir de tels résultats, le gazon doit être complètement saturé d'eaux jusqu'à une suffisante profondeur. Ce qui implique au moins un mètre cube d'eau pour dix mètres carrés de surface. L'eau doit s'écouler par nappe mince, presque sans vitesse, durant une demi-heure environ. Que le réservoir se vide donc lentement par un trou de bonde très petit. Que l'eau s'étale bien par des rigoles versantes. Un arrosage bien complet qui ne se répète que tous les huit ou dix jours, vaut mieux qu'une courte aiguade réitérée plusieurs fois la semaine, avec un vrai gaspillage d'eau. Les prés profondément pénétrés à longs intervalles, sont plus chargés de foin et de regain, que ceux qu'on imbibe souvent, mais petitement. L'agrandissement des réservoirs facilite beaucoup l'application de ces irrigations intenses, en accumulant des masses d'eau plus grandes que celle des *serbes* ordinaires.

*Arrosages continus.* — S'il est dégradé par une imbibition trop prolongée en été, le gazon est au contraire bonifié par l'eau en hiver. Dans les Vosges et les Alpes, où les irrigations se pratiquent avec le courant continu des ruisseaux, les cultivateurs font persister les arrosages durant des jours, des semaines, des mois entiers, selon la saison et le temps. Ainsi employée par grandes masses, l'eau a des effets de fertilisation et de production de gazon plus intenses que ceux de nos aiguades écourtées. Cette féconde irrigation nous est inconnue ; nous pourrions cependant en faire de faciles applications, soit avec le trop-plein de nos réservoirs, soit avec les dérivations des ruisseaux, partout où la jouissance de l'eau est continue. Cette protection contre le froid nous serait bien utile. Il est le plus dangereux ennemi de nos gazons.

*Les arrosages continus préférables à la submersion.* — Si, loin d'en souffrir, l'herbe est ainsi vivifiée par un si long contact avec le courant, cela tient à ce qu'elle n'est pas asphyxiée par l'eau très chargée d'air. Tout autre est l'effet de la submersion sous une épaisse couche liquide presqu'immobile, comme cela arrive pour les prés inondés par les rivières, ou volontairement noyés par leurs propriétaires.

Le gazon est ainsi parfois fécondé par un dépôt de limon. Mais il risque de se pourrir, pour peu que la provision d'air s'épuise dans l'eau stagnante. Le dégagement du gaz carbonique produit alors une écume blanchâtre, qui est l'indice de mettre fin, s'il est possible, à un mode d'arrosage plein de périls, hors le temps d'intense gelée, retardant la fermentation du gazon.

*Pratique des arrosages continus et des arrosages périodiques.* — Comme les procédés sont tout différents pour les arrosages continus par ruisseaux et pour les arrosages intermittents par réservoirs, nous allons examiner séparément l'irrigation des prairies basses riveraines des cours d'eau, et celle des prairies hautes.


# CHAPITRE VI

### Entretien des prairies basses, arrosées à courant continu par dérivation de ruisseaux.

*Excellence des eaux d'automne.* — Il importe de profiter

des premières pluies abondantes, pour nourrir et réparer le gazon. Fertilisés par les détritus des feuilles, enrichies par les égoûts des terres fraîchement fumées et labourées, les eaux d'automne sont les plus fécondantes. Puis la nappe liquide et le sol ont alors à peu près la même température. Les arrosages ne risquent pas d'être intempestifs, comme ils le sont alors que l'eau est beaucoup plus froide que le gazon.

Malheureusement ces utiles arrosages précoces sont encore trop peu pratiqués. Les dernières semailles, la récolte du blé noir, des noix et des châtaignes, tous ces travaux plus ou moins en retard absorbent les cultivateurs, au détriment de la reprise des irrigations. Enfin on s'excuse de ces délais par la nécessité de prolonger la dépaissance du bétail jusqu'aux premières neiges. Mais toutes flétries par les gelées blanches, les dernières herbes nourrissent mal les animaux. La faible économie de foin résultant de ce tardif pacage ne compense pas la dégradation que subit le gazon par le piétinement du bétail. Le dégât s'aggrave à mesure que la saison devient plus humide.

La mise en train des arrosages dès le mois de novembre, voilà le point de départ essentiel de l'amélioration des prairies. Pour atteindre ce but si désirable, que faut-il ? Moins courir les foires, s'astreindre à une plus grande régularité dans le travail, dès le commencement de l'année. C'est l'inexorable condition pour tout faire à son temps.

Les traînards qui laissent passer l'automne, sans mettre leurs rigoles en état, sont fréquemment surpris par les fortes gelées rendant tout travail impossible dans les prés, souvent jusqu'au printemps. Le meilleur temps des arrosages est ainsi perdu pour eux.

*Curage des rigoles.* — Long et pénible pour les négligents donnant peu de soins à leurs prés dans le cours de l'année, le curage des rigoles devient rapide et facile à ceux qui les raclent durant les irrigations. Cette précaution entretient les canaux ; elle améliore les arrosages en rendant le courant limoneux. Elle permet de réduire le curage à l'écrasement des bavures des bords, et à l'arrachage des herbes. On laisse à l'eau le soin d'entraîner les vases.

Dans aucun cas, les matières curées ne doivent être abandonnées sur le bord des rigoles ; elles finiraient par y produire un bourrelet contraire au déversement de l'eau. Elles peuvent fournir une excellente fumure chaulée pour les parties sèches de la prairie ; elles seront également employées utilement pour niveler les dépressions dans lesquelles l'eau resterait stagnante. Nous tirons trop peu de parti de ces engrais qui sont à pied d'œuvre.

*Arrosages d'automne.* — A mesure que les rigoles sont en état, on s'empresse de *donner l'eau aussi souvent et aussi longtemps que possible*, afin que l'herbe puisse se refaire avant les grands froids de décembre. Les pousses nouvelles sont sans doute exposées à devenir la proie des gelées ; mais ce qui sera sauvé, donnera plus tard une favorable précocité à la prairie.

La continuité du courant doit être interrompue par intervalles, durant les dernières tiédeurs de novembre, afin que le gazon puisse en profiter.

*Arrosages d'hiver.* — Mais pas d'interruption dans le déversement, aussitôt que débutent les grands froids. Cependant on visitera fréquemment les rigoles, pour les dégager des obstructions de feuilles ou de bois mort ; pour modérer le courant partout où il coucherait l'herbe à terre, et pour l'activer sur les points insuffisamment humectés. Surtout que l'eau ne soit nulle part stagnante. Elle pourrirait le gazon. Ainsi employé par grandes masses, l'arrosage cause un très grand bien, ou un mal plus grand encore. Tout dépend de la vigilance avec laquelle il est conduit. Le peu d'occupation des cultivateurs dans la mauvaise saison, rend cette surveillance facile. Grâce au réseau serré des rigoles alimentaires et au bon tracé des rigoles versantes, la prairie est comme recouverte d'un liquide et mobile manteau. L'eau courante résiste aux premières gelées ; et lorsqu'elle se solidifie à la surface, ses filets liquides circulent au-dessous de la glace, et préservent le collet des herbes.

Heureux, trois fois heureux le cultivateur qui peut

ainsi revêtir son pré d'une couverture glacée bien uniforme. A la fin de l'hiver, l'herbe sort de son enveloppe, fraîche et verdoyante, toute prête à profiter des premières tiédeurs du printemps; alors que les prés qui ont subi à nu la destruction des gelées, restent longtemps flétris. Impuissant à pousser, leur gazon emploie avril et mai à se refaire; il ne produit qu'une herbe chétive et tardive.

Tout le succès de ces arrosages préservateurs tient essentiellement à la quantité et à la continuité des eaux. Un arrêt quelconque au moment des grands froids, serait excessivement préjudiciable à l'herbe. De telles irrigations sont donc impraticables partout où les eaux n'abondent pas, et partout où elles changent d'usufruitiers à certains jours de la semaine. On ne saurait avoir d'autre mode de jouissance pour les réservoirs. Mais pour les dérivations des ruisseaux, on pourrait aisément modifier l'usage actuel, par lequel chacun à son tour arrête la totalité des eaux. Il serait préférable de laisser le courant continuel dans la rigole maîtresse; chaque riverain y pratiquerait une prise lui donnant la proportion d'eau à laquelle il a droit. Cela se fait ainsi sur les grands canaux d'irrigations.

*Arrosages du printemps*. — Dès que le temps s'adoucit avec les premières pluies du sud, interrompez les arrosages qui ont été permanents durant la froidure.

Fermez alors par intervalles les dérivations des ruisseaux, pour laisser le pré s'égoutter et s'aérer. Mais irriguez de nouveau, aussitôt qu'il y a une nouvelle menace de frimas.

Les dernières gelées blanches sont rarement assez violentes pour glacer les eaux courantes, qui sauvent ainsi l'herbe de leur plus dangereux ennemi.

Aussitôt que la sève d'avril commence à travailler, le sol a besoin de plus d'air et de chaleur, que l'eau ne peut lui en donner. Laissez alors l'herbe toute à la végétation, durant la tiédeur du jour. Donnez l'eau à la première fraîcheur du soir, pour qu'elle couvre le gazon jusqu'au lever du soleil. N'usez plus que d'arrosages de nuit, aussitôt que la chaleur est bien établie. Enfin arrêtez complètement l'eau dès que les herbes menacent de verser.

*Arrêt des arrosages sur les parties marécageuses.* — S'il se trouve quelques parties marécageuses dans le pré, il ne faut pas redouter de leur donner également d'abondantes eaux durant l'automne et l'hiver, en veillant toutefois à ce que ces eaux n'y restent pas stagnantes. Dans ces conditions, elles y fécondent la bonne herbe. Mais sur de pareils terrains, les irrigations doivent cesser après les grands froids. C'est le moment de les bien égoutter, pour les préserver d'une excessive humidité au temps de la chaleur, ce qui favorise le jonc néfaste.

Ces parties marécageuses seront fauchées les premières, dès la fin de mai, s'il est possible. On peut ainsi y récolter une herbe passable. Alors que ceux qui les laissent à sec en hiver, et à l'eau en été, et qui les fauchent tardivement, ceux-là n'obtiennent qu'un fourrage détestable, sentant la vase et donnant un mauvais poil au bétail.

*Asséchement des prairies basses en été.* — Après la fauchaison, les prés bordant les ruisseaux et rivières seront sevrés d'eau et bien essuyés, surtout pendant le parcours du bétail. Préservé de l'excès de sécheresse par l'humidité naturelle du sol, le gazon ne doit pas être amolli par l'eau, au moment de supporter le piétinement des animaux, qui détériorent gravement ces prés des bas-fonds.

Tel est l'arrosage rationnel des prairies basses qui valent mieux que leur réputation. Leur entretien peut se résumer en ce court précepte : *Couvrez-les d'eau dès les premiers froids ; asséchez-les, dès les premières chaleurs ; fauchez-les tôt ; ne les pacagez pas trop tard.*

# CHAPITRE VII

## Entretien des prairies munies de réservoirs

*Arrosage d'automne.* — Les raisons pour lesquelles il importe de commencer les arrosages dès le mois de novembre, sont aussi fondées pour les prairies des hauteurs que pour celles des bas-fonds.

*Précautions pour les arrosages d'hiver.* — Dès qu'arrivent les grands froids, les arrosages de courte durée fournis par les réservoirs n'ont pas les effets utiles des irrigations continues. L'eau coulant en petite quantité sur un terrain refroidi, se congèle elle-même, pour former dans le sol des glaçons qui plus tard en retarderont fort longtemps le réchauffement. Ces glaçons déchirent le collet de l'herbe, par l'augmentation de volume que prend l'eau en passant de l'état liquide à l'état solide. Les effets d'une gelée sur le sol et sur les plantes, sont donc plus funestes, lorsqu'on augmente leur dose d'humidité, sans pour cela les couvrir d'une couche liquide assez épaisse pour les abriter complètement.

Donc, défense d'ouvrir les réservoirs, tant qu'il y a menace de gelée. Il faut également s'en abstenir, lorsque règnent les vents de l'est ou du nord, qui déterminent une évaporation très rapide. L'eau d'arrosage refroidirait fâcheusement le gazon, en se volatilisant.

En résumé, de la fin de novembre au commencement d'avril, les arrosages par réservoirs ne sont réellement propices qu'en plein dégel, alors que les vents du sud franchement établis amènent ces douces pluies dont les effets complètent ceux des arrosages.

C'est vers midi, après le froid du matin et avant celui du soir, qu'il faut ouvrir les réservoirs, durant ces temps de tièdes ondées.

*Bonnes herbes précoces.* — Pendant que les réservoirs restent bondés, on utilisera les eaux du trop-plein en arrosages continus sur les parties sèches avoisinant ces bassins. C'est en miniature ce qu'on peut pratiquer en grand dans les prés de rivières au moyen de dérivations de ruisseaux.

Quand quelques parcelles de prairie bien exposées au midi peuvent ainsi être baignées d'eau tiède en hiver, il y a grand bénéfice à les bien fumer en automne. Elles donnent, dans le cours du printemps, plusieurs coupes successives d'une herbe succulente qui, mélangée au foin sec, constitue une excellente nourriture pour le bétail amaigri et échauffé par l'hivernage (1).

(1) Dans le nord de l'Italie, dont le climat n'est pas plus doux que le nôtre, on fait ainsi jusqu'a cinq ou six coupes dans l'année, avec des eaux de sources et du fumier.

Il est bien peu d'exploitations où l'on ne puisse çà et là amener quelques ares de gazon à ce haut degré de fertilité.

*Précautions pour les arrosages de printemps. — N'arrosez jamais avec des eaux plus froides que le gazon.* Lorsque les jardiniers veulent empêcher leurs légumes de monter en graine, ils leur donnent un grand arrosage d'eau de puits, au gros soleil. Cette douche glacée refoule la sève ; durant quelque temps la plante cesse de croître. C'est un tel résultat qu'il faut éviter de produire sur le gazon, en l'arrosant à la pleine ardeur du jour. Il convient donc de prévenir l'échauffement du sol, et d'avancer l'heure des arrosages, à mesure que le soleil prend de la force. De telle sorte que c'est dans la matinée qu'il faut ouvrir les réservoirs au printemps. L'eau attiédit alors le gazon au lieu de le refroidir. Loin de paralyser la végétation, elle l'active.

Les grands vents du nord et de l'est rendent les arrosages encore plus mauvais au printemps qu'en hiver (1). C'est avec l'aide des chaudes averses du sud-ouest, que l'irrigation courte d'eau fait le plus grand bien.

*Arrosages de nuit au mois de mai.* — Enfin, aussitôt que les fortes gelées blanches ne sont plus à craindre, venez ouvrir tous les réservoirs à la nuit tombante, en quittant le travail des champs ; puis, rebondez-les de grand matin, avant de reprendre ce travail. Ces arrosages de nuit ne risquent plus d'aggraver les effets des gelées, par l'accroissement d'humidité des herbes ; et l'eau n'apporte aucun trouble à l'œuvre du soleil.

Ces excellents arrosages de nuit peuvent être continués presque jusqu'à la veille de la fauchaison, sur les parties sèches des prés, tant que l'herbe n'y verse pas. Il est bien entendu que si la prairie renferme quelques parties marécageuses, elles seront soigneusement préservées de toute eau, dès le printemps.

*Arrosages de nuit après la fauchaison.* — Le manque de

---

(1) Le discernement exigé par les bons arrosages doit faire exclure l'emploi des bondes automatiques, et en général, celui de tous les appareils déversant l'eau, aussitôt que le réservoir est plein, quelque soit l'état du sol et du ciel. Grosse dépense pour une mauvaise besogne.

débit des sources rend les irrigations peu praticables sur la plupart des prés secs, après la fenaison. Mais l'eau y serait si favorable à la seconde pousse des herbes, qu'il faut l'utiliser partout où elle est en quantité suffisante pour des arrosages pratiqués même à longs intervalles. Mais il est bien entendu qu'il ne peut être question que d'arrosages de nuit, tant les grandes chaleurs rendent mauvaises les aiguades du jour, dans la saison brûlante. La saturation de l'herbe par l'humidité lui devient alors des plus pernicieuses. Eaux d'été, eaux maudites, quel mal ne causez-vous pas, quand n'étant pas utilisées par des arrosages de nuit, vous débordez sur le gazon ! Au débouché du trop-plein de chaque réservoir, aux brèches produites dans les rigoles par le piétinement du bétail, à l'aval de chaque source non captée, en chacun de ces points malheureux, les bonnes herbes périssent, les pieds dans l'eau, la tête au soleil. Elles sont remplacées par une traînée verdâtre de carex détestables aux animaux. Si après les foins, un génie bienfaisant pouvait enlever jusqu'à la moindre trace d'humidité de nos prés, pour ne leur rendre l'eau qu'en automne, quel service ne rendrait-il pas à nos gazons !

*Elimination des eaux nuisibles en été.* — Pour cela, dirigez par une rigole le trop-plein de chaque réservoir dans le réservoir inférieur. A partir du dernier, tracez une rigole de grande pente, jusqu'aux limites du pré ; à moins que vous ne puissiez déverser les eaux sur des parcelles adjacentes, non encore en prairies.


## CHAPITRE VIII

### Entretien des prairies sèches

*Leur utilité.* — La plupart des exploitations ont, dans le voisinage des bâtiments, un ou deux enclos nommés *coudercs* ou *bouiges*. Ils servent à la dépaissance des porcs et des agneaux ; ils sont également excellents pour le jeune bétail et les poulains au printemps, alors que l'accès des prairies irriguées leur est interdit.

Pour peu qu'ils soient sur un sol frais, ces prés secs fournissent une bonne dépaissance grâce à l'humidité de nos printemps (1). De plus, il faut les faire bénéficier, autant que possible, des eaux de pluie découlant des chemins et surtout des basses-cours. Le cultivateur qui se munit d'un vaste chapeau et d'une limousine, pour aller, dès la fin de l'orage, déboucher les caniveaux et diriger le courant boueux vers son gazon, celui-là est bien payé de ses peines, par le profit de ses animaux.

*Les eaux peu abondantes et très chargées répandues en temps de pluie.* — C'est un tort de vouloir recueillir de telles eaux dans de petits réservoirs, pour ne les répartir que longtemps après l'ondée. Tout d'abord, elles subissent une grande déperdition par évaporation ou infiltration dans ces réservoirs mal étanches, dont l'insalubrité est peu enviable auprès des habitations. Puis il faut arroser par les temps de pluie, quand on ne dispose que de petites quantités d'eau. Lorsqu'une bonne averse a déjà donné un demi arrosage, le sol ameubli est mieux disposé à s'imbiber des substances charriées par le courant ; tandis que la terre sèche défend mal ces engrais contre le soleil.

Grâce aux fumures d'automne et aux eaux courantes, ces *coudercs* peuvent fournir une bonne dépaissance durant le printemps et l'été. Ils produisent encore une coupe de fourrage sur l'arrière-saison. Il convient en effet de les faucher au moins une fois l'an, pour détruire les mauvaises herbes épargnées par la dent du bétail, et pour vivifier le bon gazon. Le rôle de ces enclos est essentiel dans les exploitations ; on ne saurait leur donner trop d'étendue et surtout trop de soins.

## CHAPITRE IX
### Emploi des eaux éliminées des prairies.
### Améliorations des mauvaises eaux.

*Extension des prairies.* — La régularisation de pente des rigoles à l'aide du niveau, permet dans la plupart des

(1) Tous nos besoins météorologiques se trouvent bien résumés par le dicton :

*Lou paysan puro ma dous co,*
*De la seto de mai et de la fango d'ò.*

Il exprime notre effroi de la sécheresse en mai, et de la boue en août.

prés, d'atteindre des terrains restés jusqu'ici hors des irrigations. Accumulant de plus grandes masses d'eaux, l'agrandissement des réservoirs rend possible l'allongement de ces rigoles, au-delà des limites actuelles de beaucoup de ces prairies. Ces deux améliorations combinées assureraient, dans beaucoup de propriétés, l'accroissement du foin, du bétail et du fumier, d'où toute production découle.

Si la partie ainsi conquise à l'eau est une terre de labour peu déclive, on a tout avantage à la purger des mauvaises herbes, à la labourer profondément, à la chauler, s'il est possible, à la bien fumer et à l'ensemencer de graines de choix avec de l'avoine. On récolte la première coupe ; puis on soumet le terrain aux arrosages réguliers, dès que le gazon est bien formé.

On opère plus simplement, quand il s'agit de terrains incultes, châtaigneraies, bruyères, en pente abrupte. On se contente alors d'arracher les broussailles et les souches d'arbres, de jeter la pierraille dans les trous, en dégradant le moins possible le gazonnement naturel, qui existe toujours plus ou moins sur de telles friches. Un défoncement complet serait trop coûteux ; il livrerait le peu d'humus existant à l'entraînement des pluies. Des graines de foin sont ensemencées sur les parties dénudées. Dès qu'elles sont engazonnées, on y dirige l'eau, quand elle est nuisible sur les prés contigus. Cette eau ameublit la friche ; elle détruit la fougère, la bruyère, l'asphodèle et l'ajonc. La faux étant passée une ou deux fois par an sur ces prairies nouvelles, la végétation sauvage disparaît, cédant progressivement sa place aux bonnes herbes. Utilisez donc ainsi l'eau comme agent économique de défrichement, quand elle est nuisible sur les prairies de plein rapport.

*Sources mauvaises*. — Les sources des terrains granitiques sont, en général, d'une bonne qualité qu'atteste le cresson poussant souvent sur leurs bords. Les substances minérales qu'elles contiennent en minime quantité, sont presque toutes propres à la nutrition des plantes. Toutefois, certains filons d'eau traversant des argiles rouges, se couvrent de pellicules bleuâtres, ou laissent des dépôts ocreux qui indiquent leur nature ferrugineuse. Excellentes pour l'homme et les animaux, ces sources conviennent moins aux plantes. Mais en s'aérant dans les réservoirs, elles déposent l'excès de fer nuisible à la végétation.

*Eaux courantes mauvaises.* — Bonnes en naissant du sol, ou en tombant du ciel, les eaux sont exposées à s'altérer en croupissant sur terre. Celles qui pourrissent dans les prés marécageux au contact du jonc, absorbent des sucs âcres et délétères pour l'homme aussi bien que pour les animaux et les plantes. Ne voit-on pas le bétail boire avec avidité à de bons abreuvoirs, en quittant des prés très aqueux? Pour améliorer de telles eaux, il suffit souvent de leur donner un facile écoulement, ou mieux encore de les recueillir par des drainages dont les conduits souterrains les préservent de tout mélange avec des végétaux en putréfaction.

Les eaux découlant des bruyères et des taillis, sont acides et mauvaises aux bonnes herbes. Pour les bruyères, on détruit la cause du mal, soit en les transformant en champ de culture dont les fumures engraisseront les eaux courantes, soit en les ensemençant de graines de pins. Le sol des pinières devient tellement absorbant, leurs branchages ont une telle puissance évaporante, qu'elles laissent couler bien peu de suintements.

Les eaux des bois s'améliorent sensiblement par le dépôt dans de vastes réservoirs. Le soleil et l'air les y bonifient.

*Quel est le meilleur correctif de la mauvaise eau.* — Pour corriger des eaux âcres, fumez et surtout chaulez le gazon qui les reçoit. Utile aux prés arrosés par d'excellentes sources, la fumure devient indispensable pour ceux qui sont acides par le sol, acides par l'eau.

## CHAPITRE X

### Fumure des prés

*Premier degré de fertilité procuré par les arrosages.* — La continuité de la production des herbes trouve deux obstacles : le durcissement graduel du sol arrête la marche de leurs racines ; son épuisement progressif en matières minérales rend leur nutrition de plus en plus difficile. Les irrigations remédient à ces deux inconvénients ; elles ameublissent le sol, et elles l'engraissent.

La production de ces prairies est réellement proportionnelle à l'abondance et à la qualité des eaux, quand il en est fait un judicieux emploi. Tel pré mal arrosé donne à peine 1500 à 2000 kilos de mauvais foin à l'hectare, alors que soumis à de complètes irrigations durant les saisons propices, il élève graduellement son rendement en meilleur fourrage.

*Degré supérieur de fertilité obtenu par les fumures.* — Mais l'eau manquant dans la plupart de nos prairies, l'irrigation n'est le plus souvent qu'un agent insuffisant de fertilisation. On doit le suppléer par des fumures qui sont d'autant plus nécessaires que l'eau est moins abondante.

De plus, alors même que l'arrosage serait suffisant, la nappe liquide est impuissante à nourrir l'herbe des éléments dont elle est pauvre elle-même. Un peu de fumier accroît donc le rendement bien au-delà de ce que l'eau seule peut donner. Les seconds produits de la prairie, le regain et le pâturage, qui sont à peu près nuls dans les prés mal tenus, acquièrent de l'importance par les fumures renouvelées tous les deux ou trois ans, sur chaque partie du gazon.

Nous verrons par les analyses de M. Barral (II⁰ Partie, Foin) que la valeur nutritive des fourrages augméntant encore plus que leur quantité avec les engrais, la production d'un pré peut être presque *sextuplée* par un bon entretien.

*Répartition des fumures.* — Ce mot comprend les amendements calcaires, aussi bien que le fumier. Or nous avons vu que la chaux, le plâtre et le phosphate conviennent par excellence aux prés humides. Ils en neutralisent l'acidité qui paralyse la transformation des matières fertilisantes du sol. Le fumier ne saurait aussi bien convenir à de tels gazons dont il n'améliorerait pas la nature. Ainsi voilà une distinction naturelle : le calcaire aux prairies humides, le fumier aux prairies sèches ou imparfaitement arrosées. Le granit a une telle avidité de calcaire, que cette dernière catégorie de prairies en reçoit elle-même une action bienfaisante. Mais la chaux vive brûlerait sa couche d'humus en général assez pauvre, à moins qu'elle ne soit employée à l'état de terreau. Ce qu'il lui faut, c'est le phosphate mélangé au fumier. Celui-ci devra être très décomposé pour être plus facilement assimilable, sans une trop grande déperdition de gaz fertilisants.

*Est-il possible d'avoir assez d'engrais pour les champs et pour les prés ?* — Non, avec le peu de souci que nous avons généralement de la production du fumier ; oui, si considérant cette production comme l'œuvre capitale, nous apportons tous nos soins à utiliser les moindres immondices de la ferme ; oui, si nous nous appliquons à la façon des terreaux, chose peu usitée chez nous.

*Époque des fumures.* — Fumez votre pré, quand vous le pouvez. Néanmoins, faites-le autant que possible en automne. Le gazon a ainsi tout le temps de s'assimiler le terreau ou le fumier, qui chaussent l'herbe et lui servent de couverture contre le froid. On procède surtout ainsi pour les prés secs et pour ceux qui sont très peu arrosés. Dans les Pyrénées, où ce serait une honte de ne pas engraisser un pré, la fumure d'automne est regardée comme bien supérieure à celle du printemps, par l'abri qu'elle procure au gazon. Mais la neige couvrant suffisamment le sol en Auvergne pendant l'hiver, on y applique souvent l'engrais au printemps, pour utiliser celui qui a été produit à l'étable pendant la mauvaise saison.

*Pacage des prés.* — Toutefois l'accroissement de travail exigé par le transport des fumiers, leur épandage, leur triturage, puis le balayage et l'enlèvement des résidus, tant de soins ne sont pas faits pour faciliter l'œuvre d'amélioration des prés par ce procédé. Le plus simple, le plus efficace, le vrai moyen d'engraisser le gazon, c'est d'y employer directement le bétail, en le faisant coucher au pré durant l'été. L'excellence des *fumades*, ces prairies d'Auvergne fertilisées par le séjour des vaches dans des parcs mobiles, dit assez combien cette pratique est recommandable (1). Le seul travail est d'étendre les bouses avec une raclette, pour qu'elles ne fassent pas des taches d'herbes trop grasses.

*Perte des engrais délayés dans l'eau.* — Quelques cultivateurs ont l'usage de délayer l'engrais dans les réservoirs ou les rigoles. C'est un tort. L'eau entraîne toujours hors de la prairie une fraction notable des matières fertilisantes, qu'elle n'a pas livrées aux plantes dans sa course rapide sur nos pentes ; tandis que l'engrais répandu sur le sol, s'y infiltre goutte à goutte. Il subit un moindre lessivage, si l'on a le soin de suspendre les arrosages sur les parties fraîchement fertilisées. Que la nécessité de simplifier la main-d'œuvre, que le manque de litière, conduisent à tirer parti du purin et même des bouses, en les recueillant dans des courants d'eau, soit. Mais quelque fertilisants que puissent être de tels arrosages, ils utilisent les déjections d'une façon moins parfaite que la bonne confection des fumiers.

Complétant l'emploi de l'eau aussi parfait que possible, la fumure des prés devient la condition absolue de l'amélioration de notre bétail, de sa croissance plus précoce, de son travail plus énergique, de sa plus abondante production de viande et de lait. Pour acquérir cette somme de biens, que faut-il ? Plus de travail et de soins que d'argent.

*Conclusion* : L'eau, le *fumier*, le *calcaire*, appliqués à propos à la production de l'*herbe*, voilà en trois mots la vraie culture des terrains granitiques.

---

(1) Toutes les contrées élevant les plus belles races de bétail : l'Angleterre, la Hollande, la Normandie, la Bretagne, la Vendée, le Nivernais, ont pour règle commune de faire coucher le bétail au pré, en été. Heureuses les bêtes auxquelles est épargné le supplice d'étouffer la nuit à l'étable, rivées à la chaîne, sur un tas de bouses fétides. Ce qu'on pourrait redouter, les vols de bestiaux ne sont pas plus fréquents dans ces pays, que dans ceux où ils sont confinés dans des étables mal closes.

# CHAPITRE XI

## Entretien général des prés

### § 1. *Dépaissance des prairies.*

*Ravages des troupeaux dans les prairies arrosées.* —
La dépaissance et l'arrosage sont peu compatibles. Le
gazon détrempé est foulé par les animaux. Il se remplit
de crevasses dans lesquelles l'eau reste stagnante, en pour-
rissant l'herbe. Les rigoles ébréchées laissent infiltrer un
suintement continu qui détermine des taches verdâtres de
carex, à l'ardeur du soleil.

*Dépaissance d'automne.* — Il importe donc d'assécher
aussi complètement que possible tout gazon livré aux animaux. Les bons cultivateurs restreignent même le pacage
à la période d'août, septembre et octobre. Dès les premières grosses pluies d'automne, les irrigations reprennent
leurs droits sans interruption, jusqu'à la fenaison.

*Dépaissance du printemps.* — Si un pré livré au bétail,
à l'automne, sans être préservé de l'eau, est chose triste à
voir, plus triste encore est l'aspect d'un gazon ravagé par
les bestiaux au printemps.

*Ei mé de mar*
*Paro las vouillas d'au pras, fadar !*

Pour amoindrir le mal, il faudrait évacuer les eaux du
pré, résultat difficile à obtenir avec l'abondance des sources à cette saison.

Si le fonds est très gras, comme il arrive pour les prés
bonifiés par les égoûts des centres de population, la dépaissance restreinte en mars et avril, se répare avec les bienfaits des pluies de mai. De bonnes prairies, telles que
celles d'Auvergne, peuvent également n'avoir pas trop à
souffrir du *déprimage*. Mais le tort fait à la végétation de
l'herbe est vraiment irréparable pour les petits terrains
sans substance et sans profondeur. Les premières chaleurs
saisissent le gazon tout tondu, sur lequel les mauvaises
plantes respectées du bétail se développent seules. La
pénurie de foin qui a nécessité cette dépaissance inteni-

pestive, ira croissant d'année en année, avec cette pratique de la culture épuisante et misérable.

*Les prés irrigués spécialisés pour le foin et le regain.* — L'utilisation complète de l'eau comporte son emploi sans interruption durant la plus grande partie de l'année. Il est donc rationnel de spécialiser les prairies arrosables pour la production de l'herbe fauchable. C'est le seul moyen d'en avoir les plus grands rendements.

Mais il ne faut pas renoncer à tirer parti de la succulence des herbes printanières, pour rafraîchir le bétail, fort échauffé à la fin de l'hiver par la pâture de paille et de foin : avec du fumier et des eaux de source, on peut obtenir sur quelques carreaux de prairies bien exposées une végétation tellement hâtive qu'elle fournit à la faux, dès l'avril, une verdure excellente à mélanger au foin.

*Les prés secs spécialisés pour le pâturage.* — Cependant il n'est pas d'élevage bon, économique et profitable pour tout bétail, sans la liberté, le grand air, l'herbe tendre, c'est-à-dire, sans l'entretien au pré. Or, la dépaissance d'automne, seule praticable sur les prairies à faucher, est de trop courte durée. C'est donc aux prés secs qu'il faut demander les bienfaits de ce mode d'élevage, à ces prés dont le gazon non amolli résiste au piétinement même des animaux lourds, tandis que de bonnes fumures les maintiennent en grande fertilité, à ces prés dont le parcours est plus sain que celui des prés arrosés.

Si l'étendue de ces *bouiges* n'est pas suffisante, il faut les suppléer par l'interposition de fourrages à paître, dans les cultures des terres. C'est ce que nous avons appelé des *prairies temporaires*.

Demandons donc à chaque terrain la production que lui assigne la nature : le foin au pré arrosé, le pâturage à la prairie sèche et fumée.

### § 2. *Les mauvaises herbes des prés.*

*Crête de coq et jonc.* — Nous nous sommes déjà occupés de la plus stérilisante de ces plantes, la *crête de coq*, et de la plus tenace, le *jonc.*

*La fougère, le genêt, la bruyère, l'asphodèle.* — Cette

végétation naturelle aux terrains granitiques secs, envahit les prairies hautes, surtout celles qui sont voisines des bois, d'où le vent leur apporte d'abondantes semences. La faux passée deux fois par an sur les parties du pré envahies par ces plantes, contribue à leur destruction, en s'opposant à leur ensemencement sur place. Les arrosages donnés avec discernement et les engrais sont également fort utiles, parce qu'ils assurent la prédominance des bonnes herbes qui gagnent bataille sur les herbes sauvages.

*Mousses*. — Elles viennent à l'exposition du nord. Leur invasion est l'indice que le durcissement du sol paralyse la végétation des bonnes plantes. Hersez donc les prés mousseux à l'automne et au printemps ; la herse extirpera le gros de la mousse ; elle vivifiera les herbes par l'ameublissement du terrain, surtout si son travail est suivi d'une fumure, remède à tous les maux des prairies.

*Chardons*. — Une variété de ces exécrables chardons se développe sur les prés négligés, et se multiplie à foison par l'égrainement des tiges fauchées après leur maturité. Que la faux prévienne autant que possible cette maturité, et que la houe extirpe les jeunes pousses en hiver.

*Les renoncules, les angéliques*. — Dans les parties trop ombragées d'arbres, le gazon est envahi par des renoncules ou *lepautes*, par des patiences et des angéliques, plantes qui sont moins exigeantes que la bonne herbe, en fait de chaleur et de lumière. La suppression de ces herbes de qualité inférieure est chose difficile. On les réprime par l'enlèvement des arbres et surtout la fumure.

*L'arrête-bœuf*. — Une plante à fleurs jaunes, l'arrête-bœuf, ne donne pas un mauvais fourrage, quand elle est bien tendre : mais en durcissant, ses piquants sont aussi à craindre de l'homme que du bétail. On ne s'en débarrasse guère, qu'en l'extirpant à une grande profondeur avec une houe ou une pelle. Quand l'opération est complète, le pré est purgé de l'arrête-bœuf pour longtemps, car sa graine peu volage ne se transporte pas facilement au vent.

En résumé, la meilleure recette pour dominer, sinon détruire toutes ces mauvaises plantes, c'est d'arroser avec assiduité et intelligence.

Le dicton que l'eau donnée au moment des *soleillades de mars*, *met la tartaliège*, a du vrai parce que les irrigations à contre-temps favorisent les mauvaises herbes, en affaiblissant les bonnes. Surtout chaulons, plâtrons, phosphatons, fumons ; attendu que les bonnes plantes ayant par nature plus d'aptitude à utiliser l'engrais que les plantes d'ordre inférieur, qui désolent nos prés, les premières y puisent la vigueur nécessaire à battre les secondes, dans le combat de la vie.

### § 3. Les taupes.

Vivant d'insectes, de larves, de vers blancs, les taupes rendent de réels services par la destruction de ces rongeurs si funestes aux prairies sèches. On peut donc les y tolérer une partie de l'année, en veillant à l'écartement des taupinières. Mais ces petits tas de terre sont tellement nuisibles à la fauchaison, qu'il faut détruire les taupes, dès que l'herbe grandit. Cette destruction doit surtout être attentive dans les prairies arrosées, où les galeries souterraines gênent beaucoup les irrigations (1).

### § 4. Balayage et hersage des prairies.

Le printemps venu, balayez les prés pour les nettoyer des feuilles, du bois mort tombé des haies, ainsi que de la pierraille et des résidus des fumures. Les petits propriétaires exécutent ce travail, avec un soin digne d'être imité par les métayers.

Ce nettoyage est facilité sur les prés secs par quelques légers hersages. C'est bien à tort que nous négligeons cette utile pratique déjà signalée pour l'enlèvement des mousses, et l'ameublissement du sol.

### § 5. Les enfants au pré.

·Les bergers peuvent sans grande fatigue contribuer

(1) La noix vomique en poudre délayée dans des vers coupés en morceaux est un moyen d'extermination facile, mais de peu de durée. Le cadavre de la première bête atteinte disperse momentanément le troupeau. Mais la mauvaise odeur passée, il revient de plus belle. Le mieux est d'employer des pièges, surtout des pièges en fer peu coûteux et très simples, qui saisissent l'animal par la tête au passage.

utilement à l'entretien des prés, au lieu de rester specta-
teurs impassibles des dégâts causés sous leurs yeux. Il
suffit que leur bâton de pâtre soit muni d'un léger fer de
houe ; ce petit instrument leur permettrait d'épandre les
bouses et les taupinières. Pourquoi même ne prévien-
draient-ils pas ce dernier mal, par leur habileté à dresser
les pièges contre les taupes ?

Qu'ils extirpent surtout les mauvaises herbes dès leur
éclosion : ronces, chardons, bruyères, genêts, les jeunes
'pousses d'aulnes, tous ces parasites d'un enlèvement si
pénible, quand ils ont atteint leur plein développement.

Prompts à barrer le moindre passage dans les clôtures,
qu'ils soient attentifs à dégorger les rigoles, à en réparer
les brèches.

De tels soins peu fatigants occuperaient les bergers à
peine quelques instants chaque jour. Cela tromperait l'en-
nui des longues heures de garde, et vaudrait mieux que
de pourchasser le bétail, comme passe-temps.

Les instituteurs feront œuvre de bien en invitant les
enfants à utiliser ainsi leur séjour au pré. C'est aux parents
à les encourager, en leur attribuant une part dans la vente
de l'un des jeunes animaux du troupeau. Il ne saurait y
avoir de dépense plus fructueuse.

## CHAPITRE XII
### L'arbre et le pré

*Mal et bien produit par les arbres dans les prairies.*
— Après l'extrême sécheresse et l'extrême humidité, ce
que l'herbe redoute le plus, c'est l'arbre. Son feuillage la
prive de l'action électrique de l'air et des rayons du soleil,
agents de la végétation, tandis que ses racines épuisent le
sol à la ronde.

*Protection contre les affouillements.* — D'autre part,
les arrosages abondants exposent le sol à des effondre-
ments d'autant plus à redouter, qu'il est plus déclive et
moins compact. S'ils ne peuvent toujours s'opposer à
d'irrésistibles glissements de terrain, les arbres ont néanmoins une action consolidante, à laquelle il est presque

toujours bon de recourir, doive l'herbe en pâtir. Examinons donc dans quels cas les arbres sont bien ou malfaisants.

*Prairies hautes.* — Le chêne, le hêtre, le châtaignier lui-même sont d'un trop faible rapport pour être tolérés au beau milieu de ces prés. Le noyer et le pommier y sont seuls à leur place, mais à la condition qu'une extrême fertilité du sol permette de concilier une abondante production de fruits, avec une suffisante récolte d'herbes. C'est ce qui se voit dans certains vallons à la terre très profonde, tels que ceux du Bas-Limousin ; dans certaines plaines très fécondes comme la Limagne ; ou encore dans les enclos engraissés par le voisinage de la ferme. Là, le bénéfice est indéniable, surtout si la fertilité naturelle de ces *prés vergers* et de ces *noyerettes* est soutenu par de bonnes fumures.

Mais partout où la chétivité des arbres et leur médiocre rendement sont les irrécusables témoins du peu d'aptitude du sol à les porter, le bénéfice est plus apparent que réel. Le tort causé à l'herbe est sans compensation, le pré doit être débarrassé, et l'arbre renvoyé aux terrains cultivés, à moins que des glissements ne soient à craindre. C'est ce qui a lieu sur les pentes formées de terrains rocailleux. Parfois en absorbant toute l'eau d'une rigole, une simple galerie de taupes peut y produire d'énormes glissements. Il est alors prudent d'y multiplier le peuplier le long des rigoles, et au fond des cônes de glissement déjà produits (1).

*Prairies basses.* — Le dégagement des arbres est une des premières conditions de l'assainissement des prés humides. L'aulne, que nous appelons *vergne*, y croît avec une désespérante ténacité. Il sème au loin des germes infestant tous les points mouillés. La valeur de son bois est médiocre. C'est une double raison de le proscrire sévèrement partout où il n'est pas indispensable pour proté-

(1) Le cyprès chauve est excellent pour la consolidation de tels terrains. Son feuillage léger et diaphane nuit peu à l'herbe. L'essai mérite d'en être fait, en prenant du petit plant aux pépiniéristes, pour le mettre en nourrice sur un terrain bien frais.

ger les rives d'un cours d'eau, contre le ravinement du courant. Il est alors précieux par la puissante ramification de ses racines. Dès que le mal est réparé par un suffisant raffermissement du sol, le chêne ou le peuplier sont à substituer à l'aulne, vrai chiendent des prairies.

La culture du chêne dans les prés est pleine de tentations, à cause de la croissance rapide de cet arbre sur les sols frais, à cause surtout de la haute valeur de son bois. Malheur aux exploitations qui ont laissé épuiser les ressources de ce précieux végétal, sans les renouveler ! Mais l'ombre du chêne est la plus intense. Lentes à se pourrir, ses feuilles étouffent et brûlent le gazon à la ronde. Le chêne est donc très funeste à l'herbe; sa place est surtout au bord des grands cours d'eau, dont il protège les rives.

Moins utiles que le chêne, le charme et le hêtre ne sont point comme lui excusables dans un pré bien tenu. Réservons-leur les plateaux secs.

Le peuplier a une racine aussi vorace que celle du chêne, mais son ombre est moins meurtrière et sa feuille moins aigre. Comme il faut toujours entretenir quelques arbres de cette nature dans toute exploitation prévoyante, et que c'est seulement au pré qu'on peut les élever, il est de toute nécessité d'en planter quelques tiges, aux alentours des réservoirs, et au bord des grandes rigoles et des cours d'eau.

*Consolidation des canalisations par les arbres.*—Quand on est assez heureux pour se procurer des eaux abondantes, souvent au prix de très longues canalisations, il faut faire économiquement les choses, et n'employer que le moins possible de maçonnerie, pour la consolidation du canal, même en terrain très accidenté. Plantez alors sur les points dangereux une rangée très serrée de peupliers, de frênes, de chênes, voire même d'aulnes, si c'est en pays sauvage. Doublez, triplez les rangs des arbres protecteurs, dès que le péril augmente.

*Pâturage en terrain abrupt.* — Il est des pentes escarpées, entrecoupées de rochers à pic, sur lesquels la circulation est à peine sûre pour des chèvres. On peut quelquefois y dériver à peu de frais les ruisseaux coulant au fond de la gorge, et les transformer en de bons pâturages.

Les dérivations d'eau seront consolidées à l'aide de plantations ainsi qu'il est dit plus haut. Ces plantations se feront à la distance de un ou deux mètres du bord inférieur des rigoles, pour permettre l'établissement d'une sorte de chemin riverain, par l'accumulation des curures successives de ces rigoles. Cette voie servira à la circulation du bétail, voire même au passage des étroites charrettes en usage dans le pays.

La zone comprise entre deux rigoles, recevra elle-même des lignes d'arbres horizontales, pour la création de sentiers intermédiaires.

Il est donc rationnel de combiner le boisement avec l'engazonnement sur de tels terrains, pour lesquels l'on doit se soucier de la protection du sol contre le ravinement et de la préservation du troupeau contre les chutes dans le ravin, autant que du rendement du gazon.

*Clôture des prairies.* — Les arbres placés en bordure font sans doute un moindre dommage à l'herbe que ceux plantés en plein pré. Néanmoins le gazon est clair, mousseux, infesté de renoncules sur une très grande largeur, au contact des haies touffues de chênes et de charmes, surtout lorsqu'elles obscurcissent la prairie, du côté du sud.

Les clôtures très fourrées portent encore un autre préjudice à l'herbe : elles favorisent le croupissement des eaux, quand elles barrent un pré en aval ; elles interceptent les égoûts fertilisants des terrains supérieurs, quand elles le bornent en amont.

A ne consulter que l'intérêt de la végétation, la prairie devrait donc être débloquée de haies de toutes parts. La conclusion est toute autre, lorsqu'on se préoccupe des troupeaux. Il faut préserver le pré contre les ravages des bêtes mal gardées ; il faut tenir closes celles qui y sont au pâturage. Il est même bon que quelques grands arbres se dressent comme abri, du côté d'où vient le gros mauvais temps.

Les prés affectés spécialement à la dépaissance seront donc entourés de solides clôtures vives, l'entretien des haies sèches causant une inutile perte de temps. Toutefois partout où la prairie bordera une terre de labour, la haie sera formée par de simples aubépines, entremêlées d'arbres fruitiers, à l'espacement de cinq ou six mètres. Ces arbres sont si endommagés en plein champ, par la charrue, la herse et le rouleau, qu'ils se trouvent là à leur véritable place. Si une telle haie est rabattue souvent, elle ne prendra pas assez de développement pour arrêter la fertilisation du pré par la terre.

Les chênes et les hêtres se trouveront dans les clôtures contiguës aux châtaigneraies, s'il y en a autour du pré.

Pour les prairies non spécialement affectées au pâturage, la nécessité d'une clôture immédiate est moins impérieuse. Lorsque ces prairies sont enveloppées de terres et de châtaigneraies appartenant au même héritage, il y a lieu d'englober le tout dans un même enclos qui sera solidement clôturé par des haies vives, de façon que l'ensemble soit bien garanti des déprédations des troupeaux étrangers. Le bétail de l'exploitation ayant seul accès dans le groupe, quelques légers dégâts pourront y être commis par lui, soit qu'il passe du pré sur le champ couvert de récoltes, soit qu'il s'échappe du champ ou du bois, pour courir sus à l'herbe non fauchée. Mais c'est peu de chose, attendu que le pré et le champ doivent être défendus au bétail, presque dans le même temps ; quand la semaille est assez levée en automne pour être dévorée des bêtes, le pâturage prend fin ; et lorsqu'il recommence après la fenaison, c'est que la moisson n'est pas loin. Les sarrasins sont seuls donc mangeables, et nécessiteraient que le bétail soit mis en parc pour coucher au pré.

En échange, le gazon trouve un grand bien-être à se sentir dégagé, aéré, engraissé. Le bien-être n'est pas moindre pour les terres de labour qui, elles aussi, souffrent un grand dommage des haies touffues, de leur ombrage, de l'asile qu'elles accordent à tous les rongeurs, et surtout du dépôt de mauvaises herbes qui y est formé tout du long, par les cultivateurs négligents.

Pourvu qu'une bonne clôture protège bien l'ensemble :
pré, terre et châtaigneraie, contre les ravages de l'extérieur,
ce groupe réuni présente à l'œil quelque chose de satisfaisant qui est le signe d'un bon aménagement du domaine.

———

# LIVRE CINQUIÈME

## LES BOIS

*Le terrain granitique convient aux grands végétaux.*
— Formé des éléments primitifs de la terre, ce terrain
contient tous les minéraux nécessaires aux plantes. Mais
sa difficile désagrégation le rend surtout propre à la lente
croissance des arbres dont les racines fouillant le sol à de
grandes distances et à de grandes profondeurs, guettent
patiemment les transformations qui le rendent assimilable.

Cette aptitude du sol est encore favorisée par l'humidité
du climat.

Les arbres donnent des produits : bois et fruits, dont la
vente reçoit chaque jour des facilités nouvelles, par l'extension des chemins de fer. Peu coûteuse pour les espèces
à fruits, encore moins dispendieuse pour les espèces forestières, leur culture s'accommode bien de la rareté croissante de la main-d'œuvre. Tout conseille donc aux cultivateurs de la région d'améliorer et d'étendre la production
arbustive. Les fruits, c'est la ressource des petits héritages. La forêt, c'est la prévoyance de la grande propriété,
communale ou privée.

*Appropriation de la nature de l'arbre à celle du terrain.*
— Que chaque arbre soit à l'exposition et sur le sol qui
lui sont convenables. Ainsi le pommier dépérit faute de
culture dans plus d'une prairie, où il prospérait, quand
elle était en terre de labour. Le noyer reste misérable sur
la bordure de tel champ peu fertile, dont le châtaignier
s'accommoderait volontiers. Le chêne végète sur un sol
maigre, où le pin paierait mieux sa place. Il n'est pas de

bas-fonds si humide, de côte si rocailleuse, de versant si
mal exposé, qui n'ait son essence de prédilection et de
bon rendement. Connaissant par tradition son héritage,
le petit cultivateur commet rarement la faute de ne pas
adapter l'arbre au sol et à l'exposition. Le propriétaire
qui fait de grands boisements, doit bien étudier ses projets, consulter les gens du pays, et au besoin procéder à
des essais, s'il opère sur des essences nouvelles.

*Semis et plantations.* — Semez autant que possible l'arbre au point où il doit croître, vous souvenant du dicton :
*un chêne de marine naquit toujours sur place.* Imitez ces
vieux cultivateurs soigneux, qui ont toujours leurs poches
garnies de pépins, de noyaux, de noix, de châtaignes,
voire même de glands et de faînes, pour les confier à la
terre, le long des haies. La transplantation n'est qu'un
pis-aller.

*Variété des essences dans les boisements.* — Partout où
les végétaux croissent librement, ils entremêlent leurs
espèces. Ceux qui enfoncent leur pivot dans le sol, et lancent leur tige dans l'air, ceux-là se font place à travers
leurs voisins munis de racines traçantes et chargées d'une
vaste frondaison.

La variété est dans la nature, pour les arbres aussi bien
que pour l'herbe. C'est à cette condition que le sol donne
la plus grande production. Imitons donc la nature en
mélangeant par exemple les arbres feuillus aux arbres
verts, dans le boisement des landes, mais toujours chaque
arbre à sa place.


## CHAPITRE I<sup>er</sup>

### Les arbres fruitiers

*Leur zone.* — L'étage inférieur de notre région est
essentiellement propre à la production des fruits, surtout
dans la partie tournée de l'ouest au sud et à l'est. C'est le
*pays bas*, dans lequel se trouvent deux centres de cultures : le Bas-Limousin et la Limagne d'Auvergne. Le
figuier, le pêcher, l'abricotier, le prunier, l'amandier, le
cerisier, cultivés le plus souvent dans les vignes, aux

chaudes expositions, fournissent des récoltes qui permettent de réaliser ordinairement de bons bénéfices, quels que soient les risques de la gelée printanière.

Au-dessus de la région de la vigne, les poiriers, les pommiers, les noyers sont d'un excellent rapport.

*Facilités croissantes d'exportation.* — Depuis que les chemins de fer et les bateaux à vapeur ont établi des relations pour ainsi dire de tous instants, avec les contrées du Nord, nos fruits y sont régulièrement expédiés jusqu'en Angleterre, jusqu'en Russie même. La consommation de toutes ces succulences a pris dans ces contrées un accroissement favorisé par les progrès de la richesse publique et du goût de bien vivre. Ces mêmes causes ont également développé la consommation intérieure.

Mais les cultivateurs de la région ont été en quelque sorte pris au dépourvu par l'ouverture presque subite de ces débouchés, réclamant la beauté autant que la quantité des produits. Il y a donc pour eux bien des progrès à réaliser dans cette branche de la culture, pour en tirer tout le profit possible.

## § *1. Transplantation.*

L'ensemencement des arbres fruitiers sur place ne pouvant être qu'exceptionnel, il y a lieu de donner à leur transplantation une série de soins nécessaires pour atténuer le trouble apporté à leur végétation par cette opération.

*Utilité des pépinières.* — Que chaque propriété ait en bordure des carreaux de jardin, ou en quelque lieu propice, une pépinière variée de tous les arbres fruitiers. Le nombre des sujets éclaircis chaque année, et chaque année resemés, sera en rapport avec l'importance du tènement. Ces sujets sont ainsi habitués au sol et au climat. On les a sous la main ; et l'on peut les transporter tout frais à leurs nouveaux emplacements, sans aucun frais d'achat.

Les semis se font en automne, alors que les noyaux, les pépins et les noix sont dans toute leur fraîcheur.

*Repiquage du plant en pépinière.* — Voulez-vous savoir quelle est la plus grave cause de l'insuccès des plantations ?

Arrachez l'un de ces pauvres arbres que de toutes parts vous voyez végéter si misérablement. Le pivot est percé d'un trou béant, par lequel la pourriture monte dans la tige. Pourries également, les grosses racines latérales, sans qu'un chevelu neuf ait pu se former sur leur entaille mâchée. A peine quelques radicelles sauvées dans l'arrachage ont-elles pris terre. Tel est le sort d'un arbre planté avec de grosses racines massacrées.

C'est pour arrêter la formation de ces grosses racines, et provoquer la création d'un chevelu plus abondant, qu'on repique le plant vers l'âge de deux ou trois ans, alors qu'il a la grosseur du doigt. Ces petits arbres s'arrachent aisément, sans grandes lésions pour leurs racines qui consistent en un pivot et quelques radicelles superficielles. Le pivot est coupé nettement au point où il commence à diminuer de grosseur. Les radicelles sont nettoyées de toute mâchure. On se garde bien d'émonder la tige comme une baguette ; on épointe seulement les branches latérales, pour donner la prééminence au bourgeon terminal. Puis l'arbre est replanté sur place, après un bon nettoyage du terrain.

*Saison du repiquage.* — Il a lieu en automne. Le plant peut développer quelques racines avant l'hiver, ce qui assure sa reprise au printemps suivant.

*Déplantation.* — L'arrachage des arbres bons à être définitivement transplantés, doit être d'autant plus soigné, qu'ils n'auront pas été repiqués. Mais heureux et rares sont les arbres dont les racines ne sont pas massacrées à la pioche. Déplantez donc les arbres à la bêche, en les déchaussant sur une large circonférence autour du pied. Dès que les racines supérieures sont mises à nu, inclinez la tige pour atteindre le pivot ; puis tirez l'arbre sans secousses violentes, de façon qu'une bonne part du chevelu soit extirpée sans lésions. Ensuite rafraîchissez d'un coup de serpette bien tranchante, les racines mâchées par la pelle, afin de provoquer la naissance de nouvelles radicelles, autour de l'anneau formé par l'écorce de la racine. Ces indispensables radicelles ne peuvent se produire sur une section baveuse.

*Soins à la tige.* — *Quand plantessas toun paire, copo y la testo.* Ce proverbe est pris trop à la lettre. Il est certain que transplanter un arbre un peu fort avec toute sa frondaison, ce serait bien l'exposer aux secousses du vent ; ce serait surtout mettre les racines non reprises dans l'impossibilité de substanter un si grand nombre de bourgeons. Avec une serpe bien tranchante, épointez les branches les plus longues et surtout les plus hautes ; enlevez même les plus gros rameaux, de sorte que la tête forme comme la touffe d'un oranger, à deux mètres du sol, hors de l'atteinte des animaux, sans danger des secousses du vent. Il reste ainsi assez de bourgeons pour la première formation des feuilles nécessaires à la nutrition du végétal.

C'est donc un barbare usage que de planter des arbres réduits à l'état de simples pieux. En retardant la venue du feuillage, on aggrave comme à plaisir les difficultés de la production et de la circulation de la sève, et on retarde la reprise du malheureux mutilé.

*Terrains convenant aux arbres fruitiers.* — Un coteau formé d'un sol très perméable ouvert au sud ou au sud-est, voilà qui convient mieux aux arbres fruitiers que la terre grasse et compacte de beaucoup de jardins. De tels terrains formés d'éboulis de pierres, abondent dans le pays. Lorsqu'ils ont été pelés par les troupeaux, lessivés par les pluies, ils sont voués à une éternelle stérilité. Mais pour peu qu'à l'abri des broussailles, ils aient conservé les débris végétaux intercalés entre les pierres, ils n'exigent qu'un succinct défrichement, pour recevoir une plantation d'arbres fruitiers, dont les racines pourront plonger à de grandes profondeurs. Il faut au préalable enclore le sol par une bonne haie vive avec fossé, qui le défendra autant des troupeaux que de l'érosion des eaux écoulées des terrains supérieurs.

C'est ainsi qu'on voit à des altitudes souvent élevées, de petits enclos s'étalant au plein midi, sur le flanc des coteaux, avec une cabane de chaume, une vraie case indienne, tout entourée d'arbres fruitiers qui constituent la meilleure ressource du modeste héritage.

*Défoncement du sol.* — Quand ils se trouvent hors de ces conditions favorables, sur un terrain compact, humide ou sec à l'excès, les arbres fruitiers réclament un défoncement profond et large autour de leurs racines. C'est qu'améliorés, greffés, c'est-à-dire complètement sortis de l'état de nature entre nos mains, ces arbres ont perdu leur rudesse sauvage. Ils n'ont donc plus la puissance de leurs racines primitives. L'ameublissement du sol qu'ils exigent, est d'autant plus facile à leur donner, que le nombre de ceux qui sont à planter chaque année n'est jamais bien grand, quelque étendue que soit l'exploitation. Privés de tels soins, les arbres se dessèchent et vivent peu de temps sur les sols sans profondeur ; ils se couvrent de mousses et de chancres, misères que l'on aurait évitées en ouvrant pour chaque ligne d'arbres une tranchée large de 2 mètres et profonde de 1$^m$5o, dirigée dans le sens de la pente sur les fonds humides, et purgée de pierrailles sur les terrains secs.

*Greffe et piquets.* — Il faut autant que possible greffer tous les arbres sur place. Les jeunes pousses de la greffe sont ainsi à l'abri du dessèchement inévitable dans toute transplantation. Elles prennent pour ainsi dire autant de vigueur, que si le sujet était né sur place. Ce résultat est d'autant plus certain que le greffage est opéré plus près de terre. Cela implique que l'arbre sera protégé par de solides piquets et un paquet d'épines, le tout serré par du lien de fil de fer. La négligence trop générale des tuteurs compromet nos arbres à fruit. Imitons la pratique de Normandie, où à dix lieues à la ronde, vous ne verriez pas un seul petit pommier sans un piquetage protecteur.

## § 2. *Culture* (1).

*Entretien du sol.* — Ameublissement, nettoyage des mauvaises herbes, fumure, telles sont les trois conditions de la réussite des arbres fruitiers. Il faut que le fonds soit bien propice, pour qu'ils aient une belle venue sur un terrain non ameubli, tel que celui des prairies. Toutefois la

(1) La culture des arbres fruitiers exigeant un traité spécial, pour être complète, nous allons nous borner aux indications sommaires les plus indispensables à leur bon entretien.

culture plantation doit être une douce et attentive culture
à la main. La grande charrue, la herse et le rouleau ma-
nœuvrent trop brutalement au milieu des délicates tiges
de fruitiers. Ils sont donc à reléguer en bordure sur les
champs de grande culture, ou tout au moins le long des
allées intérieures d'exploitation.

*Taille.* — Chaque automne, purgez l'arbre du bois
mort, des branches meurtries, chancreuses ou à demi
brisées par le vent ou la cueillette. Coupez également ras
du tronc, les branches saines mais enchevêtrées dans le
massif du branchage. Dégagez-en l'intérieur, pour que
l'air et le soleil, agents de la vie, puissent visiter le moindre des bourgeons. Recherchez ce résultat sans idée pré-
conçue sur la forme de l'arbre, ou plutôt efforcez-vous
d'adapter cet aérage intérieur à la disposition naturelle du
branchage. Telle est la plus simple et la meilleure règle
pour la taille. Selon les espèces et même les variétés, elle
conduit à la pyramide produite par des rameaux latéraux
embranchés sur une unique tige centrale, ou à la forme
en gobelet, obtenue par plusieurs branches principales
s'évasant à une certaine hauteur du sol.

*Pêcher.* — Importé de Perse en Europe au temps des
Romains, cet arbre réussit en plein vent, dans les vignes du pays-bas. Déjà très lucrative, la vente des pêches
donnerait un bénéfice plus élevé, si les arbres recevaient
quelque fumure. Il faudrait aussi, dans les années d'abondance excessive, se résigner à faire tomber les fruits les
plus chétifs, pour que ceux conservés sur l'arbre puissent
acquérir la grosseur nécessaire à une bonne vente.

Les deux variétés les plus répandues et les plus anciennes dans le pays, sont la *Roussane* et la *Rouge de Saint-
Hilaire*. Les arbres viennent de noyaux et sont très rustiques ; les fruits de bonne qualité. Comme variétés gref-
fées et de plein vent, on doit surtout recommander la
*Grosse mignonne*, fruit gros, peau jaune, chair délicate non
adhérente au noyau, mûrit en août ; la *Madeleine de Cour-
son*, peau rouge vif, chair vineuse, non adhérente au noyau.

La greffe s'opère en écusson, dans les mois de juillet et
août, sur franc, amandier ou prunier.

*Cerisier.* — Cet arbre a été également importé d'Asie en Europe. On distingue parmi les variétés convenant le mieux à notre pays :

1° Les *guigniers* qui donnent les plus beaux arbres sauvages ou greffés. Leurs fruits sont noirs et juteux. Les plus estimés sont les grosses guignes, noires, luisantes.

2° Les *bigareautier*s, arbres moins élevés. Leurs fruits, fermes et croquants, sont très recherchés par cela même pour l'exportation ; ils supportent de longues routes sans être mâchés. Les meilleurs sont : le bigarreau *belle de Rochemont*, fruit gros d'un rouge clair luisant ; le *cœur de pigeon*, fruit gros rouge cramoisi.

3° Les *cerisiers* proprement dits comprennent des fruits acides et des fruits doux ; les variétés à recommander pour la culture en plein vent, sont : le cerisier de Montmorency, arbre très fort et très fertile, cerise aigrelette ; l'*Anglaise hâtive*, arbre très fertile dont le fruit ne conserve aucune acidité à sa pleine maturité.

*Poirier.* — Autant que possible, greffez sur franc. Les greffes sur cognassier durent peu d'années, au moins en terrains granitiques.

C'est par milliers que l'on compte actuellement les variétés qu'ont obtenues les pépiniéristes. Mais un petit nombre seul convient à la culture en plein vent, sur notre sol et sous notre climat. Nous recommandons la poire de l'*Assomption*, mûre en juillet et août ; la *poire d'Angleterre*, connue dans le pays sous le nom de *poire cure-monte,* demi-grosseur, mais très fertile ; la *duchesse*, dont une bonne variété, l'*épine Dumas,* a été produite en Limousin. La *poire William*, mûre en août, très grosse. Le *beurré* d'Aremberg, poire d'hiver qui vient au nord.

*Pommier.* — Originaire d'Europe, ainsi que le poirier, cet arbre donne de bons revenus même en pleine montagne. Sa culture devrait être plus développée, ne serait-ce que pour la fabrication du cidre, boisson qui a repris du mérite depuis la maladie de la vigne (1).

Nous avons dans le pays d'excellentes et nombreuses

(1) Il est, dans l'Amérique du Nord, des exploitations considérables qui se livrent exclusivement à la culture des pommes reinettes.

variétés bien acclimatées, dont la plus noble est la pomme d'*Estre* ou *saint Germain*, fruit succulent, se conservant jusqu'après Pâques. L'arbre forme quenouille, et ne gêne pas la culture du champ.

Quelques soins amélioreraient bien ces filles de la montagne, sans qu'il y ait lieu de recourir à des importations de variétés étrangères. Préservez-les de l'épuisement par le gui et des meurtrissures de la charrue.

## § 3. *Noyer* (*1*).

*Son ancienne importance.* — Ce bel arbre s'était fait une grande place dans la zone moyenne et inférieure de la région, tant par son magnifique développement que par les bénéfices qu'il procurait, *la vente des noix suffisant et au delà pour payer, bon an, mal an, les impôts du domaine.* S'il a conservé un bon rang dans le *pays bas*, où il est cultivé comme un véritable arbre fruitier, son rendement compte de moins en moins dans le reste de la région. La série d'hivers rigoureux qui se sont succédé depuis 1830 ont gravement atteint ce frileux enfant de l'Asie. L'emploi de son bois précieux s'étant très développé, surtout pour la fabrication croissante des armes; les offres séduisantes des marchands, en coïncidence avec la réduction du rendement de l'arbre, en ont provoqué un arrachage excessif. Il disparaît, ce beau végétal, comme disparaîtra le châtaignier, faisant l'un et l'autre d'irréparables brèches à la richesse forestière, la vraie richesse du pays, appauvrissant l'un et l'autre l'alimentation du bétail, seule source de nos profits.

*Greffage.* — Sa culture doit être reprise, à l'état de vrai arbre fruitier et greffé. Le noyer perd ainsi du développement qu'il a à l'état sauvage ; mais son rendement gagne en régularité et en qualité. La greffe s'opère en flûte, comme pour le châtaignier ; mais la réussite est moins certaine. La montée de la sève est très vive dans le noyer ; elle a une tendance à expulser l'anneau de la greffe qui se dessèche, dès qu'il est isolé de l'écorce du sujet. Pour prévenir cet accident, redressez les lèvres de l'écorce du sujet,

(1) Le noyer s'appelle en latin *juglans*, glands de Jupiter.

autour de l'anneau, excepté celle qui masquerait le bourgeon du greffon ; puis liez-les par un fil, au-dessus de l'anneau, de façon qu'il ne puisse être expulsé. Enfin, placez l'œil du greffon sur la protubérance qui amorçait l'œil sauvage.

Malgré l'avilissement résultant de la généralisation du gaz et des huiles improprement nommées *minérales*, car elles sont bel et bien de provenance végétale! les noix de qualité assez choisie pour avoir les honneurs de la table, trouvent encore un bon débit.

Les meilleures variétés sont : la *noix à coque tendre*, ou *noix à mésange*, ainsi nommée parce que la noix est si tendre que la mésange peut la briser. La *noix de Meyssac*, fruit moyen, bonne amande.

On préconise aussi un noyer très tardif, qui fleurit à la Saint-Jean ; les fruits sont très exposés aux gelées précoces d'automne.

Recherchez les variétés déjà adaptées à notre climat.

Le noyer d'*Amérique* a un fruit sans valeur. Mais son fût droit et élevé donne le maître bois pour toute espèce de travail. Cultivé jusqu'ici comme arbre d'agrément, ce beau végétal réussit bien dans la région, où il mérite de prendre rang parmi les arbres de bordure, sur les terrains un peu frais et profonds.

*Entretien.* — La plupart des noyers sont mangés par le menu bois improductif, qui pousse dans l'intérieur de la frondaison. Le moment propice pour l'élagage est le mois d'octobre, à la chute des fruits, et avant les grands froids. Taillé au printemps, ses cicatrices pleurent abondamment et se pourrissent.

## CHAPITRE II

### Le Châtaignier

### § 1. Ne défrichons pas.

*Zone du châtaignier.* — Dans le pays-bas, pays de petite propriété, cet arbre vit à l'état isolé, surtout en bordure des champs. Il compense son petit nombre par son bon rapport. Il se groupe en bois, surtout au-dessus de la région de la vigne, pour devenir clair semé au delà de l'altitude de 600 mètres. C'est donc dans la zone moyenne qu'il acquiert toute son importance. C'est là que nous allons l'étudier.

*Rôle des châtaigneraies.* — Elles fournissent leurs fruits, aliment appétissant pour l'homme, engraissant pour le bétail ; elles donnent du bois de chauffage et de menuiserie, leur sol sert de pacage aux troupeaux ; leurs feuilles recueillies avec les fougères, les genêts et les ajoncs croissant sous le couvert, constituent une abondante litière pour les étables.

Tous ces produits exigent peu de soins, point d'engrais ; ils viennent à la grâce de Dieu. Une châtaigneraie est, en effet, une sorte de laboratoire, dans lequel la nature travaille, pour ainsi dire seule, à enrichir le domaine par un utile appoint de matières nourrissantes et fertilisantes (1). Accroître, perfectionner les châtaigneraies, c'est donc rendre meilleure la nourriture de l'homme, augmenter les produits de la porcherie, faciliter l'engraissement du bétail, multiplier les engrais, et par suite développer les récoltes des champs. Une bonne châtaigneraie située dans un bon fonds, et greffée des espèces les plus succulentes, est la bienfaitrice du domaine. Nos anciens estimaient que de tels bois rapportent autant qu'un pré, et plus qu'une terre. Ils avaient raison.

*Protection des pentes contre le ravinement.* — Les châtaigneraies ont surtout pour action tutélaire, comme les prés, de préserver les terrains inclinés contre leur érosion par l'eau.

*Conséquences de la réduction des châtaigneraies.* — On perd tous ces avantages, quand on vend, détériore ou défriche ces précieux bois. Le défrichement n'est profitable, qu'autant qu'on convertit le sol en prairie irriguée. On ne fait alors que modifier utilement la forme sous laquelle le terrain contribue à l'alimentation et à la ferti-

(1) La part est également laissée très grande à la nature dans la prairie. Au contraire, nous entrons en lutte avec elle dans la culture des champs, en voulant lui imposer une seule production : blé, pomme de terre, raves, tandis qu'elle ouvre son sein à tous les germes.

lisation du domaine. Dérivons donc l'excès de nos eaux vers nos bois arrachés. C'est la meilleure des améliorations.

Quant aux terres créées par les défrichements de châtaigneraies, elles sont d'ordinaire peu fertiles d'elles-mêmes. Ne produisant que par l'engrais qu'elles reçoivent, leur propre fonds rend moins sous la forme de champ que sous celle de bois.

Pour ne pas appauvrir le domaine par de tels défrichements, il faut forcément, soit améliorer les bois conservés, afin de compenser leur réduction ; soit élever la production fourragère dans les prés et les champs ; soit acheter des aliments pour le bétail ou des engrais pour les terres.

*Terrains favorables aux châtaigneraies.* — Elles sont mal aux expositions du sud et de l'ouest. Le soleil les dessèche ; les grands vents pluvieux leur sont funestes, surtout au moment de la floraison. La conversion de telles châtaigneraies en terres, sous les réserves ci-dessus, peut donc devenir profitable, à la condition que le sol ne soit pas trop incliné ou trop rocheux.

Le vrai terrain du châtaignier, c'est la combe tournée au nord ou au levant, quelle que soit sa déclivité et sa nature pierreuse. C'est là qu'il faut le concentrer, le bien entretenir, pour suppléer par la qualité des bois à leur étendue fatalement vouée à la réduction. Y abattre des arbres de plein rapport, pour accroître la surface déjà excessive de nos mauvais champs voués au ravinement, voilà la plus aveugle, la plus coupable même des entreprises, en un temps où les bras et l'engrais manquent à la fois aux terres déjà existantes.

*Taillis.* — Le produit des châtaigneraies est très faible sur les terrains secs et maigres, sur le haut des puys et des sucs. Les arbres y sont chétifs, les fruits peu abondants, et les feuilles emportées par le vent.

De tels terrains donnent un meilleur rapport, quand on les tient en taillis que l'on exploite ordinairement tous les dix ans.

Pour transformer un bois en taillis, coupez les vieux châtaigniers ras de terre, à la hache et point à la scie dont les mâchures font pourrir l'écorce du tronc, sur lequel ne peuvent naître les rejetons. Le taillis sera bien enclos ; les vides entre les arbres seront ensemencés de châtaignes et de glands. A chaque coupe, les plus beaux sujets pourront être réservés, pour de la haute futaie, mais seulement sur les points où le fonds permettra leur développement.

### § 2. *La plantation.*

*Pépinières.* — Quand ils ne sont pas trop ravagés par les troupeaux, les bois produisent en général assez de sauvageons pour les transplantations du domaine. C'est la plus économique des pépinières. Il faut émonder ces sauvageons, durant leur croissance ; sans cela, ils poussent en broussailles, épointés par les moutons, ils rancissent et ne donnent rien qui vaille.

Le succès des plantations est bien mieux assuré, quand on a le soin de repiquer ces sauvageons dans un carreau de jardin, alors qu'ils n'ont que la grosseur du doigt. Mieux vaut procéder par repiquage que par semis, lorsqu'on fait des pépinières spéciales.

*Époque favorable à la transplantation.* — Le moment est propice à la plantation des châtaigniers, dès la fin des grands froids, aux premiers jours de février. La plantation d'automne expose trop longtemps l'arbre non repris à ses trois ennemis : le vent, le mouton, le pâtre. La plantation tardive en mars ou avril, est d'autant plus risquée que le terrain est plus sec et plus maigre.

*Déplantation.* — Les châtaigniers méritent d'autant mieux d'être déplantés avec tous les soins indiqués, que leur reprise est rendue très difficile par la stérilité ordinaire du sol, par les dégradations auxquelles leur isolement les met en butte.

*Habillage des châtaigniers.* — On se trouve toujours mal de ne pas préparer avec discernement les racines et les tiges des châtaigniers au moment de leur transplantation. Que de malheureux plants restent avortons toute leur vie, faute de cinq minutes consacrées à cette double préparation.

Dès que l'arbre est bien repris, deux ou trois ans après

la plantation, il doit être étêté environ à deux mètres de hauteur. Il fournit l'année même de vigoureux drageons sur lesquels la greffe est pratiquée le printemps suivant, avec plus de succès que sur le vieux bois.

*Espacement des châtaigniers.* — Sur les sols frais et profonds, les châtaigniers prennent un grand développement, qu'il ne faut point gêner par une trop grande concentration. Il convient donc de les espacer à 10 ou 12 mètres dans les combes. Mais ces arbres restent toujours un peu grêles sur les terrains secs et maigres ; il n'est pas mauvais qu'ils y soient épais, pour résister à l'excessive chaleur et au vent. On peut donc les tenir à 7 ou 8 mètres sur les puys et les dos d'âne.

*Plantations irrégulières.* — Le plus souvent les châtaigniers sont plantés d'une façon confuse, sans aucun ordre ; sur tel endroit du bois, ils sont trop épais, et trop clairsemés sur tel autre. Le manque d'alignement rend difficile l'aérage et l'insolation des arbres ; leur fructification en souffre.

Il est donc préférable de planter les châtaigniers suivant de grandes lignes droites, seules capables d'assurer une certaine régularité dans la répartition des arbres. Ces allées seront, autant que possible, orientées du nord au sud. Le bois est ainsi ouvert au soleil et fermé aux vents d'ouest et d'est.

*Plantations en carré.* — On plante ordinairement de telle sorte que dans chaque ligne, les arbres sont placés juste en face des arbres correspondants de la ligne précédente. Le terrain est ainsi partagé en une série de carrés. Cette disposition est évidemment préférable à une plantation faite sans aucune espèce d'ordre ni d'alignement. Mais chaque châtaignier n'est point à égale distance de ses voisins. Il en résulte que les arbres ne tendent point à se développer uniformément.

*Plantations en quinconce.* — On obtient une répartition plus parfaite, en plaçant chaque arbre non en face de son correspondant sur la ligne précédente, mais vis-à-vis du milieu des vides de cette ligne, à la façon dont les bons jardiniers plantent leurs choux. Les arbres forment ainsi une série de triangles dont les côtés sont égaux. Chaque châtaignier est à la même distance des six arbres qui l'entourent ; sa végétation en devient parfaitement régulière. Cette disposition a en outre l'avantage de garnir le terrain du plus grand nombre d'arbres possible, pour un espacement donné. Ainsi, avec un écartement de 10 mètres, un hectare contient 100 arbres en carré et 115 arbres en quinconce. Ces 115 arbres en quinconce sont dans des conditions de végétation égales, sinon supérieures, à celles de 100 arbres en carré (1).

La plantation en quinconce est malheureusement peu connue ; les instituteurs feront bien de l'apprendre à leurs élèves.

*Tracé d'une plantation en quinconce.* — Pour faire vite et bien, ayez deux aides, que nous appellerons Jean et Pierre. Munissez-vous de deux fils de fer, d'une longueur égale à l'espacement adopté pour les arbres, soit 10 mètres par exemple. Ces deux fils sont noués, à l'une de leurs extrémités, sur une fiche en fer, tandis que l'autre extrémité porte également une fiche. Pour servir de base au tracé, jalonnez une ligne droite, vers le milieu du terrain, et autant que possible suivant les indications ci-dessus.

(1) Les quinconces permettent une augmentation dans le nombre des arbres d'autant plus considérable, que la plantation est plus serrée : en voici le tableau :

| ESPACEMENT des plants | Nombre des plants à l'hectare | |
|---|---|---|
| | en carré | en quinconces |
| 10<sup>m</sup> | 100 | 115 |
| 5<sup>m</sup> | 400 | 460 |
| 3<sup>m</sup> | 1.111 | 1.255 |
| 2<sup>m</sup> | 2.500 | 2.870 |
| 1<sup>m</sup> | 10.000 | 11.495 |
| 0,5 | 40.000 | 45.980 |

On voit combien pour les vignes les quinconces sont préférables au carré, à cause de l'accroissement du nombre de ceps à l'hectare. En outre, elles peuvent être labourées en trois directions avec le premier mode de plantation, et en deux seulement avec le second.

Piquetez-la de 10 en 10 mètres, pour marquer la première
ligne d'arbres.

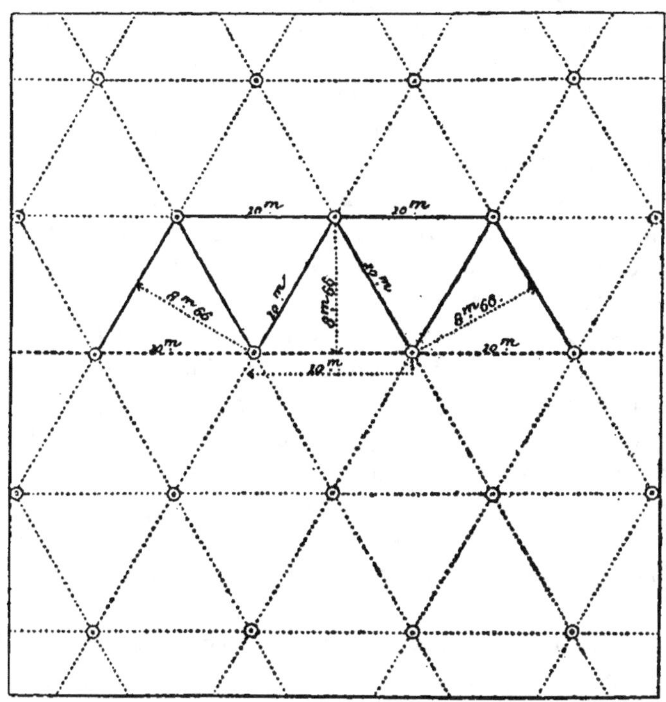

Fig. 11. — Plantation en quinconce.

Quand la distance des arbres est de 10m, celle des lignes est de 8m66.
D'une façon générale, l'espacement des lignes est le $\frac{866}{1000}$ de celui
des arbres.

Cela fait, Jean et Pierre prennent chacun l'une des
fiches ; ils viennent se poster, Jean sur le premier piquet
de la base, Pierre sur le second, en implantant leur fiche
sur le milieu même du sommet de leur piquet respectif.
Alors muni de la fiche nouée aux deux fils, vous vous placez à vue d'œil sur la seconde ligne en vous éloignant
d'eux, jusqu'à ce que ces deux fils soient également tendus.
Piquez votre fiche en terre, et enfoncez un piquet au point
marqué. Voilà la place du premier arbre de la seconde
ligne.

Alors, *Pierre ne bougeant pas*, Jean vient se poster
sur le troisième piquet de la base. Vous suivez encore

au juger la seconde ligne, jusqu'à égale tension des deux fils, ce qui donne le second arbre. Ici se présente une vérification. Les deux piquets de la deuxième ligne doivent être à la distance de 10 mètres. Pour le vérifier, Pierre transporte sa fiche sur le premier piquet de cette ligne, et le fil doit se trouver bien tendu.

Puis, *Jean ne bougeant pas*, Pierre se porte sur le quatrième piquet de la base et vous cheminez sur la seconde ligne jusqu'à la tension des deux fils, ce qui détermine le troisième arbre. Vous continuez ainsi de suite, sur cette seconde ligne, Jean et Pierre se déplaçant alternativement sur la base.

La seconde ligne achevée sert de base pour la troisième, et ainsi de suite, sans négliger les vérifications.

La troisième ligne et les suivantes pourraient, à la rigueur, être piquetées sans l'emploi des fils de fer, les places se trouvant marquées par les alignements que donnent les piquets des deux premières lignes. On doit se servir de ces alignements comme de moyens de contrôle ; mais il est plus sûr de continuer à procéder par mesurage des distances.

Tel est le mode bien simple de tracer ces utiles plantations en quinconces. Trois opérateurs peuvent piqueter bien des hectares dans une journée. S'il s'agit de plantations rapprochées comme celles de la vigne, il faut commencer par tracer de grands cadres, c'est-à-dire prendre les fils de fer d'une longueur égale à cinq fois, par exemple, l'espacement des ceps, puis on intercale les piquets intermédiaires, en employant un triangle fait avec trois règles de bois égales à l'espacement de la plantation. Deux opérateurs suffisent ; l'un prend le triangle par le sommet et l'autre par la base.

Avec les vérifications indiquées, une erreur se signale, dès qu'elle se produit. Quand le tracé est terminé, les piquets doivent former une série d'alignements corrects. Chaque arbre se trouvera au centre d'une étoile formée par six alignements, de sorte qu'il peut être complètement saturé de tous côtés par l'air, la chaleur, la lumière.

Le tracé offre un peu de peine sur les terrains très

inclinés ou très ondulés ; la précision est moindre ; néanmoins le résultat est très satisfaisant, alors que le tracé en carré devient d'une difficulté extrême sur de tels terrains.

*Dimension des trous.* — Les pauvres arbres sont ordinairement emboîtés dans des trous trop étroits. Pourtant, ils doivent être d'autant plus larges et profonds, que le terrain, soit rocaille, soit tuf impénétrable, est moins favorable à la végétation. Un mètre carré de surface et $0^m,70$ de profondeur sont des minima au delà desquels il faut aller plutôt que de rester en deçà. Creusez-les plusieurs mois avant la transplantation, afin que les terres aient le temps de se fertiliser par l'action du soleil et de l'atmosphère.

Au moment de la plantation, le fond du trou sera garni de gazon, de bruyère, ou d'autres détritus qu'on a facilement sous la main dans les bois. Couvrez cette première assise avec quelques pelletées de bonne terre fine. Puis plantez l'arbre, en étalant bien ses racines, sur lesquelles vous déposerez ce qui reste de bonne terre, réservant les plus mauvais matériaux pour la couche supérieure. Dans cette opération, les bords du trou seront bêchés, ce qui agrandira l'étendue du terrain ameubli.

Ces matériaux sont provisoirement accumulés en tas, au pied de l'arbre, pour le consolider dans les premiers temps, contre le vent et le frottement des troupeaux. Mais cette sorte de tumulus doit disparaître, dès que la reprise est assurée. Le pied de l'arbre présentera alors une sorte d'entonnoir, pour recueillir les eaux courantes et les graisses qu'elles portent avec elles.

*Soins des jeunes plantations.* — Lorsque les arbres sont bien pris, il faut au printemps suivant les sarcler, arracher les mauvaises herbes, surtout le chiendent qui est très funeste aux jeunes plantations. Un tel travail s'exécutera avec une houe, une *tranche*, et point avec une bêche. Ceux qui bêcheraient profondément le pied de ces jeunes arbres, ceux-là leur couperaient les radicelles et leur feraient le plus grand mal. C'est un simple nettoyage et ameublissement superficiel qu'il faut. La bêche a cependant son utilité dans ce travail, pour couper sous terre les rejetons poussant parfois au pied des châtaigniers. Elle produit une meurtrissure s'opposant à de nouvelles végétations, meurtrissures sans effet nuisible, quand elles sont bien recouvertes de terre.

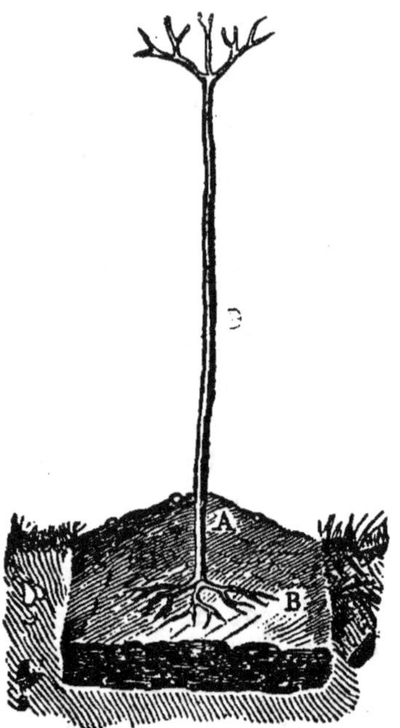

Fig. 12. — *Disposition du sol au moment de la plantation.*

La bonne terre est disposée en B autour des racines. La pierraille forme un amoncellement en A pour consolider l'arbre au début.

Quand le sol est plan, disposez, comme nous l'avons dit, la terre en cuvette au pied des arbres ; quand il est en pente, troussez un bourrelet de terre, un peu en contre-bas du plant, pour retenir une bienfaisante humidité au contact des racines. Ce soin est d'autant plus utile, que le terrain est plus sec.

Malheur à l'arbre dont les racines sont alors enfouies sous un tas de terre souvent très élevé. Privées d'air et d'humidité, ces racines dépérissent. Pour vivre, l'arbre doit s'en faire de nouvelles à fleur de sol. Il en reste languissant durant plusieurs années, à moins qu'il ne se dessèche tout à fait au premier été. Cette manière de chausser les jeunes arbres, est absolument contre nature,

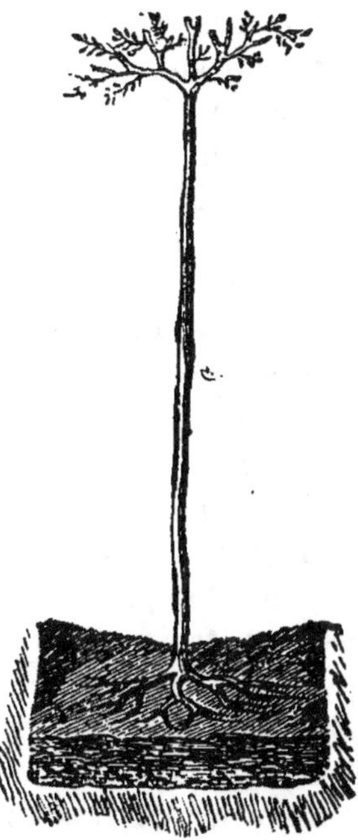

Fig. 13. — Disposition du sol aussitôt que la reprise est assurée.

toutes les fois que la tige est assez solide pour ne pas
trembler au vent, ou au simple contact des animaux.

### § 2. *Les fruits.*

*Greffage.* — La greffe en flûte se fait dans le pays avec
une habileté qui dispense de toute explication ; il suffit de
parler des diverses variétés.

Le châtaignier primitif qui ne se retrouve que dans
quelques bois perdus, atteint un magnifique développement, mais il ne produit que quelques fruits rares et petits.
La culture a modifié et modifie tous les jours cet enfant
de la nature ; il fournit des fruits plus savoureux, plus
abondants ; mais il a perdu d'autant en taille et en longévité.

*Marrons.* — Dans les variétés les plus fines, la bogue
ne contient le plus souvent que les deux fruits extrêmes,
celui du milieu étant avorté. Ces fruits sont ronds, de

moyenne grosseur ; leur enveloppe brune est douce et luisante. La seconde peau se trouve réduite en une mince toile, n'incrustant pas des nervures profondes dans l'amande qui est de couleur jaune paille plutôt que blanche, et surtout d'un goût exquis. Tel est le vrai marron.

Les plus estimés sont ceux du Dauphiné et de Provence, particulièrement ceux de Luc dans le Var. Le marron de Lyon, bien reconnaissable à sa teinte rouge d'or, est plus gros mais moins délicat. Une autre variété créée dans le Poitou, le Nouzillard, est également très succulent.

Facilement importées par des rameaux de greffe que l'on peut demander dans les lieux d'origine, ces espèces raffinées réussissent parfaitement dans la région granitique du Centre, ainsi que j'en ai fait l'expérience. Mais on doit en appliquer la greffe à des sujets vigoureux, venant sur de bons fonds, ou plantés en bordure des champs, à une exposition pas trop froide. Sous ces réserves, la culture de ces marrons doit être recommandée, parce que ces fruits sont partout chèrement vendus comme denrées de premier choix.

Le pays possède du reste de très anciennes et très estimables variétés. Tels sont les marrons de Saint-Hilaire, les marrons des Angles, provenant de deux communes de l'arrondissement de Tulle.

Le fruit des Angles est très savoureux, très abondant ; et l'arbre très rustique, attendu qu'il provient du plus maigre des sols.

***Châtaignes.*** — Le titre de marrons étant réservé aux fruits distingués par leur finesse, le nom de châtaignes reste aux fruits moins nourrissants, qui ont une enveloppe épaisse, un peu velue, avec une seconde peau cloisonnant une amande moins ferme et plus aqueuse.

Le châtaignier rachète cette infériorité du fruit par une rusticité plus grande que celle du marronnier, par une production plus régulière et plus abondante, surtout par une moindre exigence quant à la qualité du terrain. Du reste, il est des variétés de châtaignes plus grosses que les marrons ; en particulier la *groussaudo* a d'énormes fruits peu savoureux, mais très recherchés des confiseurs.

La plus estimée des châtaignes dans le Limousin s'appelle *carive*. C'est un fruit brun foncé, de moyenne grosseur, très savoureux, se conservant bien. Les arbres ont un beau développement ; chose précieuse, leur bois est presque aussi bon pour le travail que le bois sauvage.

Une variété de cette espèce, dite *carive bourude*, donne de remarquables produits dans le Bas-Limousin. La récolte manque très rarement.

L'*éjalado* est une châtaigne très savoureuse, très grosse et surtout très hâtive. On la cultive beaucoup dans l'arrondissement de Brive ; elle est la plus précoce de toutes. Il n'est pas rare que ses fruits soient mûrs dans les premiers jours de septembre.

Le *gros vert* est une variété remarquable par le feuillage glauque de l'arbre qui a un très beau port. Le fruit est bon, abondant, se conservant bien.

Parmi les espèces tardives, nous citerons la *sauvage des Cars*, et la *Juillac*, assez grosse, un peu aqueuse. Leur bois n'est pas très estimé en menuiserie. Ces châtaignes tardives à l'excès, sont exposées à être gelées sur l'arbre par les premiers froids.

Telles sont quelques-unes des variétés de châtaignes si nombreuses qu'il faudrait un livre entier pour les décrire. Dans la localité que j'habite, on se préoccupe de greffer quelques marrons de Provence dans les bonnes combes et sur les bordures des champs ; on recherche aussi quelques greffages d'*éjalado* pour la vente précoce. La généralité des bois est greffée en marron des Angles, et surtout en carives.

*Importance des bonnes variétés.* — Les châtaignes de bonne qualité ont un prix de vente tellement supérieur à celui des fruits quasi sauvages encore trop communs dans nos bois ; elles sont si préférables pour la nourriture de la famille et même pour l'alimentation des animaux, que les cultivateurs de la contrée ne sauraient avoir de plus grand souci que de rechercher les variétés les meilleures pour chaque localité.

*Fourniture de la litière par le bois.* — L'enlèvement des feuilles prive les bois d'un engrais naturel qui contribuerait à entretenir leur fertilité. Mais on ne saurait se passer de ce moyen d'accroître les litières dans une région où le peu d'extension des céréales ne donne pas une quantité suffisante de pailles.

Seules, les feuilles fournissent un assez maigre fumier. On les améliore, en les mélangeant avec les genêts, les ajoncs que l'on fauche au moment du râtelage de ces feuilles. Toutes ces substances vertes sont très pourvues de principes fertilisants dont elles enrichissent le fumier. Ce nettoyage des bois par la faux les rend plus commodes pour la récolte des châtaignes, et plus propres au pâturage des troupeaux. Il les préserve de dangereux incendies, par l'enlèvement des brousses qui sont le véhicule ordinaire du feu.

## § 4. *Entretien des bois.*

***Mal causé par l'écobuage des châtaigneraies*** (1). — Passe encore d'enlever les feuilles et de faucher les ajoncs et la fougère. Mais dépouiller les bois de leur gazon, le brûler d'un feu qui dessèche souvent les arbres eux-mêmes, ravir par une récolte les substances nécessaires à leurs racines, et surtout livrer la terre végétale à l'entraînement des eaux, en un mot, épuiser et flamber les châtaigneraies, c'est par trop barbare. Cette agriculture de sauvages, dernière tradition de nos pères les Gaulois, est sans excuses dans une région où, loin de manquer, les terres cultivées ne donnent qu'une moitié et souvent qu'un quart de récolte, faute de fumier et de travail.

***Elagage des châtaigneraies.*** — Le châtaignier, surtout en vieillissant, exige d'énergiques élagages qui rajeunissent le vieux tronc et lui rendent une vigueur nouvelle pour porter des rameaux et des fruits. Toutefois, ce travail mérite d'être fait avec intelligence et pour ainsi dire avec amour de l'arbre.

Autant que possible, un châtaignier doit avoir un tronc unique, s'élevant comme une colonne avec des branches latérales bien symétriquement répandues. Alors, point de

_________

(1) Ecobuer se dit *foueire*, du latin *fodere*.

bourgeons étouffés à l'intérieur ; les rameaux à fruits s'é-
talent en plein soleil et en plein air, tandis que le fût croît
graduellement jusqu'à ce que, parvenu à sa maturité, il
fournisse des centaines de planches précieuses. On s'effor-
cera de donner cette forme à l'arbre, dès les premières
années qui suivent la greffe, en réduisant graduellement
le nombre des maîtresses branches. On lui en laisse d'a-
bord quatre, puis deux, et une finalement. Toutefois, cette
taille exige un grand discernement. Si on porte trop vite
toute la sève sur une flèche unique, elle peut prendre trop
de *gaillardise*, et se rompre sous l'action des vents vio-
lents.

Fig. 14. — Châtaignier disposé sur une tige centrale.

Quand on ne procède pas à ces élagages successifs, on
a un arbre touffu comme un pommier. Privées d'air et de
lumière, toutes les branches intérieures végètent sans pro-

duire, elles finissent par se dessécher, mais non sans avoir épuisé l'arbre. Trois ou quatre tiges extérieures grandissent, se nuisant mutuellement dans leur croissance. Avec le temps, la plus forte opprime les faibles qui meurent laissant dans le tronc d'immenses trous béants, par lesquels la pourriture gagne jusqu'au cœur du végétal.

Fig. 15. — Châtaignier mutilé.

A tige centrale hachée.
B branche coupée trop loin du tronc et desséchée.
C C' C" sauvageons épuisant les branches à fruit.

Ainsi, la bonne fructification, la préservation du tronc, et finalement la valeur comme bois d'œuvre, tout engage à ne laisser au châtaignier qu'un fût unique. Rien ne s'y oppose dans les combes. Mais sur les puys, l'arbre reste plus volontiers rabougri, se voûtant de lui-même contre les assauts du mauvais temps. Il faut alors lui laisser plusieurs mâts, pour qu'il ait un moindre élancement.

*Saison de l'élagage.* — Il doit se faire immédiatement après la chute des châtaignes.

*Fru madur,*
*Bouei madur.*

Le bois mort qui est à retrancher, se distingue alors

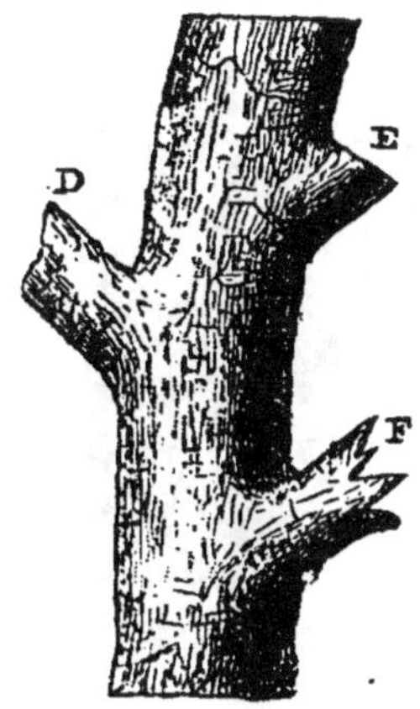


Fig. 16. — Mauvais élagage.

D. — Section trop loin du tronc.
E. — Section exposée à l'eau.
F. — Section déchirée, provoquant la pourriture.

parfaitement. Les rameaux une fois abattus, on a durant l'hiver tout le temps disponible pour en faire les charrois.

Malheureusement telle n'est pas la coutume. C'est seulement en avril et parfois en mai, que se fait ordinairement la provision de bois de chauffage. La sève accumulée dans les branches élaguées est perdue. Celle qui découle ensuite des cicatrices empêche les plaies de se fermer, et provoque la pourriture. Enfin d'autres soins réclament alors le cultivateur au champ et au pré. Mauvaise est la saison, pire encore est la façon. Quelle pitié de voir ces pauvres arbres trop souvent massacrés par d'inhabiles et négligentes mains, qui cognent avec une sorte de furie aveugle, abattant sans jugement les bons comme les mauvais rameaux. Ce sauvage ébranchage cause chaque année un mal incalculable. C'est l'une des plus détestables traditions de l'ancienne culture.

Un bon cultivateur se préoccupe d'aérer l'arbre et de le dégager de toute la menue ramille intérieure, qui ne porte pas de fruits. Il recèpe les rameaux desséchés près du tronc ou de la branche principale, par une taille vive et nette. Il évite surtout de conserver ces sortes de moignons qui se dessèchent promptement, puis pourrissent en laissant un trou béant. Il émonde les branches qui s'enche-

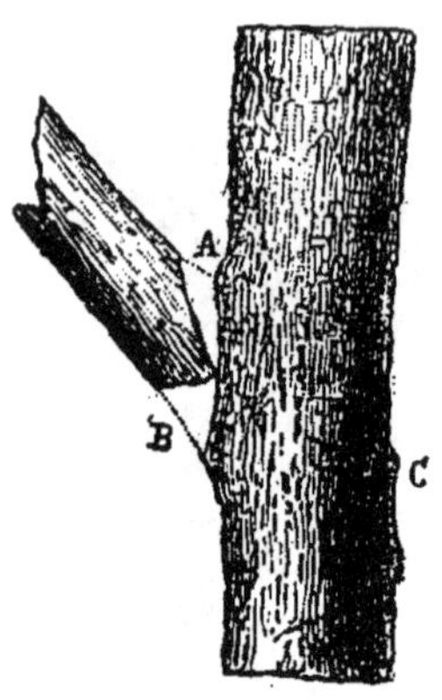



Fig. 17. — Bon élagage.
A. — Coupe supérieure.
B. — Coupe inférieure, presque vers le tronc.
C. — Taille cicatrisée.

vêtrent dans les arbres voisins, celles qui étouffent les jeunes plantations des alentours. Enfin, il élague toute la sauvagine croissant au-dessous de la greffe, et garnissant le pied de l'arbre. Cette végétation parasite nuit à la fructification des châtaigniers ; elle est le plus triste signe de la négligence avec laquelle ces utiles arbres sont trop souvent traités.

*Châtaigneraies exploitées pour le bois de travail.* — Le tronc des châtaigniers est rarement sain au-dessous de la greffe. Mais les tiges supérieures peuvent fournir d'excellent bois de menuiserie ou de charpente, quand la variété est de bonne nature de bois, et quand l'arbre n'a pas été trop abîmé par de mauvais élagages. Pour être ainsi exploités, les mâts sont coupés un peu au-dessus de l'anneau du greffage, dès que leur bois est mûr, c'est-à-dire, dès que la tête cesse de s'élever. Il est trop tard, si l'on attend que la cime commence à se flétrir. Du reste, la production des fruits décline bien avant cette décrépitude. Coupé proprement à la hache, et recouvert d'une triple couche de gazon, pour diminuer les effets de la pourriture, le tronc donne des pousses vigoureuses. Le châtaignier ainsi rajeuni est encore fertile pendant une trentaine d'années ; puis sa production tarit, dès que le tronc en est réduit à sa seule écorce.

Si l'on a le soin de planter de jeunes arbres aux alentours, dès l'année de l'étêtage, ceux-ci sont en plein rapport lorsque le vieil arbre a fini sa carrière.

Presque nul pour les châtaigneraies croissant sur un maigre sol, ou ravagées de tout temps, le rendement en bois de travail est vraiment considérable pour celles qui, situées sur un bon fonds, ont été de longue main élaguées avec discernement, et aménagées de telle sorte que la plupart des arbres ne portent qu'un unique fût.

*Clôture des châtaigneraies.* — Il ne faut pas les isoler du côté des prés ou des terres, quand le tout appartient au même héritage. Les haies nuiraient de part et d'autre, par leurs ombres et leurs racines. Elles arrêteraient l'écoulement des eaux qui ne peuvent que profiter aux prairies.

Mais on a tout intérêt à clore les châtaigneraies soit le long des routes et chemins, soit sur la lisière de la propriété d'autrui. De solides haies en accacias et en charmes protègent contre le maraudage et les ravages des troupeaux. Elles ont l'inappréciable avantage d'accumuler les feuilles chassées par le vent, et de grossir les litières ; surtout elles fournissent du bois d'une grande valeur.

*Entretien des châtaigneraies par les bergers.* — Enfants qui gardez les troupeaux dans les bois, ne prenez point un méchant plaisir à balancer la cime des jeunes arbres, à meurtrir leur tendre écorce. Mais trompez plutôt les ennuis de vos longues heures de gardage, en raclant la mousse parasite, qui s'attache aux troncs, pour absorber leur sève. Enlevez avec vos couteaux la broussaille qui croît à leurs pieds ; épargnez vos injures à ces utiles châtaigniers. Vous leur devez vos meilleurs déjeuners. Protégez-les contre la dent meurtrière des brebis, des chèvres et des ânes du troupeau. N'accélérez pas la ruine qui les menace de toutes parts. Ne contribuez pas à précipiter sur nous toutes les calamités du déboisement (1).

## CHAPITRE III
### Le Chêne

*Sa zone.* — Cultivé en bordure ou en garennes dans la région basse et moyenne, le chêne prend ou plutôt devrait prendre toute son importance, à l'altitude où le châtaignier perd la sienne.

*Le déboisement, ses conséquences.* — Du temps de nos pères les Gaulois, le chêne couvrait de ses sombres rameaux les sommets de nos monts actuellement dénudés. De nos jours, on aurait grand'peine à trouver dans la région, de vraies forêts de ce noble végétal. A peine en reste-t-il quelques taillis. La cognée de l'homme a abattu l'arbre, la brebis en a rongé les rejetons.

Le climat et le sol en ont été complètement modifiés. En temps froid, le vent du nord balaie la contrée, sans qu'aucun obstacle l'arrête. En temps chaud, rien ne retient les fraîches vapeurs de l'air. Puis la terre végétale de ces antiques forêts a été enlevée jusqu'au roc, et charriée par les eaux, dans les vallées, où elle obstrue les rivières.

Les hivers sont plus rigoureux ; les étés sont plus brûlants ; ici le sol est plus aride, et là plus marécageux. L'homme a perdu un air plus doux et plus sain. Le troupeau n'a plus qu'une aride bruyère, à la place d'un bon paître en forêt ; telles sont les conséquences du déboisement.

### § 1. Les semis

*Le pin précurseur du chêne sur la lande.* — Quelques propriétaires des hauts plateaux, ont entrepris cette œuvre pénible du reboisement en semant le gland sur la lande. La première croissance de la chênaie a été encourageante ;

(1) Des usines distillant le châtaignier, provoquent partout la dévastation de nos bois vendus à vil prix. Il ne pouvait y avoir de plus néfaste plaie pour le pays.

toutefois, il est à craindre que l'appauvrissement du sol
par les eaux, ne rende la seconde croissance lente et chétive. Il serait sans doute plus sage de commencer par un
semis d'arbres verts destinés à fertiliser le sol de leurs
dépouilles. Les chênes qui succèderaient à ces améliorateurs de la lande, auraient une venue mieux assurée, en
vertu de l'alternance des récoltes.

D'autant mieux que dans les pépinières bien gardées,
sous le couvert des arbres verts graduellement éclaircis,
pousse toute une végétation d'arbres feuillus, ensemencés
par les oiseaux et le vent. Les vides resteraient seuls à
remplir après la coupe des conifères.

*Semaille*. — Mélangez des châtaignes et des faînes aux
glands, pour les ensemencements d'une certaine importance. Semez du seigle ou de l'avoine avec ces graines.
La céréale protègera le jeune plant contre le soleil ; son
rendement est assez profitable, pour qu'en échange, des
ouvriers puissent se charger de l'écobuage du terrain et
des travaux de semaille. La fourniture de grains et graines et les frais de clôture constituant alors les seuls frais
de l'opération.

Pour la création de pépinières, on a intérêt à semer les
glands sous la raie, pendant que l'on effectue la couvraille
de la céréale. On espace les lignes de 0$^m$5o environ ; l'arrachage du jeune plant s'opère plus facilement que dans les
semis denses et confus. L'éclaircissage en devient plus
régulier. Il reste une garenne mieux répartie.


## § 2. *Transplantation.*


*Son utilité.* — Il n'est pas de propriété *si petite qu'elle
soit*, qui ne puisse utiliser quelque recoin de méchant
terrain et quelque bordure de chemin, le long des prés
et des bois, en y plantant cet arbre précieux, si indispensable pour réparer ou agrandir les bâtiments de l'exploitation, si commode pour se procurer de l'argent, en un
moment de gêne.

Il est donc prudent et sage de faire, environ tous les dix
ans, un semis de glands sur quelque carreau de terre

épuisée, afin d'avoir toujours des sujets d'un âge favorable à la transplantation.

*Arrachage.* — Il n'est pas d'arbre dont la reprise soit plus difficile que celle du chêne. Elle ne peut être assurée qu'au prix de très grands soins, sans lesquels tout est peine perdue. Que le plant ait juste la hauteur suffisante pour que les animaux ne puissent en émousser la tête. Rejetez tous les sujets effilés comme ligne à pêcher, et venus dans une pépinière tellement touffue qu'ils se ploient comme roseaux. Par conséquent si le plant a des branches latérales, contentez-vous de les épointer pour réduire leur importance, sans les émonder au tronc. Conservez soigneusement toutes les radicelles, en arrachant l'arbre à la pelle et non à la pioche. Dans le transport de la pépinière au lieu de plantation, évitez la chute de la terre adhérente aux racines. Préservez les radicelles autant du froid que du soleil, la moindre atteinte de l'un ou de l'autre suffisant pour stériliser ces radicelles, et rendre la reprise impossible. Choisissez donc un temps pluvieux pour cette opération.

*Lou chassans se plantou en lou seillou.*

*Plantation.* — Les trous de chêne sont en général trop petits ; les pauvres arbres y sont parfois enfoncés de vive force. Ces trous doivent avoir au moins $0^m70$ de carré et $0^m60$ de profondeur, afin que les racines puissent y être étalées à l'aise, sur un lit de bons matériaux.

Il est préférable de substituer des fossés continus aux trous isolés, surtout lorsqu'on plante des arbres en bordure. La première dépense n'est pas beaucoup plus considérable ; et la plantation se fait mieux. Comme on peut serrer les arbres, les manquants sont moins apparents. Il suffit de les remplacer sur les points où le vide est trop grand.

On ouvre donc un fossé large de $0^m80$ et profond de $0^m60$, si la nature du sol le permet. Le fond du fossé est garni d'un lit de bonne terre ou de détritus de gazon ; puis les arbres y sont plantés à une distance de $0^m80$ environ. Si on veut obtenir une clôture continue, on intercale des charmes, des accacias, qui une fois bien pris, sont taillés à un mètre de hauteur, de façon à garnir la haie.

En résumé : Rejetez tout plant rance et haut à l'excès, qui se couberait en arc. Choisissez des sujets jeunes, munis de brindilles latérales, et autant que possible repiquées à trois ans, pour qu'ils aient un bon chevelu. Plantez en novembre ou en février dans des trous de bonne dimension, un jour de pluie.

Soignez les jeunes arbres, comme le plant de châtaignier.

## § 3. Entretien.

*Elagage.* — A la façon dont les chênes sont impitoyablement ébranchés, on comprend sans peine que les beaux arbres soient rares dans la région. Le plus agile

Fig. 18. — Chêne élagué à bonne hauteur.

mais non le plus soigneux des garçons de la métairie, grimpe jusqu'au faîte de la victime ; puis de droite et de gauche, il abat ou plutôt il déchire tout rameau jusqu'au bas. Heureux l'arbre, s'il n'est pas réduit à l'état honteux de têtard, par la section de la cime elle-même.

Mauvaise façon, mauvaise saison. Cet ébranchage a

lieu ordinairement au mois d'août, au moment où la sève est en plein travail. L'amputation des branches apporte alors le plus grand trouble dans la croissance de l'arbre dont les cicatrices ne se ferment pas et courent risque de se pourrir.

N'émondez pas les chênes avant la maturité du gland. La bourrée sera encore fort bonne pour les troupeaux. Coupez les branches très promptement et nettement presque ras du tronc *à l'épaisseur d'un écu*, ainsi que le recommandent les anciens. N'élaguez que *les deux tiers de la hauteur*, en *laissant les rameaux du tiers supérieur*.

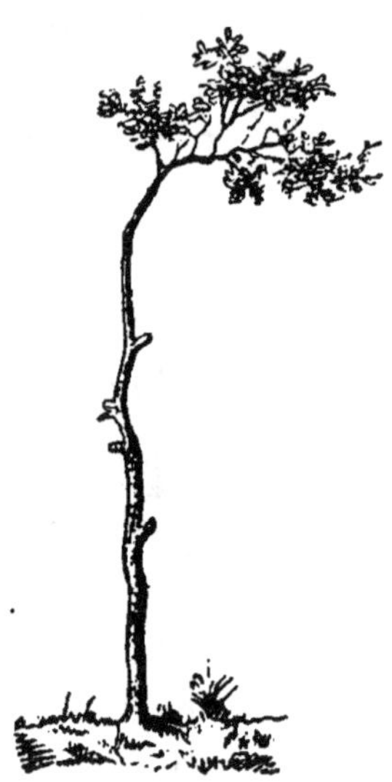

Fig. 19. — **Chêne dégradé par des élagages excessifs et hors de saison.**

Toutefois épointez les branches qui formeraient une cime fourchue, de telle sorte que la flèche soit bien élancée. Vous aurez ainsi des arbres droits et de croissance rapide ; tandis qu'en ébranchant en août un chêne jusqu'au haut, on jette tout le courant de la sève dans l'unique branche de la cime. Elle se recourbe sous le poids de cette sève, pour se redresser par la suite en faisant un coude. Voilà pourquoi la plupart de nos chênes ne sont que d'affreux tortillards.

*Coupe des chênes.* — Pour que la souche produise des

rejetons, abattez les arbres durant le repos hivernal de la sève, d'octobre en mars. C'est également la période qui assure la meilleure conservation des bois d'œuvre, quelle que soit la lunaison (1).

*Hêtres, charmes, frênes, accacias.* — Les précautions que nous venons d'indiquer pour la transplantation et l'élagage des chênes, s'appliquent également aux hêtres, aux charmes et aux frênes. Ces arbres peuvent trouver utilement leur place dans les haies des prairies et des châtaigneraies, surtout du côté du nord, où leur ombre ne saurait nuire.

Il est un arbre un peu nouveau dans le pays, l'accacia, qui par sa reprise facile, sa croissance rapide et la haute valeur de son bois, mérite de se répandre dans la région, surtout pour la formation des clôtures.

# CHAPITRE IV

### Les arbres verts

*La lande.* — Sur les hauts plateaux s'étendent à perte de vue des bruyères avec des bruyères encore au delà de l'horizon ; à peine de loin en loin quelques hameaux s'abritant dans un pli favorable du terrain. De si vastes étendues de terre presque dépeuplées supportent une insuffisante part des charges de la nation ; elles lui sont même onéreuses, par les subventions que l'État leur alloue pour les dépenses publiques.

Ces steppes, il faut les féconder et les peupler, pour le bien de la région, pour la richesse et la puissance de la France.

Il n'est pour cela d'autre moyen que de les boiser d'un arbre s'accommodant des plus mauvais sols, résistant aux plus grands froids, croissant rapidement et produisant du bois d'un usage général.

C'est l'arbre vert.

(1) Les marchands de bois préfèrent n'exploiter qu'en avril et même en mai, pour que l'écorce se détache plus aisément. Ils disent que la poussée des taillis est alors plus active, à cause du départ de la sève sur les vieux brins. N'en croyez rien.

## § *1*. *Des diverses variétés.*

*Les conifères.* — Rare dans l'hémisphère austral, mais très répandue dans l'hémisphère boréal, l'utile famille des *conifères*, c'est-à-dire des *porte-cônes*, est représentée sur le plateau central par plusieurs espèces, qui y croissent à l'état naturel, sur les monts du Forez, du Velay et de l'Auvergne. En outre, divers genres de toutes provenances ont été importés dans la contrée, depuis le commencement du siècle. Parmi ces arbres, les uns trop délicats pour nos hivers, resteront sans doute réduits au rôle d'arbustes d'agrément ; mais le plus grand nombre semblent devoir s'adapter utilement au climat et au sol de notre région.

On sait que cette famille comprend deux genres surtout importants, les *pins* et les *sapins*.

Ce qui les distingue, c'est que les aiguilles des pins se trouvent réunies en certain nombre dans une même gaîne qui les fixe aux branches. Pour les sapins, chaque feuille a sa gaîne spéciale. Les pins originaires d'Europe ont deux aiguilles dans chaque gaîne, excepté le Cembro qui est à cinq aiguilles comme la plupart des pins américains.

*Pins des pays chauds, Pin d'Alep.* — Il croît naturellement sur les terrains secs et calcaires du rivage méditerranéen, à côté de l'olivier dont il prend les teintes pâles. Cette région est également celle du pin *pignon*. Le premier est bien frileux pour notre climat ; mais le second montre çà et là son élégante silhouette de parasol, dans les parties les moins froides de notre pays. Ces deux végétaux du Midi sont sans intérêt pour nous ; il n'en est pas de même du suivant.

*Pin maritime.* — Venu des dunes de la mer, où il s'est adapté à la végétation sur le sable par la puissance de son pivot, le *pin maritime* ou *pin des Landes* compte déjà chez nous près d'un siècle d'acclimatation. Mais, faute de chaleur, il n'y donne aucun revenu par sa résine. Sa première croissance est rapide ; puis, soit que son pivot se heurte à un sous-sol impénétrable, soit qu'il trouve l'altitude et le climat excessifs, l'arbre dépérit généralement avant d'avoir atteint les dimensions du bois d'œuvre. Il ne saurait donc convenir pour de vastes repeuplements définitifs. Toutefois le bas prix de sa graine, sa germination si facile sur la bruyère rendent utile le mélange de cette graine avec celles de pins plus précieux. Le maritime est ainsi très utile comme garniture auxiliaire, destinée à disparaître dans les éclaircissages successifs.

*Laricio.* — Les trois pins que nous venons de désigner, sont des végétaux de plaine. Le *Laricio* est l'arbre des montagnes du Midi, de celles de la Grèce, de l'Italie, de la Corse et de l'Espagne ; leurs sommets y sont couverts par ce pin que caractérise un fût droit et élancé. Son goût pour le sol granitique, sa prédilection pour les lieux élevés, sont autant de conditions favorables à la naturalisation de cet enfant du Midi, dans nos montagnes. On y trouve en effet déjà quelques plantations, très belles, de Laricio à des altitudes moyennes, ce qui devrait encourager la production de ce très utile arbre vert.

Une variété du Laricio, le pin d'Autriche, se nuance de couleurs foncées, qui lui ont valu son titre de *pin noir*. A son lieu d'origine, il croît sur des pierrailles calcaires ; pourtant c'est de tous les arbres verts celui que j'ai vu le mieux réussir sur des sols argileux, compacts, humides et froids. S'il doit se comporter dans sa dernière croissance, comme à son début, le pin d'Autriche sera évidemment d'un précieux secours pour la mise en valeur de nos fonds marécageux.

Le *pin rouge* du Canada ressemble fort au Laricio.

*Pins des pays froids ; pin sylvestre.* — Le plus important de tous les grands végétaux du nord et du centre de l'Europe, celui qui constitue les vastes forêts s'étendant des rives de la mer Glaciale à celles de la Baltique, le pin *sylvestre*, est caractérisé par la teinte de son tronc, grise dans le bas, et rouge dans le haut. Apte à former de nombreuses variétés, il prend, suivant les pays, le nom de *pin de Riga, pin suisse, pin d'Ecosse.* Il croît à l'état naturel dans notre région sur les monts de l'Auvergne et du Forez.

Cet habitant des cimes neigeuses couvre également de vastes plaines bourbeuses, en s'adaptant toutefois à chacun de ces lieux. Grêle sur les flancs maigres des montagnes, où du reste elle serait exposée à se briser sous le poids du verglas, sa frondaison devient abondante et touffue sur les terres humides de la plaine.

Le sylvestre est déjà utilisé dans notre région depuis une cinquantaine d'années pour des repeuplements chaque année plus considérables. C'est bien l'arbre à employer sur nos croupes les plus stériles, sur celles exposées au midi et au couchant. A lui aussi de mettre en valeur nos vastes communaux plus ou moins submersibles.

Toutefois, les semences généralement employées proviennent de l'Allemagne ; leur mauvaise qualité est la trop fréquente cause de l'insuccès de beaucoup de semis. Celles qui lèvent, donnent les variétés des sylvestres de la plaine, arbres tortueux, branchants comme pommiers, au lieu de s'élancer en hauteur. Cent fois mieux vaudrait employer des graines du pin d'Auvergne : son fût est plus droit, son bois plus nerveux. Nous avons sous la main la vraie variété qui nous convient.

Le Cantal possède heureusement encore des forêts domaniales assez étendues pour produire une quantité de semences suffisante au reboisement du Centre. Il est à souhaiter que la sécherie établie à Murat puisse fournir un rendement plus considérable.

*Sapins. — Différence des sapins et des pins, quant au sol, à l'exposition et à l'altitude.* — Aux pins, amis de la lumière, l'exposition du midi et du couchant, les terrains bien ensoleillés, quelle que soit leur aridité. Moins ennemis de l'ombre, les sapins recherchent davantage la fraîcheur et les grandes altitudes. Leur place est sur les cimes élevées et tournées au nord. C'est ainsi qu'ils se sont perpétués d'eux-mêmes sur les flancs du Mont-Dore. Hors de là, ils ne figurent guère dans le Centre qu'à l'état d'arbres d'agrément ; ce qui leur assure le privilège d'une culture spéciale et les avantages d'un bon terrain, grâce auxquels ils ont pris une admirable végétation (1).

(1) La liste des arbres d'agrément et de protection comprend encore : les *cèdres* de l'Atlas et du Liban, gracieux végétaux bien acclimatés : le *cèdre Deodora* de l'Himalaya, encore plus élégant mais plus délicat ; le *sequoia gigantea*, ce colosse de la Californie, où des sujets dix fois

*L'épicéa, l'arbre à poix*, originaire de Norwège, a déjà fourni de très beaux arbres, bien que son importation dans le pays remonte à peine à une cinquantaine d'années.

*Le sapin argenté, sapin des Vosges, sapin de Normandie*, est remarquable par les teintes nacrées du dessous de ses feuilles. C'est lui qui pousse spontanément sur les flancs élevés de l'Auvergne et du Cantal. Je le trouve dans mes essais à l'altitude de 5oo mètres, plus exigeant que l'épicéa sur la qualité du sol, et plus lent que lui dans sa première végétation.

Le genre des sapins se compose encore de beaucoup d'autres variétés : la *sapinette bleue, noire, blanche*, originaire du Canada, le *baumier* de l'Amérique du Nord, arbre d'ornement, de moindre dimension que les précédents.

Les sapins ne sauraient avoir pour nous l'utilité agricole des pins, l'altitude de notre région étant bien inférieure à celle de leur habitation naturelle.

Toutefois, il n'est pas au monde de meilleurs protecteurs contre le mauvais temps. Plantés sur deux ou trois rangs serrés, au voisinage des habitations, ils fournissent un abri impénétrable aux vents du nord si pernicieux pour l'homme, et à ceux du midi si funestes aux bâtiments. Le séjour des lieux élevés gagne ainsi merveilleusement en beauté et en salubrité, par la création de ces rideaux qui procurent à la longue des bois d'une haute valeur.

*Mélèze. — Son acclimatation dans le Centre. —* Cet arbre vert habite les cimes les plus élevées des

séculaires dépassent la hauteur de 1oo mètres. Bien qu'importé depuis peu d'années dans la région, le sequoia a déjà fourni sur les terrains frais, des arbres dont la rusticité et la belle venue sont du meilleur augure pour son acclimatation. Citons en outre les *thuyas* qui comprennent le *cèdre blanc* du Canada, et les *cyprès*, parmi lesquels le *cyprès chauve* de la Louisiane, végétal favori des terrains marécageux ; les *genévriers*, comptant le cèdre de Virginie ; les *ifs* ; enfin l'*Araucaria* du Chili, seul conifère austral cultivable en pleine terre. Tous ces arbres sont d'un achat coûteux, quand ils ont acquis du développement. Mais si on se les procure à l'état de petit plant, sauf à les élever dans un carreau de jardin, on peut sans grands frais se créer la ravissante réunion des conifères de tout le globe, en les répartissant suivant une exposition convenable.

Alpes, au-dessus même des sapins ; dans son existence plusieurs fois centenaire, il y atteint les dimensions de nos plus grands végétaux. Son bois a la durée et la solidité de celui du chêne, avec une plus grande rapidité de croissance. Il s'est également acclimaté dans le Centre, mais avec des exigences bien précises. Il lui faut l'exposition du nord ou de l'est, pour compenser au moins le manque d'altitude. Il demande en outre un sol suffisamment perméable, même un peu frais, mais non inondé ; pas d'eau, pas d'eau à aucun prix. Qu'une mare s'établisse seulement pendant quelques jours, en été, au pied du plus beau mélèze. C'en est fait de lui.

Sans doute, le mélèze n'atteindra jamais, à nos moyennes altitudes, les dimensions qu'il prend sur son habitation naturelle. Par une loi générale dans la végétation, en descendant dans nos zones inférieures, il prend plus de précocité dans la croissance, pour aboutir probablement à une plus prompte caducité. Le peu de temps depuis lequel il est introduit dans notre région ne permettant pas de prévoir ses destinées futures, il est prudent de ne point compter pour lui sur un grand développement. Mais il se montre déjà si utile !

Son ombre diaphane ne nuit pas aux graminées (1). La dépouille annuelle de ses aiguilles procure au sol une fumure favorable pour les menues herbes. Les plantations de mélèzes espacés à cinq ou six mètres, voient donc leur sol se couvrir d'une production d'herbe sucrée et succulente, à l'inverse de ce qui se produit sous l'ombre de tous les grands végétaux.

Il en résulte donc que le mélèze doit devenir l'arbre tutélaire de nos hauts plateaux, où il serait appelé à concilier la production forestière avec l'amélioration du mouton, pour le grand bien de l'homme.

*Clôtures.* — Pas de haies solides, pas de boisement possible, avec des brebis dévastatrices capables de détruire en quelques minutes le fruit de plusieurs années de tra-

---

(1) L'extrême petitesse des aiguilles du mélèze est l'indice que c'est un arbre des hautes altitudes, le feuillage des végétaux décroissant, à mesure que leur demeure s'élève.

vail. Ces haies seront bordées à l'intérieur par une bande de 2 mètres environ, ensemencée d'ajonc marin. Cette bordure étant réservée, faites en hiver creuser à la tâche un fossé large de 0m80, profond de 0m60, tout autour du terrain. Le printemps venu, plantez-y sur une ligne serrée, tout ce que vous pourrez vous procurer de jeunes chênes, châtaigniers, charmes, hêtres et accacias. Consolidez les arbustes par des branches en long, reliées de mètre en mètre à l'aide de liens en fil de fer. Ensemencez l'ajonc marin en le protégeant par des tas de ronces. Après deux ans, recépez les arbres de la haie à un mètre de haut; et entrelacez-en les rejets, l'année suivante, pour former une barrière continue. Enfin laissez au-dedans une allée circulaire large de cinq à six mètres, pour isoler le semis ou la plantation contre la propagation des incendies. Cette allée sera fauchée tous les ans pour qu'elle soit toujours nette.

## § 2. *Semis et plantation.*

Les semis de mélèzes et de sapins exigent des soins tellement spéciaux, qu'il ne faut pas songer à en couvrir nos landes par l'ensemencement direct. D'autre part, le pin maritime vient si bien de sa graine jetée sur la bruyère, sa transplantation est si difficile, qu'il ne saurait y avoir d'hésitation pour lui. L'indécision n'atteint réellement que le sylvestre, qui se prête également bien à l'une et à l'autre opération.

*Semis de pins, graines mélangées.* — La mauvaise qualité des graines étant une cause fréquente d'insuccès, il convient, surtout pour un semis considérable, de n'acheter les semences que sous le contrôle d'essais très bien faits actuellement dans plusieurs stations agricoles.

Nous conseillons par raison d'économie le mélange du maritime au sylvestre, la graine du premier étant de six à huit fois moins coûteuse que celle du second. Le maritime pousse plus vite; il abrite son voisin sans l'étouffer; il le force à pousser en hauteur. A mesure que le semis se garnit, on procède à des éclaircissages successifs du maritime, dont les fagots payent le travail; de telle sorte que vers la dixième année le sylvestre est dégagé, sauf quelques maritimes restant seuls dans les vides.

On emploie par hectare 6 kilog. de maritime, 3 kilog. de sylvestre, 1 kilog. de Laricio, 1 kilog. de noirs d'Autriche, en semant en graines par trois jets successifs : maritimes, sylvestres, Laricio et noirs d'Autriche.

*Préparation du sol.* — Les terres ameublies par les labours conviennent d'autant moins à ces semis, que le sol est plus léger et l'exposition plus froide. Les jeunes plants y sont très exposés à être grillés par le soleil en été, soulevés et déracinés par la gelée en hiver. On atténue en partie le mal en semant du seigle avec la graine de pin, et en moissonnant très haut cette céréale protectrice.

Une bruyère claire, tondue par les brebis, surtout dégagée de mousse épaisse, voilà le meilleur des sols pour recevoir les graines de pin à la volée. La terre ne s'effrite point à la gelée ; et le jeune plant est protégé contre l'excès de froid et de chaud, sans être étouffé.

Les bruyères touffues, mousseuses, parsemées d'ajoncs épineux conviennent moins au semis. La mousse arrête une partie des graines et les pourrit ; celles qui atteignent le sol, ont leur germe étouffé par la brousse. On pourrait défricher de telles landes ; mais ce travail serait coûteux ; il exposerait le terrain au ravinement, le jeune plant aux intempéries. Mieux vaut incendier cette végétation, en veillant bien à ne pas flamber le voisinage. La mousse disparaît ; la bruyère repousse par ses racines profondes ; elle protège les petits pins.

*Epoque des semis.* — L'hiver est le moment favorable aux semis sur bruyère. On s'en remet aux neiges du soin de faire pénétrer les graines dans le sol. La semaille sur terrains incendiés se fait au printemps, pour que la graine ait moins à souffrir des oiseaux. La couvraille s'opère à la herse.

*Conditions spéciales à la plantation.* — Ce mode de boisement convient au repeuplement des vides des grands semis, ainsi qu'aux petites parcelles, l'aggravation de frais qu'il comporte étant de peu d'importance. Il s'impose absolument pour les terrains ravinés, qui n'offriraient aucun point d'appui aux germes d'un ensemencement. La plantation est également prescrite dans le boisement des côtes abruptes et rocheuses, partout où l'emplacement de chaque pin doit être choisi dans les fissures de la pierraille. Enfin elle est encore obligatoire pour les terrains bas et noyés. Son rôle est donc considérable.

*Le plant.* — Pour des plantations importantes en arbres verts comme en arbres feuillus, ayez la prévoyance de créer une pépinière, afin d'avoir les plants sous la main. Consacrez-y quelques carreaux de jardin bien nettoyés ; semez les graines au printemps par planches larges de $0^m60$, pour permettre le sarclage du jeune plant; repiquez-le à un an ; plantez les plus beaux sujets à deux ans.

L'éclaircissage des semis sur lande procure aussi du plant qui réussit d'autant mieux que les pins sont plus petits, qu'ils sont enlevés avec une plus grosse motte adhérente, et que leurs racines voient moins le soleil durant la transplantation.

Si vous recevez du plant du service forestier ou des pépiniéristes, qui ait souffert en route, laissez-le un an en nourrice dans un frais carreau de jardin, avant de le mettre en place sur de mauvais terrain où il périrait fatalement.

La grandeur du plant doit être appropriée à la nature du terrain. Pour boiser des rochers, recherchez des pins de deux ans au plus, surtout bien frais et bien enracinés. Employez sur la lande ordinaire un plant de deux ou trois ans. Réservez pour la consolidation de terrains ravinés, des arbres assez forts pour être enterrés à une profondeur qui les mette à l'abri de l'arrachement par les érosions du sol. Concacrez également des sujets vigoureux aux terrains submersibles.

*Mode de plantation.* — Aucun travail au monde ne souffre autant des malfaçons que le déplacement des arbres petits ou grands. Après s'être assuré du plant vigoureux, frais, acclimaté dans une pépinière voisine du terrain à boiser, il reste à se préserver de la trop grande hâte ou de la négligence dans la mise en place. Donc point d'exécutions à forfait. Disposez les ouvriers par escouade de deux hommes ; le premier, choisissant les bons endroits, y creuse des trous larges de 0^m30 et tout aussi profonds si le sol le permet. Le second ouvrier, armé d'une truelle de maçon, le meilleur des outils pour un tel travail, dispose le pin dans le trou, entoure ses racines avec la plus fine terre sur laquelle il rejette les matériaux de moindre valeur; puis il les tasse avec son sabot ; de telle sorte qu'en terrain sec, le petit arbre soit au fond d'un entonnoir dont les bords le protègent contre ses deux ennemis : le soleil et la gelée. Si le terrain est couvert de bruyère ou de brousses, gardez-vous de priver le plant de cette protection. On met parfois plusieurs plants dans le même trou ; gaspillage inutile. Lorsqu'un pied a des raisons de sécher, son camarade en fait autant le plus souvent.

*Epoque de la plantation.* — Profitez autant que possible du premier adoucissement du froid, qui survient vers le milieu de février et le commencement de mars, de façon que le plant puisse bénéficier des premières pluies printanières. Les plantations d'automne sont souvent soulevées par les gelées ; celles de l'arrière-printemps réussissent d'autant moins que le terrain est plus sec ; réservez-les aux sols compacts et humides, pour lesquels il faut déposer l'arbre non dans un entonnoir, mais sur un monticule.

*Entretien des pinières.* — C'est un tort de laisser les semis de pins arriver à l'état de fourrés impénétrables, avec des arbres hauts de plusieurs mètres, tout embroussaillés les uns dans les autres, puis de procéder à un éclaircissage complet. Restées subitement sans abri et sans soutien, les tiges conservées se déjettent au vent, ou se courbent sous la neige. Il vaut mieux procéder à un premier éclaircissage alors qu'une bonne part des sujets éliminés peut encore servir au repeuplement des vides ou à la plantation des terrains voisins.

Les plantations faites à l'espacement ordinaire d'un mètre, nécessitent tout d'abord des repiquages plutôt que des éclaircissages ; cependant, il est un moment où il faut également y recourir. Si on voulait les éviter en espaçant les pins à l'excès, ils brancheraient en largeur plus qu'en hauteur.

Les éclaircissages doivent ensuite se succéder par l'aba·
tage des sujets les moins beaux, de telle sorte que les
arbres *se touchent toujours et ne s'enchevêtrent jamais.*
Enlevez le moins possible les rameaux vivants aux arbres
conservés, à moins qu'il ne s'agisse de branches gour-
mandes ou d'une double tête ; opérez la section ras du
tronc, en laissant un bourrelet juste de *l'épaisseur d'un
écu.*

En procédant ainsi, on arrive à des pins espacés de
3 mètres en moyenne, vers l'âge de 3o ans ; ce qui donne
par hectare une densité de 1200 arbres, qu'on laisse árri-
ver à maturité, sauf à enlever les sujets morts, chaque
année.

*Alimentation hivernale des moutons par les fagots de
pins.* — L'éclaircissage se pratique en hiver, alors que
l'on chóme à la ferme. Les aiguilles des arbres abattus
fournissent une excellente nourriture pour la bergerie,
les moutons affirmant suffisamment leur prédilection pour
ce feuillage, par l'avidité avec laquelle ils se jettent sur les
semis mal protégés. De telle sorte qu'une lande peut donner aux troupeaux un vivre meilleur et plus abondant à
l'état de semis qu'à l'état de vaine pâture. Cela ne devrait-
il pas suffire pour nous faire boiser une partie de nos
bruyères ?

Dans la dernière période, les arbres abattus continuent
à fournir de la bourrée pour bergerie, tandis que leur
tronc donne des échalas, des étais de mine, marchandise
assez recherchée ; finalement ils produisent des poteaux
de télégraphe, des chevrons, des liteaux, des poutrelles,
et dans tous les cas, un excellent chauffage.

*Litières fournies par les allées des pépinières.* — Les
nécessités de l'exploitation et la prévoyance contre l'incendie
exigent la création de percées dans les fourrés ; on choisit
les tracés qui se prètent le mieux à la circulation, en pro-
fitant autant que possible des vides du boisement. Ces
allées aèrent les massifs ; fauchées tous les ans, elles procurent une utile provision de litières.

*Rôle des boisements dans la fertilisation du domaine.* —
Ainsi l'exploitation bien entendue des boisements permet

d'en tirer le concours le plus utile pour l'alimentation du troupeau par les rameaux d'éclaircissage, pour l'accroissement des fumiers par les litières. La nature y travaille pour l'homme.

*Transplantation des sapins et des mélèzes.* — Ces indications relatives au plant de pin et à sa mise en place, s'appliquent aussi bien aux sapins et aux mélèzes. Toutefois ces arbres verts peuvent être transplantés à un âge plus avancé que les pins. On peut avec de grandes précautions faire reprendre des épicéas et des sapins argentés hauts de cinq à six mètres ; alors que plus pivotants, les pins ne se prêteraient pas à un tel déplacement, même avec une taille très inférieure.

Fig. 20. — Arbre vert mutilé par un mauvais élagage, les branches non coupées rez du tronc.

Profitez des bons jours de février pour les mélèzes ; ils ne reprennent pas, s'ils sont déplacés après qu'ils ont commencé à feuiller.

*Rendement des plantations d'arbres verts.* — Dans les Vosges et dans le Jura, un bois de sapins ou d'épicéas vaut couramment 5000 fr. l'hectare à l'âge de 50 ans. On admet que la vente du bois d'éclaircissage a payé les frais de plantation et d'entretien. Une telle forêt donne donc un revenu de 100 francs par an à l'hectare. Que l'on cite beaucoup de terres à froment capables d'en faire autant !

En Sologne, on estime qu'un bois de pins a une valeur de 1300 fr. l'hectare, à l'âge de 30 ans ; et il est admis que les menus bois des éclaircissages couvrent les dépenses de création et de conservation. Cela fait ressortir à 43 fr. environ le revenu annuel de l'hectare. C'est un très beau denier qu'atteignent à peine les meilleures terres en culture.

On n'a sans doute pas encore une grande expérience des arbres verts, dans la région granitique du Centre ; mais les quelques exploitations déjà opérées permettent d'espérer que, grâce à l'extension des débouchés par la multiplication des chemins de fer, les revenus des bois résineux seront au moins égaux à ceux que nous venons de citer.

Quelle source d'aisance pour les pauvres populations des hauts plateaux, lorsque leurs landes privées ou communales seront changées en sombres forêts !

*Incendie des boisements.*—La dent impitoyable des moutons n'est pas le seul péril des repeuplements de toute nature. Un berger frottant une allumette, un chasseur jetant sa cigarette, peuvent sans malveillance détruire, en quelques instants, toute une œuvre de patience et de surveillance.

La meilleure garantie contre ces ravages du feu, consiste dans le débroussaillement du terrain tout autour du bois, et dans la création de vastes allées circulaires et intérieures, qu'on a le soin de faucher tous les ans.

Quand flambe un massif de pinière cerné par des allées, portez-vous sur le bord vers lequel l'incendie se propage. Mettez-y rapidement le feu qui sera attisé et attiré par le tirage du brasier. Les deux feux s'éteindront mutuellement en s'absorbant, et le reste du bois sera sauvé.

*Échenillage.* — Les pinières servent d'asile aux chenilles du pays, qui y viennent construire leurs nids d'hiver. Procédez donc à un échenillage soigneux, dès le mois de février, et vous purgerez la contrée de ces redoutables bêtes.

### § 3. *Création des pâturages en hautes montagnes.*

*Misère du pâturage en bruyère.* — Sur les vastes steppes des hauts plateaux, la dent de la brebis ne trouve qu'une aigre pâture ; son pied se morfond dans l'humide mousse ; tout son être tremble de la bise que rien n'arrête, tandis qu'auprès d'elle, le pâtre grelotte sous sa pauvre cape. Abriter ces pâturages, en améliorer la végétation, et cela sans grande dépense, telle doit être l'une de nos plus graves préoccupations. C'est la question capitale des hauts plateaux.

*Abri et meilleure herbe.* — Partout où le sol et l'exposition leur conviennent, les mélèzes favorisent la production de graminées peu abondantes, mais succulentes. Plantez donc sur un tel terrain des mélèzes de deux à trois ans, à la distance de deux mètres. Puis semez des graines de pin maritime, sur la lande ainsi plantée. Les pins se développent vite, étouffant la bruyère. Coupez-les graduellement, de façon que vers la dixième année, il ne reste plus que des mélèzes, avec quelques touffes de maritimes conservées çà et là dans les vides. La bruyère a disparu, et sur ses détritus croît un meilleur paître. La transformation de la lande en pâture abritée s'est effectuée presque par le seul effort de la nature et du temps.

Faute de mélèze, le pin sylvestre procure un pâturage très utile ; son feuillage est clair ; ses fines aiguilles ne couvrent pas le sol d'un feutre stérilisant, comme celui que le maritime produit.

Il est bien entendu que de tels boisements doivent être traités autrement que ceux qui ont la venue des bois comme but spécial. Les vides doivent l'emporter sur les pleins ; c'est-à-dire, que les clairières y seront très étendues, l'arbre n'y étant que l'accessoire, mais un utile et profitable accessoire. Après l'éclaircissage du maritime, les plus mauvais des mélèzes ou des sylvestres seront successivement abattus, pour paralyser de moins en moins l'œuvre de la lumière. La faux sera passée annuellement sur cet engazonnement naturel. Les plus grossiers végétaux abattus par elle, iront au four ; les autres fourniront une précieuse litière.

C'est ainsi qu'à l'aide de quelques soins, le pâturage s'entretiendra nourricier à la bête, sain au pasteur, et la montagne se couvrira d'une belle forêt.

L'antagonisme entre la dépaissance et le boisement, le plus grave obstacle à la reconstitution de notre richesse forestière, n'existe donc que dans le mauvais vouloir de l'homme, et non dans l'harmonie de la nature. On repousse le boisement à cause de la brebis. Mais c'est en son nom qu'il faut le réclamer.

### § 4. Assainissement des marais des plateaux par le boisement en arbres verts.

*La fièvre.* — Cette pâle maladie épuise les populations qu'elle atteint, les vouant à une fatale pauvreté. Elle règne sur tous les sols alternativement inondés et desséchés, dont les herbes fermentent à l'ardeur du soleil, en produisant des algues vertes, si microscopiquement petites qu'elles sont entraînée par la vapeur d'eau ou les gaz de la putréfaction, et dispersées aux vents. Aspirés par les poumons, puis entraînés dans la circulation du sang, ces ferments végétaux causent à l'organisme humain un grave désordre qui, selon l'intensité et la nature de ces ferments, se traduit par des fièvres plus ou moins mauvaises.

*Région marécageuse du Centre.* — Dans notre région montagneuse, les flancs des vallées ont en général une pente suffisante pour assurer leur assèchement; il ne s'y produit que quelques foyers insalubres, fétides, isolés, tels que les prés négligés, ou les alentours des habitations. Mais la stagnation des eaux, cause du mal, est commune dans le fond des vallées et sur les plateaux qui les couronnent. Voilà les deux zones malsaines, encadrant en bas et en haut la région bonne à l'homme. Les moyens indiqués pour l'assainissement des prés suffisent à rendre indemne le fond de ces vallées.

Quant aux plateaux supérieurs, il est plus difficile de les rendre complètement salubres. Ils servent de *lignes de faîte* aux cours des rivières ; et sur leur terrain peu ondulé, séjourne l'eau, comme indécise dans quel bassin elle se déversera. C'est la région des étangs dont les bords mal définis se prolongent en vastes marécages alternativement submergés aux grandes pluies, puis asséchés à l'ardeur de l'août. Voilà les foyers du mal que le vent transporte au loin pour énerver les populations, au moment des plus urgents travaux.

Les habitants de ces localités malsaines sont clairsemés et débiles, c'est-à-dire doublement impuissants à exécuter les grands canaux de desséchement, seul moyen de conjurer efficacement la fièvre. Du reste, l'œuvre complète exigerait l'entente de tous les intéressés, chose difficile dans un pays où malheureusement l'esprit d'association est encore à naître.

Cependant tout ce qui ressort de l'initiative privée doit être tenté, comme œuvre secondaire de l'asséchement : suppression graduelle des étangs dont le produit va s'amoindrissant, avec la plus facile arrivée du poisson de mer, et avec la rigueur de moins en moins grande dans les jeûnes ; conversion du fonds de ces bassins en prairies capables d'un meilleur rapport ; redressement des ruisseaux, pour accroître la pente qui leur manque toujours sur les plateaux ; recours au drainage partout où les ressources le permettent.

*Puissance évaporante des arbres verts.* — Mais faute de ressources pour cette série de travaux, une immense amélioration serait apportée à tant de misères, par le boisement en arbres verts, au moins des terrains les moins submergés. On sait quelle est la puissance d'évaporation de ces végétaux aspirant l'eau sans arrêt durant l'année entière, parce qu'ils sont toujours en feuilles. Sous les pinières bien aménagées sans clairières, des terrains frais deviennent secs et spongieux ; les terrains mouillés perdent leur excès d'eau.

Il y aurait donc à planter en sylvestres, en pins noirs d'Autriche et même en épicéas, tout d'abord les fonds les moins marécageux, puis à faire gagner progressivement les arbres vers les terrains plus submergés. Pour ces boisements spéciaux, il faut du plant un peu fort qui doit être planté non dans des trous, mais sur des petits monticules de terre, sorte de taupinières leur permettant d'émerger de l'eau, jusqu'à leur complète reprise.

Les lieux d'habitations seraient ainsi graduellement entourés d'un cordon sanitaire sans cesse élargi, jusqu'aux limites où la permanence des eaux rendrait les émanations plus inoffensives.

### § 5. Mise en valeur des communaux.

*Leur étendue.* — Il existe sur les plateaux des terrains considérables encore soumis à l'indivision, généralement entre des villages ou des sections de communes. Ce sont les derniers témoins de l'âge barbare, antérieur à la propriété. Ces terrains sans culture ni entretien sont naturellement de pauvres terrains, des fonds marécageux ou des landes arides, sans produits en rapport avec leur étendue.

Utiliser ces communaux, les assainir, les mettre en valeur, racheter leurs usufruitiers de la fièvre et de la misère, telle devrait être la généreuse préoccupation des administrateurs du pays, surtout depuis que la venue des chemins de fer à travers ces steppes facilite et provoque leur exploitation.

*Inconvénient du morcellement des communaux dans le Centre.* — Le morcellement pratiqué en certain pays, en Bretagne par exemple, ne paraît pas une mesure rationnelle pour notre région, ainsi que le prouvent les essais de lotissements déjà tentés.

Qu'on répartisse ces stériles landes entre les usufruitiers ou qu'on les vende à des voisins, le résultat est à peu près le même. On ne fait ainsi qu'accroître le nombre déjà trop considérable des parcelles improductives. Les nouvelles recrues viennent prendre rang dans cette misérable culture d'écobuage, qui pèle le sol et livre le gazon aux flammes, comme pour en assurer la dénudation jusqu'au roc.

Le morcellement n'est réellement logique et souhaitable que dans les pays où la généralité des terres se trouve déjà élevée à un état de culture assez avancée, pour qu'il soit possible de reporter sur de nouvelles acquisitions un excédent disponible d'engrais et de main-d'œuvre. Ce n'est point le cas des hauts plateaux du Centre. La stérilité du sol, le manque de bras, la pénurie des capitaux, l'inclémence même du climat, tout est obstacle à la transformation de ces landes en champs productifs.

Du reste, la petite propriété, fille du morcellement, n'est à sa place que sur les terrains fertiles et capables de payer le travail, ou sur ceux que le climat rend aptes aux arbres fruitiers et à la vigne. Il faut aux petits héritages un sourire de la nature pour les féconder. Si elle l'accorde, c'est l'aisance ; si elle le refuse, c'est la pauvreté.

*Avantages à conserver les communaux pour les mettre en valeur et pour les assainir par le boisement.* — La raison majeure, pour ne pas dépecer les biens communaux, c'est qu'il faut les boiser comme unique moyen de les rendre profitables et sains.

Le revenu moyen d'un terrain planté en arbres verts peut être estimé à 40 francs par hectare et par an, sans compter les menus produits des éclaircissages qui suffisent au chauffage des usufruitiers, après avoir alimenté leurs brebis.

L'intérêt des communes demande donc la mise en valeur de ces terrains vagues par le pin ; l'humidité réclame leur assainissement par la végétation de ce conifère, si puissant à évaporer l'excès d'humidité du sol.

*Obstacles au reboisement.* — Par quelles causes ces reboisements bienfaisants à tant de points de vue font-ils de si lents progrès ? La dépense première ne saurait arrêter les communes ; l'administration forestière fournit les graines et les plants ; elle subventionne les travaux et les fait diriger par ses agents. Dans beaucoup de départements, celui de la Corrèze, par exemple, les gardes sont payés à titre d'encouragement par le budget départemental. Le véritable obstacle vient de la rivalité des influences locales et de l'hostilité des partis divisant la plupart des communes. Le boisement est discrédité, repoussé par une faction, quand il est conseillé par l'autre. On dit alors aux uns : « Ne laissez point ensemencer vos communaux ; l'administration vous y invite afin de s'en emparer dans la suite. » On insinue à d'autres : « Que la perspective d'une belle forêt d'un bon rapport, que l'assurance de revenus pour construire des chemins sans prestations, pour bâtir des écoles sans emprunts, que tous ces avantages ne vous fassent pas renoncer même à une part de vos vastes pâtures stériles. Gardez vos landes sauvages mais libres. Craignez les gardes et leurs procès-verbaux. »

*Assolement des communaux pour le boisement.* — Mettant de côté les mauvais instincts de maraudage, la restriction du libre parcours des moutons resterait comme la seule objection sérieuse contre une opération produisant une si grande somme de biens. Or, par un aménagement convenable, cette restriction pourrait être réduite à une fraction seulement des communaux, et encore d'une façon non définitive. Ainsi un tiers des terrains vagues serait d'abord défendu pour être boisé par un premier travail. Dès que ce premier tiers des landes serait livrable au libre parcours des troupeaux, c'est-à-dire quinze ans après l'ensemencement, ou douze ans après la plantation, le second tiers serait boisé à son tour, pour redevenir pareillement accessible au bétail, après une période d'une quinzaine d'années. A cette époque, le dernier tiers serait lui-même réservé pour le boisement.

En renonçant ainsi à une part seulement de leurs pâtures sauvages, les communes pourraient soumettre leurs communaux à une sorte d'assolement de quarante-cinq ans.

Ce sacrifice serait justifié par la suffisante étendue laissée au libre parcours dès le début, et par l'amélioration de la dépaissance ultérieure. Il serait récompensé par la création d'une vraie richesse forestière, et par l'assainissement complet de la région. Aisance et santé, au lieu de fièvre et dénûment.

*Métamorphose du plateau central par les pins.* — S'imagine-t-on ce que serait notre région montagneuse, si tous les terrains vagues y étaient plantés d'arbres verts en plein rapport ; si nos cours d'eau étaient munis de scieries livrant des étais aux mines de houille, des traverses aux chemins de fer, des bois tout débités aux constructions, alors que tous les ans, nous envoyons des millions et des millions à l'étranger, pour avoir les charpentes qui nous manquent ; alors que nous recevons d'Allemagne des menuiseries toutes faites, tandis que nos ouvriers chôment à leurs ateliers? S'imagine-t-on l'accroissement qui en résulterait dans la population désormais rachetée de l'émigration? Trente ans à peine seraient nécessaires pour la mise en œuvre d'un tel rêve!

FIN DE LA PREMIÈRE PARTIE

# SECONDE PARTIE

---

## LE BÉTAIL
## ESPÈCES BOVINE, PORCINE, OVINE, CHEVALINE
## CONSEILS D'HYGIÈNE

*Une vache bien soignée rapporte plus
que deux vaches mal entretenues.*

# PRÉFACE

*Production végétale.* — Les premiers hommes qui-se sont astreints au travail de la terre n'ont d'abord cultivé que des fruits et du blé, sans nul souci de l'élevage du bétail qui n'était qu'un gibier d'une chasse plus facile que celle des fauves.

C'est en qualité de bêtes de trait et de somme, que les animaux ont été d'abord domestiqués. Nourris à l'aventure, ils étaient d'autant plus estimés qu'ils étaient plus sobres.

*Production animale.* — La naissance des villes a provoqué la demande de la viande, du lait, de la laine. La production végétale, premier acte de la culture, s'est ainsi complétée par la transformation des végétaux en matières animales.

Ce second acte de la culture tend à primer le premier. Dans le centre de la France, en particulier, il prend une prédominance plus marquée chaque jour (1).

(1) Il est une plante, la plus utile de toutes pour l'élevage et l'engraissement, la *féverole*, ou petite fève des chevaux, dont la culture devrait être essayée au moins dans les exploitations les plus favorisées du climat. Si cette culture ne devait pas rencontrer trop de difficultés, elle rendrait les plus grands services.

Cette petite fève se sème en ligne, au printemps, aussitôt que les gelées sont moins à craindre, c'est-à-dire, en février ou mars, selon le climat des localités. La terre étant nettoyée et fumée, ouvrez une raie avec la petite charrue à deux versoirs, semez-y la féverole, à raison de quinze à vingt grains par mètre ; couvrez par une seconde raie perdue ; puis ensemencez dans le troisième sillon, de façon que les lignes soient espacées de 0$^m$40 à 0$^m$50. La germination qui a lieu une quinzaine de jours après la semaille, peut être avancée par le soin très utile de faire tremper les grains pendant trois jours dans du purin acidulé. Sarclez et binez la plante, quand elle a 0$^m$10 de hauteur ; commencez l'opération en juin ou juillet selon l'état de saleté et de durcissement du sol. La récolte se fait fin septembre ou commencement d'octobre. La paille est mangée avidement par le bétail, quand elle n'est pas altérée par la pluie.

Les graines sont données au bétail, soit détrempées dans l'eau, soit réduites en farine.

La production animale est plus complexe, plus difficile que la production végétale. Il est vrai que l'homme y est moins assujetti aux lois de la nature. Quelqu'habile qu'il soit, un cultivateur ne saurait faire mûrir du blé en moins de neuf mois, tandis qu'un éleveur avisé peut amener son bétail à un plein développement dans un temps infiniment plus court qu'un mauvais producteur.

Mais s'il est moins asservi à la nature dans la production animale, le cultivateur s'y trouve en face de difficultés plus grandes que celles de la production végétale. Il lui faut plus de soins, plus d'intelligence, plus de capitaux. Celui qui réussit par un dur labeur à récolter de beaux blés, celui-là se montre trop souvent incapable de bien nourrir son bétail, et inhabile à le vendre avec profit. Un champ de pommes de terre se cultive sans de grandes ressources d'argent; mais le maniement fructueux d'une étable exige d'indispensables avances. Dans cette œuvre de progrès, le cultivateur a des améliorations à réaliser sur l'exploitation même; puis il doit s'efforcer de faire fructifier ses peines par un ensemble de mesures dépendant en partie de son initiative.

I

### Progrès à réaliser sur l'exploitation

*Rôle du bétail dans l'ancienne culture.* — Le mode d'entretien des cheptels s'adapte toujours au mode même de culture. Or, il ne faudrait pas remonter très haut dans le passé agricole, pour y voir le bétail vivant presque exclusivement de la *végétation spontanée* des bois et des vagues pâtures. Dans ces conditions, les frais de revient n'augmentant pas sensiblement avec le nombre des bêtes, on était porté à rechercher l'accroissement du revenu, dans l'accroissement même de ce nombre, plutôt que dans l'amélioration individuelle des animaux. Cette amélioration même était rendue difficile par leur façon de vivre. Se nourrissant assez abondamment durant la bonne saison, ils pâtissaient en hiver par la pénurie des fourrages. La vache famélique toute souillée de fange, les os perçant la peau, le poil hérissé ou dénudé par de hideuses plaques d'échauffement, voilà le triste témoin d'un passé qui longtemps encore laissera de tenaces traditions.

*Rôle du bétail dans la culture actuelle.* — La végétation spontanée tendant à perdre de son importance avec les progrès du morcellement du sol, les bestiaux sont de plus en plus nourris à l'aide de fourrages ou de denrées, fruits de la culture. La nécessité d'obtenir une rémunération de son travail a conduit l'éleveur à rechercher la meilleure utilisation de ces denrées, souci qui le hantait à un moindre degré, alors que la nature faisait à peu près tous les frais de la production. Mais dans cette recherche du plus grand rapport des animaux, on s'est vite rendu compte qu'en réalité ceux-ci ne sont que des organismes destinés à transformer les aliments en viande, en laine, en lait, en travail. On n'a pas tardé à reconnaître que leur rendement dépend beaucoup moins de leur nombre que de leur qualité et de leur bonne alimentation.

*Production économique du bétail. Puissance d'assimilation.* — Mais la totalité des aliments n'est pas transformée, *digérée*, par les animaux ; une part considérable est rejetée dans les déjections solides, pour produire du fumier, matière de moindre valeur que les fourrages qui l'ont produite. Il importe donc d'avoir des animaux capables de digérer la plus forte proportion de leurs aliments.

La *puissance d'assimilation*, c'est-à-dire, la faculté de transformer le maximum de denrées végétales en produits d'une valeur supérieure, doit ainsi être recherchée comme qualité capitale des animaux. Alors que jadis on donnait la préférence à la *sobriété*, cette antique vertu consistant, pour le bétail d'autrefois, à vivre, d'un bout de l'année à l'autre, avec la moindre dépense, mais aussi le moindre rendement. Un bon allaitement, une substantielle alimentation dans l'enfance sont nécessaires pour développer graduellement dans nos races cette précieuse qualité de digérer au mieux les aliments, qualité sans laquelle il n'est plus de profit possible sur le bétail.

Quelle que soit l'espèce, *les animaux soumis à une misère extrême dans leur enfance, restent de pauvres assimilateurs toute leur vie*, et sont d'un entretien horriblement coûteux. Ils font chèrement payer le lait dont on les a frustrés.

*Réduction des frais d'entretien.* — La sobriété, ou si l'on veut, l'abstinence, a pour conséquence un développement excessivement tardif du bétail. La puissance d'assimilation provoque au contraire une prompte croissance. Les animaux qui en sont dotés, par *un régime convenable*, atteignent toute leur valeur en un temps bien moins long, ce qui augmente le bénéfice qu'on en tire.

En effet toute la nourriture ne peut se traduire en travail, en croissance, en viande, en lait, en laine. Une partie des aliments sert à réparer l'usure de l'organisme au repos, à subvenir à la conservation de la chaleur intérieure, à fournir le travail développé par l'animal pour soutenir son propre poids, tant qu'il est debout. Cette part de nourriture est ce qu'il faudrait à l'animal à l'état d'immobilité la plus absolue, pour se maintenir sans augmentation, ni diminution de poids. Appelons-la donc *ration d'entretien*. Passant à l'état latent, cette ration d'entretien ne laisse d'autre trace que du fumier, matière de moindre valeur, avons-nous dit, que les aliments consommés. Toute la question d'économie dans la production des denrées animales : lait, viande, laine, se résume dans la réduction la plus grande de ces improductifs entretiens du bétail, qui d'après de très nombreuses expériences, *absorbent plus de la moitié de la nourriture des animaux.* Quant à la dépense de nourriture pour la réparation de l'organisme au repos et pour celle du support du corps, il n'y a pas de réduction possible. Mais celle qui est due à la conservation de la chaleur intérieure peut être atténuée par la préservation du bétail contre le froid et surtout par la mise en bon état de chair. Les animaux d'une maigreur extrême subissent une excessive déperdition de chaleur, faute d'une couche de graisse isolante sous la peau. En cela *l'entretien du bétail maigre est des plus onéreux.*

Cette réserve faite sur les avantages du bon état du bétail, constatons que c'est surtout par *la vitesse de production*, qu'il est possible d'atténuer utilement les frais d'entretien. Voilà un éleveur qui, par une alimentation convenablement réglée, amène un animal à un état de complet engraissement en trois mois par exemple, tandis que son voisin n'obtient pareil résultat qu'en quatre mois, par suite d'une ration trop parcimonieuse. Ce dernier subit donc trente jours de frais d'entretien bien inutiles. De telle sorte que la bête engraissée rapidement peut donner du bénéfice même en temps de baisse ; et l'animal lentement engraissé, de la perte même en temps de hausse.

La même observation s'applique à toute bête d'élevage, qu'il faut amener à un développement suffisant pour le travail ou la reproduction, dans le moindre temps possible.

Nous ne pouvons soutenir la concurrence étrangère, parce qu'elle nous a dépassés en vitesse dans la fabrication des matières animales.

Cette vitesse est surtout réalisable avec des animaux doués d'une grande puissance d'assimilation des aliments. Nous devons donc poursuivre avec suite et intelligence les progrès déjà réalisés dans nos races, au point de vue de cette puissance d'assimilation.. C'est la qualité dont la recherche est la plus importante dans l'amélioration du bétail.

Mais il faut pour cela rompre avec l'ancienne tendance à conserver un nombre d'animaux trop considérable pour la quantité de fourrages disponibles.

Avoir plus de bêtes qu'on en peut nourrir convenablement, cultiver plus de terres qu'on en peut bien travailler et fumer, telles sont les deux plus funestes pratiques de la culture ignorante et épuisante. Voilà le faux calcul qui nous rive à la misère. Ne conservons donc que le bétail que nous pouvons bien tenir, hors le cas d'encombrement nécessité par une série de mauvaises foires. *Une vache bien entretenue donne plus que deux vaches mal soignées.*

*Amélioration des fourrages.* — La vitesse de production, condition essentielle du profit, n'exige pas seulement des animaux bons assimilateurs des aliments ; elle implique, par dessus toutes choses, la qualité nutritive des fourrages. L'amélioration de ceux-ci est donc la base même du bon rendement des cheptels. Or, pour notre sol granitique, elle se résume en trois mots : *l'eau, le fumier, le calcaire appliqués à la production de l'herbe.*

*Soins du bétail.* — L'alimentation n'est pleinement utilisée par les animaux qu'autant qu'elle est complétée par le bien-être et la tranquillité que leur assurent les étables bien tenues, les repas réguliers, le pansage, et surtout la préservation de toute brutalité en actes et même en paroles.

*Précocité.* — Lorsque le choix des reproducteurs, l'alimentation et les soins ne font pas défaut, les animaux devancent le terme ordinaire de leur développement. Il en résulte une rapidité dans le bénéfice, que ne donnent pas les bêtes négligées. *Précocité*, ce mot symbolise tout le profit.

En cela, la Haute-Vienne a réalisé d'admirables progrès pour son espèce bovine. Aussi l'agriculture y est-elle devenue très prospère, en dépit d'un sol plus ingrat que celui du reste de la contrée.

## II

### Progrès à réaliser hors de l'exploitation

*Recours à l'association pour résister à la concurrence étrangère.* — Nous avons dit (préface, I<sup>re</sup> partie) que la production agricole à l'étranger, en Amérique, aux Indes, est plus favorisée que chez nous par le sol, le climat, l'étendue des exploitations, la réduction des charges, les facilités croissantes dans les transports, par paquebots et par chemins de fer, facilités auxquelles nous contribuons à l'aide de nos subventions. Pour lutter contre cette concurrence et nous sauver de la détresse, il ne suffit pas d'améliorer nos cheptels ; il faut absolument nous ingénier à trouver au plus bas prix possible les denrées ou les engrais qui nous sont nécessaires, à rendre l'écoulement de nos produits plus facile et plus rémunérateur, à obtenir dans les meilleures conditions les capitaux indispensables pour faire fructifier notre travail. Cette seconde partie de notre tâche est facilitée par le recours à l'esprit d'association.

Occupons-nous d'abord de l'écoulement du bétail.

### § 1. DIVISION DU TRAVAIL DANS LA PRODUCTION AGRICOLE

*Frais de production de la petite propriété.* — Le morcellement du sol en France est un grand bienfait social. Mais la petite propriété n'est réellement à sa place que sur les terrains d'une fertilité suffisante pour payer le travail, ou sur ceux que le climat rend aptes à la vigne et aux arbres fruitiers. Hors de là, les frais de production deviennent excessifs avec les terres de médiocre qualité. Elles sont donc éliminées de toute culture dans les régions à grandes exploitations, telles que celles dont la concurrence nous est la plus redoutable. Grâce à l'étendue et au choix des terrains, ces exploitations ont des prix de revient bien inférieurs à ceux de nos petits héritages.

*Spécialisation de la production.* — D'autre part, la petite propriété ne peut plus embrasser aisément les diverses phases de la production du bétail : faire naître, élever, engraisser. De là, une tendance de plus en plus marquée à la division du travail agricole. Selon ses aptitudes, chaque région cherche à se spécialiser soit dans la production, soit dans l'élevage ou l'engraissement. Les frais de revient en sont réduits et les bénéfices accrus. Citons deux exemples de cette utile pratique. Une paire de bouvillons descend de nos montagnes dans la plaine, vers le temps du sevrage. Un premier acheteur les y élève jusqu'au dressage ; puis ils partent pour une autre région où leur travail est utilisé, tandis qu'ils achèvent de se développer. Dès qu'ils sont bons à engraisser, ils se dirigent vers les pays à sucreries, qu'ils quittent finalement pour l'abattoir. Dans ces déplacements, les animaux laissent du gain entre les mains de leurs possesseurs successifs ; ils atteignent une valeur bien supérieure à celle qu'ils auraient réalisée sur le sol natal.

Autre exemple : qu'un de vos poulains ait la bonne fortune

d'émigrer au sevrage vers de plantureuses pâtures, pour achever ensuite son éducation dans quelque contrée à la grasse avoine. Le voilà élevé au degré de bon cheval d'armes ou de luxe, au lieu du chétif animal qu'il aurait produit en restant soumis à nos conditions d'élevage.

Cette répartition de la production agricole est des plus bienfaisantes pour tous. En assurant une plus prompte réalisation du capital engagé, elle exonère l'agriculture de ce qui lui est le plus à charge, l'immobilisation à long terme de l'argent consacré à la plupart de ses opérations. L'extension du réseau des voies ferrées doit heureusement faciliter les tendances toutes modernes à la division du travail dans la culture aussi bien que dans l'industrie. Mais cette féconde circulation ne peut s'alimenter que par la spécialisation de chaque région dans le genre de culture qui lui est assigné par le sol et le climat. Aux uns le blé, aux autres la betterave, la vigne à ceux-ci, l'élevage à ceux-là. Il est donc à souhaiter pour nos montagnes à herbages, que la prospérité revienne aux régions à céréales, et la richesse aux pays à vignobles. Tout est solidaire en agriculture.

## § 2. Vente du bétail

*Le commerce agricole.* — L'indispensable agent de cette bienfaisante division du travail, c'est le commerce agricole. A l'étranger, ce commerce est entre les mains de spéculateurs très riches, très entreprenants ; ils sont les plus précieux auxiliaires des cultivateurs. Le défaut de ce grand souffle commercial cause l'anémie de notre agriculture. Elle sera en souffrance, tant que le peu de considération attaché à ce genre d'affaires n'y attirera pas l'intelligence et les capitaux. Marchands de cochons, dira-t-on, mais c'est précisément parce qu'à Chicago et New-York, les marchands de cochons tiennent le haut du pavé, que les salaisons américaines nuisent tant à notre production. Croit-on que si les acheteurs de moutons de Saxe et de Hanovre n'étaient que de pauvres hères tout crottés, comme ceux qui racolent les brebis dans nos foires, croit-on qu'ils pourraient envoyer vingt et trente mille mérinos par semaine sur le marché de Paris ?

La plus grave et la moins connue des causes de la détresse agricole en France, est certes le peu d'estime dans lequel est tenue la spéculation sur les produits de la ferme. Cette situation changera-t-elle ?

*Bonne organisation des foires.* — Les foires qui tendent à

prendre la plus grande importance, sont celles qui se tiennent dans les centres desservis par les chemins de fer. La rapidité d'accès des acheteurs, la facilité d'exportation des animaux, tout y rend les transactions plus actives.

Ces foires devraient avoir lieu à jour fixe de la semaine, tous les mois ou toutes les quinzaines, de façon que deux foires ne puissent jamais coïncider dans une zone de quinze à vingt kilomètres d'étendue.

Malheureusement, au lieu de cette régularité indispensable à l'activité du commerce, c'est le désordre qui tend à s'introduire par la création abusive de foires dans les plus petites et les plus inaccessibles bourgades, création achevant le trouble déjà causé par les foires mobiles.

*Résultats funestes du nombre excessif des foires.* — La coïncidence des foires dans des localités souvent rapprochées, déroute autant les vendeurs que les acheteurs. Les uns ne savent où amener leur bétail, et les autres où l'aller quérir. Il en résulte des réunions moins fournies en animaux, moins achalandées en acheteurs. Il ne s'établit pas de *cours*. Les producteurs sont alors livrés aux seuls acheteurs de la localité, dont l'entente n'est point difficile. *Plus il y a de foires moins les affaires sont bonnes.*

Ces trop nombreuses occasions de laisser la bêche et de fuir la charrue, favorisent les goûts d'oisiveté, les penchants à la dépense ; elles nuisent à l'esprit d'épargne si nécessaire dans un pays où la culture est une industrie de gagne-petit. Ce n'est pas le jour seul de la réunion qui est perdu. Le travail du lendemain se ressent également des fatigues ou des dissipations de la veille, sans compter les fluxions de poitrine et les maladies de toutes sortes qui s'y contractent.

*Réforme nécessaire.* — Certes, les créations nouvelles sont condamnées à rester de simples prétextes à une perte de temps et d'argent, quand elles ne répondent pas à un besoin commercial réel. Toutefois elles ont reçu une consécration officielle par les enquêtes faites sur la demande des municipalités, par les délibérations du Conseil général qui les a approuvées, par le décret du préfet qui les a promulguées. C'est cette investiture administrative qui fait tout le mal, en donnant une vie factice à ces funestes institutions.

Si cette consécration officielle n'existait pas, un maire aurait beau publier à vingt lieues à la ronde l'institution de foires dans sa bourgade, que cet appel resterait sans réponse, pour peu qu'il ne soit pas dans les convenances purement agricoles.

En Angleterre, en Allemagne, aux Etats-Unis, ces convenances décident seules de la création des marchés. Pourquoi n'en serait-il pas de même en France ?

Il faudrait donc enlever aux Conseils généraux un droit de création dont, à la demande des cabarets, ils font un usage si néfaste pour l'agriculture.

En attendant que les agriculteurs vraiment soucieux de leurs intérêts constituent une sorte de ligue pour jeter l'interdit sur tout ce chaos de petites foires, qu'ils se fassent une obligation morale de n'y paraître, ni eux ni les leurs, afin de concentrer tout le courant commercial sur les anciennes foires les plus en renom, surtout sur celles qui sont dans le rayon des chemins de fer. Leur initiative seule peut enrayer le mal ; car cet excès de réunions est le plus grand fléau de notre agriculture ; c'est la plus terrible menace contre l'amélioration du sort des cultivateurs de la contrée.

### § 3. La coopération en agriculture

*Son utilité.* — L'isolement est aussi préjudiciable que l'association est féconde dans cette industrie de gagne-petit. Le métayage nous a conservé une des plus anciennes formes d'association. De nos jours, il existe une heureuse tendance à grouper les activités, les épargnes des petits producteurs, afin de leur assurer les avantages d'achat et de vente de la grande production. Une telle tendance est certes opportune pour une agriculture aussi morcelée que la nôtre. Elle a produit les résultats les plus avantageux à l'étranger où elle est plus anciennement pratiquée.

*L'ancien métayage.* — Telle qu'elle nous a été léguée par les Romains, l'antique pratique du colonage à moité fruit n'est pas précisément favorable à l'amélioration du fonds, à l'accroissement des revenus. Chacun, maître et métayer, exportant du domaine tout ce qui dans sa part de denrées excède ses besoins, le développement de la production animale, source de tout profit, en est peu favorisé. Par cette culture épuisante, on demande au sol le plus possible, et on lui restitue le moins que l'on peut.

*Le métayage moderne.* — Abandonné à son manque d'instruction et de ressources, le colon reste pauvre sur sa pauvre métairie, tandis qu'il prospère et fait prospérer le domaine, dès que son travail est fécondé par la direction et les capitaux du maître. Le département de la Haute-Vienne, florissant au milieu de la crise qui sévit partout ailleurs, dit hautement que ce mode d'exploitation dirigée vers l'amélioration du bétail, donne des résultats plus rémunérateurs que le fermage et surtout que le faire-valoir direct.

*Faire-valoir.* — Il est sage de le restreindre aux limites d'une *réserve* d'essai, en raison des difficultés de la culture en pays de montagnes. Se préoccuper de l'amélioration foncière de toute la propriétée exploitée en métayage, développer le boisement, étendre les irrigations combinées avec l'assainissement, pourvoir aux amendements, veiller à l'achat et à la vente du bétail, tout en excitant à son perfectionnement, voilà certes une tâche suffisante pour le propriétaire. Elle ne lui laisse guère le temps de s'astreindre aux détails de tous les travaux de culture. Celle-ci est le véritable lot du travailleur associé aux bénéfices.

*Laiteries coopératives du Danemark.* — A la suite des spoliations opérées par la Prusse, le patriotisme surexcité s'est manifesté dans ce petit royaume par un redoublement d'ardeur au travail, afin d'en rétablir la fortune et la puissance. Une vive impulsion a été donnée à l'agriculture. De simples paysans se sont cotisés afin d'installer des laiteries munies d'engins à la vapeur les plus perfectionnés pour la fabrication mécanique du beurre. La grande production de chacune de ces laiteries coopératives leur a permis de se créer des débouchés sur les marchés de l'Angleterre et de l'Amérique. Grâce à sa qualité supérieure, ce beurre y est vendu à un prix élevé. Les plus modestes éleveurs Danois ont ainsi réalisé des bénéfices plus considérables que ceux qu'ils obtenaient de leurs laiteries isolées relativement plus coûteuses et moins bonnes.

Le système de la coopération est également pratiqué pour la production du fromage, dans le Jura et dans l'Aveyron, mais avec une moindre perfection d'outillage. L'emploi des nouveaux engins ne serait sans doute pas irréalisable pour la fabrication du fromage en Auvergne, où l'on conserve encore des procédés sans doute déjà anciens au temps de nos pères les Gaulois.

*Battage à la vapeur en coopération.* — Appliqué à toutes les pailles qui ne sont pas indispensables pour les chaumes des toitures, le battage à la vapeur rendrait disponible le temps absorbé par la lenteur du fléau. Il suffirait d'un peu d'entente entre cultivateurs d'un même canton, pour subventionner de telles entreprises, partout où elles n'existent pas.

*Crédit agricole coopératif.* — Le pire fléau de l'agriculture, c'est la pénurie des capitaux indispensables à la fructification du travail. Il la maintient dans ce cercle vicieux de la misère : pas de profit faute d'avances, pas d'avances faute de profit. Eh bien, ce mal est merveilleusement conjuré par la coopération, dans quelques parties de l'Europe, spécialement dans certaines provinces de l'Allemagne et dans le nord de l'Italie (1). Ces pays se sont enveloppés d'un réseau de petites banques basées sur la mutualité. Voici l'organisation ordinaire de ces œuvres d'initiative privée. Chacune d'elles a pour précurseur l'établissement d'une caisse d'épargne dont le siège est au chef-lieu du canton, pour lequel elle est instituée. Cette caisse est gratuitement gérée par des personnes dévouées au bien public. Elle recueille les plus modestes économies des habitants de la localité, et elle les fait fructifier dans les banques centrales de Milan et de Bologne. C'est une sorte d'essai mettant en relief l'esprit d'ordre et de prévoyance des clients de la caisse, cultivateurs, artisans, serviteurs, modestes industriels.

Ceux qui ont subi avantageusement cette épreuve de moralité, se réunissent pour fonder une petite banque en commandite, avec un minime apport que chaque actionnaire réalise par des versements mensuels. Dès lors, c'est cette banque elle-même qui emploie les fonds de la caisse d'épargne, dont elle reste cependant distincte. Elle fait des prêts à ses sociétaires, mais avec caution dès que la valeur de l'avance dépasse l'actif de l'emprunteur dans la société. Ces prêts doivent être exclusivement consacrés à des opérations commerciales ou agricoles. Achat de marchandises pour les petits commerçants, emplette d'engrais, de semences ou de bétail pour les cultivateurs, l'usage des fonds devant être loyalement déclaré au conseil d'administration qui consent les prêts, sous peine d'exclusion de la société en cas de fausse indication.

Quant aux emprunts destinés soit à acquitter une dette, soit à passer un moment difficile, ils sont consentis par la caisse d'épargne, selon la confiance inspirée par chaque sociétaire, en un mot, selon son crédit. Ce sont des prêts d'honneur, remboursables par faibles quotités, sous peine d'éviction.

Grâce à ce réseau de caisses d'épargne privées et de banques populaires, dont les opérations bien distinctes sont centralisées dans de grandes banques très florissantes, le petit commerce, la petite agriculture, le travail sous toutes ses formes sont

(1) L'initiateur de ces banques populaires est Schulze Délitsch, qui a sainement opposé aux conceptions socialistes, le fécond principe de l'initiative privée fortifiée par la coopération. Suzzati est l'initiateur des banques coopératives italiennes.

vivifiés par les épargnes et les depôts réalisés sur place même. Les affaires de ces bienfaisantes et modestes institutions se chiffrent par des centaines de millions, sans pertes sensibles tant tout élément véreux en est éliminé avec soin.

Que nous sommes loin, on le voit, des utopiques projets auxquels cette grave question a donné lieu chez nous : émission de papier monnaie ; création d'un crédit spécial pour l'agriculture, à taux fixe et réduit, en dépit des variations de la location de l'argent, et sans tenir compte du crédit de l'emprunteur et de la confiance qu'il peut inspirer par sa ponctualité à tenir ses engagements ; intervention magique de l'Etat dans des affaires que l'initiative individuelle peut seule conduire avec prudence et efficacité ; tels sont les mirages dont la poursuite nous a détournés des seuls moyens pratiques de dériver le capital vers l'exploitant du sol ! Que nous sommes loin de ce drainage incessant de l'épargne du pays par les caisses de l'Etat, au grand détriment de la production nationale !

*Syndicats.* — Nous avons tout intérêt à nous réunir entre voisins, pour recevoir économiquement par wagon complet la chaux et le phosphate. On ne peut du reste s'assurer le bénéfice de l'achat d'après analyse, pour cet amendement, qu'en traitant pour de grandes masses de matières.

Le groupement tend à s'étendre entre les cultivateurs d'un même arrondissement, parfois d'un même département, par la constitution de *syndicats*, œuvres destinées au bien de l'agriculture, partout où elles seront dirigées avec discernement, en s'engageant dans la voie féconde de la mutualité et de la solidarité.

*Comices.* — Enfin les comices cantonaux qui devraient être de vraies sociétés de secours mutuels pour l'usage d'étalons de choix de toute espèce, pourraient, contre une cotisation suffisante, assurer à leurs souscripteurs les soins du vétérinaire dont l'art va devenir de plus en plus nécessaire, à mesure que la contagion des épidémies sera rendue plus fréquente par la plus active circulation commerciale des animaux.

Syndicats et comices, puissiez-vous entrer dans nos mœurs agricoles, en dépit de l'apathie native de notre pays !

*La science.* — Certes, il n'est pas d'industrie au monde à qui la science puisse être plus utile qu'à l'agriculture. Elle met sans cesse en jeu les forces de la nature, dont cette science nous dévoile chaque jour les mystérieuses lois.

Pourquoi faut-il qu'en France les cultivateurs l'aient tenue jusqu'ici presqu'en suspicion, alors qu'elle est l'agent même du progrès agricole, chez nos voisins, spécialement chez les Allemands ? Ils font un appel incessant aux précieux enseignements par lesquels elle éclaire et complète les données de la pratique. De florissantes écoles d'agriculture, de nombreux laboratoires destinés à l'analyse des engrais, à l'essai des semences, aux expériences les plus variées sur la nutrition des animaux, tout cela dénote un élan vers le progrès bien autrement énergique en Allemagne qu'en France, résultat dont le vrai patriotisme nous conseille de tirer une leçon profitable, sans le dénier.

Tandis que vingt-quatre hectolitres de blé à l'hectare sont regardés chez nous comme un maximum (ne parlons pas des cinq et six hectolitres qui sont la récolte ordinaire de nos métairies) tandis que nous nous attardons à ces rendements, les Allemands atteignent cinquante hectolitres, sur des terres valant moins que nos bons fonds. A quoi le doivent-ils, si ce n'est au progrès de la mécanique agricole dont ils utilisent les meilleurs instruments ; aux progrès de la chimie qui leur enseigne quels engrais il faut ajouter aux fumiers, pour nourrir les plantes à outrance ; aux progrès de la physiologie qui leur montre de quels aliments concentrés on doit supplémenter la mangeoire, pour produire le bétail en masse ; à qui doivent-ils cette abondance doublant leur puissance, si ce n'est à la science ?

Malheur, trois fois malheur à celui qui s'attardera dans les traditions d'un passé qui n'est plus en harmonie avec les exigences du présent !

Que ceux qui comprennent quels sont les périls de notre agriculture restant stationnaire, quand tout marche autour de nous, que ceux-là ne négligent aucune voie du progrès ; qu'ils ne méprisent plus les enseignements de la science agricole ; qu'ils demandent à l'association les forces nécessaires pour cette nouvelle guerre du travail que les nations vont se faire avec un acharnement désespéré. La défaite, dans ces luttes pacifiques, sera autrement terrible que la perte des plus grandes batailles. Préservons-en la patrie.

Tintignac, 12 juillet 1887.

F. VIDALIN.

# LIVRE PREMIER

## ALIMENTATION DES ANIMAUX

### CHAPITRE PREMIER

**Les plantes élaborent les éléments du corps animal.**

*Différence entre la nutrition des plantes et celle des animaux.* — La plante se nourrit exclusivement de matières minérales. Ses feuilles absorbent le gaz carbonique, la vapeur d'eau, l'ammoniaque de l'air; ses racines aspirent les phosphates, les nitrates, les sulfates du sol.

L'animal est absolument privé de la faculté de vivre de ces substances minérales (1). Pour entrer dans son alimentation, elles doivent être organisées par les plantes en matières végétales, qui sont la nécessaire transition du monde minéral au règne animal.

Ce premier degré de la vie, ce merveilleux laboratoire dans lequel se forment les matières du corps animal, la plante, est composée de diverses substances qu'il est facile d'isoler les unes des autres. Elles ont une sorte de charpente formée de fibres flexibles, se développant et se durcissant progressivement, à mesure que la végétation s'avance vers la maturité. Dans ces fibres se logent des granules qui tendent à se concentrer dans les fruits, dans les grains, dans les tubercules des racines. Çà et là se trouvent des gouttelettes d'huile, qui elles aussi se réuniront finalement dans les fruits et les grains, surtout chez certaines plantes spéciales. Enfin des matières végétales plus rares sont également destinées à la formation du fruit, ce dernier terme de l'élaboration végétale.

---

(1) Elles agissent néanmoins sur lui comme excitants, remèdes ou poisons.

Voilà quatre matières prédominant dans la végétation, et destinées par conséquent à jouer le rôle important dans la nutrition des animaux. Les plantes contiennent, mais en minime proportion, d'autres matières donnant à chaque végétal sa saveur ou son odeur particulière. Si leur faible dose ne leur assigne pas de part dans la substantation des animaux, elles servent du moins à exciter leur appétit et favoriser leur digestion. Ces matières accessoires sont parfois vénéneuses ; ce qui les fait rejeter de l'alimentation par les bêtes dont la domestication n'a pas absolument altéré les instincts de conservation.

Parmi les matières alimentaires, les unes ont une composition qui les rend plus aptes à être brûlées par l'acte de la respiration, et les autres à subvenir à la création du corps animal. Nous allons donc les diviser en aliments respiratoires et en aliments créateurs, toutefois cette division n'a rien d'absolu, les matières que leur composition rend les plus propres à la combustion, servent en partie à la formation de matières animales, surtout dans l'opération de l'engraissement. A défaut d'autres, les matières créatrices par excellence, en viennent à se brûler. Enfin il est une substance qui a un rôle considérable à la fois dans l'acte de la respiration, et dans celui de la formation du corps des animaux.

### § 1. *Aliments respiratoires.*

*Cellulose.* — La matière fibreuse, ligneuse, formant la charpente des plantes, se nomme *cellulose*, nom indiquant qu'elle est formée d'une série de cellules emboîtées les unes dans les autres.

Peu répandue dans les jeunes plantes molles, la *cellulose* se développe et se durcit, à mesure que la végétation progresse. Ainsi le regain en contient 22 o/o ; le foin 25 o/o ; la paille de 40 à 50 o/o. C'est la moins digestible des matières végétales, surtout lorsqu'elle durcit au point d'atteindre la consistance ligneuse, dont les bois durs sont le dernier terme.

L'espèce bovine est celle qui utilise le mieux les grossiers fourrages dans lesquels la cellulose prédomine ; elle

en digère jusqu'à 60 o/o ; le mouton n'en utilise que
55 o/o ; et le cheval seulement 34 o/o. Un gros ventre sur
des jambes grêles, tel est le triste cachet de cette alimentation peu substantielle, même sous un fort volume.

*Fécule, amidon.* — En râpant finement des pommes de
terre, ont obtient des petits grains blancs qui sont de la
*fécule.* La farine est en grande partie formée de grains de
même nature, que l'on appelle *amidon.* Ce sont les matières végétales les plus digestibles. Les animaux s'en assimilent jusqu'à 80 o/o de ce qu'ils consomment. Elles forment
20 o/o de la substance sèche des pommes de terre, et
12 o/o de celle des foins. Elles sont la dominante de l'alimentation de la race porcine.

Le *sucre* est absolument de même nature que la fécule,
mais il est infiniment plus digestible et plus nourrissant.
Presque absent des fourrages secs, il se trouve en certaine
proportion dans l'herbe tendre, dans les trèfles, les seigles verts et surtout dans le maïs. Il contribue à l'excellence de ces fourrages verts, qui malheureusement ne
durent qu'une partie de l'année.

Le sucre fait trop défaut à l'alimentation d'hiver, quand
celle-ci est fondée exclusivement sur le foin de qualité
médiocre et la paille sèche. L'addition de raves, de topinambours et surtout de panais et de betteraves, est nécessaire pour corriger le manque de matières sucrées. Ces
végétaux en contiennent une suffisante proportion.

*Aliments brûlés dans la respiration.* — La cellulose,
la fécule, le sucre, ont entre eux la plus grande analogie ;
ils ne sont composés que de trois corps, le charbon et les
deux éléments de l'eau. Ces substances végétales se trans-
mutent aisément les unes dans les autres, durant le cours
de la végétation ; ainsi le sucre devient fécule et la fécule
se durcit en cellulose.

La matière grasse, que nous examinerons plus loin, est
également composée des trois mêmes corps que les fécules,
mais dans une différente proportion. Le charbon y prédomine.

En les absorbant, les animaux ne détruisent pas ces
substances végétales ; ils ne se les assimilent pas non plus

de toutes pièces ; ils leur font subir une série de transformations en substances de même nature.

Ces substances essentiellement formées de charbon, sont très propres à entretenir la combustion produite par la respiration. Il est à remarquer que, privé de nourriture, un animal perd d'abord sa graisse. Puis le sucre disparaît du sang ; les autres substances féculentes partent ensuite, successivement brûlées par les transformations intérieures.

Ces diverses substances constituent donc les matériaux naturels de la respiration. On les appelle *aliments respiratoires*. Une part considérable de la ration est ainsi utilisée pour la respiration, à en juger par ses produits. Ainsi un bœuf exhale près de 20 kilog. de gaz carbonique par jour.

## § 2. *Aliments créateurs.*

*Albumine.* — Les plantes contiennent de faibles doses d'une matière végétale très complexe (I<sup>re</sup> Partie, p. 41) qui finalement se concentre en majeure part dans leurs fruits. Elle a été appelée *albumine*, en raison de sa similitude de composition avec la matière animale formant le blanc des œufs, et constituant essentiellement la chair, les cartilages, les nerfs, la partie non minérale du squelette des animaux.

*Aliments plastiques.* — Ces matières végétales dont le type est le *gluten du froment*, digérées par les animaux et incorporées au sang, servent à la formation et à l'entretien de leur corps, par de simples transmutations puisqu'elles ont la même composition que la substance animale elle-même.

Les aliments très riches en matières albumineuses sont donc les vrais créateurs de la chair. Ils ont reçu le nom d'*aliments plastiques*, d'un mot grec qui signifie *former*.

La croissance dans le premier âge, la force dans l'âge adulte, la production du lait et de la laine, l'engraissement, se mesurent donc en quelque sorte sur la proportion de ces matières dans les aliments. Par contre, le développement tardif de notre bétail, sa médiocre qualité laitière, sa faiblesse en attelage, tous ces défauts tiennent à la pénurie de l'albumine dans sa ration journalière.

Le cultivateur même se ressent de la pénurie de cet énergique aliment. Bien que vaillant, il est cependant impuissant de ces efforts musculaires soutenus, dont sont seules capables les populations qui ont une alimentation plus substantielle. L'albumine, créatrice des muscles, manque au pot, parce qu'elle manque aux fourrages ; elle manque aux fourrages parce que sa matière première, l'engrais, manque au champ et surtout au pré.

*La production de récoltes riches en albumine est l'œuvre essentielle de la culture.* — Pour que les plantes élaborent en abondance ces précieuses matières albumineuses, elles doivent trouver dans le sol une quantité suffisante de la matière fertilisante appelée *nitre*. Or, la production du nitre, c'est-à-dire, la nitrification du sol, exige une grande masse de fumier, non de fumier sec et évaporé, mais de fumier saturé de purins (I^re Partie, p. 41).

Oui, la bonne agriculture, celle qui rapporte, celle-là se résume en deux mots : *bonne et abondante fabrication du fumier.* Le cultivateur rude au labeur, passant sa journée à piocher la terre sans répit, est certes digne d'éloges. Mais plus avisé est son voisin qui tout d'abord se préoccupe de recueillir les immondices de la ferme, sans négliger les déjections de ses habitants ; puis, qui veille aux litières, au transport immédiat du fumier tout imprégné de purins. Il l'amène au champ et au pré, où il double sa masse par des assises protectrices de terre, de mauvaises herbes, de feuilles, de tous les détritus possibles. Ce voisin s'assure la production de récoltes riches en albumine. Lui seul se dégagera des étreintes de la gêne, pour s'élever graduellement à l'aisance par son travail intelligent.

### § 3. La graisse.

*Aliment respiratoire et créateur.* — Tous les végétaux contiennent une proportion d'huile, variable selon leur espèce et leur degré de développement. Elle se concentre en majeure part dans le grain ou le fruit, surtout chez certains végétaux : lin, chanvre, noyer, hêtre, etc. Or la graisse joue un rôle considérable dans la nutrition des animaux. Elle agit d'abord dans leur estomac, comme un fondant facilitant la digestion des autres aliments, fécule et albumine. C'est ainsi que l'instinct ou plutôt le goût ont conduit l'homme à préparer avec de la graisse, ceux de ses aliments qui n'ont qu'une trop faible dose de cette substance.

Après la digestion, la graisse coopère à la respiration avec les autres aliments féculents, sa richesse en charbon la rendant très propre à la combustion intérieure.

Mais le rôle utile de la graisse, celui pour lequel elle ne saurait être remplacée, est de s'associer à l'albumine pour la formation de la matière animale. L'étroite solidarité de ces deux aliments est du reste indiquée par le triage que nous verrons s'opérer dans la digestion des animaux. Loin de se mêler avec les liquides digérés provenant des aliments féculents, elle pénètre dans l'organisme par des canaux spéciaux.

*Importance de la production des denrées riches en graisse.* — L'albumine, si coûteuse à produire dans les fourrages, est donc en partie inutilisée dans l'alimentation, si elle n'y trouve pas une dose convenable de graisse. De telle sorte que *la production des denrées abondantes en huile, est tout aussi capitale que celle des denrées abondantes en albumine. L'influence des bonnes fumures qui est absolue* pour la formation de l'albumine, paraît moins marquée pour celle de l'huile. Certes, le sol amendé, approfondi, l'eau sans excès ni pénurie, la chaude exposition, toutes ces conditions d'une bonne végétation sont favorables à la dose de graisse dans les plantes ; tandis que l'excès de sécheresse ou d'humidité, l'intensité de l'ombre des arbres, tout ce qui est mauvais à la végétation, est également funeste à la production de cette précieuse matière. Là s'arrête l'œuvre du cultivateur. La nature paraît avoir accordé le privilège de l'huile à certaines plantes et à certains arbres dont les grains ou les fruits la concentrent en grande quantité. Ce sont les résidus de ces denrées que les plus habiles éleveurs recherchent avec tant d'empressement pour leurs bestiaux.

Mais le cultivateur devant *autant que possible* produire sur place les aliments de ses animaux, il lui faudrait défendre ces arbres à graisse contre la cognée. Il lui faudrait développer la culture des plantes à huile, autant que son sol et son climat le lui permettent.

*Le déficit d'albumine dans les rations aggravé par celui de la graisse.* — La matière grasse manque tout autant que l'albumine dans l'alimentation ordinaire de nos cheptels ; ce qui explique le rendement presque nul de domaines nourrissant pourtant un nombreux bétail. Du reste les animaux montrent d'eux-mêmes la disette de ces précieux aliments dans leur ration. Certes il ne faut pas les pousser à un état d'empâtement qui est plutôt funeste que favorable, hors le cas d'engraissement ; mais ils doivent être tenus *en bon état*, et avoir toujours un poil luisant, qui est le meilleur témoignage d'un régime bien équilibré en albumine et en graisse. Un pelage rude et hérissé atteste le contraire. *Toute bête qui en est déshonorée ne paye pas son maître. Elle est cause de perte, non de profit.*

## § 4. La digestion.

*Transformation des aliments.* — Divisés mécaniquement par les dents, les aliments sont imprégnés dans la bouche par la *salive* qui rend solubles les fécules, les sucres, et amollit la cellulose. Ils subissent dans l'estomac l'action du *suc gastrique* qui achève la digestion des matières féculentes et commence celle des matières albumineuses. Celles-ci sont dissoutes par la *pepsine*, substance spéciale de ce suc gastrique. Facilitée par une suffisante proportion de graisse dans les aliments, l'activité du suc gastrique est utilement excitée par le sel.

Les aliments réduits à l'état de bouillie, de *chyme*, passent dans l'*intestin grêle*, où la digestion est achevée par la *bile* provenant du *foie* et par le suc *pancréatique* que produit une glande spéciale.

*Séparation entre les aliments digérés.* — Il se fait une distinction très nette entre le liquide résultant de la digestion du sucre, des fécules, des matières ligneuses, et celui qui provient des matières grasses et albumineuses. Le premier est absorbé avec l'eau nécessaire à l'organisme, par le réseau capillaire des *vaisseaux sanguins* qui tapissent les muqueuses de l'estomac et celles de l'intestin. Ces mille veines absorbantes finissent par se réunir en un tronc unique, *la veine-porte*, qui amène ces produits de la digestion dans le foie, où ils se transforment en sang. De là, ils passent dans le cœur.

Le liquide résultant de la digestion des matières grasses et albumineuses, le *chyle*, est recueilli dans l'estomac et les intestins par un réseau tout à fait distinct, celui des *vaisseaux lymphatiques*. Ce chyle traverse les *glandes lymphatiques* ; puis il est amené au cœur. On sait qu'après avoir afflué dans la première région de cet organe, le sang va s'imprégner d'air dans les poumons ; puis il revient dans la seconde région, d'où il se répand par les artères dans tout le corps pour servir à son entretien.

*Proportion entre les matières féculentes et les matières albumineuses et grasses dans les rations.* — La séparation complète opérée dans la digestion entre les liquides provenant des aliments féculents ou sucrés et ceux résultant des matières albumineuses ou grasses, nous montre qu'il doit exister une certaine proportion entre ces substances, pour leur bonne utilisation (1).

(1) Dans le lait, le plus parfait des aliments, les matières albumineuses, sucrées et grasses, c'est-à-dire la caséine, le sucre de lait, et le beurre sont à peu près à poids égal. Le rapport entre l'albumine et la somme des deux autres éléments est donc 1/2. Ce *rapport des éléments plastiques aux éléments respiratoires mesure la puissance nutritive des aliments.* Plus il est élevé, et plus l'aliment est substantiel. Ce rapport 1/2 est un maximum qui ne peut que décroître dans les autres matières forcément moins riches que le lait. Examinons dans quelle limite il peut varier.

La nature ayant destiné le cheval, le bœuf et le mouton à vivre d'herbes, ces animaux adultes ont des organes appropriés à une nourriture d'un certain volume, ce qui les rend peu propres à la ration exclusive d'aliments concentrés.

Le vivre de ces animaux à l'état sauvage suivant la variation de la végétation, ils avaient d'abord toutes les succulences des herbes printanières ; ils devaient ensuite se contenter des plantes desséchées par la canicule, ce qui les préparait à la vie plus difficile en hiver, vie améliorée néanmoins par les fruits des forêts.

Il s'ensuit que l'alimentation la plus substantielle pour de tels animaux doit être celle d'herbes tendres élevées par la culture au maximum de

Cette utilisation dépend moins de la quantité absolue des substances nutritives que de leur rapport. La plus précieuse de toutes, l'albumine, est d'autant moins assimilée qu'elle est à plus faible dose. Ainsi les animaux en digèrent 20 o/o dans la paille de seigle, 25 o/o dans celle de froment, 5o o/o dans celle d'avoine, 55 o/o dans le foin, 76 o/o dans le regain, 90 o/o dans les grains, l'utilisation augmentant avec la richesse de l'albumine dans ces denrées successives. La même observation s'applique à la graisse.

*Pas de bonne alimentation sans soins.* — La matière nutritive n'est qu'un des éléments du régime. La régularité dans l'heure des repas, la propreté, le bon aérage, la tiède température et le calme de l'étable, la douceur à l'égard des animaux, leur bon entretien par le pansage, telles sont les conditions essentielles pour que le bétail utilise bien les fourrages, et qu'il mette son maître en profit et non en perte. Tout cela est une question de soins, beaucoup plus que d'argent.

# CHAPITRE II

## Des herbes

### § *1. Effets des engrais sur les herbages.*

Tout ce livre peut se résumer dans cet appel aux culti-

puissance nutritive ; et qu'en somme le foin amélioré à un haut degré doit représenter une excellente moyenne alimentaire pour les herbivores.

Or il résulte d'analyses de fourrage limousin faites par M. Barral, que le rapport des aliments plastiques à la somme des aliments respiratoires peut s'élever jusqu'à 1/3 dans les bons fourrages, pour descendre à un dixième dans les mauvais foins, aliments évidemment médiocres. En réalité, l'alimentation est suffisamment bonne, quand le rapport indiqué oscille entre 1/4 et 1/6.

Il faut aussi se préoccuper du rapport de la graisse à l'albumine, pour une bonne utilisation de ces matières précieuses. Ce rapport est égal à l'unité dans le lait, il devient 1/2 pour l'avoine, cet aliment supérieur, il se maintient à 1/3 dans nos meilleurs fourrages, ce qui est regardé comme très suffisant même par les professeurs allemands qui à force de bascule, d'équation et de discussion sont arrivés à adopter des puissances nutritives ressortant tout naturellement de l'examen de nos herbages de première qualité.

vateurs : *fumez vos herbes !* cri de détresse en face de la concurrence étrangère.

La qualité des verdures cultivées sur les bonnes terres bien amendées tient essentiellement aux matières fertilisantes qu'elles y trouvent en abondance. La fumure des prés, et par ce mot il faut entendre l'emploi de la chaux et du phosphate aussi bien que celui du fumier, la fumure des prés a des avantages qui ne sont plus à démontrer. Mais pour s'en rendre bien compte, il faut étudier le rapport sur les irrigations dans la Haute-Vienne, par le regretté M. Barral, dont la vie, toute de lutte et de labeur pour le progrès agricole, ne doit'pas être oubliée de l'agriculture française reconnaissante. Ses nombreuses analyses de nos fourrages prouvent l'influence d'une bonne culture sur leur valeur nutritive.

Cette valeur des herbes se mesure essentiellement sur leur dose en matières albumineuses, le vrai facteur du corps animal. Or, dans les fourrages analysés, elles ont varié de 6 o/o à 15 o/o de la matière sèche, selon qu'ils provenaient de prés simplement arrosés à l'eau de la Vienne, ou de prés arrosés *d'eau de sources*, et en outre *fumés et phosphatés*. Si nous remarquons que même les moins fertiles des prés en question étaient des prés de concours et soignés comme tels, nous pouvons en conclure que la proportion d'albumine doit se réduire encore dans les produits des gazons secs, surtout dans ceux des prairies jonquailleuses. Quoi qu'il en soit, en nous en tenant aux seuls résultats des analyses en question, nous voyons que, pour deux échantillons de foin, tous les deux également bons à l'œil, à l'odeur et au toucher, la valeur nutritive basée sur la richesse en matières albumineuses et minérales, peut varier du simple au double et demi ; c'est-à-dire qu'un seul quintal de l'un vaut deux quintaux et demi de l'autre. En outre, le rendement moyen en foin, à l'hectare, des prairies examinées, a été de 6000 kil. pour celles qui avaient été arrosées et fumées, et de 2000 kil. pour celles simplement arrosées. C'est le rapport du simple au triple.

Ainsi, un fourrage trois fois plus abondant et deux fois

et demi plus nourrissant, c'est-à-dire une production *sept fois et demie* plus grande, tel est l'effet d'un judicieux emploi de l'eau et de l'engrais.

L'eau, nous n'en utilisons encore qu'une partie. Quant à la fumure, peut-elle se généraliser ?

*Possibilité de fumer les prés.* — Alors que nos terres ne reçoivent qu'un mince engrais, est-il possible de fumer nos prés ?

Oui, à la condition de mettre en pratique tous les moyens de créer des matières fertilisantes, dont nous disposons dans nos exploitations. Or, nous ne recueillons que partiellement l'engrais du gros bétail ; nous ne tirons qu'un mince profit des excréments liquides des porcheries, cette mine de fécondité ; encore moins utilisons-nous les déjections des habitants de la ferme, qui de tous côtés dégagent autour de nos habitations de pestilentielles effluves.

Pour que nos métairies puissent mériter leur véritable nom, celui de fabrique d'engrais, il nous faudrait produire une masse de fumier double et même triple de celle que nous obtenons actuellement. La chose est des plus faciles ; c'est une affaire de soins, encore plus que d'argent.

Imitons les Allemands qui renonçant aux dépôts de fumier dans les basses-cours, transportent les matières curées des étables sur la lisière de leurs champs et de leurs prés, en doublant le tas au moyen de terre, de mauvaises herbes, de chiendent et de détritus de toutes sortes. Ils absorbent ainsi les gaz fertilisants dont l'évaporation enlève une bonne part des fumiers laissés à nu, sans couverture. De cette façon, point de charrois aux temps de presse ; point de purin perdu ni de fermentation excessive. Augmentation d'engrais, meilleure répartition de la main-d'œuvre.

De la confection de terreaux enrichis d'un peu de chaux, dépend la fertilité même de nos prés. Les éléments de ces terreaux sont fournis en abondance par les curures des rigoles, dont il est fait un si mauvais emploi, lorsqu'on les laisse par grosses flaques sur le bord de ces rigoles.

*Fertilisation des prairies par le pacage.* — Agriculteurs,

quand en été la litière ou le temps de la recueillir viennent
à vous manquer, laissez votre bétail au pré pendant la nuit,
en l'y faisant coucher dans un petit parc formé de barrières
mobiles. Sans aucun frais, vous fumerez admirablement
le gazon, ainsi que cela se pratique en Auvergne. Vos
animaux y gagneront en santé, tant il leur est funeste de
croupir dans la fiente et l'urine.

Enfin, n'hésitez pas à vendre du foin, s'il le faut, pour
acheter la chaux, le plâtre, le phosphate destinés à vos
herbages.

### § 2. Alimentation par l'herbe.

*Les bonnes herbes sont un aliment complet.,—* Les bonnes
herbes dont il vient d'être question, formées d'un mélange
convenable de légumineuses et de graminées, fournissent
la meilleure des nourritures du bétail. Elles constituent
un aliment complet pour les bêtes d'élevage, pour les
vaches de lait. Elles ne sont insuffisantes pour les animaux, qu'en cas d'engraissement excessif ou de travail
continu, choses un peu hors de nature.

*Excellente proportion des aliments nutritifs.* — Dans la
première période de leur développement, les bonnes herbes contiennent : 78 o/o d'eau ; 8 o/o de matières sucrées
ou féculentes ; 6 o/o de matières ligneuses ; 4 o/o d'albumine ; 2,5 o/o de matières minérales ; 1,5 o/o de graisse.
Ces éléments nutritifs s'y trouvent dans les meilleures
proportions pour leur assimilation ; il n'y a pas excès de
ligneux comme dans le foin et la paille, surabondance de
fécule comme dans la pomme de terre. Tout est en harmonie. La proportion d'albumine est surtout considérable.

*Facile digestion.* — Ce qui constitue encore le mérite
des pousses tendres des fourrages, c'est que leurs principes
alimentaires sont dans un état d'amollissement essentiellement favorable à leur digestion. Les animaux n'utilisent
jamais la totalité des vivres qu'ils absorbent. Une part
plus ou moins considérable échappe au suc digestif, et
s'évacue en déjections. Or, le bétail s'assimile jusqu'aux
trois quarts des substances des fourrages tendres, alors
qu'il ne tire profit que de la moitié et souvent même du

quart des aliments secs. Il faut aussi remarquer que, contenant les trois quarts d'eau, les herbes tendres fournissent en dose presque suffisante le liquide indispensable aux fonctions de la vie.

*Variété des éléments nutritifs.* — Les herbes composées d'une certaine diversité de plantes introduisent dans l'alimentation une variété qui est absolument nécessaire au bon entretien du bétail.

Cette diversité se trouve dans les prairies. Les cultivateurs ont été conduits instinctivement à l'introduire dans leur culture de verdures, en mêlant toujours au moins une graminée telle que l'avoine, aux légumineuses, trèfle incarnat, vesce. Cette diversité est réalisée au plus haut degré dans les prairies temporaires. Elle manque dans les seigles en vert, les raves, les maïs. Quelque substantiels que soient ces fourrages, ils provoquent la satiété bien plutôt que les fourrages variés.

*Conditions d'un aliment complet.* — Par cet exemple, la nature nous montre que pour être complète, toute ration doit avoir les quatre qualités suivantes : 1º la richesse en matière albumineuse qui est nourrissante par excellence ; 2º la facile digestibilité permettant la plus complète assimilation des aliments ; 3º la suffisante dose d'eau incorporée aux végétaux eux-mêmes ; 4º la grande variété des principes alimentaires.

*Herbes de qualité insuffisante.* — Toutes ne réunissent pas ces quatre vertus. Celles qui poussent à l'ombre des arbres, qui croissent sur les terrains humides ou mal arrosés, celles-là sont pauvres en albumine et de nature peu variée. Les trèfles y font généralement défaut. Les bêtes qui s'en nourrissent prennent un mauvais poil, signe certain des souffrances causées à leur organisme par une nourriture de mauvaise nature. De telles herbes sont sans doute utilisables, mais à la condition qu'en rentrant du pacage, les animaux trouveront à la crèche un supplément de nourriture plus tonique.

Les herbes croissant sur les sols secs et stériles ne sont pas nourricières. Il faut de grands espaces pour entretenir et même mal entretenir peu de bétail.

*Trèfles et verdures.* — La grande luzerne ne nous étant guère permise (I<sup>re</sup> Partie, p. 129) le trèfle rouge est le plus substantiel des herbages que nous puissions cultiver. Il dose jusqu'à 27 o/o de la matière sèche en albumine. C'est presque le double de la richesse albumineuse des meilleures herbes des prés. Cette grande valeur alimentaire se manifeste par l'impuissance du sol à porter trop fréquemment la précieuse légumineuse. Cultivons-la, mais avec les précautions nécessaires, sans imiter ces cultivateurs négligents qui confient la graine du trèfle à ce qu'ils ont de plus malpropre parmi leurs champs. (I<sup>re</sup> Partie, p. 126.)

Sans atteindre la puissance nutritive du trèfle pur, les herbages mélangés des prairies temporaires occupent le second rang après lui, rachetant une certaine infériorité à cet égard, par une plus grande durée et de moindres risques à la météorisation (I<sup>re</sup> Partie, p. 132.)

Le trèfle incarnat, le seigle à manger en vert, la vesce surtout méritent la culture la plus étendue qu'il est possible de leur donner dans chaque exploitation.

*Maïs.* — Cette plante est l'un des fourrages les plus nourrissants et les plus abondants, lorsqu'elle a été portée par une terre bien fumée et chaulée, s'il est possible. Le fait est confirmé par l'épuisement dans lequel elle laisse le sol. Cultivons-la beaucoup, mais avec beaucoup d'engrais. La production devrait être assez abondante non seulement pour alimenter les bêtes de labour pendant les semailles, mais encore pour garnir le râtelier de tout le bétail, lorsque le paître devient de plus en plus maigre, à mesure que s'avance l'automne.

Ces verdures : vesce, trèfles, maïs, rendent de grands services pour l'alimentation des porcheries, dans les pays où l'on sait nourrir les cochons plus économiquement que chez nous.

*Météorisation.* — Le trèfle rouge, la luzerne, le trèfle incarnat et les vesces sont d'un usage souvent funeste pour les ruminants, bêtes à cornes, bêtes à laine. Absorbées en trop grandes masses, elles produisent dans l'estomac un abondant dégagement de gaz que les animaux sont impuissants à rejeter. L'abdomen en se gonflant comprime les poumons et cause la mort.

Les verdures sont d'autant plus dangereuses qu'elles sont plus tendres, parce qu'alors les animaux les engloutissent avec une excessive voracité ; qu'elles sont plus humides de pluie ou de rosée, parce que l'eau se vaporisant à la chaleur de la digestion accroît la tension du gaz de l'intestin ; qu'elles sont plus échauffées par un commencement de fermentation en tas, parce que cette fermentation reprend plus vivement et immédiatement dans la panse du bétail.

Si donc vous faites pâturer l'herbage, laissez-lui d'abord perdre sa rosée ; et que le bétail n'y soit admis qu'après avoir reçu une poignée de fourrage sec à l'étable. La première faim assouvie, il paîtra moins gloutonnement. Il faudra le clore avant qu'il soit pleinement rassasié. Que les bergers soient prévenus des suites de leur négligence à laisser leurs troupeaux se dérober vers ces dangereuses pâtures.

Pour la consommation à l'étable, il faut déposer les verdures fauchées dans un lieu frais, et les préserver de tout échauffement et fermentation. On se garde du mal en mélangeant ces fourrages à de la paille hachée. C'est le meilleur moyen d'utiliser ce coriace aliment qui ne se marie pas du tout avec le foin sec. Lorsqu'en dépit de ces précautions, le gonflement d'un animal fait redouter sa météorisation, il faut lui ingurgiter une ou deux bouteilles d'eau additionnée d'ammoniaque. Cette substance, plus connue sous le nom d'*alcali*, se vend chez les pharmaciens ; il est toujours bon d'en avoir une fiole, parce qu'elle sert également à guérir les piqûres de guêpes et de serpents.

A défaut d'alcali, dissolvez une poignée de sel dans un litre d'eau fraîche et faites avaler par l'animal, en réitérant s'il est nécessaire. Couvrez-le d'un drap mouillé, forcez-le à marcher ; enfin, comme dernière ressource, percez avec un troquard le flanc gauche de la bête, au point où la peau est la plus tuméfiée par le gonflement. Il est prudent d'avoir cet instrument peu coûteux. Toutefois appelez un vétérinaire pour les soins ultérieurs. Ce qui est encore mieux, c'est de prévenir le mal par la surveillance au pacage, surtout par le mélange des herbes météorisantes avec des plantes sans doute moins succulentes, mais moins dangereuses. Mêlons donc l'avoine aux jarousses, le ray-grass au trèfle.

*Consommation à l'étable.* — Dans les pays de grandes cultures, les verdures sont pâturées sur place par les vaches ou les chevaux attachés à des piquets que l'on déplace à mesure que les bêtes ont brouté l'herbe, dans la zone de leur corde. Chez nous, faute de l'usage du piquet, elles sont généralement consommées à l'étable, soit pour éviter les risques de la météorisation, soit à cause de la petite étendue de chacune de ces cultures.

## § 1. Dépaissance.

*Avantages de la dépaissance.* — Ce mode d'alimentation a de tels avantages au point de vue de l'économie de la main-d'œuvre, de la fécondation du sol par les déjections du bétail et du bien-être de ce bétail même, qu'il nous faut y recourir *toutes les fois qu'il est praticable, sans trop de risques ou trop de difficulté.*

Les risques, nous venons de les voir pour certains herbages. Quant aux difficultés, elles viennent surtout de la division de la propriété dans la plus grande partie de la région, excepté en Auvergne, où nous voyons un admirable exemple de la simplicité et de la supériorité de cette culture pastorale, grâce aux pâturages des montagnes.

Bien que manquant en général des vastes espaces, si favorables à la dépaissance, nous pouvons nous ingénier à tirer au moins quelques avantages partiels de ce mode d'entretien du bétail.

*Dépaissance au printemps.* — Les herbes printanières sont plus nourrissantes que celles de l'arrière-saison. Elles profitent des principes fertilisants accumulés dans le sol par la pluie et la neige, durant le repos hivernal de la végétation. Le paître est donc spécialement favorable au bétail, durant les mois d'avril et de mai.

Cependant les prairies irriguées ne sauraient être livrées au pâturage, à cette époque de l'année, le parcours des animaux leur étant alors très nuisible. (I^re Partie, p. 171.)

Pour faire bénéficier les animaux de la dépaissance prin-tanière, il convient d'avoir des enclos, *bouiges* ou *cou-dercs,* aussi étendus que possible. Elevés à un haut degré de fertilité par les eaux d'égout des cours et des chemins, fumés chaque hiver, chaque année purgés par la faux des mauvaises herbes que néglige le bétail, ces enclos procu-rent une nourriture rafraîchissante, avec le grand air et la liberté, biens précieux pour les jeunes bêtes.

Toutefois le peu d'étendue ordinaire de ces enclos ne leur permet guère de contribuer efficacement à l'alimen-tation générale du cheptel. Les prairies temporaires peu-vent seules procurer les bénéfices de la dépaissance prin-tanière à tous les animaux. (I^re Partie, p. 132.)

*Dépaissance à l'automne.* — Nous lui devons la valeur de notre bétail qu'elle refait des privations de l'hiver et parfois de l'été même. Cette dépaissance d'automne est d'autant plus bienfaisante que les prés sont mieux assai-nis, arrosés et fumés. Que d'améliorations à réaliser pour le bien du bétail par de tels soins, dont la négligence réduit les secondes herbes à un produit très faible, dans la plupart de nos prairies (1).

*Emploi de l'herbe dans l'alimentation du bétail durant la majeure partie de l'année.* — Tout en gardant le foin ou la paille comme partie de la ration, on peut tenir au vert tout le cheptel, depuis les premiers jours du printemps jusqu'à la fauchaison, par une bonne répartition des ver-dures, seigle, trèfle incarnat, vesce et trèfle, avec l'aide

(1) *Ajonc marin.* — Pour suppléer au manque d'herbes en hiver, les régions granitiques de la Bretagne, de la Normandie et de l'Angleterre, tirent un très bon parti d'une plante conservant des tiges succulentes au bétail jusqu'en mars. C'est l'*ajonc marin.* Venant sur les plus maigres terrains secs, il se sème au printemps avec une avoine. S'il est préservé des troupeaux, il couvre le sol de tiges serrées qui fauchées tous les ans, se renouvellent pour ainsi dire indéfiniment. A la vérité, on doit, à cause de leurs piquants, les passer au hache-paille, préparation laborieuse mais facilement réalisable en temps de chômage d'hiver. La riche Bretagne utilise ainsi ses plus mauvais terrains ; elle demande à l'ajonc l'élevage de ses meilleurs chevaux de trait et l'alimentation hivernale de ses bon-nes vaches laitières. C'est un exemple que nous devrions bien suivre, sans nous laisser rebuter par le hachage de la plante.

de la dépaissance des enclos et des herbages cultivés sur les terres. Le maïs secondera la dépaissance d'automne. Enfin les regains ensilés combleront en partie la lacune de l'hiver dans l'alimentation verte, surtout si les raves, les betteraves apportent leur utile concours.

Produit naturel du sol granitique, l'herbe doit être le fondement même de la nourriture de notre bétail, au moins pendant les trois quarts de l'année. Elle fournit l'alimentation la meilleure et la moins coûteuse, à la condition qu'elle soit fumée et, s'il est possible, chaulée et phosphatée.

## CHAPITRE III
### Conservation des herbes

§ *1. Fauchaison des herbes en floraison.*

*Moindre valeur nutritive des herbes, à mesure qu'elles se développent.* — Les jeunes plantes contiennent une très forte proportion de matières albumineuses, pour subvenir à leur croissance qui est alors la plus active (1). Puis elles grandissent de moins en moins dans un temps donné à mesure que leur végétation progresse. Elles ont donc un moindre besoin d'albumine, cette substance créatrice de la cellule végétale, aussi bien que de la cellule animale. C'est ce qui explique que la valeur nutritive d'un poids donné d'herbes diminue, à mesure qu'elles se développent. Néanmoins comme les plantes croissent, la quantité d'albumine contenue dans chacune d'elles augmente jusqu'à une certaine limite, bien que cette albumine en vienne à des

(1) D'après Wolf, 100 kil. de matières sèches de trèfle rouge ont la composition suivante, selon son développement :

| MATIÈRES | Au début de la végétation | Un mois de végétation | Deux mois de végétation |
|---|---|---|---|
| Albumineuses........ ... | 26 k. 4 | 16 k. 6 | 11 k. 4 · |
| Féculentes et sucrées... | 32   3 | 35   4 | 32   1 |
| Ligneuses............ . | 29   6 | 39   5 | 50   1 |
| Minérales............. | 11   7 | 8   5 | 6   4 |
| Total........... | 100   » | 100   » | 100   » |

rapports de plus en plus faibles avec les autres substances végétales. Cela tient à ce que celles-ci augmentent dès lors plus rapidement que celle-là.

Les choses se passent ainsi jusqu'à la floraison. A ce moment, les matières albumineuses et féculentes tendent à se concentrer dans le fruit, afin d'assurer la première alimentation du germe, espoir de la race, but final de la végétation.

*Concentration des meilleurs éléments nutritifs dans le fruit.* — Lorsque ces graines peuvent être aisément récoltées, comme celles des grandes céréales, ce travail de la nature n'est point perdu. Elle nous rend le service de concentrer l'élaboration végétale sous un petit volume. Mais les graines des prairies ne sont pas faciles à recueillir. Celles qui restent dans les épis du foin et que le bétail mange, celles qui se détachent dans le fanage et qui ensemencent le pré, celles-là sont seules utilisées. Les autres en majeure part se perdent dans le transport et l'engrangement. Il en est qui tombent du fenil dans le fumier, pour infester les champs. Bref on ne tire qu'un minime parti de ces graines qui ont absorbé le meilleur de l'herbe.

*Couper l'herbe avant la maturité.* — Il en résulte que si l'on fauchait l'herbe tendre, on aurait un fourrage très substantiel, mais en trop faible quantité. Il convient donc d'attendre l'élaboration totale des principes nutritifs, doive leur proportion tomber un peu au-dessous de ce qu'elle avait été dans la plante toute jeune. Ce moment est celui de la floraison, après lequel les principes alimentaires risquent de se perdre en majeure part, avec la déperdition des graines.

*Des divers modes de conservation de l'herbe. Les ferments.* — La faux arrêtant la circulation de la sève, c'est-à-dire la vie des plantes, celles-ci sont livrées aux ferments dont les germes pullulent invisibles dans l'air. De telle sorte qu'en se multipliant à l'infini dans cette herbe fauchée, ils en détermineraient la prompte putréfaction.

Or cette multiplication des ferments exige plusieurs conditions. Il faut que la matière fermentescible ait un degré convenable d'humidité. De plus, les progrès de la fermentation provoquent l'échauffement de la masse. Mais cet échauffement ne doit pas dépasser certaines limites, au delà desquelles les ferments eux-mêmes seraient détruits par la chaleur.

De là deux méthodes pour protéger la matière fermentescible. La dessécher suffisamment, ou déterminer en elle, par un commencement de fermentation, un échauffement suffisant pour détruire les ferments. La première méthode est connue de tous temps : c'est la fenaison. La seconde commence à être utilement employée.

### § 2. *Conservation par dessication.*

*Des difficultés de la fenaison.* — Régulièrement menée, l'opération consiste à réduire progressivement la proportion d'eau de 85 o/o environ, ou dose de l'herbe en sève, à 14 o/o, humidité normale du bon foin. Pour cela, l'herbe fauchée de grand matin ou laissée en andains depuis la veille, doit être suffisamment fanée, pour que la dessication soit très avancée, dès la première journée. Cela permet de la mettre en gros meulons, avant le déclin du jour. Elle est ainsi à l'abri de la rosée dont la pénétration trop abondante retarde non seulement le desséchement, mais encore lave fâcheusement le fourrage. Ne lui épargnez aucun soin, durant cette première journée qui est décisive. Lorsque tout y a marché à souhait, les meulons entr'ouverts au soleil levant du lendemain, achèvent de perdre le dernier excès d'humidité. Hâtez-vous de voiturer et d'engranger avant le soir, ce fourrage tout chaud du soleil. Tassez-le fortement dans le fenil. Alors même qu'il n'aurait pas été desséché à fond, un tel foin se conserve bien, *après une forte suée* en tas. Il prend une franche couleur verte, une bonne odeur qui donne une belle âme au bétail, selon l'expression béarnaise.

Voilà ce qui doit se passer, quand rien ne vient à la traverse. Mais il faut compter avec le temps, surtout lorsqu'on n'attend pas les belles journées de la Saint-Jean, pour profiter de la précocité de l'herbe. La fin du mois de mai est souvent pluvieuse. On peut néanmoins se tirer d'affaires avec un bon baromètre et quelque audace. Il faut alors couper peu d'herbe à la fois, la faire sécher et l'engranger, avant de faucher à nouveau. L'habileté consiste *à prévoir la fin du mauvais temps*, pour faucher sans faner les andains. Puis on les passe à la fourche dès le premier soleil. Le foin est alors sauvé avant le retour des orages saisissant ceux qui ont voulu attendre un beau jour, avant de s'armer de la faux.

En commençant à couper l'herbe aussitôt que le permet le climat de la localité, on peut agir ainsi avec une prudence attentive, qui est plus difficile pour une fauchaison tardive. Il arrive en effet un moment où il faut en finir coûte que coûte. Si vous êtes menacé par un orage, avec beaucoup de foin à peu près sec, ne vous attardez pas à charger et à voiturer le fourrage. Mieux vaut laisser les voitures au repos et construire rapidement des meules. Surtout n'engrangez jamais du foin tout humide de pluie ou même de rosée.

***Salaison des fourrages avariés.*** — Lorsque, malgré de tels soins, on est forcé de mettre au fenil quelques charretées de foin bruni, il est bon de le saupoudrer de sel qui active la sécrétion des sucs gastriques, et facilite la digestion des fourrages un peu avariés. L'administration exempte de droits le sel pour le bétail, en le faisant dénaturer par des tourteaux. On emploie 1 kilog. de sel pour 100 kilog. de foin.

## § 3. Le foin et le regain.

***Effets de la dessication sur les substances végétales.*** — La dessication durcit les matières sucrées et féculentes. Elle les fait passer à un état moins digestible, surtout si elle est poussée à l'excès. Elle a l'inconvénient d'emprisonner une partie des matières albumineuses dans les tissus de la cellulose, où elles sont moins facilement attaquées et digérées par les sucs de l'estomac (1).

(1) Les animaux digèrent :

|  | Nourris à l'herbe. | Nourris au foin. |
|---|---|---|
| Matières albumineuses..... | 76 p. 100. | 55 p. 100. |
| Matières féculentes......... | 78 — | 68 — |
| — grasses ........... | 65 — | 62 — |
| — ligneuses......... | 47 — | 40 — |

Dans l'alimentation par les fourrages secs, l'eau nécessaire à la digestion n'est pas mélangée aux aliments solides d'une façon intime et naturelle. Elle est livrée à part et souvent à de longs intervalles, venant parfois troubler la digestion, surtout quand elle est absorbée par trop grande quantité.

Enfin, à la dessication, deux excès sont difficilement évités, aussi fâcheux l'un que l'autre : ou le fourrage est trop grillé, ou il est engrangé trop humide, non d'eau de végétation, mais de pluie et de rosée. Si la parole était donnée aux bêtes, que de récriminations sur la négligence ou l'ignorance avec laquelle nous traitons leur nourriture essentielle !

*Destruction de l'albumine dans les fourrages avariés.* — Si, même bien conduite, la dessication modifie la qualité des fourrages, que dire de la mauvaise fenaison due à l'incurie, ou fatalement causée par le mauvais temps ? Dès que les fourrages sont à moitié secs, la moindre pluie les lave, en entraînant une grande partie des substances solubles, qui sont les plus nourrissantes. Si la continuité de la pluie détermine un commencement de putréfaction, ce qui reste de ces substances est complètement détruit. Il se produit une myriade de champignons dont les spores donnent cette malsaine poussière dégagée des fourrages avariés. Les chevaux en sont parfois rendus poussifs ; les bœufs n'en valent guère mieux ; les hommes eux-mêmes pâtissent, lorsqu'ils manipulent de tels fourrages.

Dans les exploitations de notre pays, il n'est pas de perte plus grande que celle résultant d'une mauvaise fenaison. Pour l'éviter, le cultivateur ne doit être détourné du souci de son foin, par aucune autre préoccupation.

Qu'il en ait fini avec l'ensemencement des blés noirs, dont les retards nuisent tant à la bonne fauchaison. Dans les années pluvieuses, la prudence recommande à chacun de n'abattre à la fois que juste la quantité d'herbe dont ses forces lui permettent d'assurer l'engrangement, en temps utile.

*Composition du foin.* — Les nombreuses et consciencieuses analyses de M. Barral montrent que sur les fonds bien arrosés et bien amendés, les foins renferment tous les éléments nécessaires à l'alimentation du bétail, soit les éléments respiratoires, soit les éléments plastiques et minéraux. Nous avons déjà dit que la richesse en albumine était proportionnée aux fumures reçues. La teneur en matières grasses se règle sur celle en albumine. Quant à l'abondance des matières minérales, elle subit l'influence de l'emploi de la chaux, du plâtre et du phosphate. La potasse qui joue un rôle prédominant dans la végétation accroît sa dose avec les chaulages. (Ire Partie, p. 67.)

L'usage du phosphate peut élever la teneur de l'acide phosphorique de o k. 180 à o k. 680 par 100 kilog. de foin ; ce qui donne un fourrage de qualité vraiment supérieure (1).

En résumé, les beaux travaux de M. Barral proclament la supériorité des bons foins de notre région granitique sur ceux analysés par l'illustre chimiste français, M. Boussingault, ou examinés dans les laboratoires allemands.

(1) Composition résumée des foins de la Haute-Vienne d'après M. Barral.

L'humidité moyenne étant de 14 0|0, il faut environ 116 kil. de foin pour contenir 100 kil. de matières sèches, lesquelles se décomposent ainsi :

| | | |
|---|---|---:|
| Matières albumineuses | | 9 75 |
| — | grasses | 3 3o |
| — | sucrées | 12 09 |
| — | féculentes | 24 62 |
| — | ligneuses | 42 75 |
| Chaux | | o 63 |
| Potasse | | 1 48 |
| Soude | | o 31 |
| Magnésie | | o 32 |
| Fer | | o 21 |
| Acide sulfurique | | o 25 |
| — phosphorique | | o 43 |
| Chlore | | o 75 |
| Silice | | 1 59 |
| Matières non dosées | | 1 52 |
| | Total | 100 k. |

*Le vieux foin.* — Le fourrage nouveau peut être consommé, aussitôt qu'il a *sué*, c'est-à-dire subi une légère fermentation, après sa mise en tas. Puis en vieillissant, il perd une partie de sa valeur nutritive dans un long emmagasinage, alors surtout qu'il est exposé soit à l'humidité, soit aux buées des étables. Même dans le cas d'une bonne conservation, il se produit un durcissement des matières féculentes et une lente destruction des matières albumineuses.

*Valeur comparée du foin et des autres aliments du bétail.* — Les chimistes ont déterminé, au moyen d'analyses, quel est le poids de chaque denrée, donnant une ration équivalente à celle de 100 kilog. de foin. Ils ont dressé les tables de ces poids équivalents en tenant compte soit de la richesse des matières albumineuses, soit de celle des matières féculentes, soit de celle des matières grasses.

Nous donnons le tableau suivant d'après les travaux de l'illustre agronome Boussingault :

| DÉSIGNATION DES SUBSTANCES | POIDS EQUIVALENTS | | |
|---|---|---|---|
| | D'après la richesse en matières albumineuses | D'après la richesse en matières féculentes | D'après la richesse en matières grasses |
| | kil. | kil. | kil. |
| Foin de bonne qualité. | 100 | 100 | 100 |
| Trèfle rouge en fleurs, fané | 67 | 122 | 118 |
| Luzerne en fleurs, fanée. | 60 | 106 | 108 |
| Paille de froment. | 307 | 124 | 165 |
| — d'avoine | 335 | 113 | 77 |
| Balles de froment. | 139 | 85 | 270 |
| Avoine. | 61 | 72 | 70 |
| Orge d'hiver | 54 | 69 | 136 |
| Pois. | 30 | 174 | 190 |
| Sarrasin | 68 | 75 | 187 |
| Son de blé. | 61 | 86 | 95 |
| Betteraves | 422 | 427 | 8300 |
| Pommes de terre. | 256 | 196 | 1900 |
| Tourteau de lin. | 22 | 133 | 68 |
| — de colza | 23 | 136 | 38 |

D'après ce tableau, il faut par exemple 256 kilog. de pommes de terre pour fournir au bétail la dose d'albumine contenue dans 100 kilog. de foin ; tandis que le poids est seulement de 196 kilog. pour la fourniture de la même dose d'aliments féculents.

Ces données ne sont pas d'une rigueur absolue ; néanmoins elles fournissent des indications sur la richesse relative des denrées.

*Ration des bêtes bovines.* — D'après de nombreuses expériences, une vache laitière ou un bœuf de travail doivent chaque jour recevoir 3 k. 3 de foin par 100 kil. de leur poids, pour être en plein rapport. La ration journalière d'une bête bovine de 500 kil. poids vif, serait donc de cinq fois 3 k. 3, soit 16 k. 5 de foin ou denrée équivalente (1).

Les animaux de petite taille mangent proportionnellement plus que ceux d'une grande race. Aux premiers, il faut au moins 4 o/o de leur poids vif ; tandis que les seconds se contentent de 3 o/o. Les bêtes d'élevage exigent évidemment une ration plus forte ; elles veulent 4 et 5 o/o de leur poids.

La valeur des fourrages pouvant varier presque du simple au triple, un kilog. de foin de prairie bien arrosée et amendée peut équivaloir à 3 kilog. de foin de prairie commune. Les données précédentes ne sont donc que des indications générales, propres à renseigner sur l'alimentation du bétail, celui-ci restant le vrai contrôleur de la ration, par son poil, sa vigueur, sa production en lait ou en croissance. Cela dit, reconnaissons combien nos rations sont en général inférieures à la dose admise comme une moyenne nécessaire. Trop souvent nous ne don-

---

(1) Cette donnée conduit à un résultat assez simple pour la consommation annuelle. Cette consommation serait donc de 365 fois 9 k. 3, ce qui donne 1200 kil. en nombre rond. Une bête bovine exigerait donc *par an douze fois son poids*, en foin ou en denrée équivalente. Le foin dosant moyennement 8,5 o/o d'albumine, ces 1200 kil. en contiennent[t] $\dfrac{1.200 \times 8,5}{100}$ soit 100 kil. en nombre rond. Une bête bovine consomme donc son propre poids de matières albumineuses par an.

nons à nos bêtes que juste ce qu'il leur faut pour qu'elles continuent à vivre. C'est la ration d'inanition.

*Rôle du foin dans l'alimentation du bétail.* — Le rationnement du bétail exclusivement en foin médiocre durant l'hiver, caractérise l'agriculture misérable. Veaux étiolés, vaches sans lait, bœufs chétifs, tel est le résultat. Ajoutons qu'au prix ordinaire de 6 fr. les 100 kilog., *lé foin constitue la plus coûteuse des alimentations.*

La culture n'entre réellement dans la voie des bénéfices, que le jour où le foin fournit une partie et non la totalité de la ration. Celle-ci doit être économiquement et substantiellement complétée par des racines et des verdures. Mais, même avec un rôle ainsi restreint, l'utilité du bon foin n'en reste pas moins très grande, comme assurance contre le déficit des autres aliments, comme aliment de variété dans une alimentation trop verte. Tout lasse, même l'herbe tendre. L'on voit, à la fenaison, les attelages se jeter sur les meules de foin frais, plutôt que de paître le gazon, la légère salure du fourrage sec leur étant plus appétissante.

*Regain.* — Grâce à ce que ses herbes sont moins rapprochées de leur maturité, le regain est plus riche en bons aliments que le foin. A ce titre, il faut le réserver aux vaches laitières et surtout au jeune bétail de toute espèce, d'autant mieux que moins desséché que le foin, il convient moins que lui aux animaux de travail, qui exigent des aliments concentrés.

Malheureusement la récolte du regain est d'autant plus pénible et coûteuse qu'elle est opérée plus tardivement. Faites donc une fenaison aussi précoce que le comporte le climat de la localité et le temps de la saison. Vous pourrez ainsi faucher un bon regain dès la fin d'août, alors que les *traînards* n'ont pas encore achevé leurs foins. Mais vienne septembre avec ses plus longues nuits, ses brumes et ses pluies plus fréquentes, la dépense de ce fourrage *qui se sèche sur la fourche*, devient telle qu'il vaut mieux le faire pâturer en herbe. Le gazon en est du reste moins épuisé (1).

(1) Analyse d'un regain de la Haute-Vienne, par Barral : (*V. au verso.*)

## § *4. Feuilles desséchées.*

*Arbres, feuilles.* — Nous n'utilisons guère que la *brouste* de chêne, essence la plus répandue parmi celles dont le feuillage se dessèche assez facilement. En ébranchant ces pauvres arbres hâtivement au mois de juillet, on a un aliment plus tendre, il est vrai, pour le menu bétail ; mais on fait alors un tort cruel aux arbres. Mieux vaudrait couper cette ramée en septembre, après la formation du gland, qui servirait du reste à l'alimentation du troupeau. La feuillée serait encore très bonne, et l'arbre en pâtirait moins. Le peuplier, le charme, fourniraient une ramée plus nourrissante que celle du chêne, qui a toujours un goût très âpre, à cause de l'abondance du tanin.

La feuille du frêne doit être proscrite, à cause des cantharides.

La maîtresse feuille est celle du trop rare tilleul. Grâce à son sucre et à sa gomme, elle équivaut au meilleur des foins.

*Arbres verts.* — Mais la ramée qui serait vraiment utile, ce serait la ramée de pin sylvestre. Les bêtes à laine mangent avec avidité ces aiguilles aromatiques et toniques qui sont pour elles le meilleur des préservatifs de la cachexie aqueuse ou pourriture, cette plaie de nos troupeaux contractée dans les prairies irriguées. Coupée au jour le jour en hiver, cette feuillée n'a pas besoin d'être

L'humidité du regain étant de 17 o|o, il faut 120 kil. de ce fourrage pour contenir 100 kil. de matières sèches, lesquelles se décomposent ainsi :

| Matières albumineuses. | 14 06 |
|---|---|
| — grasses | 6 38 |
| — sucrées | 14 50 |
| — féculentes. | 32 48 |
| — ligneuses | 22 00 |
| — minérales | 10 58 |
| Total. | 100 kil. |

La comparaison de cette analyse à celle du foin, montre la supériorité du regain, qui a une teneur plus riche en albumine, graisse, sucre et matières minérales. Il renferme 10,58 o|o de ces dernières, tandis que la moyenne pour le foin est seulement 7,35 o|o. Ce regain a été récolté sur un pré qui avait reçu de bons amendements. Les secondes herbes s'en ressentent encore mieux que les premières.

desséchée. Quel bien pour nos bêtes à laine si nos landes étaient converties en pinières!

***Rôle des feuilles dans les rations en pays de montagne.*** — Le boisement convient si bien à notre région que la ramée devrait prendre une part de plus en plus grande dans l'alimentation hivernale du menu bétail. Malheureusement c'est la tendance contraire qui se manifeste par une fatale et aveugle dévastation des arbres, ce qui réserve un bel avenir de prospérité à nos enfants !

## § 5. *Conservation des herbes par la fermentation.*
## *Ensilage.*

***La fermentation dans l'alimentation humaine.*** — Le pain qui nous substante chaque jour, l'alcool dont nous usons à l'état pur ou sous forme de vin, de bière, de cidre, sont des aliments fermentés dans lesquels la farine, le sucre de la betterave, du raisin, de l'orge et de la pomme, sont transformés sous l'influence d'une matière végétale nommée ferment alcoolique.

De même la caséine du lait se change en fromage par l'action d'autres ferments.

Ces fermentations sont de vrais actes de nutrition d'organismes infinis par la petitesse, infinis par le nombre. Mais ces actes ne sont pas toujours profitables. Le pain qui se moisit, le vin qui s'aigrit, le beurre qui se rancit, le fruit qui se pourrit, la pomme de terre qui se putréfie, toutes ces pertes sont également l'œuvre de divers ferments. On les trouve accomplissant leur travail dans tous les phénomènes de la vie végétale ou animale.

Que l'homme ait inventé le vin, rien d'étrange. Son esprit d'observation ayant été surexcité par l'un de ses vices impérieux, dès les temps les plus primitifs. Mais quel merveilleux instinct l'a conduit à préparer la digestion de son aliment quotidien par une transformation analogue à celle que cet aliment subit dans son estomac ? Toujours est-il que ce n'est que tout récemment, après des essais dont l'initiative revient à la France, que les rations du bétail ont été l'objet de soins pareils, soins que les bêtes auraient réclamés depuis leur domestication, si la parole leur eût été donnée.

*Fermentation des herbes.* — Divers procédés sont en usage pour conserver les fourrages par ce moyen. On a d'abord employé les *silos,* sortes de fosses aux parois murées et cimentées. Ces silos sont remplis d'herbes fraîches déposées par assises graduelles, et finalement comprimées sous une couche de terre. Mais il est plus simple de disposer au pré même une meule formée d'épaisseurs successives d'herbe, jusqu'à la hauteur qu'elle peut atteindre sans risquer de s'écrouler. Puis on la couvre par des planches chargées de pierres.

Dans l'un et l'autre cas, on entame cette réserve de fourrages, dès qu'il est nécessaire. Elle fournit une pâte brune, répandant soit une douce odeur d'alcool, soit la fétide exhalaison des pourritures, selon que l'opération a bien ou mal marché.

C'est de cette marche qu'il faut nous rendre compte, en nous occupant spécialement de la mise en meule au pré, qui se désigne à nous par des raisons de simplicité et d'économie.

*Confection des meules.* — On établit d'abord au point le plus sec du pré, une couche de pierrailles et de branches. Peu après le dépôt de la première couche d'herbe sur ce lit isolant, le début de la fermentation se manifeste par l'échauffement de la masse et par la vaporisation de l'eau contenue dans le fourrage. Les premiers ferments en activité changent une faible quantité des matières sucrées et féculentes de l'herbe en acide lactique, butyrique et acétique, qui ne sont pas de bonne nature. Cette fermentation persiste sur les bords de la meule. Mais l'échauffement plus considérable au centre ne tarde pas à y détruire ces premiers ferments ; ils sont remplacés par les ferments alcooliques dont l'œuvre est plus favorable.

L'échauffement progressant avec le développement des ferments, ceux-ci sont eux-mêmes détruits par la chaleur et le manque d'air : c'est le moment critique de l'opération. Si la couche d'herbe est abandonnée à elle-même, elle commence à se refroidir, par suite du ralentissement ou de la cessation complète de la fermentation. L'air tend à pénétrer la masse, en y introduisant de nouveaux germes qui recommenceraient une nouvelle fermentation. Or, il y a toutes raisons pour que celle-ci soit putride. Il est donc urgent de charger l'assise fermentée par une seconde couche d'herbe, dont la compression s'opposera à toute introduction d'air, et par suite à tout retour rétrograde de la fermentation.

D'autre part, il serait mauvais de comprimer la masse, avant l'expulsion complète de l'air, qui ne peut s'obtenir que par le franc développement de la fermentation alcoolique. Or ce reste d'air déterminerait de lentes fermentations putrides.

Superposez donc une nouvelle assise d'herbes au moment précis où la chaleur est à son maximum, ni avant, ni après ce moment-là.

Vous opérerez avec certitude à l'aide d'un thermomètre que vous placerez dans un tube de fer, pour l'enfoncer dans la masse, et y prendre la température. L'élévation de cette température à 60 ou 70 degrés détermine la destruction de tous les ferments et l'expulsion de l'air qui est entraîné par les dégagements de vapeur d'eau et d'acide carbonique. C'est le signal d'un nouveau chargement. Prenez les mêmes soins pour les assises suivantes, qui entrent de plus en plus vite en fermentation, par la communication de la chaleur des couches inférieures.

Il ne s'agit donc pas de faucher et d'empiler en grande hâte. Si la fauchaison s'opère en temps sec et chaud, l'herbe entre assez rapidement en fermentation et échauffement; l'opération peut marcher plus rapidement qu'en temps de pluie. L'humidité dont l'herbe est alors saturée, retarde beaucoup l'élévation de la chaleur. Le mauvais temps ne saurait arrêter le travail; mais il en modère forcément la rapidité.

On monte ordinairement la meule jusqu'à 4 mètres de hauteur environ; on laisse la dernière assise bien entrer en fermentation; puis on la couvre d'un double rang de planches, dont les joints se contrarient, pour mieux abriter le fourrage contre la pluie. On charge ces planches de pierres, à raison de 3oo à 400 kilog. par mètre carré. Les meules ont deux mètres de large, dimension ordinaire des planches. Quant à la longueur, elle est déterminée par la quantité d'herbe à conserver. Ce procédé si simple est dû à M. Rouvière, éminent agriculteur du Tarn.

*Avantages et inconvénients de la conservation par fermentation.* — Pouvoir se passer du soleil, ce souverain despote de la fenaison ordinaire ; être le maître de livrer les herbages à la faux, précocement dans le mois de mai, ou tardivement dans le mois de septembre ; ne subir aucun arrêt ni retard dans le travail, sauf les précautions indiquées, voilà certes une grande et précieuse conquête pour la culture. Elle lui donne plus de latitude, plus de régularité dans le plus important de ses travaux. Elle permet surtout l'utilisation des dernières herbes d'automne, dont la fenaison est toujours si risquée et si coûteuse.

Ces avantages sont d'autant plus considérables que le climat du pays est plus humide, la terre moins morcelée. Aussi l'ensilage fait-il de rapides progrès en Angleterre, en Allemagne, jusqu'aux Etats-Unis, tandis qu'il reste trop stationnaire en France, dans son propre berceau.

C'est que si l'ensilage est surtout utile aux grandes exploitations, élevant beaucoup de bétail et cultivant des masses de fourrages, il est à peu près impraticable à la petite culture dont les minces meules subiraient proportionnellement de trop forts déchets. Puis tout est risque, sinon hasard, dans la conservation des fourrages fermentés. L'emploi indispensable du thermomètre contribue beaucoup à assurer la réussite de l'opération. Mais qu'une infiltration de pluie se produise à travers les joints des planches et voilà la meule avariée.

*Alimentation par l'ensilage.* — La bonne fermentation alcoolique, que l'on nomme *ensilage doux,* amollit, les éléments nutritifs des fourrages. Ils deviennent plus digestibles ; tandis que la dessication par la fenaison produit l'effet contraire.

Toute espèce de bétail consomme volontiers un bon ensilage. Des bœufs et des vaches à lait en ont été nourris exclusivement, à leur avantage. Mais il est mieux de n'en faire qu'une part du repas, pour varier l'alimentation. La ration admise est de 5 kil. par jour et par 100 kil. de poids vif, plus 1 kil. de foin. Nos vaches qui pèsent en moyenne 500 kil., consommeraient donc chaque jour 25 kil. d'ensilage et 5 kil. de foin par tête.

La dose doit être réduite pour peu que l'ensilage soit acide, afin d'éviter la diarrhée qu'il pourrait provoquer s'il était en excès.

Une certaine provision de foin est toujours nécessaire pour varier la nourriture fermentée même de la meilleure nature. L'ensilage ne saurait donc proscrire l'antique fenaison. L'un et l'autre mode de conservation des fourrages doivent se prêter un mutuel concours.

## CHAPITRE IV

### Les Pailles

*Perte de principes alimentaires dans les fourrages séchés sur pied.* — Nous avons vu les éléments les plus nutritifs se concentrer vers le fruit ou la graine dans les plantes en floraison. Nous utilisons cette évolution dans les céréales dont la graine est la partie la plus précieuse. Mais elle cause dans leurs tiges un appauvrissement qui se complète par l'émigration des principes alimentaires, après la formation du grain. Ce qui est en excès, descend alors en grande partie vers le sol. De telle sorte que ces tiges se composent principalement de matières ligneuses, inutilisées dans la création du grain.

*Soins améliorant la qualité des pailles.* — La valeur nutritive de la paille dépend du degré plus ou moins grand de consomption auquel on la laisse arriver sur pied. Moissonnées un peu sur le vert et lentement desséchées en moyettes, à l'abri de la rosée et des coups de soleil, les récoltes fournissent des pailles bien plus nourrissantes que celles qui restent exposées en javelles à toutes les intempéries, après avoir été coupées tardivement.

Les gerbes plongées en grange dans un état de dessication incomplète, se couvrent de moisissures qui altèrent profondément les qualités de la paille. Les champignons microscopiques de ces moisissures se produisent aux dépens des meilleurs éléments du fourrage. Après l'avoir épuisé, ils le rendent malsain.

La valeur nutritive de la paille dépend encore de la plus ou moins grande quantité de grains laissés par le battage.

*Conservation de la paille hors des granges.* — Presque partout, la paille battue est disposée à proximité des granges, sur un endroit sec, en meules bien dressées et reposant sur un lit isolant de branchages. Ces meules se terminent en forme de dos d'âne, et sont pressées et défendues contre le vent par des liens portant de grosses pierres à chaque extrémité. Etant ainsi bien tassée, la paille se conserve mieux au dehors qu'au dedans. Les rats ne la souillent pas et ils lui font un moindre dommage. Le gerbier devient disponible pour engranger les excédents de foin et de regain. L'on est ainsi dispensé d'accroître les bâtiments dont la construction et l'entretien absorbent le plus clair de nos revenus.

Avec un peu d'audace nous pourrions également conserver le foin en meules extérieures, élevées sur une plate-forme les isolant du sol. Mais les risques d'avarie sont plus grands que pour les pailles, dont les parties atteintes par les infiltrations d'eau sont toujours bonnes pour les litières.

*Utilité de hacher la paille.* — La mastication des tiges durcies des céréales est pénible au point de causer un véritable travail musculaire au bétail. On les rend plus digestibles, en les coupant menu au moyen d'un hache-paille. A défaut de cet instrument un peu coûteux, on les découpe parfois sur une faucille fixée à la muraille. Le mieux est de tasser la paille par grande masse comme le foin, soit en grange, soit mieux encore en meules au dehors. On peut alors la tailler avec un fer de faux tenu à la main, par tranches verticales. On la divise ainsi à la longueur de 15 ou 20 centimètres, ce qui suffit pour la mieux faire manger par le bétail. La méthode est à recommander également pour le foin.

*Paille des diverses céréales.* — La meilleure paille est celle de l'avoine. C'est celle que les animaux digèrent le mieux. D'après Henneberg, ils s'assimilent 55 o/o de ses principes alimentaires, tandis que cette fraction est seulement de 5o o/o pour la paille de froment et 45 o/o pour celle de seigle.

. La paille d'avoine est remarquable par sa dose de substances féculentes et surtout de matières grasses ; elle en contient autant que le foin. C'est probablement la cause de sa plus facile digestion par les animaux. Cette paille constituerait donc un aliment des plus précieux, si on la fauchait un peu sur le vert, et surtout si on ne la laissait pas volontairement se détériorer en javelles à la rosée ou à la pluie pour en faciliter le battage (1).

La paille de froment est donc à tort la plus estimée. Toutefois elle est bien supérieure à celle de seigle qui a une proportion excessive de matières ligneuses et presque indigestibles. La paille d'orge est utilisée pour le râtelier ; mais sa production est peu importante dans notre région. Il en est tout autrement de la paille de sarrasin, qui serait mangée volontiers par le bétail, si la saison permettait de la bien préparer et sécher.

*Rôle de la paille dans l'alimentation.* — C'est avec le foin que la paille s'accommode le plus mal, secs et coriaces l'un et l'autre. Mais elle convient par excellence au mélange avec les fourrages aqueux, tels que les verdures et les racines. Très riches en principes les plus nourrissants, les verdures peuvent être additionnées d'une subs-

(1) Composition moyenne des pailles et des balles :

| MATIÈRES | Avoine | | Balle de froment | | Froment | | Seigle | | Sarrasin | |
|---|---|---|---|---|---|---|---|---|---|---|
| Ligneuses. | 35 k. | 2 | 20 k. | 3 | 49 | » | 5o | » | 36 | » |
| Féculentes | 41 | » | 52 | 3 | 3o | » | 28 | » | 31 | » |
| Albumineuses. | 2 | 1 | 5 | 2 | 2 | » | 1 | 5 | 3 | » |
| Grasses. | 5 | » | 1 | 4 | 1 | 5 | 1 | 5 | 2 | » |
| Minérales. | 4 | » | 9 | 3 | 4 | » | 3 | » | 3 | » |
| Eau | 12 | 7 | 11 | 5 | 13 | 5 | 16 | » | 25 | » |
| Total. | 1oo kil. | | 1oo kil. | | 1oo kil. | | 1oo kil. | | 1oo kil. | |

tance maigre comme la paille, et constituer néanmoins une bonne ration. Cette addition a l'avantage de s'opposer à une trop avide inglutition de l'herbe, et de préserver les animaux des météorisations ou tout au moins des diarrhées.

La proportion de paille doit être forcée au début des verdures, alors qu'elles sont les plus tendres. Puis la dose est graduellement diminuée, à mesure que les fourrages verts vieillissent, durcissent et fournissent des aliments de moins en moins succulents.

*Utilisation des balles*. — Dans la paille, c'est l'épi qui est le plus nourrissant, alors même qu'il ne contiendrait plus de grains. La qualité de la tige va en diminuant de l'épi à la racine. C'est du reste dans cet ordre que les animaux choisissent. Les balles constituent donc une denrée alimentaire très substantielle ainsi que le montre le tableau ci-joint. Nous utilisons depuis quelques années les balles de blé noir, le *borboule*, pour la pâtée des porcs. Mais nous jetons barbarement aux quatre vents les balles de froment, dont nous pourrions tirer parti après les avoir purgées de la poussière et des détritus qui s'y trouvent· Les balles de seigle, surtout celles d'orge, sont à rejeter à cause de leurs barbes.

Les balles de froment, d'avoine et de blé noir servent surtout à corriger la crudité excessive des betteraves. Enfin quelques cultivateurs ont l'excellente idée de concasser grossièrement leurs noix de dernière qualité, de rejeter les plus gros débris de coquilles, puis de mélanger les cerneaux à des balles, et d'envoyer le tout au moulin Cela produit une farine excellente pour tout bétail.

*Ne vendez pas la paille*. — Précieuse pour l'alimentation, les pailles sont encore plus utiles pour la litière Leur vente est plus funeste que celle du foin.


## CHAPITRE V

### Aliments supplémentaires. Racines

Les topinambours, les raves, les betteraves, les pommes de terre permettent de combler la lacune dans la continuité des fourrages verts. Par leur forte proportion d'eau,

les racines favorisent la production du lait ; elles calment
l'échauffement du régime au foin et à la paille. Sans elles,
point de gros profit dans l'élevage, point d'économie dans
l'engraissement.

Les exigeantes betteraves ne sont permises sur de vastes
surfaces qu'aux exploitations où abondent les bras et les
fumures ; mais leur rendement est si considérable, même
sur de petites surfaces, qu'elles sont le lot véritable de la
petite propriété. Plus modestes, les topinambours et les
raves devraient, au prix de peu de soins, recevoir une
plus grande extension dans la plupart de nos métairies.

Celui qui a une bonne provision de ces diverses denrées,
et qui achète des veaux et des velles de six à huit mois à
l'entrée de l'hiver, celui-là réalise en général de beaux
bénéfices, en les revendant au printemps.

### Pomme de terre

*Composition.* — Les pommes de terre sont caractérisées
par l'abondance et l'excellence de leur fécule dont la dose
est de 20 o/o, et par la pénurie de leurs matières grasses
qui représentent à peine le millième de leur substance (1).

*Inconvénients d'une trop grande prédominance des
pommes de terre dans les rations.* — Il en résulte que
cette denrée n'est que très imparfaitement utilisée, quand
elle est donnée en trop *grande quantité*, faute de matières
grasses pour servir de fondant à la fécule.

(1) Analyse de racines d'après MM. Fayen et Boussingault :

| MATIÈRES | Pomme de terre | Betterave | Rave | Topinam-bour |
|---|---|---|---|---|
| Albumineuses. . . . . | 1 50 | 2 . » | » 50 | 2 10 |
| Sucrées . . . . . . | 1 08 | 10 50 | 4 80 | 16 10 |
| Féculentes. . . . . . | 20 » | » » | » » | » » |
| Grasses. . . . . . . | » 10 | » 09 | » 08 | » 30 |
| Minérales. . . . . . | 2 » | 2 80 | 1 » | 1 10 |
| Ligneuses . . . . . . | 1 32 | 1 11 | 2 » | 1 20 |
| Eau . . . . . . . . | 74 » | 83 50 | 91 62 | 79 20 |
| Total. . . . . | 100 » | 100 » | 100 » | 100 » |

La farine et le son ne compensent pas suffisamment cette pénurie de graisse, quand on les mélange aux pommes de terre, comme nous le faisons d'ordinaire pour l'engraissement des bœufs ou des porcs. Il serait préférable de recourir à des denrées plus riches en matières grasses, telles que les tourteaux d'huile, tels que ces pains de suif qui sont fabriqués avec des résidus d'abattoir. Cette mauvaise utilisation des pommes de terre par leur emploi trop excessif, est l'une des causes de la cherté de nos engraissements.

*Consommation.* — On peut donner les pommes de terre aux brebis et aux vaches laitières, en les découpant fort menu à l'aide d'une machine très commode nommée *coupe-racine*. Il faut les mélanger avec du foin ou de la paille hachés au sixième de leur poids. Les tubercules cuits sont moins lactifères que les crus. Les pommes de terre constituent, à cause de la qualité de leur fécule, *la vraie denrée d'engraissement*, quand on les donne cuites et additionnées d'aliments convenables. La question de prix peut seule leur faire préférer les autres racines. Toutefois celles-ci sont nécessaires en certaine quantité, pour introduire une utile variété dans la ration.

### Betteraves

*Composition.* — Cette racine est surtout utile dans l'alimentation, par le sucre dont elle titre en moyenne 10 o/o. Grâce à lui, elle est le meilleur complément de nos fourrages ordinaires dont elle atténue les effets échauffants. Enfin elle est d'un rendement considérable, d'une conservation facile ; elle exige moins la cuisson que la pomme de terre. Ce qui lui donne, en quelque sorte, une triple supériorité sur celle-ci.

*Consommation.* — Le bétail se dégoûterait vite des betteraves, il en serait même incommodé comme de tout aliment trop aqueux, si elles lui étaient données seules et en trop grandes masses, surtout dans les grands froids. Le sucre étant très digestible et favorisant même la digestion des autres aliments, il n'est point nécessaire, comme pour la fécule de pommes de terre, de corriger la prédo-

minance de cet aliment nutritif. La question revient plutôt
à tempérer un excès de crudité par des éléments plus secs
et moins refroidissants pour l'estomac. Quelques grains
de sel rendent le résultat encore plus facile. En cela, ce
que les animaux préfèrent, c'est l'addition de tourteaux et
surtout de son, dont on saupoudre les tranches fines de la
racine. Ce qui est plus économique, c'est le mélange de
balle de froment, de paille ou de foin hachés menu, au
dixième environ du poids de betteraves. Dans ces conditions, la ration pourrait être portée jusqu'à 25 et 3o kil.
de racines par jour. Mais pour nous, il ne s'agit pas de
faire de la betterave la base de l'alimentation de nos cheptels. Nous pouvons l'employer seulement comme un supplément bienfaisant, une *friandise de la pâture.*

La précieuse racine convient surtout aux vaches dont
elle augmente le lait, en qualité et quantité. Elle est particulièrement profitable aux bêtes d'élevage. C'est au printemps, passé les grands froids, qu'elle a les meilleurs effets
sur le bétail. Les jeunes pousses fournies par l'éclaircissage
sont avidement dévorées par les cochons, auxquels elles
font grand bien. Dans l'engraissement, elles sont très
utilisées soit à l'état naturel, soit à l'état de résidus de
sucreries, nommés *pulpes*, pour l'alimentation des bœufs
qui les consomment crues. Il est préférable de les faire
cuire pour les cochons très avancés en graisse.

*Effeuillage.* — Les feuilles que l'on peut couper sur
pieds, mais seulement quelques jours avant la récolte de
la racine, fournissent un bon fourrage, quoiqu'un peu
laxatif. Quant à l'effeuillage sur la betterave en cours de
végétation, c'est la plus sauvage des pratiques (I^re Partie,
p. 1o2.) Pour vous rendre compte du mal que vous leur
faites ainsi, voyez les pauvres fruits séchant sur les arbres,
quand les intempéries les dépouillent de leur feuillage
avant le temps. Ne soyons pas inhumains à l'égard de
cette précieuse racine. C'est la corne d'abondance dont la
petite propriété peut tirer des profits jusqu'ici inconnus.

### *Carottes*

Ce sont les racines les plus convenables pour les chevaux. Chaque propriétaire de poulinières et de poulains devrait en cultiver au moins quelques carreaux de jardin.

*Conservation des racines en silos*. — Les pommes de terre, les betteraves et les carottes se logent en cave, quand la provision est petite. De grandes quantités de ces racines se conservent mieux dans ces fosses nommées silos, que dans des caves, grâce aux précautions suivantes : Ne point concentrer dans le tas la première chaleur qui se développe au moment de l'accumulation des racines ; préserver soigneusement le silo des infiltrations d'eau.

Choisissez un terrain aussi sec que possible ; creusez, dans le sens de la plus grande pente, une fosse profonde de 0$^m$50, large de 1$^m$50, et aussi longue que le comporte l'approvisionnement à conserver. Cela fait, disposez-y les racines très serrées, et autant que possible durant les heures chaudes de la journée. Elevez le tas en dos d'âne, au-dessus de terre, puis recouvrez-le d'une couche de paille, Jetez par dessus la terre extraite de la fosse et celle obtenue des fossés d'écoulement creusés de chaque côté autour du silo, jusqu'à 0$^m$30, en contre-bas du fond de ce silo. Cette terre sera fortement battue avec le dos d'une pelle. Laissez libre le sommet du tas en le recouvrant provisoirement avec de la paille, pour faciliter l'élimination des premières buées qui détermineraient la pourriture des racines. Veillez à réparer les fendillements de l'enveloppe de terre ; elle doit avoir au moins 0$^m$40 d'épaisseur. Les grands froids venus, remplacez les pailles du chapeau par une bonne couche de terre. Puis prenez les racines au jour le jour, en attaquant le tas par l'extrémité inférieure, sauf à recouvrir de paille les denrées mises à nu. Bon an, mal an, on pourrit en cave un tiers de sa récolte de pommes de terre, alors qu'avec un peu de soin, on la sauverait presque en totalité dans les silos (1).

---

(1) Quand on construit un bâtiment spécial pour la porcherie, avec une chaudière de cuisson au centre, on peut créer à peu de frais un dépôt de racines par la prolongation du toit en appentis, sur le côté opposé aux portes, de façon à couvrir une cave longitudinale creusée le long de la porcherie.

## Panais

Les panais conviennent à toute espèce d'animaux. Ils rendent le lait des vaches savoureux et crémeux.

Toute exploitation qui veut user abondamment des racines, doit en cultiver de diverses sortes, afin d'être à l'abri du manque à lever de l'une d'elles.

## Rave

*Composition.* — Cette racine nationale contient 5 o/o de matières sucrées et 0,5 o/o d'albumine. Elle est évidemment inférieure aux grandes racines. Mais elle rachète cette infériorité par sa rusticité, sa complaisance à végéter même sur les maigres terrains, en culture dérobée.

*Consommation.* — Lorsque le terrain a été bien fumé et phosphaté, s'il est possible ; lorsque la semaille a pu suivre immédiatement la moisson, et que la saison n'a pas été sèche à l'excès, la récolte de raves fournit ses premiers produits dès le mois de novembre. Ils viennent à point pour la transition entre la dépaissance d'automne et l'alimentation sèche à l'étable. Heureux ceux qui peuvent dès lors arracher au jour le jour, une charretée de ces racines pour la consommation quotidienne du bétail. Les attelages, les laitières, les élèves, tout en tire profit, en santé et en rapport. On arrive ainsi aux résidus du champ qu'on laisse monter en fleur, si la succession des cultures le permet.

## Topinambour.

*Composition.* — Il est au moins l'égal des grandes racines pour la dose d'albumine ; et il les dépasse par la proportion de sa matière sucrée, qui est, il est vrai, de moins bonne nature que celle de la betterave, du panais et de la carotte. Cette matière est incapable de se cristalliser, mais très facile à la fermentation alcoolique, ce qui le rend très digestible. Enfin il possède une proportion notable de phosphate de chaux.

Convenable pour les animaux à engrais, ce tubercule est surtout excellent pour les bêtes à laine. Il fait le plus grand bien aux veaux et surtout aux poulains, quand il leur est donné à dose modérée. Nous n'avons pas pour nos montagnes de plante moins exigeante et plus productive. On l'arrache au jour le jour en hiver ; mais les difficultés de son nettoyage sont un obstacle à son adoption par ceux qui ne l'ont pas encore appréciée.

### Choux fourragers

Les choux constituent une précieuse verdure pour l'hiver. Très aqueux comme les racines, ils favorisent la sécrétion du lait. Ils contribuent à l'entretien de l'organisme par leur richesse minérale.

*Mélange des diverses racines pour l'engraissement du bétail, spécialement des cochons.* — Pommes de terre, betteraves, raves, topinambours, choux, aucune de ces denrées n'est suffisamment pourvue de tous les éléments d'une ration complète. Les donner isolément, c'est provoquer la perte d'une part de ceux de ces éléments qui sont en excès, la digestion des animaux retranchant tout ce qui dépasse les proportions voulues.

Il importe donc de mélanger dans la marmite une grande quantité de ces denrées, pour qu'elles se corrigent mutuellement, en ce qu'elles ont de défectueux. La pomme de terre apporte sa fécule, la betterave son sucre, la rave ses aromes, le topinambour son alcool, le choux son albumine. De là une variété qui aiguise l'appétit du bétail, surtout lorsqu'on a soin d'ajouter une poignée de sel. Les animaux s'engraissent mieux ; la provision de pommes de terre s'épuise moins.

*Point de grand profit sur le bétail, sans alimentation au vert, durant toute l'année.* — Au prix actuel du foin et de la paille, il n'est pas d'alimentation plus coûteuse que celle faite trop exclusivement avec ces fourrages secs, qui sont de qualité médiocre, le plus souvent. Il n'en est pas de moins hygiéniques. Notre culture restera misérable en profit sur les cheptels, misérable en fumier, tant que notre bétail ne recevra pas d'autre nourriture à l'étable, durant l'hiver et le printemps.

Nous avons vu qu'une convenable répartition des verdures, et qu'une utile extension de la dépaissance de l'herbe dans les enclos au printemps, dans les prés à l'automne, peuvent déjà presque suffire à adoucir la ration sèche durant une grande partie de l'année. Les raves et les topi-nambours de novembre en février, les betteraves de mars en mai et même en juin, sont susceptibles d'apporter le plus utile renfort à cette alimentation verte. Ces racines permettent de ménager le fenil ; elles garantissent contre tout risque de disette dans la fenaison.

Le sol, le climat de notre région granitique, le haut prix du bétail, tout pousse le cultivateur du pays à trans-former graduellement sa culture, en vue de la production continue des aliments verts. Aveugle et appauvrissante est la résistance à cette amélioration, qui est à la portée du plus modeste bordier.

*Pas un jour, pas un repas sans verdure, durant toute l'année*, voilà ce qui devrait être inscrit en grosses lettres dans nos étables.

## CHAPITRE VI

### Aliments concentrés pour l'engraissement et l'élevage.

### *Les fruits, les grains, le son, les tourteaux.*

*Leur emploi spécial.* — Les herbages bien cultivés, les racines même réduites aux seules raves et aux rustiques topinambours, peuvent suffire à une bonne et lucrative alimentation des bœufs, des vaches, des veaux de qualité ordinaire, des moutons communs, de tout ce qui constitue le fonds et le nombre dans nos cheptels. Mais les bêtes d'élevage promettant une croissance remarquable, les vaches laitières dont on veut tirer le plus grand profit, le bœuf soumis à un engraissement rapide, le seul profitable, tous ces animaux dans une situation exceptionnelle, réclament un appoint d'alimentation plus substantielle fournie par les fruits et les grains, dans lesquels les substances alimentaires des plantes se concentrent, comme dernière élaboration végétale. Du reste il se manifeste une tendance de plus en plus marquée à faire consommer à la ferme la majeure part de ces produits.

*Exploitation épuisante et exploitation améliorante.* — Dans bien des domaines encore, le bétail en est réduit à la

seule pitance du foin et de la paille, l'engraissement des porcs
est presque nul, toutes les denrées étant livrées à la vente.
Cette manière de faire, qui demande le plus possible à la
terre et lui rend le moins possible, est continuée par la
tradition ou imposée par le manque de ressources qu'exige
l'entretien d'un nombreux cheptel. Tout au contraire,
d'autres cultivateurs, plus avisés ou plus aisés, transfor-,
ment la majeure part de leurs denrées végétales en denrées animales, transformation qui réalise des fumiers plus
abondants et surtout plus fertilisants. Cette pratique est le
couronnement de la culture améliorante dont la base est
dans la bonne tenue des terres, le soigneux entretien des
prés, la vigilante conservation des bois.

### § *1. Fruits.*

***L'arbre et l'alimentation en pays de montagne.*** —
Le boisement étant la vocation naturelle de notre région, les fruits : glands, faînes, châtaignes, noix réduites
en tourteaux, tous ***ces produits de la branche*** doivent y
avoir pour l'alimentation un rôle plus important que dans
la plaine. Cesser d'accroître ces ressources ou même y
renoncer, c'est acte de sauvage imprévoyance, alors que
les terrains tournés au nord et ceux en pente à toute exposition ne conviennent qu'à l'arbre, et ne sont protégés que
par lui.

L'arbre donne tout, le fruit, le bois, la litière, la douceur et la salubrité du climat; il favorise la population
même, qui pourrait au double trouver du travail sur
notre pays judicieusement reboisé.

***Châtaignes.*** — Elles contiennent 5o o/o de matières
sèches qui se composent de : 84 o/o de matière féculente
et sucrée, d'une nature très assimilable ; 6 o/o de matière
albumineuse ; 5 o/o de matières grasses ; 3,5 o/o de matières minérales ; 1,5 o/o de matière ligneuse. C'est un excellent ensemble d'aliments de qualité supérieure et bien
proportionnés ; ce qui explique la vertu engraissante de
ce précieux fruit dont nos porcs tirent une qualité sans
pareille. Le pays est donc menacé d'un irréparable dommage par les usines distillant le bois de châtaigniers.

« Nos porcs s'en vont, et nos pentes se dénuderont »,
disait un mélancolique paysan, à la vue des voitures menant le bois à ces néfastes usines.

*Glands*. — Leur composition est peu différente de celle
de la châtaigne, mais leurs matières alimentaires sont de
qualité bien inférieure à celles de cette dernière ; ils ont
surtout une amertume qui tient au tanin. Néanmoins leur
forte proportion d'huile les rend très utiles à l'alimentation. Quelle perte que celle de nos forêts à cause de la
glandée !

*Faînes*. — La rareté du fruit du hêtre est bien regrettable à cause de sa dose de matières grasses. Les porcelets
qui peuvent se nourrir dans les boisements conservant
quelques hêtres, ont une très rapide croissance.

*Noix*. — Depuis la baisse des noix, quelques cultivateurs ne vendent que le choix de leurs fruits, et ils en font
moudre le rebut, coquille et amande, en les mélangeant
avec de petits grains, des balles de froment ou surtout de
sarrasin, afin d'absorber l'huile. Ils obtiennent ainsi une
farine très propre à améliorer les rations d'engraissement.
Le noyer peut ainsi contribuer à atténuer toutes les pertes
que nous cause le déficit de matière grasse dans nos denrées.

*Arbres à huile*. — Les châtaigniers, les chênes, les
hêtres, voire même les noisetiers dont la nature avait orné
et abrité nos pentes, ont tous des fruits très abondants en
matières grasses. Ils semblent destinés, dans l'harmonie
des choses, à fournir un utile appoint de ces matières aux
animaux en liberté, à une époque de l'année où les herbes
séchées sur pied sont d'une moindre valeur nutritive.
Certes ces bêtes avaient alors un régime bien préférable
à celui qu'elles subissent le plus souvent depuis leur
domestication. Plus tard, l'importation du noyer vint
encore améliorer les ressources d'alimentation, qui ne
peuvent que perdre au trouble apporté par la graduelle
disparition de ces arbres tutélaires (1). Pourtant la recons-

---

(1) L'olivier était un arbre sacré chez les Grecs ; les Romains tenaient
le noyer pour divin, en l'appelant *glands de Jupiter*. Voilà comment
par instinct, les anciens honoraient les sources de la graisse, l'aliment le
plus rare et néanmoins le plus indispensable.

titution de ces ressources serait absolument conforme au principe fondamental de notre culture :

*Établir deux parts de nos terrains, accumuler le travail et l'engrais sur la part fertile, faire contribuer la part stérile au bien de l'exploitation avec la moindre dépense possible.*

## § 2. *Grains.*

*Froment.* — La supériorité de ce noble grain tient à la forte proportion de sa matière albumineuse nommée gluten, surtout à sa qualité *panifiable*. Aucun grain ne produit un pain aussi nourrissant et aussi digestible. Capitale pour l'alimentation humaine, cette aptitude à la panification devient tout à fait secondaire dans la nourriture du bétail. Le froment y est inférieur à beaucoup d'autres grains.

Manger du pain de froment toute l'année, c'est la plus souhaitable amélioration du régime des cultivateurs de la contrée. Ce bienfait sera la récompense d'un travail mieux dirigé et plus assidu (1).

*Seigle.* — Ce grain est celui dont la constitution se rapproche le plus de celle du froment. Mais ses matières albumineuses n'ont pas la qualité supérieure du gluten. De là, l'infériorité de son pain au goût et à la digestion.

*Son rôle dans l'engraissement.* — Le seigle est très employé chez nous pour les porcs et les bœufs à l'engrais. Toutefois il serait plus économique d'employer des féve-

(1) Composition moyenne des grains d'après M. Boussingault :

| MATIÈRES | Froment | Seigle | Avoine | Sarrasin | | Maïs | | Orge | Féverole |
|---|---|---|---|---|---|---|---|---|---|
| Féculentes... | 66,5 | 67,5 | 61,4 | 64 | » | 60 | 50 | 63,7 | 48,3 |
| Albumineuses | 14,5 | 11,0 | 12,0 | 13 | 10 | 12 | 80 | 13,4 | 30,8 |
| Grasses . . . | 1,5 | 2,0 | 6,0 | 3 | 90 | 7 | » | 2,8 | 3,0 |
| Minérales . . | 1,5 | 1,8 | 3,0 | 2 | 50 | 1 | 10 | 4,5 | 3,5 |
| Ligneuses . . | 2,0 | 3,5 | 3,6 | 3 | 50 | 1 | 50 | 2,6 | 1,9 |
| Eau. . . . . | 14,0 | 14,2 | 14,0 | 13 | » | 17 | 10 | 13,0 | 12,5 |
| Total .... | 100 » | 100 » | 100 » | 100 | » | 100 | » | 1 00» | 100 » |

roles, ou des tourteaux, dans la première période d'engraissement, alors qu'il faut développer les muscles des animaux. La matière albumineuse, qui est alors l'aliment le plus nécessaire, est livrée à bien plus bas prix par ces denrées que par le seigle. Mais celui-ci reprend sa supériorité dans la période finale de l'engraissement, alors qu'il faut donner plus de finesse que de poids aux animaux. Sa matière féculente est excellente pour la production de la graisse qui doit alors imprégner tous les tissus de ces animaux.

*Avoine.* — C'est le froment du bétail. Elle lui est même supérieure par une plus forte proportion en graisse et surtout en éléments minéraux. Néanmoins, elle ne convient pas à l'engraissement des animaux, à cause de ses qualités excitantes, qui tiennent à une huile spéciale, logée dans les premières couches de l'amidon, sous l'enveloppe du grain.

*Rôle de l'avoine dans l'alimentation.* — Sa vraie destinée est de fournir un aliment tonique et concentré aux animaux de grand travail, aux étalons de toute espèce. Elle leur procure une extrême énergie, par son aptitude à réparer promptement les usures de l'organisme.

Elle est également utile pour exciter les femelles menacées de stérilité. Mais elle convient peu aux jeunes animaux qu'elle rend turbulents. Elle éveille trop tôt les instincts des jeunes mâles. Le tourteau, la féverole, le son, fournissent à meilleur marché les matières albumineuses et minérales nécessaires au développement précoce du jeune bétail de toute espèce.

*Maïs.* — Sa pauvreté en minéraux le rend peu propice à l'élevage, mais de tous les grains, c'est celui qui contient la dose la plus élevée en matières grasses. A ce titre, il est très à rechercher dans l'engraissement. Sa culture doit être pratiquée partout où le climat ne compromet pas trop la maturité des épis. C'est avec le maïs, d'abord en plante puis en grains, que les Américains engraissent cette masse de cochons avilissant nos produits.

*Orge.* — Ce premier grain récolté vient à point, au moment où les provisions des autres céréales sont fort épuisées. Il est très employé en Allemagne à l'état de grains égrugés, pour adoucir le régime intensif trop échauffant des vaches laitières ou des bœufs au dernier terme de leur engraissement.

Les éleveurs Anglais usent pour leurs poulains de buvées, de *mash*, formées d'un mélange d'avoine et d'orge en grain, que l'on humecte d'eau bouillante.

*Sarrasin. Sa grande valeur nutritive.* — Cet enfant préféré des terrains granitiques se recommande à cause de sa fécondité. Il est bienfaisant à l'homme et à la bête, par sa bonne dose de matières albumineuses, égalant en quantité, sinon en qualité, celle des grandes céréales ; par sa richesse en matières grasses, qui est le double de celle du froment et du seigle ; par son titre en matières minérales, également supérieur à celui de ces céréales. Ces matières minérales, l'homme peut pour ainsi dire les doser à son gré, par l'addition de phosphate de chaux à la fumure de la sole de cette bonne plante. Il devient ainsi le maître d'améliorer sa propre constitution et celle de ses animaux en améliorant la nutrition même de ses récoltes.

*Emploi des grains.* — Nous les faisons ordinairement consommer en farine. Cependant nous éviterions les frais de mouture, et le résultat serait favorable, en les employant à l'état de *grains égrugés*, c'est-à-dire gonflés à l'eau bouillante et servis tièdes au bétail (1).

*Le son.* — La matière albumineuse qui est la plus nourrissante, se concentre dans les couches supérieures, sous l'écorce du grain ; tandis que le noyau est presque exclusivement formé de substances féculentes. Dans la mouture par nos petits moulins, le son est épais ; il garde une forte proportion d'albumine. Il est ainsi très précieux pour l'alimentation des animaux, puisque les substances fécu-

(1) *Conservation du grain en grenier.* — Pour préserver les grains, le froment surtout, des attaques des insectes, principalement du charançon, procurez-vous de petites boîtes vides de poudre de chasse ; remplissez-les de *sulfure de carbone* ; bouchez-les avec des tampons de coton ; placez-en deux ou trois dans chaque tas de grains. Les insectes sont tués par les émanations du sulfure de carbone, substance inoffensive au toucher, mais dangereusement inflammable. Ce liquide n'est donc pas à manipuler à la lumière.

lentes dont il manque, sont en quantité toujours suffisante dans les autres aliments.

Passés et repassés sous la meule, les sons des grandes minoteries sont réduits le plus souvent à une simple écorce ligneuse, de très médiocre valeur pour le bétail.

*Grains des légumineuses.* — Nous n'usons pas des fèves ni des féveroles qui rendent de grands services dans l'alimentation du bétail. Il est à souhaiter que la culture de ces plantes soit essayée dans les limites permises par notre sol et notre climat ; car ces féveroles ont une dose d'albumine presque triple de celle de nos céréales. Elles sont très propres à enrichir les rations.

Les cours, d'une part du bétail et des grains de l'autre, doivent renseigner sur l'opportunité d'en nourrir plus ou moins les animaux. D'une façon générale, il ne faudrait apporter au marché que des fruits ou des grains de premier choix, et toujours faire consommer ceux de qualité inférieure à la ferme.

## § 3. *Tourteaux.*

*Achat de denrées extérieures.* — Non contente de faire consommer sur place la majeure part de ses denrées, la culture doit s'ingénier à utiliser tout ce qu'elle trouve à bas prix, pour nourrir son bétail. L'opération peut se faire du petit au grand, du cultivateur voisin des villes qui en rapporte les déchets de légumes, les restes de cuisine, les pains de munition et les biscuits rebutés, jusqu'au grand éleveur, attentif à ces provisions de farine ou de grains avariés, qu'on livre au bas prix des enchères, dans nos grands ports de mer.

Cette spéculation exige une vraie intelligence commerciale, quand elle prend une certaine extension. Même réduite à une petite proportion, elle nécessite une certaine entente du bétail, pour procurer tout le profit possible. Ainsi le modeste bordier qui, à force d'épargnes, achète tous les mois un sac de son, pour le faire contribuer au lent et parcimonieux engraissement d'un cochon dur à prendre la chair, ce bordier ne tire pas toujours un profit réel de ses déboursés, qui auraient pu être mieux rémunérés par l'engraissement plus rapide d'une bête plus apte à s'assimiler les aliments.

Ces réserves faites, occupons-nous des *tourteaux* ou *pains d'huile*, qui fournissent les aliments auxiliaires le plus communément employés.

*Variété des tourteaux.* — Il se fait, surtout dans les ports de mer, une grande fabrication d'huile, à l'aide de fruits ou de graines de toute espèce, indigènes et surtout exotiques. Soumis à des presses très puissantes, les tourteaux gardent une dose d'huile bien inférieure à celle des pains de nos huileries de noix. Enfin la qualité nutritive de ces tourteaux dépend de la nature des fruits ou des grains. S'ils conservent en général peu de graisse, ces tourteaux gardent du moins leurs matières albumineuses et minérales, qui ne sont que faiblement entraînées par l'émission de l'huile ; c'est surtout à ce titre qu'ils peuvent avoir un grand effet utile dans l'alimentation du bétail, et dans l'amélioration des fumiers.

*Tourteaux pour vaches laitières.* — Ceux de palme, de coton, de sésame et d'arachide, sont les seuls qui ne communiquent pas un mauvais goût au lait. Les trois premiers sont à peu près du même prix, de 12 à 14 francs en gare. L'arachide est plus cher, mais son dosage en albumine et graisse est ordinairement supérieur. Or, en raison des frais de transport, il faut toujours rechercher la bonne qualité des matières venant de loin.

*Tourteaux pour l'engraissement.* — Le pavot, le colza, sont en général d'un prix moins élevé ; ils sont très employés pour l'élevage et l'engraissement, surtout au début de cette opération.

*Tourteaux d'engrais.* — Enfin des résidus de basse qualité d'arachide non décortiqué, de ricin, etc., ne sont utilisables que comme engrais.

*Leur emploi.* — La dose ordinaire des tourteaux est de 1 kil. par jour et par tête de gros bétail, 1/2 kil. par veau ou par bête à laine. Toutefois la ration journalière est élevée jusqu'à 3 kil. pour les bœufs à l'engrais. On fait consommer ces tourteaux en buvées tièdes, ou mieux encore en poudre dont on enfarine les betteraves, les topinambours ou les raves. C'est le meilleur moyen de corriger la crudité de ces racines.

Quand les tourteaux sont de bonne nature et de bon titre, ils ont l'influence la plus profitable sur la santé, la croissance, la lactation ou l'engraissement du bétail, sur l'amélioration du fumier qui devient ainsi un engrais d'une haute puissance fertilisante.

*Leur qualité.* — Les tourteaux des ports de mer sont soumis à tout l'agiotage du commerce international. On ne peut guère les avoir directement des huileries, leur achat ayant été monopolisé par quelques maisons spéciales qui les vendent sans garantie, au moins pour des livraisons ordinaires. Le titre communément annoncé est de 30 à 20 o/o de matières albumineuses, et de 10, 5, et même à 3 o/o d'huile ; 1 o/o d'acide phosphorique. Tout cela est bien vague pour des denrées, qui comme le son, descendent à la pénurie la plus complète de principes alimentaires, pour peu que la fraude contribue à dénaturer ce qui est déjà fort appauvri par les progrès de la fabrication de l'huile.

Le prix d'achat moyen qui est de 15 fr. les 100 kilog. rendus dans les gares du pays, laisserait une bonne marge au profit, si l'on pouvait avoir quelqué sécurité sur le titrage. Cette sécurité s'obtiendrait sans doute par l'intermédiaire de puissants syndicats, pouvant exiger des analyses, grâce à l'importance de leurs commandes. Mais en attendant cette organisation si désirable, on ne peut que conseiller une certaine réserve sur l'emploi de ces denrées, attendu qu'en principe il ne nous faut acheter que ce que nous pouvons contrôler, devrions-nous ressentir le regret de voir les résidus de nos fabriques passer en Angleterre ou en Allemagne.

*Moyens de suppléer les tourteaux pour le déficit de la graisse.* — En réalité, les tourteaux des ports fournissent de l'albumine plutôt que de la graisse. L'albumine, nous savons l'accroître dans nos fourrages par les bonnes fumures. N'avons-nous pas vu des foins excellents atteindre jusqu'à 15 o/o de cette matière précieuse, ce qui est le dosage des tourteaux à faible titre. De même qu'à force de soins, nous pouvons nous dispenser de l'achat d'engrais azotés, grâce à nos prés irrigués et à nos bois (I<sup>re</sup> Partie, p. 65), de même devons-nous nous exempter des aliments azotés étrangers, à la faveur d'une bonne culture des herbages, à la faveur de nos fruits et de certains de nos grains.

Reste la graisse, cette grande désirée de nos rations. Le commerce des tourteaux des ports ne saurait nous la fournir avec ses faibles dosages d'huile souvent inférieurs à 3 et 4 o/o. Demandons-la aux pains d'huile de nos huileries, tant qu'elles subsisteront. A 24 fr. les 100 kilog., ils sont préférables aux tourteaux des ports à 15 francs. Cultivons du lin, des féveroles, du maïs autant que notre climat le permet. Puis relevons nos forêts de chênes et de hêtres. Sans nous laisser décourager par les causes présentes de mortalité des noyers, replantons cet arbre sur les bordures de nos champs. Ne nous fions pas à des denrées commerciales dont le prix ne peut que hausser à mesure que leur qualité baissera. Rétablissons nos antiques sources de la graisse.

# CHAPITRE VII

### Matières minérales dans l'alimentation

## § 1. L'eau.

*Rôle de l'eau dans l'alimentation.* — Tous les tissus des animaux sont baignés d'eau. Elle soutient les organes et régularise leurs mouvements. Elle facilite l'absorption des liquides nutritifs par les intestins. Grâce à elle, les matières usées de l'organisme s'évacuent par les urines et par les sueurs. L'action de l'eau est donc capitale dans l'économie animale. La possibilité d'étancher librement leur soif est un des bienfaits du pâturage pour les animaux. L'herbe qu'ils y paissent ne contient qu'un kilo de matières sèches pour 4 kilos d'eau ; et néanmoins, ils ont le besoin de boire, même avec une alimentation si humide. Concluons-en donc qu'à l'étable, ils doivent recevoir au moins *quatre fois plus d'eau que d'aliments secs.*

*Nécessité d'abreuver fréquemment le bétail.* — On ne le fait généralement boire que deux fois par jour. Ce n'est pas assez, surtout dès que la chaleur augmente, avec l'accroissement des jours. Le jeune bétail qui demande une alimentation réitérée à de courts intervalles, les vaches qui ont besoin de beaucoup d'eau pour faire beaucoup de lait, les attelages dont le corps s'assèche par les sueurs, tous ces animaux voudraient boire au moins trois fois par jour. Les chevaux soumis à une fatigue extrême dans le service des voitures publiques des grandes villes, ont leur avoine et leur eau réparties en six repas par jour.

*L'eau dans les auges.* — Le mieux encore est d'avoir un compartiment de l'auge toujours plein d'eau. Cette disposition qui commence à se répandre, est coûteuse ; mais elle constitue l'amélioration la plus essentielle du régime du bétail à la chaîne.

*Evitez l'emploi des eaux trop froides.* — Cette innovation n'a pas seulement le mérite de sauver le bétail des souffrances de la soif, et qui dit souffrance, dit dépérissement ou perte pour le maître. Elle a encore l'avantage de procurer au bétail une boisson à la douce température de l'étable. Il n'est rien de plus mauvais pour le bétail que de se donner une ventrée d'eau glaciale, pour étancher sa soif, après l'absorption d'une botte de foin ou de paille. Ayez autant que possible l'auge d'abreuvoir dans l'étable même.

*Pour l'homme comme pour la bête, l'hygiène de la boisson est la principale de l'alimentation.*

## § 2. Action des minéraux sur la puissance digestive des animaux.

*Rôle des minéraux dans l'organisme.* — La constitution de l'ossature, but final des matières minérales, n'est que le dernier acte d'une intervention capitale de ces matières dans tout le cours de la nutrition des animaux. Deux substances ont surtout une importance extrême : l'acide phosphorique et la potasse.

*Acide phosphorique.* — C'est à l'état de phosphate de

chaux, que ce précieux corps intervient le plus utilement dans la nutrition des végétaux. Il tend à se transformer en phosphate de potasse dans le cours de la végétation, pour former avec la matière albumineuse la combinaison complexe, gluten légumine, par laquelle il intervient le plus utilement dans la nutrition des animaux. Le rôle immédiat de l'acide phosphorique dans cette nutrition est de contribuer à la formation de divers sucs digestifs qui en sont très riches. Puis dans le cours de la vie, il se combine de nouveau avec la chaux provenant des autres éléments des aliments, pour former le squelette. Les matériaux éliminés par usure rentrent de nouveau dans la circulation, pour s'éliminer avec l'excès des sucs digestifs rejetés par le résidu de la digestion. En cela, la potasse joue un rôle temporaire et auxiliaire, mais indispensable, ce qui explique sa forte proportion dans les végétaux.

*Animaux bons assimilateurs des aliments.* — L'activité des sucs digestifs, d'où vient la puissance d'assimilation des animaux, se règle donc sur leur bonne alimentation en minéraux, principalement en acide phosphorique, sous la meilleure forme possible, qui est celle de ces minéraux dans le lait, l'herbe tendre, les fruits et les grains. Longtemps regardée comme le mystérieux apanage de certaines races, cette aptitude à l'utilisation maximum des denrées se transmet sans nul doute par l'hérédité ; mais elle se développe surtout par le bon allaitement suivi d'une alimentation suffisamment riche en albumine dont l'abondance entraîne toujours celle des minéraux, en raison de l'état d'association dans laquelle elle se trouve avec ces derniers.

Or, le meilleur moyen de favoriser la formation de ces précieux composés d'albumine et de minéraux dans nos denrées, c'est d'amender notre sol avec du calcaire, chaux, plâtre et surtout phosphate, calcaire qui dégage de la potasse par surcroît. (I<sup>re</sup> Partie, p. 67.)

Il est beaucoup plus logique d'améliorer l'alimentation en phosphate, par l'amélioration même des fourrages, que d'administrer directement cette substance au bétail, en le

mêlant aux rations par exemple sous forme d'os pulvé-
risés. Cette pratique vient à la mode chez quelques éleveurs ; mais elle paraît trop contraire aux procédés de la
nature, pour être recommandée.

*Sel marin.* — Comme condiment, cette substance est
très nécessaire aux animaux. Le granit en contient les
éléments, mais à trop minime dose. Il est vrai que par une
admirable harmonie de la nature, notre sol reçoit de faibles mais constants approvisionnements de cette précieuse
substance, par les vapeurs de l'océan. Elles en entraînent
de minces particules qui tombent avec la pluie. Néanmoins
nos fourrages ne renferment qu'une quantité insuffisante
de ce condiment et l'homme ne devrait pas refuser à son
bétail un supplément de salure, dont il ne peut lui-même
se priver.

Le moyen le plus simple et le plus économique d'administrer du sel au gros bétail, c'est de saler le foin au moment de la récolte. Très répandue en Auvergne, cette
pratique mériterait d'être étendue à toute la région. On
saupoudre de quelques poignées de sel chaque charretée
engrangée, à raison environ d'un kilo par 100 kilog. de
fourrage. Ce n'est même pas un sou par quintal, attendu
qu'on livre le sel dénaturé pour le bétail, à 8 ou 9 francs
les 100 kilog. Point sot celui qui vend du foin pour en
acheter une balle.

L'engraissement des cochons marche beaucoup mieux,
lorsqu'on jette quelques pincées de ce sel dans leur
baquet.

Quant aux brebis, on se contente de mettre dans un
coin de la bergerie un bloc de gemme qu'elles viennent
lécher.

Les animaux qui reçoivent une légère ration de sel
mangent de meilleur appétit et digèrent mieux toute
espèce de ration, serait-ce même des fourrages de basse
qualité. L'énergie des fonctions en est accrue. Les jeunes
animaux gagnent en croissance. Buvant plus, les vaches
donnent plus de lait. Les bêtes à l'engrais s'assimilent
plus vite leurs aliments. Cette substance est une partie
essentielle de l'alimentation des bœufs engraissés en Alle-

magne. Ils en recoivent environ 5o grammes par jour et par tête (1).

*Utilisation des résidus d'abattoir.*— Les grandes exploitations à proximité de voies ferrées, abattent généralement sur place les animaux de boucherie, dont les quartiers sont seuls expédiés aux marchés des villes. Cette judicieuse pratique laisse à la ferme de nombreux restes utilisés soit pour la nourriture des habitants, soit pour celle des animaux. Certains débris sont bouillis pour la porcherie ; le sang est recueilli sur du son qui est avidement recherché par le bétail de toute espèce. C'est probablement avec ce sang d'abattoir desséché que sont préparées toutes ces poudres destinées à remplacer le lait, pour l'alimentation des bêtes d'élevage.

Les cultivateurs doivent donc s'ingénier à tirer parti de tous les déchets provenant soit des abattoirs des villes, soit des boucheries des bourgs.

L'utilisation de tous les résidus possibles les uns comme engrais, les autres comme vivres du bétail, s'impose à l'agriculture, par ce temps de concurrence universelle.

(1) Composition du corps animal d'après Lower et Gilbert :

| Matières | Veau gras | | Bœuf demi gras | | Bœuf gras | |
|---|---|---|---|---|---|---|
| Albumineuses. . . . . | 15 k. | 2 | 16 k. | 6 | 14 k. | 5 |
| Grasses. . . . . . . . | 14 | 8 | 19 | 1 | 30 | 1 |
| Minérales. . . . . . | 3 | 8 | 4 | 7 | 3 | 9 |
| Aliments dans l'estomac et les intestins. | 3 | 2 | 8 | 2 | 6 | » |
| Eau . . . . . . , . . . | 63 | » | 51 | 4 | 45 | 5 |
| Total. . . . . . | 100 | » | 100 | » | 100 | » |

# LIVRE DEUXIÈME
## EXPLOITATION DU BÉTAIL

---

## CHAPITRE PREMIER

### § 1. *La meilleure utilisation des fourrages.*

*Rôle du bétail.* — En vérité, l'animal domestique est un organisme destiné à transformer les denrées qu'il consomme, en viande, en lait, en laine, en travail, en laissant le fumier comme important résidu de cette fabrication.

Le fait fondamental de l'industrie du bétail, est de l'alimenter de façon que selon les circonstances *son rendement soit le plus élevé*, mais en opérant la chose le plus économiquement possible, tant pour la production des fourrages que pour les diverses dépenses qu'il occasionne en bâtiments, en main-d'œuvre, etc.

Cette réserve faite, nous allons évidemment contre nos intérêts, quand nous condamnons nos animaux à une alimentation insuffisante. Pareille serait notre faute, si ayant installé coûteusement un alambic pour distiller, nous ne l'alimentions pas de tout le liquide qu'il est capable de transformer. Ce serait retarder à plaisir la rentrée dans nos déboursés. En d'autres termes, nous devons nous préoccuper de réduire le plus possible les frais de production du bétail, tout aussi bien que ceux du lait.

*Entretien du corps animal.* — Une part seulement de la nourriture se transforme en produit : viande, lait, laine, travail. L'autre part, la plus considérable, est absorbée pour réparer l'usure de l'organisme sans cesse renouvelé par les phénomènes de la vie, pour restituer les pertes de la chaleur naturelle, dont la déperdition est continuelle. La nourriture employée à de telles fonctions est évidemment celle qu'il faudrait à l'animal, pour se maintenir sans augmentation ni diminution de poids, à l'état de repos le plus absolu. Or, les attelages en inaction à l'étable durant les neiges ou les gelées d'hiver, ne peuvent y subir sans maigrir une trop notable réduction de leur ration des jours de travail.

Une part importante de l'alimentation sert donc uniquement à l'*entretien*, passant ainsi à l'état latent, sans laisser d'autre trace de rapport ou de profit, que le fumier, produit qui est bien inférieur en valeur aux aliments consommés.

Préoccupons-nous donc de réduire le plus possible les frais d'entretien de nos animaux, tout en les préparant pour la vente la plus convenable. Le résultat sera obtenu par l'application des principes suivants à nos races locales, qu'il ne serait pas sage de supplanter par des races étrangères.

1° *N'entretenir que des animaux bons utilisateurs des fourrages.* — Une part des aliments est seule digérée ; elle varie avec la nature des aliments, avec les proportions des principes nutritifs, l'espèce du bétail. Enfin dans une même espèce, la faculté assimilatrice de la nourriture change d'un individu à l'autre. Répétons que cette puissance d'assimilation n'est le mystérieux apanage d'aucune race, et qu'on peut sûrement en doter tout animal, à quelque degré de l'échelle des êtres vivants qu'il appartienne, par un bon allaitement et une abondante alimentation, jusqu'au développement complet de l'organisme. Constatons combien il importe de ne garder à l'étable que des bêtes capables de tirer le meilleur parti possible de leurs vivres. Cette bonne utilisation ne consiste pas seulement dans le don d'un bon appétit, qui fait que l'animal ne gaspille pas une part de sa ration dans sa mangeoire, elle tient aussi à l'activité de ses organes digestifs, absorbant par exemple 75 o/o de foin, tandis que son voisin n'en digère que 60 o/o, après avoir rejeté sous ses pieds une bonne part du fourrage garnissant le râtelier.

L'élimination des animaux *ayant mauvaise gorge*, mangeant peu et digérant mal, est donc la condition essentielle, absolue, inexorable du profit sur le bétail. C'est le point de départ impérieusement obligé de tout progrès.

2e *Produire le plus rapidement possible.* — Voilà une bête à l'engrais, un cochon, par exemple, dont un bon éleveur peut augmenter le poids de 100 kilog. en trois mois, par une alimentation réglée convenablement. Tout à côté, son voisin, moins habile, emploie six mois pour obtenir le même accroissement d'une bête plus parcimonieusement nourrie. La dépense d'entretien, celle qui met en perte, est évidemment double pour ce second animal. La bête engraissée rapidement peut donner des bénéfices même en temps de baisse ; la bête lentement engraissée, de la perte en temps de hausse.

La même observation s'applique aux bêtes d'élevage qu'il faut amener à un développement suffisant pour le travail ou la reproduction, dans le moindre temps possible.

La vitesse de production est donc encore une condition absolue du gain agricole. Elle est surtout réalisable, quand la première condition, celle de puissance d'alimentation des vivres, est elle-même réalisée.

3° *Obtenir le plus grand produit avec le moins possible de bêtes.* — Soit d'une part, une vache donnant par an un revenu de 300 francs en veau et lait, ce qui est la moyenne du bétail bien tenu dans la région ; et de l'autre, deux vaches produisant chacune à peine 150 francs, c'est le cas de la culture épuisante, encore trop générale dans le pays. Or, l'entretien du bétail maigre est plus coûteux que celui du bétail en bonne chair. La dose de nourriture absorbée sans profit par les deux vaches misérables, est plus que double de celle consommée par la vache en bon état. Le revenu net de celle-ci est donc bien supérieur à celui des deux bêtes épuisées.

Même observation pour les brebis. L'entretien de deux chétives pécores donnant chacune une livre de laine et un agnelet de 10 francs, est plus que double de celui d'une bonne brebis produisant deux kilos de laine et un agneau de 20 francs.

4° *Atténuer les déperditions de l'organisme du bétail.* — La plus grosse partie de la ration d'entretien est consacrée à la conservation de la chaleur intérieure, dont la production est due à de véritables combustions, résultant de l'incessante rénovation des tissus et des organes de l'animal. La consommation des aliments qu'elle exige, est d'autant plus grande que la déperdition de cette chaleur est plus considérable. Modérée chez la bête en bon état, cette déperdition est excessive chez l'animal maigre, dont les organes de digestion et de respiration ne sont pas protégés contre le refroidissement par une isolante couche de graisse.

En cela, *l'entretien du bétail maigre est vraiment ruineux.* — Ils ne savent pas le tort qu'ils se font, les négligents dont les vaches montrent les os, dont les brebis sont étiques, les unes et les autres mal logées et brutalisées. Ces pauvres bêtes consomment sans bénéfice pour leur maître, au moins un quart de pâture en plus de ce qu'elles mangeraient, si elles étaient en bon état.

On réduit encore les dépenses d'entretien, en préservant les animaux de l'excès du froid, qui nécessite une régénération plus intense de la chaleur naturelle, et de l'excès du chaud, qui en activant la respiration, active également la combustion intérieure.

La régularité dans l'heure des repas, le calme de l'étable, le bon pansage, la douceur ennemie des brutalités faisant dépérir les animaux, tous ces soins influent sur les bonnes digestions, et atténuent d'autant la déperdition des vivres.

L'application de ces principes fondamentaux de la production du bétail, fait tout le succès des pays dans lesquels cette production assure du profit par l'amélloration progressive des races.

Le plus petit des métayers de notre région pourrait aisément en faire l'application, en se conformant aux conditions plus ou moins favorables de fertilité du sol dans lesquelles il se trouve. C'est pour lui affaire d'intelligence et de soins, bien plus que d'argent, surtout s'il veut se conformer au précepte suivant :

*N'ayez pas plus de bétail que vous n'en pouvez conve-*

*nablement nourrir.* — La vérité des indications précédentes est bien vérifiée par le peu de bénéfices obtenu de cheptels souvent considérables. Il faut une année entière pour engraisser la bande des cochons, qui part souvent en perte, à quelque bas prix qu'on estime les denrées consommées. L'étable compte un troupeau de vaches faméliques, donnant un maigre fumier, un impuissant travail, une insignifiante quantité de lait et des veaux étiolés. Les pauvres bêtes ne payent même pas le foin à dix sous le quintal. La bergerie est très garnie ; mais les *corpes* à moitié galeuses produisent un chétif agneau et peu de laine. Une égale détresse unit le maître et le bétail.

Or les mêmes vivres, absorbés par moins de porcs engraissés en moins de temps, les mêmes fourrages mangés par moins de bétail mieux substanté, donneraient incontestablement un rendement plus considérable. C'est une mauvaise utilisation des aliments.

*Afin que votre bétail vous rapporte, donnez-lui au delà de ce qu'il lui faut strictement pour vivre.* — L'excédent de la ration sur la quantité nécessaire à l'entretien d'un animal, donnant seul du profit, le maître a tout intérêt à lui fournir cet excédent, dans les conditions les plus convenables pour que la croissance, le travail, l'engraissement, la lactation produisent le meilleur bénéfice.

Telles sont les lois capitales de l'exploitation du bétail. On peut les condenser en cet adage : *Une vache bien tenue donne plus que deux vaches mal soignées.* Adage qu'il faudrait écrire en grosses lettres sur tous les murs de nos fermes.

Avoir plus de bêtes qu'on en peut nourrir convenablement, cultiver plus de terres qu'on en peut bien travailler et bien fumer, telles sont les deux plus funestes pratiques de la culture ignorante et épuisante, la culture au *chiendent* et à la *vache maigre.* Voilà le faux calcul qui nous rive à la misère. L'application raisonnée des principes donnés plus haut, peut seule nous élever graduellement à l'aisance agricole. Que faudrait-il pour cela ? Pas même un petit écu, mais un simple grain de bon sens.

*La baisse de prix du bétail grave obstacle à son bon en-*

*tretien.*—La continuité des mauvaises foires, nous force tous à accumuler dans nos étables un surcroît de bestiaux ; ce qui compromet leur bonne alimentation. Pour parer à cette éventualité, les cultivateurs prévoyants s'assurent toujours d'une masse d'aliments : foin, racines, verdures, plus que suffisante pour le contingent normal des étables, sauf à vendre quelques charretées de fourrage au printemps, s'il y a des économies. Quand cette réserve ne doit pas suffire, utilisez l'excédent de fumier produit par l'excédent de bétail, à bien fumer vos prés secs dès le début de l'hiver. Ces prés donneront au premier printemps une bonne verdure, qui nourrira au mieux le jeune bétail. Coupez aussi quelques planches de seigle sur lesquelles vous ensemencerez des vesces d'été, à consommer en juillet. Faites donc plus de fumier, puisque vous avez plus de bétail, et employez ce surcroît d'engrais à la production la plus rapide des fourrages, pour éviter la honte et la perte d'en acheter.

En somme, de bonnes foires font plus pour l'amélioration du bétail, que les plus beaux discours du monde.

### § 2. *La meilleure utilisation du bétail.*

*Période de croît.* — C'est durant la première année que les jeunes animaux croissent le plus en valeur. Ainsi des veaux d'un an atteignent avec quelques soins une valeur supposée de 250 francs, alors que leur prix augmentera à peine de 50 francs, durant la seconde année, et de 30 francs durant la troisième.

*Période de croît et de rapport.*—Toutefois dès la seconde année, les bêtes à laine, et dès la troisième année, les bêtes de l'espèce chevaline ou bovine, commencent à donner du rapport, soit par la reproduction, soit par le travail, soit par la toison. En sorte que bien que l'accroissement de valeur dû au croît faiblisse, le profit est maintenu dans cette période par le rapport de l'animal.

*Période de rapport seul.* — L'augmentation de valeur résultant de la croissance s'arrête, dès que l'animal atteint son plein développement, aussitôt qu'il est adulte. Il ne reste plus que le rapport de l'animal en reproduction, lait, toison ou travail.

*Période de décrépitude.* — Ayant atteint son point culminant au moment où il devient adulte, la valeur de l'animal reste quelque temps stationnaire ; puis elle commence à décliner aussitôt que les premiers signes avant-coureurs de la vieillesse provoquent une réduction graduelle dans les services que la bête peut rendre.

*La vente d'un animal doit être réalisée, dès qu'il atteint sa plus grande valeur.* — Le profit étant la loi suprême de la bonne culture, de celle qui est utile au pays autant qu'au cultivateur lui-même, toute bête est un capital à réaliser, aussitôt qu'elle atteint sa plus grande valeur. Celui qui ne cherche pas à la vendre dans ces conditions les meilleures possible, n'est guère plus avisé que le propriétaire d'un arbre, qui le laisserait se dessécher sur pied, sans le débiter et le vendre.

La perte ne vient pas seulement de la décrépitude de l'animal ou du végétal, elle tient aussi à ce que l'un et l'autre occupent la place d'un autre sujet qui donnerait du profit.

*Donc une bête n'est judicieusement à sa place dans une ferme, que durant la période de croît, ou celle de croît et de rapport.*

## CHAPITRE II
### Organes des animaux

*Ancienne appréciation du bétail.* — On juge encore trop souvent le bétail d'après de très vieilles traditions qui ne sont plus en rapport avec les connaissances acquises sur la constitution du corps des animaux. Nous ne parlons pas du soin inquiet avec lequel les cultivateurs se préoccupent des signes caractéristiques de la pureté de leurs races, tels que la nuance du pelage, la couleur du mufle. On verrait à tort un préjugé dans cet esprit d'exclusion de tout bétail étranger au pays. C'est grâce à cet attachement que les races du Limousin et de l'Auvergne ont conservé leurs qualités originelles, qui rendent leur amélioration beaucoup plus facile que celle des races entachées de toutes sortes de mélanges.

Ce qui est à abandonner, c'est l'importance trop grande attachée à des détails insignifiants, tels que la longueur de la queue, la forme du fanon, la courbure des cornes, la plus légère déformation d'un onglet, la moindre petite brèche dans la dentition, et divers autres signes secondaires dont nos pères les Gaulois se préoccupaient sans doute exclusivement, pour admettre une bête à l'honneur du sacrifice.

### § *1. Organes de la respiration et circulation du sang.*

*Le cœur et les poumons.* — L'œil du connaisseur doit se porter tout d'abord sur le poitrail et les côtes. C'est le coffre renfermant les poumons et le cœur, les deux organes vitaux de l'animal.

Pour que l'air circule abondamment dans tout l'organisme, pour qu'il y active les phénomènes de la vie, les poumons doivent avoir un grand développement. Le poitrail se présente alors large et tombant ; la côte se trouve bien arrondie ; l'épine dorsale n'est point infléchie. Lorsque l'animal est resserré des épaules, l'action des poumons reste impuissante et pénible. La fourniture de l'air devient insuffisante pour la complète assimilation des aliments. La bête est tardive à croître ; elle reste faible pour le travail, et elle engraisse ensuite très difficilement.

*Perte causée par le bétail étroit de poitrail.* — Quel qu'il soit, cheval, bœuf, mouton ou cochon, l'animal comprimé de la poitrine est très difficile pour sa nourriture. Il mange peu, gaspille une part de sa ration, et utilise mal ce qu'il consomme. *Il a mauvaise gorge,* comme on dit dans le pays. Ces médiocres utilisateurs compromettent tous les profits de la culture.

Les éleveurs commencent à s'en apercevoir.

Quand ils achètent des porcelets, ils savent parfaitement quelle est la différence entre un nourrain très amélioré de race, avec la côte ronde, les jambes ouvertes, le museau court, et un cochonnet aplati de poitrine et long du museau ; ils savent que l'un ne rebutera aucun aliment et qu'il engraissera vite ; tandis que petit mangeur, très délicat pour ses vivres, l'autre ne paiera jamais ce qu'il aura dépensé.

La perte est encore plus grande pour les moutons et surtout pour le gros bétail. Nous resterons dans la gêne, tant que nous serons assez imprévoyants pour ne pas améliorer graduellement nos cheptels, en commençant par éliminer de la reproduction tout animal à poumons étriqués.

Conséquence funeste de la misère dans l'enfance, l'atrophie des poumons est prévenue par un bon allaitement, suivi d'une forte alimentation dans le jeune âge. Une bête bien soignée durant son développement, s'entretient ensuite à moins de frais que celle qui a été condamnée aux privations pendant sa croissance.

*Qui allaite mal ses veaux, s'en repent ensuite pour son foin.*

*Exiguïté de l'arrière-train.* — Par une sorte de symétrie, les animaux étroits du devant, sont généralement resserrés de l'arrière. Or les membres postérieurs jouent le principal rôle dans la locomotion. Destinés à projeter le corps en avant, ils constituent les grands leviers de la marche. De leur puissance même dépend la force du bétail.

Pour que le train postérieur ait tout le développement voulu, la croupe doit être large, la fesse bien tombante, à l'aplomb du jarret. Défiez-vous des derrières pointus comme des poires. Les animaux qui ont ces formes grêles ne sont jamais vigoureux ; ils donnent peu de viande.

## § 2. *Organes de support et de locomotion.*

*Excès de travail de l'animal pour soutenir son corps, quand ses membres ne portent pas sur un plan horizontal.* — Voilà un animal debout et immobile ; il paraît dans un complet repos. Mais ce repos n'est qu'apparent ; ses muscles sont en constant travail, pour supporter sa masse. Ce travail intérieur est considérable, puisque l'animal se met souvent en mouvement, pour se délasser par le jeu des muscles ; il doit absorber une bonne part de la ration d'entretien ; il n'est même que partiellement réduit quand les animaux sont couchés, certaines parties du corps restant toujours en sustentation.

Pour que ce travail soit le plus faible possible, les quatre membres doivent avoir des directions verticales, les pieds formant un rectangle sur le sol. Cela implique essentiellement l'horizontalité du terrain sur lequel l'animal est placé au repos. Pour peu que l'animal soit à la chaîne sur un sol incliné, cette position vicieuse accroît le travail de sustentation, de tout l'effort que la bête aurait à produire pour traîner son propre corps sur une route ayant l'inclinaison du sol qui le porte. De telle sorte que le travail au dehors est souvent pour elle un repos. La continuité de cet effort amène la déformation des membres de l'animal, et exige un supplément à la ration d'entretien. Les tares, c'est la bête qui les garde ; mais l'excès de dépense d'entretien est payé par le maître assez peu clairvoyant pour imposer un tel supplice à son bétail (1).

*Membres en mouvement.* — Les os des quatre membres sont de vrais leviers mus par les muscles. Les mouvements de ces leviers ont toute leur puissance quand leurs articulations, principalement le genou, le boulet, le jarret, ont une structure saine et robuste.

Ces leviers osseux sont dans les conditions les plus harmoniques et les plus favorables au travail, lorsqu'ils ont des directions verticales ou à moitié d'équerre (à 45 degrés) sur la verticale. Ils présentent ainsi une série de lignes dont les correspondantes sont parallèles, dans le même membre ou dans les membres opposés. Cette loi de parallélisme a été mise en évidence par les études de M. Sanson, l'éminent zootechnicien. Elle constitue l'aptitude au travail, autant que la beauté de l'animal, car le beau et le bon sont toujours unis dans l'harmonie du bien.

*Influence des fourrages et du sol sur le squelette.* — Les fourrages produits par les terrains très calcaires, sont riches en minéraux ; ils donnent au bétail une ossature très massive, dont l'entretien devient onéreux, lorsqu'elle atteint un développement excessif. Les races des terrains granitiques sont au contraire caractérisées par une ossature

(1) Ce besoin de sustentation sur un plan horizontal est si impérieux, que les bestiaux en pâturage dans les montagnes, font de très longues marches pour trouver quelque terrain plan, pour leur sieste ou leur nuit.

plus fine, qui est pour elle une qualité, parce qu'elle est solide quoique fine. Les races de montagnes sont plus hautes sur jambes que celles de la plaine, les courses par monts et par vaux étant une gymnastique apte à donner les formes sveltes du cerf. Cet élancement est une qualité pour l'espèce chevaline, lorsqu'il correspond à un développement convenable des muscles et du poitrail, c'est-à-dire, quand la chaudière est capable d'actionner la machine. Toutefois l'espèce bovine n'étant pas constituée en vue d'un travail forcé et rapide, son squelette n'a pas besoin d'un tel élancement obtenu généralement au dépens des masses charnues, et par suite contraire à la production de la viande. A plus forte raison, cette hauteur sur jambe convient-elle moins aux espèces ovines et porcines, encore plus spécialisées pour la boucherie.

*Influence de la privation des mouvements sur le squelette.* — La stabulation prolongée, ou la calme dépaissance dans des enclos restreints, déterminent à la longue une sorte d'atrophie du squelette. Il devient en quelque sorte moins indispensable au fonctionnement de l'organisme privé d'exercice.

C'est de la sorte que l'éleveur Anglais est parvenu à réduire les os de ses bœufs, de ses moutons et de ses cochons, à de si faibles proportions que leur corps, porté sur de petites jambes, s'élève à peine au-dessus du sol, tandis que leur petite tête termine un cou minuscule. Tel est le résultat d'une éducation continuée avec persévérance depuis près d'un siècle, d'après le principe : *le repos au sein de l'abondance*, principe dont l'excès conduit la race à la stérilité (1).

A mesure que le squelette se réduit, les tissus se changent en masses graisseuses ; le corps devient un cylindre terminé par des membres aux faces cubiques. De telles formes sont devenues un idéal dans les concours d'ani-

(1) Toutefois la stabulation combinée avec une forte ration en avoine, provoque chez les poulains un élancement excessif. Mais ce développement du système osseux diffère de celui que l'on obtient par l'avoine et la vie au grand air, en ce qu'il correspond à un aplatissement vicieux du corps.

maux reproducteurs ou de boucherie, ce qui tend à devenir tout un.

*Nécessité de conserver la solidité du squelette.* — Certes, toutes nos races sont tellement éloignées d'un tel type si peu conforme aux lois de la nature, qu'il est superflu pour le moment de se préoccuper d'en éviter les excès. Disons cependant que même pour nos espèces ovines et porcines, nous pouvons réaliser de grands progrès de précocité et de rendement de viande, sans trop compromettre la vitalité de ces espèces. Quant à nos races bovines du Centre, essentiellement recherchées pour leur aptitude au travail, il faut par dessus tout conserver un grand caractère de force et de solidité à leur appareil de locomotion, en les améliorant suivant le précepte : *exercice, travail et bonne alimentation* (1).

## CHAPITRE III

### Le bétail et le climat

*Adaptation des animaux au sol et au climat.* — Les animaux n'ont pas la même stature dans les divers pays. Leurs organes se sont à la longue adaptés aux fourrages et à la température de chaque région. Il en résulte que tout

---

(1) *Classement du bétail dans les concours.* — C'est chose difficile de bien classer les animaux, dans un examen toujours rapide. Ces difficultés ne sont pas simplifiées par le procédé ordinaire, consistant à faire d'abord sortir du rang les bêtes les plus méritantes, pour n'y laisser que le rebut, au simple coup d'œil On s'expose à appeler ainsi des animanx indignes, tout en laissant dans le premier tas, quelque bête qui aurait pu trouver grâce, après un examen plus attentif. Dans tous les cas, l'amour-propre des refusés est toujours blessé de l'affichage immédiat de leur échec.

Il est mieux que le jury fasse avancer successivement devant lui toutes les bêtes de chaque catégorie, suivant l'ordre d'inscription. Il peut ainsi les juger isolément, en marche et au repos. Chaque juré est alors dans le cas de bien apprécier les animaux, et de les noter au fur et à mesure, *sans aucune entente avec ses collègues.*

Quelle annotation employer? Ici les avis peuvent être différents. Ce qui semble le plus juste, c'est d'exprimer les notes par des chiffres, en les faisant varier de zéro qui signifie *mal*, jusqu'à dix qui signifie *parfait.*

La présentation étant achevée, les bulletins de vote sont pliés, jetés dans un chapeau, et dépouillés pour la totalisation des points donnés à chaque animal. Puis les bêtes sont rangées, suivant le classement ainsi

déplacement de lieu se marque chez eux par une modification dans leur être, qui est en bien ou en mal, selon le cas.

## § 1. *Importation*.

*Passage dans un milieu plus favorable.*— Lorsqu'on dépayse les animaux, en les amenant d'un pays froid et peu fertile dans une région plus tempérée et plus féconde, ils profitent d'autant mieux de ce changement, qu'ils émigrent à un âge moins avancé. Nous en avons sous les yeux un exemple frappant : les poulains et les veaux exportés des montagnes du Centre vers les plaines de l'Ouest, acquièrent un développement beaucoup plus considérable que les animaux restés au pays. Dans la plaine, ils vivent plus grassement et moins froidement que dans la montagne.

C'est donc une bonne chose à tous les points de vue, que ce déplacement du jeune bétail. Il est à souhaiter qu'il prenne une extension encore plus grande, parce qu'il répond à une division du travail aussi logique dans l'agriculture que dans l'industrie : chacun produisant selon ses aptitudes naturelles.

*Passage dans un milieu moins favorable.*— L'effet produit est tout autre, lorsqu'on amène des animaux dans une

obtenu, d'après le nombre décroissant des points, c'est-à-dire que la bête ayant obtenu le plus grand nombre de points est mise en tête de ligne.

Le jury examine alors attentivement le front et l'arrière du rang, pour reconnaître s'il ne s'est pas produit quelque erreur de cote, classant un animal soit au-dessus, soit au-dessous de la place méritée. La méthode est remarquable de précision et de rapidité, quand les jurés ont du jugement et de l'impartialité.

Il conviendrait peut-être de composer la note générale de chaque bête, en cotant les détails suivants :

1° Les organes de la respiration, dont le bon fonctionnement dépend de la largeur du poitrail, de la rondeur des côtes, ainsi que de l'ouverture des naseaux, parce qu'ils servent de passage à l'air des poumons ;

2° L'appareil de la locomotion qui doit ses qualités à l'ampleur de la cuisse et de l'épaule, à l'aplomb des membres, à la largeur du jarret et du genou, à la solidité des sabots ;

3° Le squelette dont la puissance est marquée par une épine dorsale droite, dont la finesse est signalée par l'élégance de la tête. Les bêtes qui ont un chef lourd et massif, possèdent une ossature excessive, coûteuse à nourrir et donnant beaucoup de déchet à l'abatage.

région moins fertile et moins chaude que leur lieu d'origine. A la rigueur, les difficultés d'alimentation peuvent être résolues à prix d'argent. Au moyen de racines, de grains, de tourteaux, on corrige tant bien que mal l'aigreur et la maigreur des herbages naturels. Tant bien que mal, l'appareil digestif s'adapte au nouveau régime.

Mais les organes respiratoires se plient plus difficilement au plus mauvais climat. Alors l'animal soutient pour son existence une véritable lutte contre les conditions défavorables, lutte dans laquelle il se consume, travaillant à s'entretenir péniblement, au lieu de croître et de s'engraisser pour son maître.

De cette vérité deux preuves feront foi :

*Importation de la race de durham en Limousin.* — Le comté anglais de Durham, dont le climat est des plus tempérés, a acquis une grande renommée pour sa race bovine, dite courte corne. Elle est supérieure par ses deux éminentes qualités de précocité et de puissance d'assimilation des aliments, qualités acquises par un régime convenable. Son acclimatation dans le Centre de la France aurait donc présenté de grands avantages. L'administration de l'agriculture a tenté la chose vers 1864, en envoyant un magnifique troupeau composé de cinq taureaux, vingt vaches et dix génisses, sur le domaine de Pompadour. Ce troupeau fut installé dans l'ancienne jumenterie, avec un confortable difficile à réaliser chez des particuliers.

Malgré des soins tout spéciaux, ces animaux habitués au doux climat de leur pays maritime, souffrirent beaucoup du froid. Neuf vaches périrent de maladies de poitrine en peu de temps.

Il est vrai que les produits du troupeau se montrèrent plus résistants au climat ; mais malgré une succulente alimentation de racines et de tourteaux, ces produits furent plus grêles que leurs parents, plus hauts sur jambes et moins cubiques. C'est la montagne qui, par l'exercice sur les pâturages abrupts, leur imprimait ce cachet caractéristique de formes légères qu'elle donne à toutes ses races.

Le troupeau ainsi décimé et dégradé fut vendu ou ramené

vers des régions plus propices, après un séjour de huit ans. L'expérience avait été dirigée par le régisseur du domaine, M. Mathis, avec la sollicitude digne d'une œuvre dont la réussite aurait fait la fortune du pays.

La production du durham a été tentée par quelques éleveurs de la contrée, en vue des primes de concours ; mais elle n'a pas été jusqu'ici suivie d'un long succès, dans notre montagneuse région. L'avenir lui réserve-t-il un meilleur sort ?

*Importation d'un troupeau devon dans l'Auvergne.* — Situé sur les bords de la mer, comme le district de Durham, et comme lui préservé de l'extrême froid et de l'extrême chaud par les brumes marines, le comté anglais de Devon élève une fine race de bétail, dont le pelage d'un beau rouge uni rappelle exactement celui de la race de Salers, sans qu'elle possède toutefois la rusticité et la puissance laitière de cette dernière.

L'administration de l'agriculture, séduite par cette similitude extérieure, a importé un troupeau amélioré de Devon à la ferme-école de Saint-Angeau, dans l'âpre climat du Cantal. En peu d'années, la phthisie pulmonaire a détruit les bêtes nées en Angleterre, ainsi que la plupart des métis issus des taureaux importés.

Par leur température extrême en hiver, extrême en été, les montagnes du Centre sont interdites au bétail amolli dans le doux climat des zones maritimes. Il est une chose plus forte que la volonté de l'homme, c'est la rigueur des saisons.

## § 2. *Croisement.*

*Difficulté des croisements.* — C'est une œuvre pleine de périls, que celle d'altérer la pureté d'une race spécialement adaptée au sol et au climat d'une région, en la croisant avec une race étrangère, provenant d'un pays plus fertile et plus tempéré.

Si une grande amélioration des cultures et du régime du bétail n'est pas réalisée au préalable, comme le travail précurseur de telles tentatives, elles tournent à la dissolution de la race locale. Voyez ce qu'il a failli advenir de la race chevaline de notre région. Elle avait de grandes qualités de résistance et de longue durée. L'administration des Haras a voulu l'améliorer par l'introduction des étalons anglais, en dépit des conditions très primitives de notre élevage. Ils n'ont donné que des produits efflanqués, irritables, inutilisables pour la remonte aussi bien que pour le commerce. On a dû revenir au sang paternel arabe.

Autre exemple. Les durhams de Pompadour ont produit dans le pays de nombreux métis qui avaient certes des qualités incontestables de formes et de faculté laitière. Mais pour les soins de l'alimentation, ils étaient beaucoup plus exigeants que les bêtes indigènes. Ceux de ces métis qui sont tombés en des mains négligentes, sur des exploitations pauvres en fourrages, ceux-là ont donné les plus pitoyables résultats. Si ce métissage avait reçu de grands développements, il en serait fatalement résulté une population bovine sans homogénéité, vouée à la dégradation, faute d'une situation agricole appropriée aux besoins de la race croisée.

Dans tous les cas, on peut se demander, si soumise au même bien-être, *la race locale ne produirait pas d'aussi bons résultats que le croisement, et avec moins de risques.*

Faits sans suite, les croisements ne laissent pas de traces ; poursuivis avec persévérance, ils ont le grave inconvénient de faire perdre aux races locales les antiques qualités qui sont comme une marque de fabrique, exigée par la clientèle des acheteurs.

*Les croisements prédisposent nos races du Centre aux maladies.*— Il est certain que notre race porcine du Centre est devenue beaucoup plus sujette aux affections de poitrine, depuis l'introduction de reproducteurs des races de l'Angleterre, dont le climat est plus clément que celui de notre région montagneuse.

Même résultat pour le croisement de l'espèce ovine.

Mais dans l'un et l'autre cas, ce croisement s'impose. La nécessité en étant moindre pour l'espèce bovine, gardons-la pure, afin de lui conserver sa résistance aux maladies.

*Loi de reversion.*— Ce qui rend l'œuvre des croisements

incertaine et la livre au hasard, c'est que par une sorte de révolte de la nature, la vieille race locale reparaît par intervalles sur des animaux dont l'organisme fait un retour en arrière.

### § 3. *Production d'animaux précoces de boucherie par le métissage.*

*Croisements arrêtés à la première production.*— Toutefois il est une spéculation donnant lieu à de bons résultats, lorsqu'on a des débouchés assurés. Elle consiste à allier des mères des races du pays à des reproducteurs des races étrangères les plus améliorées, qui dotent leurs produits des formes favorables à la production de la viande, et qui accroissent par hérédité les aptitudes naturelles de tout animal à la précocité.

Les métis qui en résultent sont rapidement poussés par une forte alimentation, et livrés à la boucherie, comme morceaux de premier choix et d'une délicatesse extrême, payés à des prix élevés par la consommation de luxe.

Un tel métissage n'ayant pas l'ambition de faire souche, se tient à l'abri de tous les mécomptes de la création d'une race nouvelle. Vu la promptitude même de l'opération, il échappe aux risques du climat.

Les porcelets ainsi obtenus sont d'un engraissement très lucratif. La spéculation commence aussi à se pratiquer chez nous avec avantage, pour l'espèce ovine. Elle est à recommander à toutes les exploitations qui se trouvent dans des conditions favorables de fertilité et d'habile direction.

La production des métis précoces a également été tentée par l'alliance d'étalons durham avec les vaches du pays. Mais cette spéculation ne paraît pas aussi lucrative que celle concernant les espèces ovine et porcine. La durée de la gestation et l'engraissement des métis ne comportent guère plus d'un an, pour ces dernières espèces ; de sorte que l'éleveur rentre assez promptement dans son argent. Pour l'espèce bovine, la durée de l'opération est environ trois fois plus longue ; la mise de fonds, pour l'achat de l'étalon, est plus considérable, le placement avantageux du produit moins certain ; en un mot, les chances de bénéfices sont moins grandes.

## CHAPITRE IV

### Amélioration des races par la sélection

*Certitude du perfectionnement des races par elles-mêmes.* — Quand on cherche à améliorer une race par elle-même, en éliminant graduellement les animaux de l'un et l'autre sexe, qui s'éloignent trop d'une bonne conformation, d'une grande aptitude à s'assimiler les aliments, on marche sans doute lentement, mais on progresse sûrement, sans courir les risques d'une acclimatation, ni heurter les habitudes commerciales. On a la nature pour auxiliaire et point pour ennemie.

Il faut surtout persévérer dans cette voie, lorsque de très réels progrès déjà réalisés sont les garants d'une réussite certaine. Ainsi les races bovines de la région sont à peine l'objet de quelque sollicitude dans leur reproduction, que leurs plus grands vices vont déjà en s'atténuant.

*Loi des semblables.* — Une trop fréquente erreur consiste à croire qu'en alliant des animaux dissemblables de conformation, leurs défauts se corrigeront mutuellement dans le produit. Les plus grandes probabilités sont au contraire pour que celui-ci représente l'assemblage des parties défectueuses de l'un et l'autre parent. Ce manque de cohésion constitue le côté faible des croisements. La race chevaline en fournit dans notre pays la trop fréquente preuve. Les éleveurs sont très enclins à accoupler de gros étalons anglo-normands à leurs chétives juments. Il en résulte des poulains qui prennent l'énorme coffre de leur père, sur les jambes fluettes de leur mère. On a ainsi un animal gros mangeur, mais sans vigueur ni résistance ; alors qu'avec un cheval de son modèle, la petite jument aurait produit un cheval de moindre dimension, mais de plus grande énergie.

L'alliance de parents semblables est donc nécessaire pour assurer l'homogénéité et la fixité des produits. C'est ainsi qu'on arrive à constituer des races pures, pour lesquelles seulement on est certain que les pères et mères transmettront les qualités héréditaires à leur descendance.

*Choix des reproducteurs.* — Quant à l'atténuation des défauts, elle s'obtient par la constante élimination des reproducteurs qui en sont surtout entachés. On est sans doute forcé d'utiliser les femelles, telles qu'on les possède. Mais c'est une coupable incurie de les abandonner à des étalons mal bâtis, rachitiques et trop souvent d'une jeunesse excessive.

*Qualités physiques.* — Dans ce choix des reproducteurs, la beauté des formes et l'harmonie des lignes a sans doute une grande importance ; toutefois on est trop enclin à l'exagérer. Il est d'autres mérites d'un ordre supérieur, tels que l'aptitude digestive, l'abondante production laitière, l'énergie et la force, s'il s'agit d'animaux moteurs. Ces qualités se transmettent par l'hérédité. Un étalon qui est d'une famille se nourrissant mal, lâche au travail ou sèche de lait, peut *empoisonner* tout un pays.

*Qualités morales.* — Il faut également se préoccuper du caractère et de la douceur des reproducteurs, qualités morales qu'ils transmettent aussi sûrement que leurs formes physiques.

*Livres généalogiques.* — Les belles formes se décèlent à l'œil. Mais les qualités intrinsèques et morales ne peuvent être garanties que par la descendance assurée d'une lignée d'ancêtres présentant ces vertus essentielles.

Gens pratiques, les Anglais ont institué des livres généalogiques qu'ils nomment *stud-book* pour les chevaux, et *herd-book* pour les bêtes à cornes. Ils y constatent la naissance de leurs animaux de race pure. Toute bête inscrite acquiert une bien plus grande valeur, par suite de la puissance héréditaire dont elle est dotée.

Quelques livres généalogiques sont déjà établis en France. Il serait certes très praticable et surtout très profitable, d'en instituer pour nos grandes et belles races bovines du Limousin et de l'Auvergne, en prenant comme souche, les animaux primés dans les expositions.

*Préjudice causé par les mauvais étalons.* — En général, la reproduction est abandonnée à la liberté des pâturages.

Nul triage n'est opéré entre les mâles, pour améliorer l'espèce. C'est l'une des graves causes de la chétivité des cheptels.

A-t-on recours à un étalon chez le voisin ? On ne se fait le plus souvent aucun scrupule de ne pas rétribuer un tel service. Cette gratuité n'est pas de nature à encourager le coûteux entretien de ces animaux ; finalement, elle tourne au détriment de ceux qui en profitent. L'usage de reproducteurs gratuits mais médiocres, leur coûte très cher par le piètre rendement de leurs étables. C'est la plus ruineuse des économies.

Pour une même mère et pour les mêmes soins, le produit d'un étalon de bonne race atteint, dès sa naissance, une valeur bien supérieure à celle de la descendance d'un père misérable. Quel que soit le cours des foires, il y a toujours du débit pour les élèves de choix ; tandis que le pauvre hère marqué par sa basse origine, doit suivre plus d'un marché avant de trouver acquéreur.

*Œuvre des comices cantonaux.*—Les concours régionaux s'adressent à l'élite des animaux, à ceux qui sont déjà arrivés à un degré élevé d'amélioration. Il en rejaillit certainement quelque chose sur le commun de la population animale. Mais celle-ci ne peut être directement atteinte que par les comices installés dans chaque canton. Ces petites associations sont indispensables pour faire pénétrer le progrès jusqu'aux couches les plus profondes de la production agricole. Dans les pays les plus avancés, en Angleterre, aux États-Unis, non seulement chaque canton, mais encore chaque paroisse, souvent même chaque fraction de paroisse, possède son association spéciale, donnant l'impulsion du progrès par ses concours, par ses expositions, par ses réunions, par ses publications.

Les comices cantonaux de la région doivent porter leur principal effort sur la vulgarisation des étalons de belle forme, et surtout de bonne souche. Le plus gros de leur budget sera affecté à cette dépense. En stipulant que les animaux primés doivent être fournis à prix réduit, les comices font œuvre surtout utile à la petite culture, qui n'use pas d'étalons de choix, par raison d'économie.

La généralisation des étalons de marque pour toute espèce de bétail, est le point de départ même de l'amélioration des cheptels de la région. Des produits de belle espérance naissant dans leurs étables, les cultivateurs sont plus enclins à les mieux soigner et à les mieux nourrir.

## CHAPITRE V

### Amélioration des races par le régime

*Le bon régime est le complément du choix des reproducteurs.* — C'est peine perdue de recourir à l'emploi toujours coûteux des bons et beaux étalons, si l'on ne doit pas assurer le complet développement du produit par une suffisante nourriture, par un ensemble de soins nécessaires.

### § *1. L'allaitement.*

*Rien ne remplace le lait.* — Un bon allaitement est la condition essentielle de la saine constitution de tout être, à quelque degré de l'échelle des mammifères qu'il appartienne. La solidité des poumons, l'activité digestive, *le bon estomac*, la puissance du développement ultérieur, tout en dépend. Nourriture supérieure par la bonne proportion et l'excellence des éléments nutritifs, le lait est du reste le seul aliment approprié aux organes digestifs des êtres débutant par l'allaitement (1).

Les autres aliments, même ceux qui sont concentrés, fatiguent l'estomac et les intestins, qui ne sont pas encore constitués pour se les assimiler. Ceux qui sont moins nourrissants ont un volume excessif pour les organes des jeunes. Ils développent l'abdomen à l'excès, ce qui comprime le cœur et les poumons et les atrophie. La privation de lait provoque donc le fatal rachitisme de l'homme aussi bien que celui du bétail.

*Durée de l'allaitement.* — La nature fixe d'elle-même

(1) La graisse émulsionnée dans le lait est plus digestible que sous toute autre forme de corps gras, même de beurre. Les minéraux les plus essentiels, l'acide phosphorique, la potasse, la chaux, se trouvent combinés avec la matière albumineuse du lait (*caséine*), dans l'état le plus assimilable. Il n'est donc pas d'aliment plus apte à nourrir les tissus et à former les os.

la graduelle adjonction des autres aliments au lait, par le développement progressif de la dentition. Nous verrons successivement quel est le terme de l'allaitement pour chaque espèce, et quels sont les meilleurs aliments destinés à ménager la transition du sevrage.

*Le bon entretien des mères est le fondement même de l'amélioration du cheptel.* — L'alimentation soignée des femelles de toute espèce pendant la gestation est indispensable pour leur assurer les qualités de bonnes nourrices. Nous ne saurions avoir de plus grand souci que de développer l'aptitude laitière de ces femelles, par le régime et l'exclusion graduelle de toute reproductrice qui n'a pas de fécondes mamelles.

Un bon élevage est assuré par le seul fait d'un allaitement convenable. Les jeunes animaux en deviennent bons assimilateurs des aliments. Restent d'autres soins qui sont une condition de santé et de prospérité presque aussi importante que la bonne alimentation. Sous cette désignation de soins, nous comprendrons le logement, le pansage, la douceur de traitement,

### § 2. *Les bâtiments.*

*Les granges.* — Il y a dans la région deux dispositions adoptées pour le logement des animaux.

Dans les granges *à la Limousine,* les bêtes passent la tête par des ouvertures ovales qu'on nomme têtières, pour prendre la nourriture sur une aire où le fourrage est directement jeté des fenils. Cette disposition est excellente; elle assure un parfait aérage des étables, sans vents coulis toujours dangereux. Elle donne de grandes facilités pour la distribution et la surveillance de la nourriture que les animaux ne peuvent pas projeter dans la litière (1).

Dans les granges à l'*Auvergnate,* les voitures accèdent

(1) Les régions agricoles les plus avancées, ont fait au Limousin l'honneur d'adopter la très antique installation des animaux mangeant à travers des têtières. Dans ces nouvelles étables, l'aire porte un chemin de fer sur lequel circulent de petits wagonnets, pour la distribution des racines et des fourrages fermentés. Ces aliments, le plus souvent demi fluides, sont versés dans des auges en ciment, qui règnent tout le long des têtières, avec des compartiments toujours pleins d'eau.

par une rampe au plancher même des fenils qui s'étendent
sans interruption sur les étables. Celles-ci occupent le
plus souvent tout le rez-de-chaussée, sans la moindre
séparation. Les animaux y mangent au râtelier, la face
ordinairement tournée vers la muraille.

Cet arrangement permet de loger dans un bâtiment plus
de bétail et plus de fourrage, que n'en comporte la disposition précédente. Mais l'alimentation des animaux est
moins commode au râtelier que sur une aire. L'aérage est
moins complet, souvent même il se donne par de petites
fenêtres amenant directement le vent sur les yeux ou sur
les reins des animaux.

Il est mieux de disposer les bêtes le long d'un couloir
central, de telle sorte qu'elles aient l'arrière et non la tête
au mur.

*Inconvénient de la chaîne pour les jeunes animaux.* —
Passe encore de soumettre au supplice de l'immobilité des
bêtes adultes, qui le plus souvent ne rentrent à l'étable
que pour s'y reposer du travail. Mais, chaîne funeste,
chaîne maudite, quel mal ne causes-tu pas aux velles et
aux veaux, lorsque tu les tiens au carcan le long d'une
petite crèche fixée à la muraille ! Le mouvement est un
besoin tellement impérieux pour l'enfance, que ce traitement contre nature nuit à la bonne utilisation des aliments
par ces jeunes animaux, au détriment de leurs propriétaires. Il est donc plus humain et plus profitable de les laisser en liberté dans un compartiment spécial, et encore
mieux de leur permettre de prendre leurs ébats au grand
air, le plus souvent et le plus longtemps possible.

*Aérage insuffisant des bergeries.* — Le logement des
brebis est ce qu'il y a de plus défectueux dans nos pays.
Les malheureuses bêtes sont le plus souvent accumulées
dans une étable basse, sans lumière et sans air ; elles y
contractent une partie des maladies compromettant si
souvent le bénéfice des troupeaux.

Par leur toison, les bêtes à laine redoutent autant l'é-
touffement, qu'elles craignent peu le froid. Les Anglais
n'ont que de simples hangars, pour abriter des béliers
valant souvent plus de mille francs.

Il faut installer les bergeries dans les étables situées au pignon des bâtiments, de façon à établir de nombreuses ouvertures sur les trois côtés, à la hauteur même des poutres supérieures. On détermine ainsi des courants constants qui enlèvent le mauvais air, sans atteindre directement le petit bétail placé au-dessous du vent.

*Réduisez les dépenses des bâtiments.* — Nous avons insisté sur certaines dépenses s'imposant impérieusement aux cultivateurs de la contrée, selon la limite des moyens de chacun : achat de calcaire, phosphate, plâtre, chaux ; construction graduelle de drainages, marchant de pair avec le dérochement progressif des champs ; emploi judicieux d'aliments concentrés. Ce sont des *dépenses productives*, quand elles sont faites avec discernement. Mais nous ne saurions entraîner les cultivateurs avec la même insistance dans les dépenses de bâtiments ; elles sont *improductives* et restent onéreuses, quelle que soit l'habileté de la façon. Conservez vos granges telles quelles, tant qu'elles ne menacent pas absolument ruine, au point de compromettre votre sécurité et celle de vos animaux. Ingéniez-vous à suppléer leur insuffisance ; embargez vos pailles au dehors, en tas bien dressés ; l'excès de foin, mettez-le également en meule sur des pierres ou des branchages isolants, sauf à commencer ce foin le premier, ou à l'engranger à la place des pailles, après le battage. L'entassement du bétail, voilà ce qu'il y a de plus mauvais. Mais combattez-en les mauvais effets, en tenant vos bêtes le plus possible au dehors. Ayez un enclos spécial attenant aux étables, s'il est possible ; lâchez-y le jeune bétail de toute espèce, même en hiver, dans les heures les moins froides de la journée. L'été venu, que tout le cheptel soit autant que faire se peut, au pré ou au champ. L'immobilité dans la plus somptueuse des étables ne saurait valoir la liberté en plein air, pour la santé et la vigueur du bétail.

Ne vous résignez donc qu'*in extremis* à immobiliser de l'argent en bâtiments. Faites alors les constructions les plus simples, mais les plus solides. Usez d'un peu de chaux pour la maçonnerie ; préférez la grande tuile plate à l'ardoise qui a un entretien plus coûteux.

## § 3. *Hygiène de la peau.*

*Propreté des animaux.* — Que de progrès à réaliser pour la propreté des bêtes, comme pour celle de leurs propriétaires ! Peut-il se trouver, dans notre siècle, des gens qui de bonne foi ou par négligence, regardent la vermine comme un dérivatif salutaire ? D'autres s'imaginent tromper l'œil des marchands, en amenant à la foire des porcs souillés de fange et des bœufs revêtus d'une ignoble cuirasse de bouse.

Qu'on juge par la propreté des animaux en liberté, combien la netteté du poil importe à leur bien-être et à leur santé.

*Fonctions de la peau.* — Elle joue un rôle considérable dans l'organisme. Par elle, l'air est aspiré et rejeté pour compléter l'action des poumons. Par elle, la sueur évacue les résidus de la transformation incessante des tissus, afin d'aider l'œuvre des reins. Ces fonctions s'exécutent d'autant mieux que les mille petites ouvertures de la peau sont mieux dégagées de toute crasse et de toute impureté. Quand il n'en est pas ainsi, l'animal ressent un malaise et des démangeaisons qui peuvent aller jusqu'à l'irritation et l'inflammation de la peau. Dans tous les cas, la malpropreté entretient le bétail dans un état d'inquiétude et de souffrance, essentiellement défavorable à la croissance ou à l'engraissement.

*Pansage.* — Il n'est pas nécessaire de nettoyer la peau des animaux, pendant le temps du pâturage ; la pluie, le vent, les frictions contre les arbres suppléent à ce soin. C'est même un des nombreux avantages de la vie en plein air. Mais ne manquez pas, durant la stabulation d'hiver, de pratiquer quotidiennement le pansage de chaque bête, avec une carde, une brosse ou tout au moins un bouchon de paille. « Un bon coup d'étrille vaut un picotin d'avoine », disait avec raison un roulier soigneux. C'est qu'en effet, les frictions énergiques accélèrent la circulation du sang sous l'épiderme, et activent la nutrition des muscles.

Les frictions sont surtout nécessaires après de grandes

fatigues. Durant le travail, les muscles s'usent par une sorte de combustion dont les résidus déterminent leur engorgement. Cet engorgement est la vraie cause de la lassitude des membres. En le faisant disparaître, les frictions contribuent au délassement de la fatigue.

*Le tondage.* — Cette pratique qui ne semble concerner que les chevaux de luxe, a néanmoins une importance agricole capitale.

En dépouillant les animaux de leur tutélaire toison hivernale, le tondage paraît une pratique contre nature. Mais le travail forcé auquel nous soumettons ces animaux, n'est-il pas lui-même contre nature ? Les sueurs abondantes qui en résultent, entretiennent le poil dans un état permanent d'humidité doublement funeste : la peau devient plus sensible aux refroidissements, tandis que ses fonctions sont arrêtées par la couche d'impuretés qui s'y incruste.

Le tondage convient donc à tous les animaux de grand travail, puisqu'il assure le facile asséchement de leur peau. Mais il doit être pratiqué avec discernement, dans les derniers beaux jours de l'automne, afin que la peau s'habitue au contact immédiat de l'air, avant la venue des grands froids. Il ne s'applique qu'à des animaux sains, surtout du côté des voies respiratoires.

*Le tondage prédispose à l'engraissement.* — Il surexcite les fonctions de la peau, surtout lorsqu'il est accompagné d'énergiques frictions. La circulation du sang est plus vive, la respiration plus active, la digestion plus énergique, ces trois fonctions étant solidaires. L'animal tondu digère mieux ; ses muscles reçoivent une plus grande quantité d'éléments réparateurs. Leur graisse se substitue à l'eau toujours en excès dans les tissus maigres, l'évaporation de cette eau étant activée par le bon fonctionnement de la peau tondue. On ne manque donc pas de tondre les bœufs à l'engrais, dans ces vastes fermes du Nord, où des centaines d'animaux sont mis en chair avec des pulpes de betteraves.

*Le tondage facilite la propreté de la peau.* — Lorsque les animaux, surtout les jeunes, sont envahis par la vermine, conséquence ordinaire de la malpropreté, le tondage des parties empouillées en facilite la guérison. Le nettoyage se termine par des frictions au pétrole ou au savon noir en dissolution.

*Bonne tenue des étables.* — Les soins du pansage sont facilités par la propreté des écuries. Qu'on n'y laisse point le fumier fermenter en tas, dans un coin ; l'air en est vicié, au détriment du bétail. Que l'urine ne croupisse pas, faute d'une suffisante litière ; l'abondance du fumier, et la santé des animaux en dépendent essentiellement. Surtout tenez les murailles et les solives dégagées des poussières et des saletés dont la chute sur le poil cause de cuisantes démangeaisons au bétail.

*Que coûte-t-il d'ôter toutes ces araignées?* — Le fabuliste Lafontaine nous enseigne ainsi que ces soins de propreté si importants sont une question d'activité, de travail, et point une affaire d'argent.

Heureux surtout le bétail dont l'étable est passée au lait de chaux, une ou deux fois l'an, par les mains mêmes des cultivateurs.

*Bienfaits du parcage durant la belle saison.* — Quelque soignée qu'elle soit, la stabulation ne vaut pas la vie en plein air, pour toute espèce de bêtes. Ce régime est très avantageusement pratiqué durant l'été, pour les vaches et les juments sur les montagnes d'Auvergne, pour les moutons dans les *causses* bordant la région granitique. Chaque soir, les bêtes se réunissent dans des parcs mobiles, formés de claies de bois. Ces claies sont déplacées tous les jours, pour que les prairies ou les terres soient ainsi progressivement saturées d'engrais. La généralisation de cette pratique dans toute la région, serait le plus grand des progrès, au triple point de vue du bien-être du bétail, de la réduction des frais de main-d'œuvre pour la litière et le transport des fumiers, et de l'excellence de cette fumure non salissante.

Dans notre système de culture, la sole du sarrasin et celle du froment succédant à l'avoine, pourraient être ainsi en partie fumées par les bêtes à laine. Au gros bétail serait réservée la fertilisation des prairies durant tout l'automne.

Juillet, août, septembre et octobre sont les mois où la matière de la litière, et le temps de la recueillir, manquent également. C'est la saison durant laquelle il se produit le moins de fumier, durant laquelle le bétail souffre le plus d'un mauvais couchage. Tout appelle donc le parcage en ce temps de l'année.

Il n'est pas jusqu'aux porcs qu'il faudrait faire coucher au dehors, durant la belle saison, dans les bouiges ou les chenevières attenant aux bâtiments, afin de mieux utiliser leurs abondantes urines.

La rigueur du climat ne saurait être invoquée contre une pratique restreinte à l'été. En Auvergne, les vaches vellent sur les montagnes les plus élevées. Dans les Pyrénées, les brebis parquent au bord des glaciers. Quelques claies de bois, une cabine roulante pour le pâtre, voilà toute la dépense de cette admirable pratique de la culture pastorale. Mais il faut trouver des gars décidés à coucher en plein champ.

### § 4. Douceur à l'égard des animaux.

*Funestes effets des mauvais traitements*. — Toute souffrance apporte un trouble dans le système nerveux de l'animal dont les fonctions digestives et l'action nutritive du sang se ressentent fâcheusement. Le retard dans l'heure régulière des repas, le mauvais couchage sur les bouses, l'irritation de la peau mal débarrassée de tout ce qui la souille, sont autant de causes de mauvaise utilisation des aliments, et de perte pour le maître. Ce qui aggrave encore plus ces pertes, c'est la brutalité à l'égard des animaux, les violences de la voix qui le terrorisent, les coups de bâton qui l'amaigrissent.

*Utiles effets des bons traitements*. — C'est merveille de voir la bonté avec laquelle le bétail est traité dans les pays où il a atteint la plus grande valeur. Au travail, les bœufs sont paisiblement excités de la voix, poussés d'un léger aiguillon, loin d'être malmenés de la parole ou brutalisés du bâton.

Les vaches, en liberté au pâturage, répondent docilement à l'appel de leur nom. A tour de rôle, elles s'approchent de l'escabeau de la laitière, pour se faire traire en léchant une poignée de sel, sans avoir jamais reçu dans le flanc de cruels coups de sabot, par lesquels les pauvres bêtes sont paralysées de terreur, au point que la sécrétion de leur lait peut en être subitement arrêtée. Cette calme tranquillité dont on entoure le bétail, lui permet de tirer tout profit de sa nourriture.

*La méchanceté du bétail conséquence des mauvais traitements.* — Par un juste retour, le caractère des animaux brutalisés s'aigrit ; ils deviennent farouches, indomptables, dangereux même, l'intinct de conservation les portant à rendre coup pour coup. Cette sauvagerie du bétail est malheureusement trop fréquente chez nous, qui ne pratiquons pas toujours la douceur à l'égard des bêtes, victimes trop fréquentes des sévices des jeunes pâtres. Toutefois elle tend à disparaître partout où, comme dans la Haute-Vienne, les races commencent à s'améliorer par les soins.

La méchanceté des animaux, nuisible à eux-mêmes, autant que dangereuse pour leurs maîtres, peut donc être prévenue par les bons traitements dont il faut les gratifier dès leur naissance. Si, malgré ces soins, un animal n'en est pas corrigé, il ne faut pas hésiter à l'éliminer par l'abattoir. Ce serait surtout une faute grave de le consacrer à la reproduction, car il transmettrait sûrement ses vices à sa descendance.

Les instituteurs feront œuvre utile en enseignant à leurs élèves, qu'il est humain et profitable d'apprivoiser les animaux par les bons procédés. Du reste, qui brutalise le bétail, brutalise sa femme et ses enfants.

*Le mauvais œil.* — « Quelque passant aura jeté un méchant sort sur mon étable », dit plus d'un brutal qui, par sa négligence et ses sévices, en vient à laisser ses bœufs sans force, ses vaches sans lait, ses veaux sans croissance.

## CHAPITRE VI

### La précocité.

*Le développement hâtif des animaux est la récompense*

*des bons soins*. — Lorsque les pères sont de bonne famille, lorsque les mères ont été soignées convenablement durant la gestation et l'allaitement, lorsque les jeunes reçoivent une quantité de lait suffisante, lorsqu'on leur laisse prendre un exercice salutaire, et qu'on les alimente avec une ration graduellement croissante d'herbage, que l'on additionne de quelques racines et d'un peu de son, de farine ou de tourteaux, lorsqu'on prend cette peine et qu'on fait cette dépense utile, le développement du bétail acquiert une admirable précocité. On voit des veaux d'un an atteindre la force des élèves de dix-huit mois ; on a des agneaux de cinq mois aussi pesants que des moutons.

La chose aboutit parfois à une formation excessive des parties graisseuses des animaux. Cette graisse qui les expose à la stérilité, n'est à propos que lorsqu'on les destine à la boucherie.

Mais si cet entraînement est bien dirigé, si l'alimentation substantielle sans exagération est combinée avec un exercice fortifiant, les animaux sont bien en chair sans être gras ; ils se trouvent dans les meilleures conditions possibles, pour avoir à leur tour une belle descendance.

*Achèvement précoce du squelette*. — Lorsque le bétail est soumis à ce développement hâtif, ce ne sont pas les muscles seuls qui sont en avance dans leur formation, le squelette lui-même s'achève avant l'âge. Ainsi dans l'enfance, les os longs sont terminés par des parties molles, des *épiphyses*, qui commencent à se souder vers le moment où l'animal *palle,* à l'époque de la chute des *pinces*. La soudure de toutes les épiphyses se termine avec la dentition permanente.

M. Samson, l'éminent zootechnicien que nous avons déjà cité, a découvert que cette soudure des épiphyses suit l'accélération de la dentition chez les bêtes précoces.

### § 1. Dentition hâtive.

Le renouvellement de la dentition n'attend pas l'époque ordinaire, ainsi que nous allons le voir pour chaque espèce de bétail.

### Espèce chevaline

On sait que chaque mâchoire des femelles compte dix-huit dents : six *incisives* sur l'avant et six *molaires* de chaque côté sur l'arrière. De plus, les mâles ont une dent pointue, un *crochet* qui garnit l'espace vide entre la dernière incisive et la première molaire. Soit au total trente-six dents pour les unes et quarante pour les autres.

*Dentition de lait.* — Elle comporte les six incisives, et trois molaires de chaque côté. Absente à la naissance, cette dentition se termine d'habitude du sixième au huitième mois. Le sevrage peut dès lors être pratiqué ; mais il serait prématuré avant la formation complète de ce premier appareil de mastication.

*Dentition permanente.* — La quatrième molaire de chaque rangée se montre vers dix mois. La trituration des aliments commence à user la dentition de lait, qui est d'ordinaire *rasée* à deux ans.

Vers deux ans et demi, les *pinces* qui sont les deux incisives du milieu, sont remplacées par des dents permanentes. A trois ans, tombent les deux premières molaires de chaque rangée ; peu après, la cinquième molaire apparaît.

De trois ans et demi à quatre ans, les *mitoyennes* des incisives et la troisième molaire de lait sont renouvelées.

De quatre ans et demi à cinq ans, les *coins* des incisives sont remplacés. Puis la sixième et dernière molaire perce les gencives à chaque rangée.

La dentition complète est ainsi achevée vers cinq ans chez les équidés ; c'est le signe que le développement du squelette est terminé.

La précocité peut réduire de plus d'un an cette évolution dentaire. Les premières dents de lait, les *pinces*, tombent à dix-huit mois, dans les races hâtives ; puis les autres dents caduques se renouvellent de six mois en six mois, de façon que la dentition se trouve complétée dès la quatrième année.

### Espèce bovine

Les ruminants comptent vingt-quatre molaires comme les chevaux ; mais la mâchoire inférieure porte seule des *incisives* qui y sont au nombre de huit, au lieu des six que possèdent les équidés. Les ruminants sont ainsi armés de trente-deux dents comme l'homme.

*Dentition de lait.* — Les bêtes bovines naissent ordinairement avec quatre incisives, les deux *pinces* et les deux premières *mitoyennes*. L'apparition successive des secondes *mitoyennes*, des *coins*, et des trois molaires de chaque rangée, complète la dentition de lait, dès le premier mois ; elle se compose ainsi de vingt dents.

*Dentition permanente.* — La quatrième molaire sort vers dix mois, et la cinquième à quinze mois ; la première molaire caduque est remplacée vers dix-huit mois.

Cependant les dents de lait se sont successivement rongées. A deux ans, les *pinces* permanentes font leur apparition ; l'animal a *palé*.

Vers trois ans, remplacement des premières mitoyennes et des deuxièmes molaires ; sortie des cinquièmes molaires. A quatre ans, remplacement des deuxièmes mitoyennes et des troisièmes molaires.

A cinq ans, renouvellement des *coins*, dernières incisives ; les sixièmes molaires percent les gencives. La dentition est terminée ; l'animal est adulte. La précocité accélère ces diverses évolutions. Dans les races affinées, la dentition est achevée à quatre ans ; le terme tend même à se réduire à trois ans révolus. Alors c'est vers dix-huit mois au lieu de deux ans, que l'animal amélioré change ses pinces, qu'il *palle* ; les autres apparitions des dents se succèdent de six mois en six mois.

### Espèce ovine

Les petits ruminants comptent trente-deux dents, comme les bovins. Absente à la naissance, leur dentition de lait se fait dans le premier mois.

A trois mois apparition des quatrièmes molaires permanentes ; à neuf mois, percement des cinquièmes.

A dix-huit mois, le mouton *palle* ; ses pinces permanentes se substituent aux caduques. Les premières molaires caduques sont remplacées vers cette époque.

A trente mois, chute des premières mitoyennes et des

deuxièmes molaires caduques. A trois ans et demi, perte des secondes mitoyennes et des troisièmes molaires de lait.

A quatre ans et demi, remplacement des coins, apparition des sixièmes molaires. La dentition est achevée. Le mouton est adulte.

L'accélération de l'évolution dentaire, obtenue par la précocité, est encore plus rapide chez l'ovin que chez le bovin. Les pinces permanentes apparaissent dès le onzième mois chez l'agneau, très amélioré, qui devient adulte parfois avant d'avoir atteint deux ans et demi.

### Espèce porcine

Le cochon a quarante-deux dents : douze incisives, quatre canines et vingt-huit molaires.

Le porcelet naît avec huit dents ; il en possède vingt quelques jours après sa naissance ; mais à l'inverse du cheval et des ruminants, ses pinces ne poussent pas les premières ; elles surviennent le vingtième jour à la mâchoire inférieure, et le quarantième à la supérieure. La dentition de lait est complète à trois mois ; la dentition définitive est achevée à trois ans chez les races tardives, et au plus tard à deux ans chez les races précoces.

## § 2. *La précocité est la condition essentielle du profit.*

***Relation entre la croissance des animaux et celle des végétaux.*** — Comme les plantes, la bête sauvage croît surtout au printemps, alors que tendres et succulentes, celles-ci lui fournissent tous les éléments de ses tissus et de son squelette. Son développement subit ensuite un ralentissement graduel, à mesure que le durcissement estival des herbes rend son alimentation moins substantielle. Enfin, tout animal en liberté cesse complètement de se développer en hiver, quand la rareté et la mauvaise qualité des herbages suffisent à peine à l'entretien de son corps, et à la conservation de sa chaleur intérieure.

Les animaux en domesticité étant le plus souvent dans une situation pire que celle de l'état sauvage, l'interruption de croissance en hiver est encore plus marquée pour le bétail mal soigné. Les privations et le manque d'un bon entretien déterminent un vrai chômage dans ses progrès.

*Continuité de la croissance des animaux bien nourris.* — C'est ce chômage que l'on peut prévenir par une alimentation d'hiver aussi substantielle que celle du printemps. La continuité de la croissance permet ainsi de réaliser l'achèvement de l'organisme, bien avant l'époque ordinaire. Tout le secret de la précocité est donc dans la continuité du bien-être. On peut en faire bénéficier les bêtes de toutes races.

La précocité est l'une des voies nécessaires de l'amélioration graduelle du bétail ; mais elle n'implique pas la perfection même des formes de la bête qui en est l'objet. Dans tous les cas, elle est la condition essentielle du profit. Le jour où nous tiendrons une comptabilité nous permettant d'apprécier exactement le rendement en fourrage, nous reconnaîtrons combien il nous importe de nourrir les animaux convenablement, de façon à obtenir leur développement dans le moindre temps possible.

Comme en toutes choses, l'hérédité ne peut que favoriser la précocité ; mais elle n'en est pas la condition indispensable. Il serait donc temps de renoncer aux anciennes dénominations de *races précoces* et de *races tardives*. Il serait plus vrai de dire : *producteurs précoces* et *producteurs tardifs* ; car c'est l'homme et non la bête, qui est responsable du fait.

# CHAPITRE VII

### Exploitation du bétail spéciale à la région du Centre

## *L'élevage.*

*Division du travail.* — Jadis un produit sortait tout façonné d'un même atelier. Ainsi un seul fabricant peignait, filait, tissait et colorait la laine. De nos jours, chacune de ces opérations s'effectue dans des fabriques différentes, afin d'arriver par les spécialités à la production la plus économique. Grâce aux facilités de communications, la tendance à la division du travail est de plus en plus marquée.

Utile à l'industrie, cette division du travail n'est pas moins bienfaisante à l'agriculture. Elle entre graduellement dans les pratiques agricoles. Ainsi tel bœuf qui arrive aux abattoirs de Paris, en sortant des sucreries du Nord, s'est développé dans l'Ouest, après être né dans le Centre, opérant ainsi une migration de plusieurs centaines de lieues.

*Répartition de la production des jeunes et des adultes entre les diverses régions, selon leurs aptitudes.* — Par la force même des choses, l'élevage tend à se produire dans la région qui peut le pratiquer le plus économiquement. Puis l'élève est appelé dans le pays où son éducation est la plus facile. Enfin l'adulte arrive dans le milieu capable de l'utiliser le mieux possible.

*Conditions d'un élevage économique.* — Pour que le prix de revient du jeune animal au moment du sevrage soit réduit au minimum, la mère doit gagner son entretien par d'autres rapports, ou du moins cet entretien sera rendu peu dispendieux par l'état de culture de la région. Il faut que la jument paie ses vivres, en servant soit à labourer la ferme, soit à transporter le fermier ; il faut que la vache soit soumise au joug, que la brebis et la truie aient de vastes bois pour y vivre à peu de frais.

Enfin la condition essentielle du bon élevage est l'abondance des prairies naturelles, dont l'herbe tendre donne le lait aux mères, et fournit aux petits le meilleur des aliments.

*Aptitude de la région du Centre pour l'élevage.* — Notre pays est dans les plus belles conditions du monde pour produire économiquement les jeunes animaux. Bien des propriétaires ont pour leur usage une jument qui peut être livrée à la reproduction, en menant son maître aux marchés et aux foires. Ilote de la métairie, la vache subvient aux plus rudes travaux, tout en portant son fruit. Grâce à l'étendue des châtaigneraies, la brebis et la truie sont d'un facile entretien.

Les chemins de fer aidant, la région du Centre est sollicitée de plus en plus vers l'élevage. Le mouvement ne peut que s'accélérer, si nous savons tirer parti de nos ressources naturelles : le pré et le bois.

*Les profits de l'élevage.* — C'est dans le jeune âge que les animaux croissent le plus rapidement en poids et en valeur, grâce à leur activité digestive. Ainsi les veaux d'un an bien allaités atteignent aisément 250 francs, alors qu'ils ne gagnent guère que 50 francs dans l'année suivante.

La même observation s'applique aux agneaux qui prennent presque tout leur poids, dès la première année.

Lucratif avec les animaux de valeur ordinaire, l'élevage est surtout rémunérateur dans la production d'animaux de choix, recherchés comme étalons. Un beau taureau de douze mois vaut de 400 à 500 francs, son prix n'est pas sensiblement plus élevé à quatre ans.

L'éleveur a surtout l'avantage de n'être pas forcé de se défaire de ses produits, pour ainsi dire à jour dit, ce qui est la dure nécessité de l'engraisseur.

*Emigration dans la plaine favorable aux animaux.* — On sait combien les jeunes animaux de la montagne gagnent en développement, quand ils descendent dans la plaine, où ils trouvent un climat plus doux, un fourrage plus substantiel.

Entretien économique des mères, croissance plus vigoureuse des animaux exportés, facilités des chemins de fer, tout concourt à désigner la région montagneuse du Centre comme un puissant foyer d'émission, d'où poulains, veaux, agneaux et porcelets devraient se répandre dans les pays rendus moins aptes à l'élevage, par l'absence de pâtures.

Cette émigration de la montagne vers la plaine semble donc le lot naturel de la population animale, aussi bien que celui de la population humaine.

*Conditions des progrès de l'élevage dans le Centre.* — Ce courant agricole déjà très prononcé est encore susceptible d'heureux développements. Sans doute, les progrès en quantité sont limités ; mais ceux en qualité sont aisément réalisables. L'amélioration des races par les deux voies concordantes de la sélection des reproducteurs et de la bonification du régime, produit graduellement des animaux mieux conformés et plus précoces, qui réalisent un plus grand bénéfice dans un moindre temps.

# CHAPITRE VIII

### Exploitation des animaux adultes

*N'ayez que du jeune bétail dans vos étables.* — Jadis on montrait dans les meilleures exploitations, non sans orgueil, des bœufs vétérans du travail, des vaches chargées d'années, des brebis hors d'âge. Cependant il ne faut pas une grande réflexion pour reconnaître que le travail d'une paire de bœufs est moins coûteux, lorsque leur valeur augmente par exemple de cent francs par an, au lieu de rester stationnaire. De même le veau, le lait, le travail produit par une vache coûtent évidemment moins cher, si cette bête encore dans la période de croissance, gagne par exemple 50 francs par an, au lieu de les perdre après avoir atteint le temps de la décrépitude. Même observation pour la brebis.

Il y a donc tout intérêt à n'avoir que des animaux croissant et rapportant tout à la fois ; puis à les vendre aussitôt qu'ils ont atteint leur complet développement et leur plus haute valeur.

*Production précoce des femelles.* — L'entretien presque exclusif du jeune bétail amène à faire produire les femelles, dès qu'il est possible. Le fait a lieu le plus souvent, grâce à la liberté des pâturages. Mais parfois les jeunes mères sont si chétives, que leur premier produit ne peut être conservé, à moins de les réduire elles-mêmes au dernier degré d'épuisement. C'est ce fâcheux résultat du mauvais état du bétail, qui a accrédité l'opinion qu'il faut se montrer plus sage que la nature elle-même, en retardant la production, bien après la première manifestation des instincts de maternité. Voilà une erreur qui constitue le maître du cheptel en perte volontaire. C'est à lui de ne pas s'y exposer par le mauvais état de ses animaux.

*Vente des mères après les premières portées, au moment de leur plus grande valeur.* — Nourrissez suffisamment vos génisses, afin que les lois de la nature puissent être suivies pour votre profit et non pour votre perte. Laissez-les produire deux fois ; puis vendez-les fraîchement velées pour la troisième fois. Elles sont alors parvenues à leur plus haute valeur ; et les produits qu'elles vous ont donnés ont réduit d'autant leur dépense. Même règle pour les brebis, qu'il convient de vendre ou d'engraisser dès le second agnelage.

C'est l'incessant rajeunissement des cheptels, fondé sur le remplacement  graduel  des mères par les filles progressivement améliorées.

## CHAPITRE IX

### Engraissement

*Perte causée par la consommation de la viande maigre.* — La chair des animaux d'une maigreur extrême contient la moitié de son poids en eau ; elle est à peu près privée de la graisse interstitielle, qui est nécessaire à la digestion de la partie musculaire.

La proportion d'eau descend au tiers, au lieu de la moitié, dans la chair des animaux gras. La graisse et les fibres s'y trouvent mêlées en parties égales, pour constituer une viande juteuse, agréable au goût et nourrissante autant que possible.

Ainsi celui qui achète la chair d'un animal épuisé paie un excès d'eau et il ne reçoit que des muscles indigestes. Celui qui vend à vil prix un animal amené à cet excès de misère, autant par le manque de soins que par le défaut de nourriture, celui-là perd tout le bénéfice qu'il aurait pu réaliser en maintenant sa bête dans un état convenable. Quand on voit nos foires encombrées d'une telle quantité de bœufs efflanqués, de vaches étiques, de brebis décharnées, on ne peut que se désoler de ce gaspillage du plus précieux de nos aliments. Il faut s'affliger d'autant plus de la misère des bêtes, que celle de leurs propriétaires en est solidaire.

S'imagine-t-on quelle fortune pour le pays, si ces milliers de milliers de vaches *enragées* valant de 3o à 4o fr. eussent été engraissées à temps et vendues de 3oo à 4oo francs !

Nous allons donner les principes généraux de l'engraissement, communs à toutes les espèces, avant de décrire la pratique spéciale à chacune d'elles.

*Plus grande puissance d'assimilation dans le jeune âge.* — L'activité digestive des animaux de toute espèce est d'autant plus vive, qu'ils sont plus jeunes. Il y a donc lieu de tirer parti de cette faculté pour la production de la viande, en les engraissant aussitôt que le permettent les convenances des consommateurs. Car l'alimentation féculente et le repos absolu auquel est soumis l'animal à l'engrais, font concourir la nourriture à la formation de ses matières grasses, sans beaucoup développer ses masses musculaires. De telle sorte, que si l'opération a lieu avant l'achèvement des tissus fibreux, qui n'est complet qu'à l'âge adulte, les matières graisseuses prédominent dans le corps de l'animal engraissé. Le goût de la viande en est modifié.

*Age pour l'engraissement.* — Un tel effet est d'accord avec la nature de l'espèce porcine, destinée par essence à produire de la graisse. Il convient donc de faire aboutir les porcs à un engraissement précoce, tout en modérant, par le choix de la race et le mode d'alimentation dans l'enfance, une prédominance trop excessive de cette graisse.

Après les cochons, ce sont les bêtes ovines qui ont la plus grande aptitude à transformer les aliments en viande. C'est l'espèce pour laquelle l'engraissement précoce est le plus recherché par la consommation. Le producteur n'est donc pas gêné dans ses efforts à produire des agneaux aussi pesants que jeunes.

L'espèce bovine viendrait en dernier lieu comme puissance de transformation de denrées en viande, si n'était l'espèce chevaline, qui n'est, il est vrai, qu'accidentellement utilisée pour sa viande. Les bovins donnent, selon leur âge, une chair plus ou moins estimée, selon qu'elle s'accommode plus ou moins au mode de cuisine du pays. En France, nous sommes pour les deux extrêmes, nous consommons beaucoup de veaux, tandis que nous exigeons que la viande de bœuf soit complètement formée. En Angleterre, on recherche surtout les animaux jeunes, mais presqu'adultes.

L'âge auquel il convient d'engraisser les animaux est donc une question qui dépend du goût des consommateurs. Mais même la préférence étant donnée aux viandes toutes formées, il y a tout avantage à engraisser du jeune bétail. Car à mesure qu'ils vieillissent, l'activité de la digestion des animaux diminue. Ils produisent moins de viande ; elle est de moindre qualité, parce qu'au lieu de se mêler aux muscles, la graisse s'accumule alors en masses de suif, dont la valeur commerciale est moindre que celle de la bonne chair.

***Choix des animaux.*** — Quelle que soit l'espèce, n'achetez jamais de bêtes amaigries ; leur engraissement serait ruineux. Prenez toujours des animaux en bon état, ce qui prouve qu'ils ne sont pas absolument réfractaires à la mise en chair. C'est dans tous les cas un *indice nécessaire de leur bonne santé.* Que le poitrail soit bien ouvert et la côte ronde, pour contenir les poumons et le cœur, ces grands ouvriers de la nutrition. Enfin la tête se montrera légère ; c'est le signe de la finesse de l'ossature, qui en fait d'engraissement constitue un vrai poids mort. L'indice fourni par la tête est sans nul doute le plus important de tous. Il suffit aux connaisseurs. Subsidiairement, la croupe sera carrée et pas pointue, pour fournir de bons quartiers. Une peau douce et maniable indiquera un certain amollissement de tout l'organisme, essentiellement favorable à la pénétration des tissus par la graisse.

Ne vous laissez pas séduire par le bon marché de toute bête fautive sur l'un de ces points indiqués. Elle vous mangerait le vert et le sec sans prendre chair.

***Soins spéciaux des animaux à l'engrais.*** — Cette opération doit être menée aussi rapidement que possible, pour qu'elle soit profitable.

Il faut d'une part diminuer les pertes de l'organisme, et de l'autre en accroître les recettes. L'étable sera presque obscure ; la lumière vive excite les fonctions respiratoires, c'est-à-dire la combustion intérieure. La température sera telle qu'elle ne fasse ressentir ni la sensation du chaud ni celle du froid. C'est 20 degrés environ. Par le froid, l'animal se brûle plus activement au dedans, pour se réchauffer. Par le chaud, il respire plus énergiquement, et il se consume au delà du nécessaire.

L'animal à l'engrais ne sera pas déplacé même pour boire. Mouvoir, c'est user. Il sera préservé de tout bruit qui l'arracherait à une quiétude et à une somnolence qui sont indispensables à son rapide empâtement.

De telles conditions sont toutes contraires à celles qui conviennent pour l'élevage. Il est donc difficile de réunir les deux opérations dans une même étable.

*Nécessité de la parfaite propreté des animaux à l'engrais.* — Une litière sèche, un poil toujours net, importent absolument au bien-être de ces animaux, en les préservant du malaise irritant causé par la saleté. De là des pansages et des frictions réitérées deux fois par jour, pour stimuler les fonctions de la peau. De là la pratique du tondage appliquée au bétail à l'engrais.

Par ces soins usités dans les pays de grand engraisse_ment, que l'on juge du tort que se font les cultivateurs de notre région, en entretenant leurs animaux à l'engrais dans un état de malpropreté souvent calculée.

*Alimentation.* — Il faut des repas fréquents, sans que toutefois le dégoût puisse venir d'une auge constamment garnie d'aliments. Ces repas doivent être variés en devenant de plus en plus succulents, à mesure que la fin de l'engraissement approche. Dans cette dernière période, l'accroissement en poids devient de moins en moins sen_sible, la viande gagnant alors en qualité plus qu'en quantité. Le point essentiel est donc d'arrêter l'opération, aussitôt que la viande a acquis la qualité requise par la clientèle à laquelle elle est destinée. Il faudrait donc avoir sans cesse le crayon en main, pour supputer la dépense, et la bascule sous les yeux, pour se renseigner sur les variations du poids.

Surtout ne vous obstinez pas contre les bêtes réfractaires à l'engraissement. Le plus prompt débit est le meilleur.

*Vente des animaux gras.* — La nécessité de se débarrasser de ces animaux presqu'à jour dit, implique soit la vente à l'étable, soit le facile accès de marchés fréquents et réguliers. C'est un mal, lorsque toutes les bêtes d'un pays s'accumulent dans une seule foire grasse, où l'offre dépasse toujours la demande. Plus grave encore est l'inconvénient des petites foires multipliées à l'infini et coïncidant souvent dans des localités très rapprochées. Elles manquent nécessairement d'acheteurs. Le cultivateur y est à la merci des bouchers du pays.

Les agriculteurs qui engraissent un nombre suffisant d'animaux, les expédient souvent aux commissionnaires du marché de la Villette, à Paris.

Quel que soit le mode de vente à l'étable, en foire ou à Paris, il est bon d'être muni d'une bascule et de suivre les cours du marché lorsqu'on engraisse beaucoup d'animaux.

## *Conclusion.*

Opéré en grand, l'engraissement des bêtes à cornes constitue une spéculation de gros bénéfices ou de grosses pertes. Il n'est à sa place que sur les domaines très fertilisés, entre les mains d'agriculteurs habiles à acheter le bétail maigre, vigilants à surveiller ses progrès en graisse, et heureux dans leurs expéditions à la Villette.

Réduite à la mise en chair accidentelle d'une paire de bœufs ou de quelques vieilles vaches, l'opération n'est pas toujours fructueuse, lorsqu'on ne possède ni les installations spéciales, ni la pratique suffisante. Les meilleurs aliments de l'exploitation s'en vont ainsi souvent sans grands bénéfices, au détriment de tout le reste du cheptel. Dans les conditions actuelles de la culture du pays, l'élevage semble mieux convenir à la condition moyenne de nos exploitations.

L'engraissement précoce et rapide des bêtes à laine peut au contraire devenir une source de profit pour la grande et petite propriété. Quant à la production des porcs, elle doit désormais s'opérer en un moindre temps, pour rester rémunératrice.

Dernier terme du progrès agricole, la spéculation de l'engraissement se développera sans nul doute dans notre région, avec l'accroissement des capitaux, la marche de l'instruction et l'amélioration des cultures, à laquelle elle contribue efficacement par la production de fumiers abondants et surtout excellents.

Mais l'élevage n'en restera pas moins le mode d'exploitation du bétail le plus spécial à notre montagneuse région.

———

# LIVRE TROISIÈME

## ESPÈCE BOVINE

*Importance du gros bétail.* — L'espèce bovine occupe
à juste titre la première place dans les cheptels de la région
montagneuse du Centre. C'est elle en effet qui s'adapte le
mieux au climat humide et au fourrage acide du sol granitique. Elle n'a pas les exigences d'éducation, qui sont le
plus grave obstacle à la production chevaline dans la région. Enfin les bêtes à cornes ont été, sont et seront
sans doute toujours l'unique moteur économiquement
applicable au travail agricole, sur nos terrains abrupts et
rocheux. De là l'importance de l'espèce bovine pour nous.
C'est évidemment sur son amélioration que doit se porter
l'effort capital.

*Diverses races de la région.* — Le versant ouest et sud-
ouest du massif central, est occupé par une race très homogène, que son blond pelage caractérise nettement.

La partie volcanique formant les monts d'Auvergne,
comprend une nombreuse population bovine sans aucun
mélange ; sa robe également unie est d'un rouge plus
foncé.

Au versant sud-est, sur les derniers entassements volcaniques et granitiques de la région, pâture une tribu de
bétail au pelage gris de blaireau. Chose remarquable, le
même pelage se rencontre sur le versant nord du massif,
vers les bords de la Creuse.

Les trois races importantes de la région sont donc l'une blonde, l'autre rouge et la dernière grise.

Ces différences superficielles de pelage sont complétées par d'autres signes distinctifs, caractérisant trois races bien séparées, qui de longue date portent les noms de race Limousine, race Auvergnate et race d'Aubrac.

*Caractères communs.* — Tous ces animaux sont d'une égale rusticité et d'une même résistance aux excès du froid et du chaud, qui sont d'autant plus extrêmes que les lieux sont plus élevés. Ce sont de très vigoureux et très énergiques travailleurs, finissant en excellentes bêtes de boucherie.

# CHAPITRE PREMIER

### Race Limousine

*Zone de la race blonde.* — Prenons son foyer actuel dans la Haute-Vienne, où elle a atteint son plus haut degré de perfectionnement. Au nord, elle pénètre sur les confins de la Creuse. Vers le sud, elle occupe le département de la Corrèze; elle y est limitée par le cours de la Dordogne, qui la sépare de la race d'Auvergne. A l'ouest, elle se répand dans le Périgord, s'étendant plus ou moins dans l'Angoumois, mais se développant surtout sur les bords de la Garonne, dans les plaines d'Agen et de Montauban. Enfin l'habitant du Limousin qui voyage dans les Pyrénées, est tout ravi de trouver sa race couleur des blés à Lourdes, dans la vallée d'Argelès. Il en avait perdu souvenance, en traversant la plaine de Toulouse, habitée par un bétail au pelage plus ou moins varié de brun. Après avoir émigré de son lieu d'origine, cette tribu de la race blonde s'en est trouvée séparée par l'invasion d'un nouveau bétail s'implantant en Gascogne.

Il est à présumer que la race blonde s'est d'abord formée sur les grasses rives de la Garonne, d'où elle s'est répandue d'une part vers les Pyrénées, et de l'autre vers les monts du Centre, en suivant les progrès mêmes de la population humaine, qui dans cette région a très probablement pris son premier développement sur les bords du fleuve au climat plus doux, à la vie plus facile.

Cette race blonde a pénétré sans doute avec les premiers hommes dans le massif montagneux du Centre, et elle occupe le Limousin depuis la plus haute antiquité. Dans tous les cas, l'homogénéité même du bétail, la sollicitude traditionnelle avec laquelle les cultivateurs veillent à sa pureté, par dessus toute chose, son type spécial grêle et léger, qui est comme l'expression vivante de la pauvreté du granit, tout concourt à prouver son ancienneté séculaire.

La race blonde est appelée *race d'Aquitaine* par M. Sanson, en souvenir du vieux nom de la province qu'elle occupe. S'étendant sur une aussi vaste zone, en des lieux si divers par le sol et le climat, elle a suivi d'inévitables variations dans sa structure et son organisme.

*Variétés des plaines calcaires.* — Sur les bords de la Garonne, la race a pris une si forte ossature, que cela aurait dû donner l'éveil sur l'existence des mines de phosphate de chaux de cette région, qui sont les plus riches du monde. Le massif squelette de la race se signale par des membres trapus et manquant d'aplomb, par une lourde tête et surtout par un gros cornage tout de travers implanté. L'épine dorsale subit souvent un fléchissement auquel n'est point étrangère la mauvaise disposition des étables. Les mangeoires y sont à une hauteur telle que les animaux doivent se percher sur les pieds de devant, au moment de leur repas. Ils impriment ainsi une inflexion forcée à leur colonne vertébrale. Triste exemple de la dégradation du bétail par l'ineptie humaine.

Ces défauts de conformation sont rachetés par le développement de la poitrine, par la patience au travail, la race donnant les plus grands, les plus gros, les plus puissants moteurs du monde.

Une plus rationnelle disposition des tétières par lesquelles ils mangent, préserverait ces animaux de leur déformation. Il ne faudrait pas désespérer de corriger par une longue sélection les déviations du cornage qui rendent l'attelage au joug difficile, et menacent souvent la tête elle-même de perforation.

Le calcaire prédominant moins dans les alluvions de la plaine de la Garonne, à mesure que l'on descend de Montauban vers Agen, la constitution du bétail en est rendue moins massive. La race est mieux conformée, plus basse sur jambes, tout en conservant le beau poitrail et la longueur du corps Garonnais. Ces belles formes distinguent les animaux peuplant la Dordogne, la Gironde et la Charente.

*Variétés des terrains granitiques.* — La faible dose d'éléments calcaires dans le sol et partant dans les fourrages, se décèle par la finesse de l'ossature et l'élégance du cornage des deux familles de Lourdes et du Limousin. Il est du reste très difficile de distinguer l'une de l'autre ces deux tribus, ayant toutes deux le même cachet caractéristique des races de montagnes. Ici et là une même forme gracieuse des cornes est l'objet de la jalouse prédilection des producteurs. Le moindre mélange de sang Garonnais se traduirait par le grossissement de ces cornes, leur déviation en arrière et en bas, au lieu de cette volute fièrement dirigée en l'air.

*Signes caractéristiques de la race blonde.* — Elle se distingue essentiellement par la *teinte rosée* du cornage, du mufle, du contour des yeux et de l'anus. Cette absence absolue de tout pigment dans le cornage et les muqueuses, jointe à la couleur des blés de la robe, la distingue nettement de toutes les autres races bovines, plus ou moins pigmentées, telles qne la race Auvergnate et la race d'Aubrac. La coloration noire des muqueuses, du cornage, de l'extrémité du fourreau manque aussi dans d'autres races ; mais elles sont blanches et non blondes.

*Signes distinctifs de la variété Limousine.* — La finesse de l'ossature signalée, l'élégance du cornage, la teinte d'un blond plus vif et plus uniforme de la robe, distinguent la variété granitique de la variété calcaire. Les mésalliances plus ou moins anciennes se décèlent par la déviation des cornes, la pâleur irrégulière du poil.

Les taches blanches ou brunes sont le signe certain d'une impureté d'origine, par alliage plus ou moins lointain, avec les autres races bovines. C'est en veillant depuis des siècles sur tous ces détails, avec une sorte de zèle fanatique, que le colon Limousin a conservé la pureté de sa race, grâce à laquelle son amélioration est actuellement si prompte.

*Ce qu'il faut conserver dans la race Limousine.* — La race est très féconde, la plupart des vaches produisant régulièrement tous les douze mois. Elle montre une disposition à la précocité, qui égale celle des races les plus réputées. Elle a une grande résistance au travail, par la solidité de ses membres et la dureté de son sabot. Gardons-nous surtout de compromettre cette dernière qualité, en soumettant maladroitement les étalons à une stabulation complète.

*Ce qu'il faut améliorer dans la race Limousine.* — Le peu de rendement des cheptels du pays tient essentiellement au mauvais allaitement des veaux et des velles, à leur maigre alimentation après le sevrage jusqu'à l'âge adulte. Le succès des éleveurs de la Haute-Vienne, dans le perfectionnement si prompt de leurs animaux, vient du bon soin des jeunes animaux qui implique le meilleur entretien des mères, et subsidiairement l'amélioration des fourrages et des pâtures.

La misère du bétail dans le jeune âge est tellement la cause prédominante de la chétivité de la race, que tant qu'on n'y portera pas remède, il sera sans efficacité de se préoccuper des causes secondaires : le mauvais choix des étalons, la situation précaire du métayage et du fermage, incitant à faire de l'argent avec les animaux de la plus belle venue, que l'abattoir ou l'exportation arrachent ainsi à la reproduction dans le domaine. De cet ensemble de conditions fâcheuses résultent les vices de conformation de la race, dont le dominant est le resserrement du poitrail. L'étroitesse de la poitrine a pour conséquence l'aplatissement de la côte et la compression des épaules. Par harmonie naturelle, l'exiguité de l'arrière-train se modèle sur celle de l'avant-train.

*Croisement Garonnais.* — Séduits, il y a une cinquantaine d'années, par les grandes proportions de la race Garonnaise, les éleveurs des environs de Limoges ont importé des troupeaux Garonnais qui ont laissé des traces profondes dans le bétail de la Haute-Vienne.

Ainsi qu'il arrive par les lois immuables de l'hérédité dans les croisements, les produits ont présenté le mélange des défauts autant que des qualités des deux races. La finesse native de l'ossature limousine a été altérée; l'ampleur de la poitrine a peu gagné; l'épine dorsale et la croupe ne se sont pas améliorées. Tout de travers encornés, les métis sont moins hauts sur jambe; c'est le gain le plus net du croisement qui a beaucoup perdu dans la faveur publique.

*Retour à la race pure.* — Les éleveurs les plus renommés de la contrée demandent actuellement l'amélioration de la race au régime et à la sélection. C'est en remédiant aux diverses causes du mal signalé plus haut, qu'ils obtiennent ces animaux déjà très avancés en bonne conformation, si admirés et estimés dans les concours de reproducteurs ou de boucherie. Leurs progrès marqués ont été comme une révélation des mérites de la race Limousine.

*Débouchés.* — Les femelles sortent peu de la région, ne donnant lieu qu'à un commerce local. Après une vie toute de labeur et de privations, elles aboutissent aux abattoirs du pays, le plus souvent épuisées de vieillesse et de misère.

Les taureaux trouvent un facile écoulement dans les plaines du Périgord, jusque dans le Bordelais et la Saintonge. Cette exportation constitue avec celle des cochons, la source la plus nette des produits de l'agriculture locale. Mais il faut reconnaître que le prix de nos *bourrets* est notablement moins élevé que celui des animaux d'Auvergne. C'est incalculable ce que nous perdons ainsi par les retards dans l'amélioration de notre race.

L'engraissement sur place tend à se développer à mesure que les cultures s'améliorent. Les animaux gras servent à la consommation des divers centres de population de la région. L'excédent est expédié en grand nombre à Paris. L'industrie est bonne à ceux qui engraissent assez de bétail pour faire des envois directs; mais le petit engraisseur est de plus en plus à la merci des marchands de sa localité, devenus absolument les maîtres, depuis que la multiplicité des foires éloigne les commissionnaires étrangers, en réduisant l'importance de nos anciens grands marchés.

*Résumé*. — La race Limousine compte des familles d'élite déjà très avancées en amélioration ; mais au-dessous de ces bêtes de choix, le commun bétail s'attarde dans une misérable condition qui est la plus grave cause de la situation précaire de l'agriculture du pays. L'œuvre urgente est de le racheter de cette misère, en l'élevant au niveau des bons et beaux animaux qui seuls paient leur maître.

## CHAPITRE II

### Race Auvergnate

*Variétés*. — La population bovine d'Auvergne comprend les animaux qui, tout en présentant la même conformation et les mêmes caractères zootechniques, sont dissemblables néanmoins par le poil. La variété la plus importante est celle de *Salers*, au pelage rouge. Elle compte cependant quelques familles qui ont la robe absolument noire. Les troupeaux de la montagne possèdent souvent un animal de cette nuance, dans la même intention que tout bon Napolitain porte sur lui une petite corne de corail, pour conjurer le mauvais sort.

Les pâturages du Mont-Dore nourrissent une variété pie, dans laquelle le blanc s'est allié soit au rouge, soit au noir. Connue sous le nom de race Ferrandaise, cette variété s'étend des Dores jusque dans la Limagne ; mais elle est peu exportée au dehors.

Ces nuances bigarrées sont étranges, au milieu de races à robes unies : la Limousine, blonde; la Salers, rouge ; la Nivernaise, blanche. La variété noire et blanche sort-elle de quelque vieille souche oubliée dans les replis du Sancy? Est-elle une importation de la race Fribourgeoise, dont elle partage les caractères zoologiques, aussi bien que la couleur? La variété rouge et blanche, plus localisée aux confins de l'Allier, paraît un croisement de Salers et de Nivernais, plutôt qu'une importation de race Bernoise, selon l'opinion de quelques auteurs.

### *Variété de Salers*

*Zone.* — Le foyer de cet admirable bétail est concentré sur les flancs des plombs du Cantal. Formés de détritus volcaniques très riches en phosphate, fécondés par une épaisse couche de neige qui les recouvre une partie de l'année, fumés par le parcage des troupeaux, les versants de ces montagnes constituent des pâturages sans pareils, dans lesquels les troupeaux vivent en liberté durant la belle saison.

*Caractères.* — On comprend qu'il s'y soit formé une race de bétail tout à fait supérieure. La richesse du sol en minéraux constituant le squelette, lui a fourni une forte structure. La vie en plein air, l'exercice forcé en terrain accidenté, ont déterminé une puissance de poitrine que ne procure pas toujours la calme dépaissance des pâturages de plaine, et que la stabulation fait perdre. La marche sur le basalte a rendu la corne des pieds aussi dure que le sabot de la mule, ce qui est une des grandes qualités de la race. Quant aux marques extérieures du pelage rouge et de la coloration noire de l'extrémité des cornes, c'est le résultat d'une sélection séculaire. En Auvergne, les éleveurs n'acceptent que le bétail rouge foncé comme pur et bon, tandis que par delà les rives de la Dordogne, en Limousin, on ne veut que des bêtes blondes.

L'uniformité de teinte rouge est parfois ternie par une tache noire à l'extrémité du fourreau des mâles, autour de la vulve des femelles. C'est un signe d'impureté.

*Débouchés.* — La vache est utilisée sur place pour la production des fromages de forme. Mais cette bienfaisante agriculture pastorale n'employant que peu de force, les taureaux ont dû émigrer comme les hommes. Les *bourrets* partent vers l'âge de dix à quinze mois, surtout à l'automne, au moment de la descente de la montagne. Ils se dirigent vers les plaines de la Saintonge et du Poitou. Employés aux travaux de culture, ils prennent un grand développement sur ces sols à trèfle et à luzerne. Changeant deux ou trois fois de mains, selon les progrès de leur croissance, ces bœufs vont s'engraisser dans les herbages.

des bords de la Loire et dans les sucreries du Nord, pour aboutir de là aux abattoirs de Paris. Ils laissent entre les mains de leurs propriétaires successifs des gains notables, éloquente réfutation de ce qu'il y a d'excessif dans l'opinion que le bœuf doit être absolument spécialisé pour la boucherie, et sacrifié dès l'âge tendre.

*Le bétail sans litière.* — Le côté faible de cette belle agriculture pastorale, c'est la rareté de la litière, pour le séjour à l'étable en hiver. Les animaux croupissent alors dans leur bouse qui n'est enlevée qu'une ou deux fois la semaine.

L'entretien du bétail sans litière est beaucoup mieux entendu en Suisse, où le sentiment de la propreté est plus vif qu'en Auvergne. Les animaux y couchent sur des madriers ; leurs déjections sont enlevées plusieurs fois par jour ; l'étable est fréquemment lavée par une eau abondante, utilisée en arrosages. Les bêtes ont un poil luisant, au lieu de l'ignoble cuirasse de fange, avec laquelle les Salers partent pour la montagne, à la fin de l'hiver.

Le bien-être du bétail et la facilité du service seraient accrus en Auvergne, par une disposition permettant l'enlèvement rapide des bouses et du purin. Il faudrait faire manger les bêtes en têtières, sur un couloir central, de telle sorte que les déjections puissent être évacuées rapidement par des ouvertures pratiquées dans la muraille, en arrière des animaux. Les matières tomberaient dans une fosse régnant tout le long du bâtiment, abritée par le prolongement du toit. Elles pourraient être dirigées sur les prés situés à un niveau inférieur, à l'aide de courants d'eau ; ou bien elles recevraient une consistance plus solide par l'adjonction de terre ou de tuf, pour être transportées dans les champs.

Enfin, il y a en Auvergne comme dans tout le Centre, de vastes terrains dont le boisement fournirait utilement des feuilles pour la litière.

*Progrès à réaliser.* — La race présente sans doute encore quelques imperfections. Les Salers ont souvent le dos fléchi et la queue haute. Bien peu d'entre eux atteignent la distinction de formes, la finesse de tissus, la délicatesse de l'ossature des Limousins très perfectionnés. Mais l'ensemble de la race de Salers est beaucoup plus égal et satisfaisant que celui de la race Limousine, dans laquelle le gros de la troupe est beaucoup trop au-dessous des sujets d'élite.

Facilitée par les chemins de fer qui vont pénétrer le Cantal de tous les côtés, accélérée par la tendance des cultivateurs du Poitou à remplacer plus rapidement leurs bœufs d'attelage, pour les soumettre à un engraissement plus hâtif, sollicitée par l'appel des sucreries du Nord, dont la prospérité importe ainsi essentiellement à l'Auvergne, l'exportation des bourrets prend une importance croissante, qu'il faut favoriser par leur précocité.

*Vente plus précoce des veaux.* — Ces jeunes animaux ne devraient à aucun prix hiverner en Auvergne, après leur sevrage. Leur place n'est plus dans ces boueuses granges, où ils vivent chichement, à demi ensevelis dans les neiges dont la froidure cause un arrêt dans leur développement. Cette place est dès lors dans les plaines plus chaudes du Poitou, à des râteliers mieux garnis.

Eleveurs Cantaliens, faites tous vos efforts pour assurer à vos bourrets une précocité facilitant leur exportation, dès leur première descente de la montagne. Cette vente hâtive n'est encore que l'exception ; qu'elle devienne la règle, à votre grand profit. Il ne serait sans doute pas impossible de modifier en ce sens les habitudes commerciales. Pour cela, du lait, du lait à ces pauvres petites bêtes que vous laissez misérables et parfois souillées de vermines dans leur *parcous*. Il ne vous serait sans doute pas impossible de réaliser avec des veaux de huit à dix mois convenablement allaités et nourris, le prix que donnent actuellement les animaux plus âgés. Ménageant les provisions d'hiver et dégageant les étables, cet écoulement plus rapide de produits vous permettrait d'entretenir un nombre plus considérable de vaches laitières. Gagnez du temps et vous gagnerez de l'argent, en sacrifiant de moins en moins l'élevage à la fabrication de la *fourme*.

*Conservation de la race pure.* — Il n'y a pas eu de tentative sérieuse de croisements, à la suite de l'importation du bétail anglais de Devon dans le Cantal. Les qualités de leur vieille race, les rigueurs de leur climat, et par dessus toutes choses, leur bon sens si avisé et si fin, tout engage les Auvergnats à persévérer dans leur attachement séculaire pour les bêtes rouges.

## CHAPITRE III
### Variétés de la race Vendéenne dans le Centre

*Foyer de la race grise.* — Les riches plaines qui s'étendent du massif central à la mer, entre la Loire et la Charente, sont peuplées par une grande et forte race de bétail, au pelage gris de blaireau. Le foyer de cette race se trouve dans les marais de la Vendée, ou encore récemment les animaux vivaient en pleine liberté, durant l'année entière.

A ce régime, le coffre a pris un gros volume par l'absorption de grandes masses d'une nourriture grossière et abondante. Les membres en sont devenus courts, trapus, ainsi qu'il convient à des bêtes de marais ; la peau s'est durcie et épaissie, pour résister aux intempéries ; les nuances se sont foncées, comme il arrive à tout animal vivant au grand soleil. Le mufle et les paupières sont pigmentés de noir, avec une bordure de poils d'un blanc argentin. Les cornes sont longues et noires à leur extrémité.

La vie des pâturages a rendu la race laitière ; son lait est particulièrement crêmeux.

Ce bétail du littoral est connu sous le nom de *Maraîchin.* Plus à l'intérieur, la race s'est un peu modifiée, sur les cultures luzernières du Poitou. Cette variété Poitevine prend la dénomination de *Parthenaise*, du nom d'un chef-lieu d'arrondissement des Deux-Sèvres.

*Variété Marchoise.* — Le bétail du Poitou s'est étendu sur les rives de l'Indre ; de là il est remonté jusque dans la vallée de la Creuse, dont la possession lui est disputée par les races Limousine et Nivernaise, venant des régions limitrophes.

En s'implantant sur le sol granitique, la race Vendéenne a perdu un peu de sa taille et de son volume primitifs ;

elle a conservé de grandes aptitudes laitières. Cette qualité précieuse ne peut que se développer avec les progrès de l'agriculture dans la Marche.

Les bœufs de variété Marchoise sont de vaillants travailleurs ; mais ils ont été jusqu'ici engraissés fort tard, suivant l'ancienne tradition. D'où la réputation imméritée d'une grande dureté à prendre de la chair. Leur viande est réellement de qualité supérieure.

*Brettes.* — C'est à la race Vendéenne qu'appartiennent les bêtes de poil fauve, qui sont entretenues dans le Centre, comme vaches laitières. On leur donne le nom de *Brettes* à tort, puisqu'elles n'ont aucun rapport avec la Bretagne, d'où nous arrivent ces petites vaches blanches et noires, également utilisées pour le lait.

Les meilleures Brettes proviennent de la Vendée ou des Deux-Sèvres. Les marchands fournissent souvent des animaux achetés dans des régions où la race est dégradée.

*Variété de l'Aubrac.* — Comment une tribu de la race Vendéenne se trouve-t-elle transportée par delà l'Auvergne, sur les montagnes formant le prolongement de son soulèvement volcanique ? La tradition en attribue l'importation aux couvents du moyen-âge (1).

Nommée selon les localités : race d'*Angles*, du *Vivarais*, du *Velay*, de *Laguiole*, la race gris blaireau atteint son plein développement sur les monts de l'Aubrac, massif d'une altitude de 1.500 mètres environ auquel viennent aboutir les trois départements du Cantal, de l'Aveyron et de la Lozère.

Soumise au même régime pastoral que la Salers, l'Aubrac a également une forte structure, une grande puissance de poitrine, une solidité de sabot à toute épreuve. Mais elle est plus basse sur jambes, ayant conservé ce mérite de sa conformation primitive. Elle a encore gagné en rusticité par son passage de la Vendée sur les hauts plateaux.

---

(1) La similitude de pelage pourrait laisser croire à quelque rapport entre l'Aubrac et le Schwitz. Mais ces deux races ont des caractères zoologiques différents. Cependant des croisements ont été tentés, particulièrement par M. de Bonald, l'éminent et regretté agriculteur de l'Aveyron.

Dans l'Aubrac, la culture est également en proie à l'antagonisme entre la production de la *fourme*, et l'allaitement des veaux. Il est probable que la balance finira par pencher du côté de ceux-ci, à cause des profits croissants que donne la précocité du bétail, à cause aussi de la concurrence faite à la fabrication un peu négligée de la fourme, par la facile importation des fromages étrangers.

*Débouchés*. — Les veaux de l'Aubrac émigrent suivant la pente de leur versant, vers les plaines du Languedoc, où la tradition de conserver de très vieux bœufs au joug est encore en pleine vigueur. Cela tient au peu de facilité que l'engraissement trouve sur le sol sec du Midi. Il y a tout lieu de croire qu'en rendant cet engraissement moins difficile, le développement des irrigations y provoquera le remplacement plus rapide des bêtes de labour, et déterminera un écoulement plus actif des veaux de l'Aubrac. C'est ainsi que la venue des canaux sur les coteaux du Languedoc desséchés par le soleil, et ruinés par le phylloxéra, causera la richesse même des montagnards de l'Aubrac. Tout est solidaire en agriculture.


# CHAPITRE IV

## Les Vaches

*Condition de la vache dans la région*. — C'est partout un doux métier que celui de vache à lait, excepté dans notre région, où nous lui demandons des veaux, du lait, du travail. L'emploi des vaches au joug caractérise même notre culture, culture sans force, culture sans profondeur. En échange de tant de fatigues, quel régime ! Destinés à une vente plus ou moins prochaine, les bœufs ont les morceaux de choix, le paître du regain, la consommation du maïs et du meilleur foin. Les veaux qui attendent les foires du printemps, reçoivent ce qui reste de bon. Aux vaches, la paille et le plus mauvais fourrage. Comme elles constituent en quelque sorte le fonds immuable du cheptel, leur valeur n'est pas à réaliser immédiatement ; on les traite en conséquence.

L'allaitement des jeunes étant le fondement même du

progrès des races; et cet allaitement se trouvant en dépendance absolue du bon entretien des mères et de leur production laitière, il s'ensuit que l'amélioration des vaches, au point de vue du lait, est l'œuvre capitale de l'exploitation du bétail.

## § *1. Production du lait.*

***Les mamelles.*** — On sait que le lait est extrait du sang artériel par un réseau de petites glandes, qui formant des espèces de grappes, sont recouvertes par une membrane et constituent une mamelle. Le pis de la vache contient deux mamelles séparées par une cloison longitudinale dans le sens de l'épine dorsale. Cette disposition des deux mamelles est du reste moins marquée chez la vache que chez la jument. Chaque mamelle s'approvisionne de sang artériel par une artère spéciale. L'élaboration du lait par les glandes convertissant ce sang artériel en sang veineux, celui-ci est éliminé pour la partie antérieure de la mamelle par un réseau aboutissant à la *veine mammaire*. Après avoir rampé sous le ventre, celle-ci pénètre dans la cavité abdominale par les *portes du lait*. Il y a donc deux veines mammaires, une pour chaque mamelle.

La grosseur de ces veines *mammaires*, signe de l'activité de la circulation du sang, est donc un indice favorable des qualités laitières de l'animal.

Le sang veineux est extrait de la partie postérieure de la mamelle, par une veine remontant le long de la partie intérieure de chaque fesse. Il est à remarquer que la régularité des dessins qui y sont formés par le rebroussement des poils, paraît être un indice de l'aptitude laitière. Ces dessins se nomment *signe guenon*.

La production du lait est évidemment proportionnée au développement du tissu granulaire. Le pis d'une vache qui en est abondamment fourni, acquiert un grand volume. Il est en même temps souple et maniable. Il présente la sensation d'une éponge au toucher.

Le tissu granulaire a une enveloppe membraneuse qui prend parfois un développement excessif, en donnant à la mamelle une rotondité trompeuse pour l'œil. Ces pis charnus sont durs et poilus ; ils changent à peine de volume, quand ils sont vides.

Les bonnes mamelles bien constituées ne tombent pas verticalement à l'aplomb des premiers trayons ; mais elles se raccordent sous le ventre, par une ligure courbe presque horizontale.

*Amélioration de la production laitière.* — L'aptitude à la production du lait se manifeste surtout en deux zones distinctes : sur les grasses et brumeuses côtes de la mer, en Hollande, en Normandie, en Vendée, et sur les fraîches et plantureuses dépaissances des Alpes. Les vaches y sont exemptes du joug. Un climat humide, des pâturages nourrissants, un repos complet, telles sont les trois conditions essentielles pour une abondante sécrétion du lait. Elle exige que l'alimentation ne soit pas détournée de son but spécial, et que l'eau de l'organisme ne s'élimine point par la transpiration que provoque soit le travail, soit le séjour à l'étable. C'est qu'en effet le lait renfermant presque les neuf dixièmes d'eau, les vaches laitières sont en quelque sorte des filtres vivants devant absorber l'eau par tous les pores pour la rendre par les mamelles. La production du lait est donc favorisée par l'abondance et la succulence des fourrages aqueux, par le séjour dans une atmosphère saturée de vapeurs, tandis que les conditions contraires, l'alimentation sèche et insuffisante, l'entassement dans les étables, la fatigue du joug, lui sont extrêmement funestes.

*Influence de l'hérédité sur l'aptitude laitière.* — Après le climat, l'alimentation et le régime, l'action de l'hérédité est capitale. Les Anglais estiment que la mère possède à un plus haut degré que le père, la faculté de reproduire et de fixer les qualités laitières dans leur descendance. C'est la vache qui donne pour ainsi dire la noblesse dans leurs livres de généalogie. En Normandie, au contraire, on admet que ces qualités sont transmises par le père. Il est plus sûr de croire que l'un et l'autre ont une grande part dans la transmission de cette précieuse aptitude.

En cela, nous sommes dans de mauvaises conditions, par suite de l'usage de réformer les étalons, dès l'âge de deux ans ou trente mois au plus, bien avant que l'on ait pu constater les qualités laitières de leur descendance. La reproduction marche ainsi en aveugle, tandis qu'ailleurs on prolonge le service des étalons dont les filles ont de bonnes mamelles.

*Entraînement des génisses pour la production du lait.* — Les organes de la lactation peuvent être développés par le régime et l'exercice, de même que ceux de la locomotion et de la digestion. Le point de départ est une alimentation suffisante mais non excessive, et autant que possible la vie au pâturage. Les tendances à l'engraissement prématuré seraient combattues au besoin par un travail sous le joug plus soutenu que d'habitude.

La gestation précoce ne peut que favoriser l'aptitude à la sécrétion du lait, en mettant en fonction les organes sécréteurs, alors que leur jeunesse les rend très aptes à se développer.

En outre on sait que les génisses produisent parfois du lait même avant la première parturition, lorsque leurs mamelles sont léchées par elles-mêmes ou traites par les veaux. La chose est utilisée dans les pays à laitage où l'on a le soin d'exciter le pis des velles, en les soumettant à des sortes de traites de plus en plus prolongées et répétées, mais toujours avec une extrême douceur. La bête s'habitue mieux à la mulsion, que lorsque son pis est tuméfié et endolori après le vélage. On rend ainsi les vaches douces et calmes, durant la traite. Celles qui sont turbulentes et chatouilleuses ne donnent le lait ni au veau ni à la ménagère.

Ces traites pratiquées sur les génisses sont également bonnes pour combattre leur stérilité, en éveillant chez elles les instincts de maternité.

*Traire la vache trois fois.* — De même on a tout avantage à traire la vache trois fois au lieu de deux fois par jour. L'on obtient ainsi plus de lait et il est surtout plus crémeux. Il est toujours entendu que l'alimentation doit être telle qu'il arrive aux mamelles des matériaux suffisants pour subvenir à cette production forcée du lait. Enfin épuisez bien le pis à chaque traite ; la sécrétion des mamelles en est excitée.

*Aptitudes laitières des diverses races de la région, paralysées par les privations en hiver.* — Une même cause nuit plus ou moins à l'abondance, et surtout à la durée de la lactation de nos races ; c'est la misère qu'elles subissent à divers degrés durant l'hiver. Voilà le vampire qui assèche leurs mamelles. Cela posé, elles produisent en raison même de ce que leur régime se rapproche le plus de celui qui est le plus avantageux à la sécrétion du lait.

*Race d'Auvergne.* — La vie pastorale sur de bons pâturages, durant la belle saison, a favorisé de longue date les qualités laitières de la race d'Auvergne. Ceux de ces pâturages dont l'exposition est la plus fraîche, le sol le plus mouillé, développent la lactation plus activement que ceux qui, plus chauds et plus secs, ont surtout une action favorable à l'engraissement. L'heureuse Auvergne a ainsi des *montagnes de lait* et des *montagnes de graisse.*

En somme, il y a pour la vache de Salers deux parts dans l'année ; une période d'abondance sur la montagne, une période de privation à la grange. C'est cette dernière qu'il faut adoucir par l'introduction de racines dans la ration sèche de paille et de foin. La production laitière de ces vaches n'est guère estimée qu'à 1800 litres par an. Sans avoir la prétention d'atteindre les grands rendements des laitières de la zone maritime, qui est la plus privilégiée, la race de Salers ne devrait pas rester trop inférieure à la vache à lait des Alpes, dont la production est évaluée à 2.800 litres. Voilà le but à atteindre par les éleveurs du Cantal. Qu'ils vendent leurs laiterons dès le sevrage, ce qui permettra d'attribuer une plus forte part du fenil aux vaches en hiver ; qu'ils cultivent celles des racines qui sont les plus propres à leur sol et à leur climat ; qu'ils tiennent un plus grand compte de l'influence de la propreté sur le rendement du bétail, et ils élèveront graduellement les qualités déjà si grandes de leurs belles vaches rouges.

*Race d'Aubrac.* — L'action des pâturages échelonnés sur le versant sud du massif et plus secs et plus chauds que ceux de l'Auvergne, se manifeste par une production de lait moindre dans la race grise que dans la race rouge.

C'est l'approche du Midi qui s'annonce, du Midi qui substitue graduellement la brebis et la chèvre à la vache, sur les dépaissances aromatiques et caillouteuses. En outre, la vache d'Aubrac est plus assujettie au joug que l'Auvergnate.

Quant à la variété Marchoise, elle a également conservé de son origine Vendéenne une aptitude laitière dont l'amélioration lui est ainsi rendue facile par le régime et la sélection.

*Inexorable nécessité d'améliorer la race Limousine en lait.* — De toutes ces vaches, les plus mal nourries, les plus asservies au travail et par suite les moins laitières, ce sont celles du Limousin. C'est la partie de la région la moins pourvue de vastes pâtures, la plus cultivée, la plus morcelée. Or, le morcellement provoque l'emploi de la vache comme moteur. Elle compose avec quelques brebis et un cochon le cheptel ordinaire de nos petits héritages. D'autre part, l'absence des pâtures étendues implique une stabulation prolongée. Autant de raisons pour que la race soit peu laitière, surtout avec les privations imposées à la vache, par un nombre d'animaux excédant trop souvent ce qu'il serait possible de bien nourrir en chaque exploitation.

Les bêtes de la Haute-Vienne, si perfectionnées de forme, semblent même plutôt rétrograder que progresser au point de vue du lait.

Créé pour les concours, ce beau bétail de la Haute-Vienne subit toute l'influence pernicieuse de ces institutions si déviées de leur but utilitaire, par une tendance fatale à l'engraissement excessif des reproducteurs. Or l'invasion des organes par la graisse provoque leur stérilisation soit pour la fécondité, soit pour la lactation.

Eleveurs de la Haute-Vienne, ne vous laissez pas enivrer par les triomphes des expositions, dans lesquelles vous êtes rapidement passés maîtres. Voyez les efforts suprêmes des producteurs de Durham, pour restituer à leurs vaches l'antique fécondité de mamelles de leurs mères Hollandaises. Sachez que notre race déjà si améliorée sera laitière, ou qu'elle ne sera pas. L'expérience autant que le bon sens ont fait justice de ces tendances absolues à la spécialisation pour la boucherie. La vache qui arrive encore tendre à l'abattoir, après avoir produit du laitage en abondance, tant qu'elle est dans toute sa vitalité, paye autrement son maître que la génisse stérile. En vérité, toute race sèche des mamelles trouvera de moins en moins sa place dans les cultures améliorées.

Certes, elle serait utopique la prétention de faire une grande laitière de la Limousine, en dépit de la nature. Mais il y a lieu d'améliorer l'état actuel qui donne soit de beaux veaux, mais rien que des veaux, soit de piètres veaux et de piètre laitage. Ayons de bons élèves, et par surcroît quelque lait pour la vente ou la consommation.

Il est inutile de répéter que les réformes dans le système de culture et le mode d'entretien de notre bétail, qui seraient les plus avantageuses à l'accroissement du lait, peuvent se résumer ainsi : extension et amélioration des pâturages partout par le fumier ; séjour le plus prolongé dans ces pâturages, voire même durant les nuits d'été ; adoucissement du régime sec en hiver par les racines ; allégement du travail des vaches, résultant de la réduction des travaux de culture par l'engazonnement successif d'une partie des champs ; en un mot, avènement de la culture pastorale, avec son abondance d'herbages succulents à consommer au râtelier, et surtout à paître. Enfin, il y aurait lieu de rechercher les femelles douées déjà de certaines qualités de lactation, ne seraient-elles pas de formes absolument parfaites.

*Familles Limousines laitières.* — En effet, la réalisation plus ou moins complète de ces conditions a déjà déterminé la création de quelques familles laitières, dans la race du pays. Toutefois, les mamelles, très actives après le vélage, se tarissent trop promptement, surtout dès le sevrage des veaux. Certes l'usage d'abandonner le pis tout entier aux jeunes de belle provenance, est trop rationnel pour qu'il faille y renoncer. Cet allaitement abondant est la cause efficace des meilleurs progrès de notre race. Mais grâce à une alimentation convenable, il ne serait pas impossible de concilier l'allaitement des veaux avec une certaine production de lait, sans toutefois tomber dans l'affligeante pratique de leur disputer des mamelles taries faute de nourriture.

C'est une question d'alimentation, de soins hygiéniques et surtout de mesure et de modération pour l'excédent à prélever sur les jeunes bêtes d'élevage. Dans tous les cas, l'action stimulante de la traite à la main est nécessaire pour obtenir plus d'abondance, et surtout plus de durée dans la lactation.

*Races laitières étrangères en Limousin. Pas de croisements.* — Toutefois, on recourt à des vaches à lait étrangères, quant on veut faire une spéculation spéciale de la vente du laitage, sans prendre le temps de poursuivre l'amélioration lactée des bêtes indigènes.

Quel choix faut-il faire ? Il existe des tableaux renseignant sur la production laitière de ces diverses races (1).

Mais ces tableaux se rapportent à la production de chacune de ces races sur leur lieu même d'origine, dans le *milieu* qui les a produites. Les déplacer, c'est une vraie loterie. On amène bien leur pis, mais on laisse leurs fourrages, leur climat.

Il y a donc lieu de se préoccuper moins des rendements maximum, que de la facilité de recrutement et d'entretien. En cela, nous n'avons guère à hésiter qu'entre les races Parthenaise et Bretonne, les plus voisines de nous, et les moins exigeantes.

---

(1) Table de production du lait, d'après M. Sanson :

| VARIÉTÉS | Litres de lait en un an | Jours de durée de la lactation |
|---|---|---|
| Hollandaises......... | 3.600 | 340 |
| Normandes......... | 3.400 | 340 |
| Schwitz........... | 2.800 | 340 |
| Parthenaises........ | 2.000 | 300 |
| Salers............ | 1.800 | 280 |
| Bretonne........... | 1.700 | 280 |
| Aubrac............ | 1.300 | 250 |

Les Parthenaises, qu'il faut autant que possible aller chercher aux foires de Niort, Parthenay ou Marans, donnent plus de lait, des veaux plus pesants, et plus de viande à l'abatage, quand elles s'assèchent des mamelles. Les Bretonnes sont moins coûteuses d'achat et d'entretien ; elles tournent volontiers à la graisse, si on les nourrit d'aliments trop concentrés, qu'elles ne connaissent pas d'origine. Les Parthenaises conviennent mieux aux vacheries voisines des villes, où leur entretien est une spéculation spéciale à renfort de son, de tourteaux et de betteraves. Aux Bretonnes, les exploitations rurales, où soumises au régime commun, leur rôle est de fournir au ménage le lait qu'on ne demande pas aux Limousines toutes réservées à leurs produits.

Quelle que soit la race adoptée, on risque fort de n'avoir que des animaux de rebut, quand ils sont pris à des marchands forains. Il y a donc tout intérêt à conserver la race pure, lorsqu'on a pu mettre la main sur des bêtes très laitières. Le difficile est d'avoir des étalons.

Les détenteurs de vaches étrangères de même race devraient s'entendre pour l'entretien d'un taureau de leur sang pur, quand ils sont groupés en assez grand nombre, autour des villes par exemple. Ce taureau serait du reste utilisé pour le travail.

Si on ne peut accoupler ces vaches à un tel étalon, il faut bien se garder d'élever leurs produits métis. Les mâles seraient inférieurs à leurs pères limousins ; les femelles ne vaudraient pas leurs mères pour la production du lait. Une fois adultes, ces animaux croisés sont justement dépréciés dans nos foires.

### § 2. *Exploitation des vaches.*

*Période de production des vaches.* — Les génisses bien nourries doivent être livrées à la reproduction aussitôt qu'elles en manifestent le désir, entre douze et quinze mois. *C'est ainsi qu'en Hollande, où se trouve le meilleur bétail du monde, les vaches ont toutes vélé avant deux ans.* L'état de gestation n'arrête pas leur croissance, à condition qu'elles soient très vigoureusement alimentées. Cette précocité de production est une des conditions mêmes du bénéfice du bétail. Mais elle est impossible ou funeste avec les génisses chétives, misérablement nourries avant, pendant et après la gestation. La durée de cette gestation varie de 260 à 300 jours, soit 280 jours en moyenne.

De même que toutes bêtes de la ferme, les vaches doivent être vendues au moment où ayant atteint la plus grande valeur, elles commenceraient à perdre de leur prix. Il est clair qu'assez avisé pour remplacer graduellement les mères par leurs filles de plus en *plus améliorées au moyen du régime de la sélection*, un cultivateur fait de meilleures affaires que son voisin renouvelant son cheptel beaucoup moins souvent, et par suite rentrant plus lentement dans son argent.

*Ne laissez pas vieillir les vaches.* — Dans tous les cas, on a grand tort de garder les vaches jusqu'à l'extrême vieillesse, même quand elles sont de qualité supérieure. Il faut les engraisser ou les vendre avant que l'âge ait amoindri la force de mastication et l'activité des organes digestifs. Prévenez la maigreur croissante, triste lot de la décrépitude.

> *Qu'attend lou dernier veder*
> *Attend lo per.*

Il y a dommage pour tous à laisser les vaches atteindre leur terme extrême : dommage pour le vendeur, forcé de livrer souvent pour moins d'une centaine de francs, une bête qui en eût valu le triple deux ou trois ans plus tôt, tout en occupant la place d'une vache de plein rapport ; dommage pour l'acheteur, s'il veut mettre en état une bête peu coûteuse d'achat, mais ruineuse d'engraissement ; dommage pour le consommateur qui ne mangera que de la vache enragée, quoi qu'il arrive.

*Rapport annuel des vaches.* — Dans les pays à laitage, on estime à 400 francs environ le rendement moyen d'une vache. Ce chiffre serait atteint dans les bonnes étables de la Haute-Vienne, par la vente du veau au sevrage, par le menu produit en laitage et par le travail. En Auvergne, on compte qu'une vache donne trois quintaux de fourme à 60 francs l'un, une trentaine de francs de laitage, et sa part dans l'élevage des veaux que l'on peut évaluer à une centaine de francs.

Le rapport de ces animaux faiblit beaucoup dans le reste de la région, Il y est de trop nombreuses exploitations dans lesquelles, en dehors du travail, ces pauvres esclaves affamés produisent à peine une centaine de francs dans l'année. Que de progrès à réaliser !

### § 3. Les produits de la laiterie.

*Crème.* — Les globules de matière grasse montent à la surface du lait, en raison de leur légèreté. Cette montée est donc d'autant moins lente que le liquide est plus dense, c'est-à-dire sa température plus basse. Néanmoins le lait est fort exposé à s'aigrir, pendant le temps nécessaire à la séparation de la crème. Un progrès considérable vient donc d'être réalisé par l'invention d'une petite turbine, *l'écrémeuse Danoise.* Aussitôt trait, le lait est déversé dans cette turbine dont la rotation excessivement rapide, isole la crème du reste du liquide, en raison de la différence des densités. La crème et le lait s'écoulent d'une façon continue par des orifices différents, l'écrémage pouvant être réglé à volonté par la disposition de la turbine.

*Caséine.* — Le lait frais est de nature alcaline ; mais aussitôt qu'il s'aigrit, sa matière albumineuse, la *caséine*, se prend en masse blanche. On détermine donc cette coagulation en versant dans le lait un liquide acide, en y faisant détremper certaines substances végétales, les barbes d'artichaut sauvage, certaines matières animales, telles que la *caillette*, membrane du quatrième estomac des ruminants en allaitement (1).

*Sucre de lait.* — Après l'élimination du beurre par écrémage et de la caséine par la coagulation, il reste le

(1) L'agent actif de la caillette est la *pepsine*, ferment secrété par cette membrane, pour constituer l'un des éléments du suc gastrique. Au lieu de tremper directement dans le lait cette membrane plus ou moins desséchée, que l'on nomme *présure*, et d'y introduire ainsi des impuretés, il est mieux d'en extraire au préalable la pepsine, et d'obtenir des solutions de force graduée, convenant à la fabrication de tel ou tel fromage.

*petit lait*, c'est-à-dire l'eau primitive du lait, contenant en dissolution une matière sucrée, que l'on peut recueillir par l'évaporation de ce liquide. Ainsi dans les grandes fromageries suisses, on trouve profit à isoler ce sucre, pour le livrer au commerce, au lieu de faire consommer le petit lait par la porcherie. C'est la fermentation du sucre de lait, sous l'action des ferments de l'air, qui produit de l'acide lactique aigrissant le lait. Ces ferments sont tués, et l'acidité retardée par l'ébullition du lait (1).

*Beurre.* — Nous ne pouvons dire que quelques mots de cette fabrication qui comporterait un livre à elle seule. Le lait étant une des substances les plus putrescibles, ses préparations souffrent de tout ce qui peut développer les fermentations, dont la cause ordinaire est l'entretien des germes de putréfaction par une funeste saleté. Ainsi, manque de propreté des vaches, manque de propreté de la personne chargée de les traire, manque de propreté des vases transportant le lait, puis le recevant en dépôt, manque de propreté du local qui renferme ces vases, manque de propreté de la barate, tous ces défauts de soins contribuent à la dépréciation des produits de la laiterie.

La vache sera tenue autant que possible au pâturage ; elle ne croupira pas dans la fiente à l'étable. S'il est sali, son pis sera lavé avant la traite, laquelle sera opérée par une personne propre de mains et de linge.

Après chaque emploi, les vases seront passés à une légère eau de lessive, rincés à l'eau fraîche, essuyés avec

(1) Composition moyenne d'un litre de lait de vache, d'après M. Marchand :

| | | |
|---|---:|---:|
| Beurre | 38 gr. | 19 |
| Sucre | 51 | 89 |
| Acide lactique | 1 | .84 |
| Caséine | 24 | 79 |
| Sels | 7 | 87 |
| Eau | 908 | 54 |
| Poids d'un litre de lait | 1033 | 12 |

Ces données varient avec les races. La plus beurrière, celle de Jersey, donne jusqu'à 57 gr. de beurre par litre. La race d'Aubrac fournit 49 gr. de caséine par litre. C'est le sucre de lait qui admet les moindres variations. La race Limousine en produit 50 gr. 63 ; la race d'Aubrac 50 gr. 76 ; la race de Salers 53 gr. 2 par litre. Le dosage du sucre assure donc le meilleur contrôle de la pureté du lait.

un linge blanc ou une poignée d'*orties*, à la mode normande. A la fin du barattage, le petit lait sera enlevé et le beurre rebaratté avec de l'eau fraîche, puis il sera reçu sur une planche bien propre, et manipulé avec des palettes en bois, pour le délaitage, sans le moindre contact direct des mains. Il sera enveloppé non dans des feuilles de chou, mais dans des linges bien blancs (1).

*Fromages.* — C'est un aliment des plus nourrissants, lorsqu'une fabrication bien soignée laisse une certaine quantité de crême incorporée au caillé, et qu'enfin une fermentation bien réglée assure la conservation du produit et ses qualités digestibles. Cette fabrication comporte plusieurs opérations successives.

*Coagulation.* — C'est la température de l'été, 25° environ, qui convient le mieux au caillage du lait. Lorsqu'il fait plus froid, la prise est lente et le petit lait s'échappe difficilement ; quand il fait plus chaud, le caillé est dur et il garde difficilement ce qui peut rester de crême dans le lait. L'insuffisance ou l'excès de présure a le même effet que l'insuffisance ou l'excès de chaleur.

*Fermentation.* — Les produits de la laiterie sont en majeure part consommés à l'état de fromage frais, dans la région, l'Auvergne exceptée.

Dans ce dernier pays, la fabrication de cet important produit, continuée sur des traditions de plusieurs mille ans, remonte à un âge où les exigences, au point de vue de la propreté, étaient moindres que de nos jours. Ce qui est certain, c'est qu'avec un lait de qualité supérieure, on

---

(1) En Allemagne et en Danemarck, le beurre se fabrique déjà à la vapeur, dans de nombreuses laiteries coopératives. Le produit de la traite apporté par chaque sociétaire est contrôlé, filtré, puis déversé dans une écrémeuse centrifuge, d'où la crême toute fraîche est recueillie par une baratte rotative. Le beurre pris, le petit lait est vidé par un robinet, remplacé par de l'eau fraîche, pour un premier délaitage. Cette opération se continue sous des cylindres malaxeurs. Puis le beurre est pétri, coloré, divisé, pesé, enveloppé, le tout à la vapeur. Il en résulte une qualité supérieure du produit due à la fraîcheur de la crême, à la rapidité et à la propreté de la fabrication dont les frais sont d'autant plus réduits, que l'on opère dans de grandes masses. De tels avantages pourraient nous être également procurés par l'association.

y obtient des fromages d'un prix de vente bien inférieur à celui de tous les produits similaires. Un résultat si contraire aux intérêts de tous a déjà éveillé la sollicitude des producteurs, fermiers pour la plupart, et que leurs contrats ne laissent, malheureusement, pas absolument libres de modifier leur fabrication.

*Conclusion.* — De tant de difficultés il résulte qu'en Auvergne, comme dans tout le reste de la région, la meilleure baratte et le meilleur moule à fromages est bien l'estomac de bons et beaux veaux précoces et améliorés.

## CHAPITRE V
### Les Veaux

*Période d'allaitement.* — Rien ne remplace le lait. Pour les bovins, la nature le prescrit jusqu'à l'apparition de la dentition permanente, c'est-à-dire, jusqu'au huitième mois.

En laissant prendre le lait par le veau, directement au pis de la mère, sans le lui donner appauvri de crême, et encore mieux de caséine, nous avons la meilleure méthode d'allaitement. Du lait privé de l'un quelconque de ses éléments n'est plus du lait ; il n'y a plus d'allaitement. Toutefois nous ne laissons pas assez téter les veaux. L'amélioration fondamentale serait donc de rendre les vaches plus laitières.

Tout en gardant le lait pour le fonds même de l'alimentation, il faut graduellement recourir à une nourriture auxiliaire.

### § 1. Supplément à l'allaitement.

*L'herbe tendre.* — A l'état sauvage, les jeunes herbivores commencent à brouter la pointe des herbes peu de jours après leur naissance. C'est que par sa facile digestibilité, par la bonne qualité de ses éléments nutritifs, l'herbe tendre est l'aliment qui se rapproche le plus du lait. C'est elle qui doit tout d'abord lui venir en aide, pour les herbivores aussi bien que pour les omnivores, tels que le cochon. Les veaux sont aptes à l'utiliser, dès l'apparition des dents destinées à la mastication, c'est-à-dire, dès les premières molaires, qui se montrent vers le vingtième jour.

*La nature nous prescrit donc de faire paître les veaux dès la fin du premier mois*, quand la saison le permet. Leur place est dès lors au pré, durant la majeure partie de la journée. C'est par la privation d'herbe et de liberté que notre élevage est le plus fautif. Les bêtes mises en liberté sont sans doute moins empâtées que celles rivées à la chaîne ; mais leur poitrine s'ouvre mieux, leurs os sont plus forts, leurs aplombs meilleurs. Malheureusement la crainte de leur voir dérober quelques gouttes de lait au pis de la mère durant le pâturage, porte les cultivateurs à séquestrer les veaux bien au delà du temps voulu. Aussi est-il nécessaire d'avoir un enclos spécial où le jeune bétail puisse vivre en plein air. Plus que tout autre pré, cet enclos doit être fumé et phosphaté. Le fumier donne les éléments des muscles ; le phosphate celui des os.

C'est la qualité substantielle des herbes d'Auvergne, qui remédie à la privation du lait que subissent les veaux d'Auvergne sur la montagne.

La saison venue, que la petite crèche soit garnie de poignées toujours fraîches de trèfle, de jarousse ou de luzerne. De même que durant l'hiver, elle aura quelques brins de regain fréquemment renouvelés.

*Racines.* — Vers le cinquième mois, les veaux commencent à manger volontiers des betteraves, ou mieux encore, des panais piqués très fins, et saupoudrés de farine de son ou de tourteaux.

*Grains.* — Un peu plus tard, les jeunes animaux de marque recevront quelques poignées d'avoine mêlées à du son, de l'orge ou du seigle, le mélange étant gonflé à l'eau bouillante, avant d'être servi.

*Boissons.* — Les jeunes animaux doivent boire, alors même qu'ils ne prendraient que du lait. Ainsi une bouteille d'eau bien fraîche donnée avant et après l'allaitement, est un excellent préservatif des diarrhées qui surviennent si souvent chez les jeunes animaux abondamment allaités.

Tant que l'animal digère bien, l'eau peut être graduellement additionnée de farine de seigle, d'orge ou de sarrasin.

Cette nourriture supplémentaire sera donnée dans l'intervalle des allaitements, afin que l'estomac des laiterons soit toujours lesté, sans être jamais surchargé.

*Sevrage*. — Cette alimentation auxiliaire judicieusement graduée, est la préparation à la privation du lait, qui sera opérée progressivement, en laissant le veau téter de moins en moins. La nature fixe elle-même le terme de l'allaitement, à l'apparition des premières dents permanentes. Ce sont les quatrièmes molaires qui se montrent chez les bovins, entre le huitième et le dixième mois. Le sevrage est donc anticipé avant ce huitième mois. Quelques cultivateurs laissent leurs veaux téter jusqu'à dix mois, tant que la mère a du lait ; ils ont bien raison.

### § 2. *Soins durant l'allaitement.*

• *Régime*. — Il est bien entendu que le lait est le fonds même de l'alimentation, et que le reste n'est qu'un supplément administré avec une surveillance attentive, grâce à laquelle on revient au lait, à l'eau pure et à l'herbe en dépaissance, dès le moindre trouble de digestion. Du reste, la vie en liberté est un gage de bonne santé. Moins les veaux vivront au dedans, et mieux cela vaudra. Surtout pas de chaîne à l'étable. Qu'ils vivent à l'aise dans un compartiment spécial. Le mouvement est un besoin si impérieux chez les jeunes, que la contrainte du chaînon nuit réellement au bon profit qu'ils peuvent tirer de leur nourriture. En tout cas, on aura le soin peu coûteux de tenir auprès des jeunes animaux un baquet toujours plein d'eau, afin de ne point aggraver parfois le supplice de la faim par l'angoisse de la soif.

*Propreté*. — Que le couchage des veaux soit toujours net et sec. Puissent-ils être préservés de cette terrible vermine, rongeant le cou des bêtes misérables (1), dont leurs maîtres aussi fainéants qu'ignorants s'applaudissent sou-

---

(1) L'excès de malpropreté n'engendre pas cette vermine, rien ne venant sans germes, mais elle favorise son développement. Des frictions à l'aide de corps gras, tels que la lie des vases d'huile de noix, asphyxient les insectes, et ceux-là en particulier, en bouchant les pores abdominaux, par lesquels ils respirent.

vent comme d'un utile dépuratif ! Que l'on sache bien que la propreté est pour moitié dans les causes de bonne santé des jeunes animaux.

*Vente des veaux au sevrage.* — Voilà le moment de réaliser le prix de tant de soins et de dépenses. Dès lors, mâles et femelles, les animaux ont atteint leur plus haute valeur en tant que bêtes d'élevage. C'est donc à cet âge de huit à dix mois que tous les veaux du pays, Limousins, Auvergnats ou Aubracs, devraient prendre la route de l'émigration.

Le sol natal doit leur avoir fourni tout ce qu'il peut leur fournir. A eux d'aller chercher leur vie sur des terres plus fertiles ; à nous de nous efforcer à établir ce courant commercial de bêtes précoces, en offrant des produits dignes d'être recherchés.

### § 3. Engraissement.

*Puissance digestive des jeunes animaux.* — C'est dans le jeune âge que la puissance digestive est la plus grande. De sorte qu'un animal tire plus de profit d'un aliment, dans la période de six mois à un an, que dans celle d'un à deux ans, de deux à trois, et ainsi de suite, l'action assimilatrice allant toujours en décroissant. Il y a donc lieu de profiter de cette précieuse qualité de l'enfance, en nourrissant les jeunes très convenablement. Les faire pâtir serait une faute dont le maître serait le premier puni.

Il en résulte donc que les veaux en particulier prennent aisément cet empâtement des chairs par la graisse, qui constitue l'engraissement.

*Mode d'élevage pour avoir des veaux en chair sans être gras.* — La chose n'est à propos que si l'on prépare des animaux pour l'abattoir ou les concours. Mais elle est funeste, quand on se soucie de former du bétail en vue de la reproduction, la lactation, voire même le travail. Dans ce cas, il suffit de régler l'alimentation dans de justes limites, et surtout de combattre l'empâtement des tissus par l'exercice de la vie en plein air, au soleil, à la pluie, au vent. Ainsi se forment les constitutions vigoureuses et fortement trempées. Ainsi s'obtient la précocité sans l'obésité.

*Veaux de boucherie.* — Par contre, il faut procéder autrement pour les bêtes d'abattoir. C'est le repos, le calme, l'obscurité de l'étable, qu'il faut substituer à l'agitation de la liberté. L'alimentation sera forcée en lait, complétée par des soupes de farine de féverolle, de maïs et d'orge, auxquelles on ajoute une décoction de graines de lin.

Grâce à ces soins, nous obtiendrons des veaux de boucherie plus développés que ceux qui sont généralement produits. Car c'est pitié de voir des veaux pesant à peine 60 à 80 kilos, sur la route de l'abattoir. Quelle perte de sacrifier des animaux si jeunes et si maigres ! Il y a un gaspillage de viande et pour le producteur et pour le consommateur ; l'un détruit une source d'aliment avant son suffisant développement ; l'autre reçoit une nourriture indigeste et mal formée.

En outre, on abat réellement trop de veaux en France.

Gens pratiques, les Anglais s'alimentent d'animaux précoces mais adultes. Producteurs et consommateurs, nous gagnerions à ce qu'il en soit ainsi chez nous.

*L'engraissement des veaux est moins lucratif que leur élevage, quand ils sont de bonne race.* — Le cours ordinaire des veaux de boucherie sur place, variant de 60 centimes à 1 franc le kilo, poids vif, il y a, hors le cas des vacheries vendant le lait en ville, plus de bénéfice à pousser les veaux jusqu'au sevrage, en assurant leur précocité par les soins nécessaires. Leur prix est alors plus rémunérateur, tant pour les mâles que pour les femelles, surtout s'ils ont assez de distinction pour faire prime en foire.

*Les veaux de bonne origine paient le lait au plus haut prix possible.* — Le fait dépend évidemment du cours du jeune bétail et de celui du laitage, lait, beurre, fromage. En exceptant les vacheries assez à proximité des villes pour que le lait puisse y être vendu sans trop de frais de transport, au prix moyen de 20 centimes le litre, cette matière n'excède guère la valeur de 8 à 9 centimes en rase campagne, même en l'utilisant par des fabrications en renom, telles que celle de la *fourme*. On admet en effet qu'il faut en Auvergne 12 litres de lait pour faire un kilo de fromage, dont le cours moyen est de 1 franc le kilo,

Le prix du lait ressortirait donc à 9 centimes ; or au cours ordinaire des *bouvets*, l'allaitement convenable, combiné avec un supplément judicieux d'aliments auxiliaires, ferait ressortir le prix du lait à un taux plus élevé, par la précocité qu'il donnerait aux jeunes animaux.

Mais c'est surtout l'élevage du bétail de race qui assure un prix encore plus rémunérateur du lait. C'est en laissant téter abondamment leurs veaux et leurs velles, que les éleveurs de la Haute-Vienne en obtiennent des prix de vente réellement élevés, en dépit souvent de la dépréciation des foires, sans parler des prix de mille francs et plus obtenus par des bêtes de marque, dès le sevrage (1).

Même observation pour les autres parties de la région, moins achalandées que la Haute-Vienne. Les bons élèves s'y écoulent à beaux bénéfices. Dans ces conditions, *la panse du veau est évidemment la meilleure des barattes*.

Lorsque la poigne de la ménagère dispute trop avidement la mamelle au veau, cette pauvre victime n'atteint guère que le tiers de ce qu'elle pourrait valoir à sept ou huit mois.

Les exploitations ne spéculant pas sur la misère de leurs élèves, voient leurs bénéfices s'élever graduellement ; tandis que les métairies voisines des villes, qui pratiquent surtout la vente du lait, ne trouvent aucune amélioration dans leurs revenus.

*Vente du laitage, industrie distincte de l'élevage.* — Ce n'est pas à dire qu'il ne puisse être avantageux de vendre du lait, de fabriquer du beurre ou de presser du fromage. Mais il faut alors en faire une spéculation spéciale, et opérer sur des races laitières, à force de betteraves, de son et de tourteaux, à moins d'avoir les montagnes d'Auvergne. Le mal est de vouloir obtenir d'une race telle que la Limousine, des veaux et du lait, sans l'avoir améliorée pour la lactation. C'est rien qui vaille de part et d'autre.

---

(1) Les plus beaux reproducteurs Limousins se trouvent à Limoges, au concours départemental, le dernier mercredi d'avril, et à la foire de la Saint-Loup, le 22 mai. Les jeunes animaux y atteignent des prix qui sont l'honneur et le profit de leurs éleveurs. Les meilleures foires de Tulle sont celles du 30 avril et du 1ᵉʳ juin.

Ayons des étalons de choix, des vaches bien conformées et bien nourries ; poussons leurs produits à la précocité par les bons soins ; vendons-les à huit ou dix mois. Voilà la plus sûre des spéculations.

*Les enclos.* — En résumé, ce qui est capital après l'allaitement, c'est la *dépuissance permanente*, dès les premiers jours du printemps. La réclusion et le mauvais régime dans l'enfance, de là viennent la misère de notre bétail et la nôtre. Le bon aménagement des enclos, *coudercs* ou *bouiges*, est ce qui importe le plus dans toute exploitation petite ou grande.

Le lait, l'herbe tendre, la liberté, tout l'élevage se résume en ces trois mots.

## CHAPITRE VI

### Les Étalons

*L'ancien usage.* — Jusqu'à ces derniers temps, la reproduction a été abandonnée dans la région, à l'entière liberté des accouplements au pâturage. Les inconvénients de cet abandon tiennent peu, quoi qu'on en dise, à la jeunesse des taureaux, à leur consanguinité qui n'a jamais eu de funestes effets, lorsqu'elle s'opère sur des sujets parfaitement sains, témoins les solides qualités de certains troupeaux d'Auvergne, où de mémoire d'homme, *le sang n'a pas été rafraîchi* par l'introduction d'étalons de souche étrangère. Non, le tort de cette négligence de la sélection n'est pas là ; il consiste plutôt dans le rachitisme d'étalons ayant eu le plus souvent une enfance misérable, souffreteuse, une enfance sans lait, pour tout dire. De là, la transmission d'une constitution malingre, et surtout de faiblesse des organes digestifs, vices encore plus funestes que le manque de belles formes.

Aux concours régionaux et aux comices revient le mérite d'avoir encouragé et développé le goût de l'amélioration des reproducteurs. S'opère-t-elle judicieusement ?

*Régime imposé aux étalons.* — Il se trouve donc maintenant presque partout dans la région des taureaux spécialisés pour la reproduction, élevés et entretenus en vue de ce service, le plus souvent avec l'appoint d'une prime. Malheureusement, ces utiles animaux, d'ailleurs plus ou moins perfectionnés de formes, sont condamnés à la stabulation, le plus souvent depuis leur enfance.

*Stabulation et oisiveté sont les plus grands maux pour un étalon.* — Si la réclusion complète est le plus déplorable des régimes pour les reproducteurs, l'inaction les rend à la fois farouches, mous, surtout mauvais marcheurs, vices dont ils empoisonnent leur descendance. Cette inaction détermine une obésité et une corpulence nuisant à leur ardeur, et nécessitant leur réforme avant l'âge. On se voit ainsi privé prématurément des services d'étalons coûteux et de bonne race. La production marche de la sorte tout à fait au hasard, dans l'impossibilité où l'on est de juger la valeur des mâles, d'après celle de leurs produits.

Dans les bons pays d'élevage, on prolonge la carrière des étalons, à force de soins, lorsqu'on a reconnu qu'ils dotent leur descendance de qualités supérieures. Ces soins consistent à ne pas priver les mâles des bénéfices de la vie du pâturage, lorsque tout le troupeau en profite. On y voit donc des étalons souvent du plus grand prix y vivre en liberté avec les vaches de la ferme.

Lorsque la réclusion s'impose, par suite soit du mode d'exploitation, soit de la fréquence des services demandés à l'animal, son étable communique autant que possible avec un petit enclos, où il va paître et prendre le soleil et l'air. On le nourrit d'aliments toniques, mais pas empâtants; on le traite avec une douceur extrême, et surtout on le soumet à un travail léger mais régulier, en l'attelant avec un bœuf ou une vache très dociles, pour des menus transports. Dans ces conditions les bons étalons des meilleures races restent en activité, souvent jusqu'à un âge avancé, surtout lorsqu'on a reconnu qu'ils dotent leur descendance de qualités laitières (1).

---

(1) On cite en Angleterre un étalon de la race durham, qui a été utilisé jusqu'à l'âge vraiment extraordinaire de trente-six ans. Tout récemment un taureau de cette race, âgé de onze ans, a été vendu 25.000 fr. Sans aller à cette extrême vieillesse, les bons taureaux de

Il est vrai qu'au préalable on les a durcis et trempés dans leur enfance par la vie en plein air, où ils sont exposés à toutes les intempéries. Ces épreuves leur assurent une vigoureuse constitution qu'ils transmettent à leurs produits. C'est ainsi que les poulains de grand prix élevés au haras de Pompadour, vivent l'hiver au grand air, et qu'ils couchent, par les plus grands froids, dans des écuries ouvertes aux quatre vents.

Malheur, trois fois malheur aux races dont les générateurs sont élevés hors les conditions de vigueur et de santé (1). Le bétail limousin y perdrait la rusticité de son tempérament, la dureté de son sabot et les qualités natives pour lesquelles il a été jusqu'ici recherché, sans que cet amollissement soit indispensable à son aptitude déjà très grande pour l'engraissement.

*Vente des étalons réformés.* — On doit d'autant moins soumettre les étalons à la castration, qu'on les réforme à un âge plus avancé. Du reste, ils fournissent rarement de bons bœufs; et leur appareillage est toujours difficile. Le mieux est de les engraisser avec du grain et des tourteaux, durant quelques semaines avant leur réforme. Ils peuvent ainsi atteindre un poids considérable, et donner une viande de bonne qualité, bien payée par les bouchers, partout où il y a une certaine concurrence.

## CHAPITRE VI

### Les Bœufs

### § 1. *Production des bœufs.*

*Castration précoce.* — Il est encore des pays où les mâles sont conservés à l'état de taureaux, pour le travail; on a ainsi des attelages plus vigoureux, mais plus indociles. Quant à un bon engraissement, il n'y faut pas songer.

Dans les contrées élevant la race bovine exclusivement

nos races pourraient dépasser le terme très court de leur carrière actuelle, grâce à un convenable entraînement.

(1) L'oisiveté des étalons des Haras, tout le long de l'année, est l'une des causes pour lesquelles ces jolis chevaux produisent une si forte proportion de rosses quinteuses.

pour la boucherie, on castre les veaux de très bonne heure, vers quatre ou cinq mois, parce que l'organisme du mâle est beaucoup plus exigeant en nourriture que celui du hongre. Les animaux ainsi traités se prêtent en effet à un engraissement très hâtif, ne songeant plus qu'à manger et à digérer. Mais soumis au travail, ils manqueraient de force et d'ardeur.

Dans notre région, on opère les taureaux vers dix-huit mois ; c'est trop tard. Les animaux sont longtemps à se remettre des suites d'une mutilation dont ils sont moins affectés dans un âge plus tendre. Le dépérissement qui en résulte, leur fait perdre de l'embonpoint, et retarde de plusieurs mois leur développement. Mais ce qu'il y a de plus grave, c'est l'excès de nourriture qu'ils ont consommée en pure perte, depuis l'éveil de leurs instincts génésiques. S'il était possible de supputer cette perte pour la région entière, on serait vraiment effrayé de son importance.

Il serait bien préférable de castrer les veaux dès le premier indice de leur puberté, vers huit ou dix mois ; ils sont alors assez formés pour que leur aptitude au travail n'ait pas à souffrir de l'émasculation. A nourriture égale, ils se développent plus vite. Toutefois, plus l'animal est jeune, moins énergique doit être le bistournage.

A la vérité, l'habitude est de mener en foire des animaux non castrés. « Il est méchant, » dit-on de tout veau qui est opéré avant la tardive époque ordinaire. Mais les gens de la Saintonge, du Périgord et du Poitou, qui achètent nos animaux pour en faire des attelages, auront un tel avan_tage à recevoir des bouvillons et non des taureaux, que sans nul doute ils se prêteront aisément à cet utile changement des traditions de commerce.

Dans tous les cas, quand on est décidé à garder des veaux dans une exploitation pour en faire des bœufs, on ne doit pas hésiter à les livrer à l'opérateur vers l'âge de dix mois. L'animal devient doux et maniable au berger, il ne songe plus qu'à croître, et il se soumet ensuite aisément au joug, ne conservant pas des instincts qui se perpétuent plus ou moins chez les bœufs castrés tardivement,

pour les rendre ombrageux, puis difficiles à l'engraissement (1).

Il est à souhaiter que cette castration précoce vienne en
usage, ne serait-ce que pour enlever à la reproduction
beaucoup de taurillons malingres, qui contribuent à maintenir la race dans son état chétif.

*Bœufs de travail exploités comme animaux de vente.*
— Nous avons dit qu'en principe il convient de vendre
tout animal, dès que cesse sa croissance, et qu'avec elle se
termine la période du plus grand profit de l'élevage. Il
faut autant que possible appliquer ce principe aux bœufs.
Ainsi en chiffres ronds, un bovin de bonne souche et suffisamment soigné vaut 250 fr. à un an, 300 fr. à deux ans,
400 fr. à trois ans, 450 fr. à quatre ans. Passé cet âge,
plus de croissance, plus de profit appréciable, à moins
d'une alimentation spéciale d'engraissement, dont on doit
tenir compte. En résumé, une bête bien soignée a réalisé
son bénéfice le plus net entre trois et quatre ans. Le capital
a atteint son maximum ; il faut le réaliser.

Partant de ces données, le cultivateur avisé entretient
surtout des attelages jeunes, pour les vendre dès les premiers signes d'arrêt dans la croissance et le profit. Il
achète des veaux au sevrage, quand les naissances ne sont
pas suffisantes ; il les fait castrer avant un an ; il dresse
ces bouvillons dès quinze mois ; puis il les met en foire
vers trois ans, quand ils sont devenus des bœufs tout à fait
développés par un labeur modéré et une alimentation
soutenue. Tel est le plus grand profit que l'on puisse tirer
des bêtes de travail, profit assuré et non soumis aux aléas
des opérations consistant à acheter des attelages à une
foire pour les revendre à court terme.

Le dressage des bouvillons exige une grande douceur
et un soin incessant de la part du bouvier. Bien conduits,

(1) La croyance assez générale que la castration réussit le mieux *au
temps des cerises*, est une trop fréquente cause de retard. Plus ou moins
vraie pour les bêtes qui ont à se refaire de la misère hivernale, l'observation ne concerne en rien le jeune bétail toujours en bon état. L'opération bien faite ne lui nuit en aucun temps, hors peut-être les chaleurs
caniculaires.

ces animaux sont capables de tous les travaux : charrois
de foin et de fumiers, labours et hersages. Mais on ne
saurait leur imposer une tâche trop pénible et surtout trop
longue. Il faut deux paires de jeunes bœufs pour l'œuvre
qu'exécuterait aisément un seul attelage vieilli sous le
joug. C'est une question de fourrages. Heureux ceux qui
savent la résoudre. L'extension des prairies temporaires
ne peut que favoriser l'emploi de ces jeunes animaux.
Moins de labours, plus d'herbes.

## § 2. *Engraissement.*

***Choix des animaux.*** — Nous avons déjà indiqué les caractères généraux de l'animal apte à s'engraisser. Que l'ossature soit fine, et surtout la peau douce au toucher, et la
poitrine large. N'achetez jamais des animaux exténués de
travail ou hors d'âge ; les uns et les autres ont perdu toute
activité digestive. Recherchez les bœufs qui ont eu un développement précoce. Ce sont les meilleurs assimilateurs
des aliments.

Ce qui distingue en foire un connaisseur d'un imbécile,
c'est que l'un se préoccupe des aptitudes des animaux à
acheter, et que l'autre se laisse séduire et tromper par
leur poids présent, qui semble rendre leur acquisition
avantageuse, alors que tout annonce en eux une nature
réfractaire à la mise en chair.

***Epoque favorable à l'engraissement.*** — Les mois de décembre et de janvier sont ordinairement favorables pour la
vente de nos bœufs à Paris. L'engraissement par le pâturage en Normandie et en Nivernais est terminé ; celui par
les pulpes de betteraves dans les fermes à sucreries n'est
pas encore à point. Les premiers mois d'hiver présentent
ainsi dans l'approvisionnement de Paris, une lacune dont
il nous faut profiter. Les animaux seront donc mis en
chair vers la fin de l'été, avec du maïs, les troisièmes coupes de trèfle et les regains des prés, de façon qu'ils soient
à moitié gras vers le mois d'octobre.

Les bœufs étant clos à l'étable, l'engraissement doit être
achevé aussi rapidement que possible, avec des aliments

de plus en plus nourrissants et appétissants, à mesure que leur appétit diminue.

En somme, le but cherché est d'augmenter leur poids de 108 à 150 kil., en chair et en graisse, matières qui ne peuvent être obtenues que par les substances albumineuses, grasses et féculentes des denrées consommées. A l'engraisseur de chercher quelles sont celles de ces denrées qui peuvent fournir l'engraissement au plus bas prix possible.

*L'engraissement au foin est le plus coûteux.* — Nous avons trop souvent le tort de vouloir obtenir cet accroissement en poids à grand renfort de foin. L'animal consomme alors des masses excessives de ce fourrage, en quête de l'albumine et de la graisse qu'il lui faut, et qui s'y trouvent en proportion d'autant plus minime que sa qualité est moindre. L'opération devient dispendieuse par sa lenteur.

Les bœufs engraissés méthodiquement ne consomment pas beaucoup plus de 5 kil. de foin par jour. Puis on leur fournit des grains, orge ou seigle, qui ne livrent sans doute pas l'albumine et la graisse au plus bas prix, mais qui ont pour excuse d'avoir été produits sur place, et d'être autant que possible le rebut du triage des grains de vente et de semence. En outre ces mêmes grains ont une matière féculente d'excellente qualité.

Ce sont les tourteaux qui fournissent l'albumine au plus bas prix, et surtout ceux de colza, de lin, de noix, de chanvre, parce qu'ils sont rebutés par les vaches à lait.

*Répartition des repas* (1). — Il faut une ponctualité abso-

(1) Voici, à titre de renseignement, la ration adoptée en Allemagne, pour la dernière période d'engraissement de bœufs qui sont ensuite livrés sur les marchés de Paris, à plus bas prix que les nôtres. Il s'agit d'animaux du poids de 500 kil.; la ration devrait être augmentée proportionnellement pour des bœufs d'une plus grande masse.

25 k.  » de betteraves hachées.
 1    50 de paille d'avoine coupée, à mêler aux betteraves.
 1    50 de cette même paille pour garnir le râtelier la nuit.
 4    » de foin de trèfle.
 2    » d'orge gonflée à l'eau bouillante.
 2    50 de tourteaux de colza.
 »    75 de farine de lin.
 »    80 sel de cuisine.
 ———
38    05

lue dans l'heure des repas qui se composeront d'une série d'aliments variés, et de richesse croissante, à mesure qu'on approche du terme.

*Soins du bétail engraissé.* — Nous avons vu que le repos permanent, le calme et l'obscurité de l'étable, sa douce température à 12 ou 15 degrés, la propreté excessive des animaux, leur tondage même, sont les conditions absolues d'un bon engraissement.

*L'engraissement est surtout coûteux vers la fin.* — L'accroissement d'un kil. en poids vif à la fin de l'engraissement, exige *au moins le double* de la nourriture nécessaire pour ce même accroissement, au commencement de l'opération. A son terme l'animal gagne plus en finesse qu'en poids. Toute l'habileté consiste donc à arrêter les frais en temps convenable, dès que la qualité est suffisante pour le marché où l'animal sera expédié.

*Les races de la région dans le concours de boucherie.* — Après chaque exposition annuelle de Paris, le rendement des animaux primés est apprécié dans les plus grands détails. Leur chair est pesée, analysée, dégustée, afin que l'on puisse se rendre un compte exact du mérite relatif des diverses races prenant part au concours.

Nous extrayons d'une étude de M. Sanson, les renseignements suivants sur le concours de 1881. Les analyses ont porté sur les animaux primés :

Soit 38 k. 05 de denrées correspondant à 13 k. 45 de matière sèche, dont 3 k. 9 d'albumine et 0 k. 75 de graisse.

Voici l'ordre ponctuel de distribution des rations, le mélange des racines et de paille hachée ayant été divisé en huit parts :

5 heures du matin. Trois de ces parts sont successivement données l'une après l'autre, puis 2 kil. de foin.

10 heures du matin. Boisson chaude à l'étable.

11 heures du matin. Deux parts du mélange sont successivement distribuées, puis soupe tiède et salée de tourteaux, farine de graines de lin et orge gonflée à l'eau bouillante, 2 kil. de foin.

4 heures du soir. Boisson chaude.

5 heures du soir. Les trois dernières parts du mélange sont administrées. Puis 1 kil. 50 de paille d'avoine pour la nuit.

Avec cette variété, les animaux s'engraissent de 1 k. pour 12 kil. de matière sèche consommée, résultat qu'on n'obtient pas avec l'alimentation trop exclusive en foin.

Un bœuf limousin, âgé de 66 mois, pesant 967 kilog.
—     salers,       — 54 —     — 870 —
—     nivernais,    — 47 —     — 965 —
—     durham-charolais 33 —     — 810 —

Poids des quatre quartiers :

Le durham-charolais a rendu 72 % de son poids vif.
Le limousin,           — 71 —        —
Le nivernais,         — 69 —        —
Le salers,             — 67 —        —

On voit que le limousin serre de près le durham-charolais qui perd ce premier avantage, sur les autres points plus essentiels.

*Rapport du poids de la chair comestible à celui de la graisse, du saindoux et des os :*

Bœuf limousin           47 %
—     salers              45 —
—     durham-charolais    38 —
—     nivernais          34 —

*Comparaison du Limousin et du Durham comme producteurs de viande.* — Pour établir ce parallèle, passons la voix à ce chimiste d'instinct, au boucher qui a acheté les deux animaux lauréats du concours ; il a payé 1660 fr. le durham-charolais, et 2100 fr. le limousin, ce qui fait ressortir la viande du premier à 2 fr. 05 le kilog., et celle du second, à 2 fr. 17, poids vif.

Le boucher a donc attribué au limousin une prime de 12 centimes par kilog.

Mais bien qu'inférieur, le prix de vente du croisement durham n'est-il pas plus rémunérateur, à cause de la précocité de l'animal ? La chose est peu probable.

Dès l'âge de deux ans, le limousin *a payé sa vie par son travail et son fumier.* Il ne faut donc porter à la charge de la production de viande que les vingt-quatre premiers mois, et les quatre derniers consacrés à l'engraissement, soit vingt-huit mois, durant lesquels il a gagné 2100 francs en argent, et 967 kilog. en poids, soit 75 fr. et 34 kilog. par mois. Le bénéfice mensuel du durham-charolais n'a atteint que 50 fr., et 24 kilog. 05 pendant son existence courte mais oisive.

Le rendement net le plus élevé n'est donc pas dans l'exemption de tout travail, mais bien dans la précocité combinée avec une certaine utilisation du bétail comme moteur. Cette utilisation est favorisée par cette précocité même.

# LIVRE QUATRIÈME
## ESPÈCE PORCINE

---

## CHAPITRE PREMIER
### Les races originaires

*Confusion de toutes les races.* — Par la facilité de son transport, la rapidité et la fécondité de sa reproduction, l'espèce porcine se prête plus que toute autre à de confus mélanges de tous ses types. La race primitive du plateau central n'a point échappé à de multiples croisements. En sorte que pour la débrouiller, il est nécessaire de dire un mot des souches fondamentales que nous diviserons en trois, suivant la classification de M. le professeur Sanson.

*Race celtique* (à oreilles larges et pendantes). — L'Ouest et le Nord de la France sont occupés par une race au pelage blanc, qui est des plus grandes. De hautes jambes portent un grand corps terminé par un long cou, avec une tête étroite et massive, sur laquelle de larges oreilles retombent en masquant de petits yeux. Le dos voûté est aplati, les soies sont abondantes et grossières.

Ce type de grand cochon est très

Race celtique (1).

répandu dans le Centre et le Nord de l'Europe. Tels étaient sans doute les porcs dont les légendes nous rap-

(1) Ces diverses gravures sont empruntées au traité de zootechnie de M. Sanson.

pellent les vastes troupeaux vivant de glands, dans les forêts des Gaules, à un état presque sauvage (1). Cette race élabore de la chair plutôt que de la graisse.

Dans cette race se rangent les variétés bretonne, poitevine, normande et mancelle. La plus réputée est celle qui s'élève dans les environs de *Craon*, antique cité de la Mayenne. C'est la race la plus féconde. Les truies portent souvent plus de douze petits.

*Race ibérique* (à oreilles étroites et pointées en avant). — Une race noire, de moyenne grandeur, à front étroit, à petit groin, à ligne dorsale droite et fesse arrondie, peuple l'Espagne, la Provence et l'Italie, en s'étendant sur toutes les rives de la Méditerranée. M. Sanson l'appelle *ibérique,* de l'ancien nom de l'Espagne.

Comme la précédente, elle produit plus de chair que de graisse. Sa fécondité est un peu moindre, les portées ne dépassent guère huit à dix petits.

Race ibérique.

La race noire a acquis ses belles formes dans les environs de Naples. C'est là qu'au commencement de ce siècle les Anglais ont pris des verrats pour améliorer leurs animaux qui ont été ainsi perfectionnés avec le sang du Midi.

La race celtique a sans doute été refoulée par la race ibérique, au moment de la conquête romaine. Nos bêtes noires et blanches proviennent de leurs antiques croisements.

*Race asiatique* (à oreilles petites et verticales). — Quelque importance qu'ait le porc pour l'alimentation des peuples d'Europe, son rôle est encore plus considérable dans la nourriture des populations si denses de la Cochin-

(1) C'est à tort qu'on ferait provenir le cochon de la domestication du sanglier. Ils diffèrent par la conformation de la tête, dont le profil forme un angle rentrant chez le cochon, et une ligne rectiligne chez le sanglier. De plus, ce dernier a une vertèbre de moins que le cochon européen, et une vertèbre de plus que le cochon asiatique.

chine, de la Chine et du Japon. Elles possèdent peu ou point de moutons ; elles vénèrent le bœuf. Le porc est leur seule viande.

Le cochon asiatique s'est introduit chez nous, à la suite des relations avec l'Extrême-Orient. Nous le désignons sous le nom de *tonkin*, du nom d'une riche province devenue française. Ce cochon est court, cylindrique, monté sur de petites jambes, par suite de l'immobilité à

Race asiatique.

laquelle il a été séculairement condamné dans son pays d'origine. Le groin est mince, se soudant presque d'équerre sur le front ; le pelage est noir le plus souvent.

Le cochon asiatique diffère de nos vieilles races par la petitesse et l'aspect ; et il en diffère surtout par la nature de la chair. Les muscles donnant le maigre, sont peu développés et comme perdus dans une masse de graisse quasi fluide. Le lard lui-même ne forme point des tranches solides. L'aptitude digestive est plus grande que celle des autres races ; mais leur fécondité est moindre.

### § 2. *Croisements anciens.*

*Race du plateau central.* — L'Auvergne, le Quercy, la Marche, le Limousin, le Périgord ont eu jusqu'aux récentes altérations par le métissage, un même type de cochons issus de très anciens croisements des races ibériques et celtiques. Leur pelage blanc et noir rappelait cette origine. La rude vie menée sur la montagne avait rendu le poil épais et long, la peau dure, signe d'une densité de tissus un peu réfractaire à la graisse. Mais ces enfants du gland, de la farine et de la châtaigne avaient une excellente chair.

La race était lente à s'engraisser, d'autant plus lente qu'elle était soumise aux privations jusqu'au début de l'engraissement, à dix ou douze mois. Ce genre de vie est peu fait pour la précocité qui n'est pas précisément une fille des jeûnes.

Quoi qu'il en soit, la race était bonne marcheuse, même

à l'état d'un demi engraissement, ce qui en permettait l'exportation avant les chemins de fer. Elle était surtout très prolifique, les truies dépassant souvent la douzaine dans leurs portées. Cette description peut être faite pour ainsi dire au passé, par suite de l'extension des croisements anglais. Certes, il reste encore de nombreuses familles d'une complète pureté. Elles sont entre les mains des éleveurs les moins entendus, soumises à l'éducation la mieux faite pour aggraver leurs défauts. Il serait donc difficile de dire ce que la race aurait donné au prix de quelques soins intelligents.

### § 3. Croisements modernes.

*Porcs anglais.* — Les races primitives de l'Angleterre provenaient du type celtique ; elles étaient osseuses, efflanquées, dures à l'engraissement. Mais depuis le commencement du siècle, les éleveurs de la Grande-Bretagne les ont profondément modifiées, par l'importation de cochons asiatiques et napolitains. Comme pour les espèces bovines et ovines, ils ont procédé par la sélection des reproducteurs et par l'intensité de l'alimentation. Ils ont ainsi développé la puissance d'assimilation de leurs animaux qui sont devenus des producteurs de graisse d'une rapidité sans pareille. Ainsi ont été créées de grandes et de petites races bien vite confondues. Les croisements ont été si multiples, que toute classification est devenue bien difficile. Avec un tel mélange, des producteurs de grandes races donnent souvent à l'improviste des produits de petite taille et inversement.

Comme conséquence du développement excessif du tissu adipeux de ces animaux, leur fécondité n'est pas sans avoir été atteinte.

L'une des variétés anglaises les plus importantes est celle du *Yorkshire*. Elle a été obtenue par l'accouplement des truies indigènes de race celtique avec des verrats métissés d'asiatique et d'ibérique. Les porcs de cette race sont généralement de grande taille et de couleur blanche ; ils ont les oreilles pendantes de leurs aïeux celtes. Toutefois, il n'est pas rare de voir apparaître de très petits animaux dans les portées en souvenir des ancêtres asiatiques.

Les *Berkshire* forment également une race renommée. Issus du croisement de truies celtiques avec des verrats noirs napolitains, et des verrats du Tonkin, ils ont le corps cylindrique et les oreilles petites, le museau court, la tête généralement noire.

*Généralisation des croisements anglais.* — La mode aidant, les races porcines de l'Angleterre se sont répandues partout, en donnant lieu aux croisements les plus variés. La vogue de ces importations a beaucoup tenu à l'ignorance des lois de la production animale, ignorance adroitement exploitée par les éleveurs anglais. Négociants habiles encore plus que producteurs experts, ils ont répandu la croyance que la précocité est un mystérieux apanage de leurs races, alors qu'elle est le résultat d'une alimentation substantielle dès la naissance.

En tout cas, les croisements tendent à modifier la nature de nos vieilles races, en substituant un tissu graisseux à l'ancienne chair mêlée utilement de gras et de maigre. C'est sacrifier la clientèle rurale si nombreuse.

## CHAPITRE II

### § 1. *Conditions nouvelles de la production de l'espèce porcine dans le Centre.*

*Débouchés.* — Anciennement, l'excédent de la production sur la consommation locale était dirigé vers les ports de mer, pour les provisions de la marine. Le lard américain nous a complètement coupé ces débouchés, en réduisant les usines de salaisons établies en France.

Nous en avons d'abord été très largement dédommagés par les relations que les chemins de fer nous ont créées avec le Nord et surtout le Midi. La vigne ayant envahi tous les terrains du Languedoc, et enrichi leurs cultivateurs, ceux-ci nous ont demandé des porcs en abondance. Cette clientèle de ménage était pleinement satisfaite par notre lard prenant bien la saumure, ne fondant pas complètement dans la marmite à soupe, fournissant une suffisante proportion de maigre ; toutes choses permettant au cochon de suppléer économiquement la viande de boucherie.

Mais le phylloxéra a gravement compromis ces débouchés, d'abord en diminuant la richesse du Midi, puis en amenant la substitution des pommes de terre à la vigne; ce qui provoque l'engraissement sur place. Voilà comment le fléau nous atteint nous-mêmes; tout est solidaire en agriculture.

La réduction de cette clientèle du Midi, nous rejette sur les marchés des grandes villes, Bordeaux, Paris, Lyon, sur lesquels nous trouvons la concurrence du lard salé d'Amérique, et celle des cochons sur pied expédiés de Belgique et d'Allemagne. Pourtant, alléchée par les hauts prix réalisés au temps de la prospérité du Midi, notre production a plus que doublé. De telle sorte qu'après avoir donné de grands bénéfices, l'engraissement des porcs ne laisse plus que des profits très incertains.

Il est donc nécessaire de réduire les frais de production, pour que la spéculation ne cesse pas d'être lucrative.

### § 2. *Production plus économique des cochons.*

*Engraissement actuel.* — L'usage traditionnel consiste à se munir de nourrains vers l'automne, sauf à les nourrir chichement durant l'hiver, le printemps et la première partie de l'été, l'engraissement intensif ne commençant qu'avec les pommes de terre et les châtaignes. Enfin, les animaux sont mis en vente aux foires grasses de décembre, janvier, février, vers l'âge de quinze à dix-huit mois, leur mise en chair étant promptement poursuivie, en dépit de leur nature réfractaire.

Cette production est fautive : 1° par le choix des animaux, trop fréquemment mauvais; 2° par l'inhabile répartition des aliments insuffisants au début; 3° par le manque de variété et de bonne proportion de ces aliments; toutes causes d'une lenteur excessive dans l'engraissement, ce qui la met en perte.

*Choix des animaux.* — Les bêtes réfractaires à l'engraissement sont caractérisées par une tête volumineuse et pointue, un cou allongé, indice d'une forte ossature; par l'aplatissement du corps, la compression, l'atrophie des organes de la digestion et de la respiration ; tandis qu'une tête fine, une vaste poitrine, une côte ronde, un rein large, une peau douce et peu poilue, sont l'apanage des animaux bons assimilateurs des aliments. On ne saurait trop répéter que les vices indiqués sont le trop fréquent résultat d'une enfance misérable, sans lait ni vivres substantiels ; mais toute pauvre victime de l'incurie, qui est entachée de tels vices, ne doit jamais être achetée pour l'engraissement, quelque alléchant que son bas prix puisse être. L'acquéreur avisé recherche pour une somme donnée, parmi les porcelets, celui qui est bien conformé, quelque jeune et peu pesant qu'il soit, de préférence à cet autre donnant déjà du poids, mais mal organisé.

En tous cas, lorsque les prévisions sont trompées, et qu'une bête se montre dure et lente à prendre la graisse, la vente la plus prompte est la meilleure, même au prix d'un sacrifice.

*Bonne alimentation des porcs dès leur naissance.* — Le constructeur d'une maison, qui ferait chômer les ouvriers, pendant que les frais courent, ne manquerait pas plus de sens que le producteur de viande faisant également chômer ses ouvriers, les animaux, tandis qu'il lui en coûte de les entretenir, sans accroissement notable de valeur. Toute bête de boucherie doit être nourrie sans répit au maximum de ce que comportent ses organes digestifs, depuis sa naissance jusqu'à sa fin. L'excès ne commence qu'avec le gaspillage des denrées dans l'auge, ou l'indigestion des aliments.

*Vitesse de production condition essentielle du profit.* — Il importe expressément de produire vite, d'abord pour réduire les dépenses de l'entretien quotidien, puis pour réaliser plus vite le capital engagé sur les animaux. Voilà par exemple, sur le champ de foire, deux cochons pesant également trois cents. Il a fallu que chacun d'eux trouve dans ses aliments exactement la même quantité de matières albumineuses, grasses et féculentes, pour constituer son corps pesant trois cents. Mais voici où est la différence. L'un nourri convenablement depuis sa naissance, a acquis ce poids en huit mois, la chose est parfaitement possible. L'autre a souffert jusqu'à dix mois, et il n'a atteint le développement indiqué qu'à quinze mois, selon l'usage. Cet animal a donc grevé son propriétaire de sept mois d'entretien en plus du temps nécessaire pour son engraissement bien conduit. Alors même que le prix de son quintal serait un peu plus élevé que celui de son jeune voisin, en raison de sa viande plus formée, il n'en constitue pas moins son maître en grosse perte.

En d'autres termes, le jour où nous voudrons employer des balances et supputer un peu les dépenses, nous reconnaîtrons qu'il faut bien plus de denrées pour attarder l'engraissement d'un cochon jusqu'au delà d'un an que pour l'activer et le réaliser avant ce terme.

*Les aliments en usage coûteux et insuffisants.* — Les pommes de terre et le son de seigle constituent le fonds même de l'alimentation de nos porcs. Or la prédominance de la pomme de terre n'est pas économique, l'insuffisance de ses matières albumineuses et grasses ne permettant pas l'utilisation complète de son excellente fécule. Quant au son de seigle, il ne serait pas une denrée très engraissante pour les porcs, d'après de nombreuses expériences. En réalité, sans la providentielle châtaigne, l'alimentation traditionnelle de nos porcs serait par trop défectueuse.

Il faut donc bonifier et varier cette alimentation par des denrées produites autant que possible à la ferme, en utilisant beaucoup de produits encore trop négligés. Il faut surtout l'enrichir en principes nourrissants.

## § 3. Amélioration de la race.

*Résultats obtenus par les croisements.* — De sérieux essais n'ont malheureusement pas été tentés, en vue d'améliorer la race par la double voie du régime et de la sélection. C'est fâcheux. Cette race avait de grandes qualités : la finesse des os, la nature de la viande, la fécondité, et surtout, surtout la résistance au climat, la santé robuste que les alliances étrangères n'ont pas été sans compromettre gravement. La vitesse d'engraissement, elle l'eût rapidement conquise en quelques générations, à la suite du bien vivre en tout temps. Mais impatients de la précocité et de la puissance d'assimilation, les éleveurs de la région ont employé les races anglaises pour des croisements qui commencent même à prédominer dans nos foires. C'est avec raison qu'ils choisissent les reproducteurs des grandes races du Yorkshire et du Berkshire. Il faut de gros animaux pour l'exportation, les transports se payant par tête de bétail.

*Nécessité de s'arrêter dans les croisements.* — Il y aurait sans doute lieu de s'en tenir aux résultats acquis, avant d'avoir absolument compromis l'antique qualité de la viande de notre race. Le but est atteint, puisqu'à l'un des derniers concours de Paris, un cochon assez peu croisé pour pouvoir passer comme limousin pur, a pesé 245 kil. à l'âge de dix mois.

Ce n'est pas seulement la qualité de la viande dont il faut se préoccuper. On doit aussi se défier d'une prédisposition aux maladies, surtout aux maladies de poitrine, plus grande dans les croisements que dans la vieille et dure race qui est mieux faite au climat de la région.

Grâce aux excellentes conditions d'élevage dans lesquelles se trouve notre pays, nous pouvons et nous devons arriver à produire des animaux suffisamment précoces, et fournissant néanmoins une viande bien supérieure à celle des races anglaises, résultat de la stabulation et de la ration oléagineuse.

La clientèle de ménage est encore assez importante, pour que nous ayons tout intérêt à la satisfaire, en lui fournissant de la viande bonne pour le pot. Ne l'obligeons pas à s'approvisionner, chez l'épicier, en lard américain.

Renonçons aux importations de verrats anglais, et *faisons souche de nos meilleures familles actuelles.*


## CHAPITRE III

### § *1. Production des porcelets.*

*Gestation et allaitement.* — Les mères portent ordinairement trois mois, trois semaines, trois jours ; il est bon de les fortement nourrir. On doit bien veiller au moment de

la parturition, pour enlever les petits à mesure qu'ils naissent, et ne les rendre à la mère qu'après sa délivrance.
Alors seulement s'éveille son instinct maternel, qui l'empêche de dévorer sa progéniture. Les porcelets auront
consommé du petit lait, dès la première semaine. Puis on
leur donne de la bouillie de farine d'orge et la liberté dans
un enclos. Leur alimentation est graduellement forcée
pour les préparer au sevrage qui peut avoir lieu après six
semaines ou deux mois d'allaitement. Cette durée est suffisante, à la condition que la mère soit bonne laitière, grâce
à une nourriture abondante et variée, consistant en pommes de terre, betteraves, raves, carottes, topinambours
cuits, eaux de vaisselle, farine d'orge, de maïs, châtaignes
et surtout petit lait (1). L'amélioration de nos vaches laitières s'impose à tous les points de vue, surtout à celui de
la production des porcelets.

Heureuses les exploitations qui peuvent livrer de vastes
bois de chênes et de hêtres et des châtaigneraies au parcours de la truie et de ses gorets !

*Vente au sevrage.* — Le bon entretien de la mère est le
meilleur moyen de réaliser un bon prix des petits au
sevrage, et d'accroître les bénéfices de cette production,
bénéfices si assurés et si promptement réalisables, quand
elle est bien entendue.

*Alimentation des porcelets.* — Du sevrage au moment de
l'engraissement, l'alimentation des cochons pèche en général autant par le défaut de quantité que par celui de variété.
Les denrées de choix, pommes de terre et son, ont été
épuisées par les animaux précédemment préparés pour la
vente. On parera à cette disette durant tout l'hiver à l'aide
du mélange de racines indiqué plus haut, en ayant le soin
d'en relever le goût par une poignée de sel, afin de stimuler l'appétit de ces animaux qui sont d'autant meilleurs
qu'ils mangent plus et digèrent mieux.

Dès la venue du printemps, les herbes pâturées ou consommées à l'étable devraient jouer un rôle plus considérable que celui qui leur est actuellement réservé. Le trèfle

(1) Hachez menu les betteraves, raves, carottes et topinambours, pour
en faciliter la cuisson.

incarnat, puis le trèfle ordinaire et les fourrages des prairies temporaires, plus tard les tiges de maïs encore tendres peuvent contribuer à assurer le prompt développement des jeunes animaux. Les porcs d'Amérique dont le lard si épais est vendu à si bas prix, sont presqu'exclusivement élevés avec la plante, puis engraissés avec le grain du maïs.

L'alimentation s'améliorera dès le mois de juillet, avec les betteraves fournies par le graduel éclaircissage des plantations.

On arrive ainsi aux pommes de terre et aux châtaignes, avec des animaux très ronds, très en chair, au lieu des bêtes étiques que l'on voit d'ordinaire à cette époque dans nos basses-cours.

La petite propriété ne se doute pas des facilités qu'elle trouverait dans les betteraves et les verdures, récoltes n'occupant la terre que peu de temps, et convenant d'autant mieux aux exploitations réduites.

*Glands et châtaignes*. — Ces fruits ont fait jusqu'ici le succès et le profit de l'entretien des porcs, l'économie de l'élevage, la qualité supérieure de l'engraissement. Or le gland a presque disparu ; la noix et ses tourteaux ne comptent plus ; la châtaigne s'en va bon train. Malheur à nous qui avons la barbarie de méconnaître l'action tutélaire du boisement dans notre pays de montagnes, et de ne pas apprécier son rôle économique dans notre agriculture, alors que les bras, les fumures, l'argent, tout manque à la fois pour la mise en valeur des défrichements.

Le déboisement, c'est la disparition de tous les bénéfices des cochons.

*Spécialité de la région pour la production des porcelets*. — La conservation, et mieux encore l'amélioration de ces bois, nous permettraient de développer la production des porcelets, opération surtout profitable, quand on dispose de terrains plantés en châtaigniers, en chênes, en hêtres, pour le parcours de la mère et des petits.

Les chemins de fer faciliteraient l'exportation de ces produits vers la plaine où l'entretien des truies portières est moins aisé. Mais le déboisement va nous priver de l'une de nos meilleures spécialités agricoles.

## § 2. *Engraissement des porcs.*

*Accroissement de l'alimentation.* — L'exercice combiné avec une bonne nourriture développe les muscles chez les porcelets. Seraient-ils même très avancés dans les croisements, que leur chair en devient plus ferme et meilleure que celle des animaux condamnés à la stabulation. A cet entretien caractérisé par l'adage : *exercice et forte nourriture*, il faut faire succéder la période de réel engraissement, *le repos au sein de l'abondance.* La réclusion et le calme succèderont graduellement à la vie en plein air, régime favorable à l'enfance. La ration toujours variée et élargie sera aussi progressivement forcée par l'adjonction de quelques tourteaux, ou de pains de graisse d'abattoir, grâce auxquels l'entretien sera moins coûteux que celui fondé sur l'achat incessant de son de froment. Si elles étaient données en excès, ces denrées altéreraient le bon goût de la viande ; mais leur adjonction modérée à la ration la rend moins coûteuse et plus nourrissante, en élevant la proportion des matières albumineuses et grasses, pour la meilleure utilisation de la fiente qui est la dominante de telle ration.

Au point de vue de l'économie de la production de la viande, il convient de l'arrêter à un poids moyen de 150 à 180 kil., qui peut aisément s'obtenir avec des animaux âgés de moins d'un an. Au delà commence la vraie dépense. Croyez-bien que les monstres de cinq à six quintaux laissent toujours leur maître en perte, par suite de leur long entretien jusqu'à quinze mois passés. Les porcs belges et allemands, qui encombrent les marchés de nos grandes villes, dépassent à peine 100 à 150 kilog.

*Faire par an deux graisses au lieu d'une.* — Cultivateurs, qui employez la plus grosse part de vos denrées au lent engraissement d'une bande de cochons pendant l'année entière, tenez-en un moins grand nombre à la fois, sauf à les développer en un moindre temps par une alimentation convenable. Les porcelets achetés dès la première châtaigne, deviennent des porcs très suffisants vers le milieu de l'été, s'ils n'ont jamais été durant une semaine, un jour, une heure, détournés de leur fonction spéciale, celle de manger, digérer et s'assimiler. Mais avant le départ de ces porcs, vous vous serez muni d'une nouvelle troupe de nourrains, aussitôt les premières verdures, dont ils bénéficieront à l'auge et en dépaissance. Les betteraves vous feront ceux-là qui termineront leur graisse avec les pommes de terre, afin d'être prêts pour les foires d'hiver; tandis que les gorets acquis au temps des châtaignes poursuivront leur croissance. Vous aurez ainsi, durant une partie de l'année, à la fois des nourrains en préparation et des porcs en engraissement, le nombre de ces animaux ne dépassant jamais les ressources disponibles. Vous feriez deux graisses, l'une d'hiver, l'autre d'été, en réalisant votre capital deux fois, au lieu d'une par an.

Quand on ne peut produire les gorets faute d'une truie dont les bénéfices sont toujours assurés à ceux qui en ont l'entretien facile, il convient d'acheter toujours plus de nourrains que l'on ne devra en garder définitivement. Après deux mois d'élevage on éliminera l'excédent choisi parmi les animaux annonçant les moindres dispositions à l'engraissement. Ce procédé donne quelques bénéfices, *car il y a toujours à gagner avec le jeune bétail;* il assure un bon choix d'animaux pour l'engraissement.

*Ladrerie.* — Cette maladie qui se manifeste par des granulations sous la langue, est due à la présence d'animalcules se développant dans le corps des cochons. Ces parasites ne sont autres que des ténias vivant à l'état d'animaux microscopiques dans tout l'organisme du porc et à l'état de longs vers dans l'estomac de l'homme. Il est certain que la maladie se propage par contagion de l'un à l'autre. L'homme peut contracter le ver solitaire en consommant du cochon ladre, surtout si la cuisson en est imparfaite. Le cochon devient ladre en mangeant des excréments de l'homme atteint du ténia.

*Trichinose.* — Les lards américains sont en majeure partie infestés de petites anguilles microscopiques nommées trichines qui en pénétrant l'organisme humain provoquent la mort dans d'atroces souffrances.

# LIVRE CINQUIÈME
## ESPÈCE OVINE

---

## CHAPITRE PREMIER
### Produit des bêtes à laine

*Type de la race.* — La brebis du plateau central est petite, grêle, fine d'ossature et un peu misérable, car l'espèce s'accommode mal du terrain et du climat de la région. La taille varie de 0m40 à 0m50 ; le poids vif de 20 à 3o kil. Dépouillée par les buissons et les haies, la toison ne dépasse guère 5oo gr. La couleur est généralement blanche ; la viande a une qualité exquise.

Tels sont les caractères communs des variétés d'Auvergne, de la Marche et du Limousin. Abandonnées aux seules influences naturelles, ces variétés se sont adaptées aux divers sols pour la taille et le poids, s'améliorant d'elles-mêmes, dès qu'apparaît le calcaire.

### § 1. *L'entretien en usage est peu rémunérateur.*

*Causes du faible rapport des bêtes à laine.* — Constituant essentiellement le cheptel des petits héritages, les troupeaux sont peu considérables, de 20 à 3o têtes, mais ils sont très nombreux ; la population ovine de la région est donc très importante. Cependant les bêtes à laine rapportent peu. Elles sont bien loin d'attirer dans le pays l'argent qu'y amène l'exportation des porcs. Ce faible rendement tient au mauvais soin des troupeaux mal nourris et délaissés à la garde d'une fillette ou d'un jeune garçon ; il tient aux bouges étouffants dans lesquels on les entasse ;

il tient aux maladies de peau compromettant la toison ;
par dessus toute chose, il a pour cause la cachexie aqueuse,
maladie redoutable due au développement d'animalcules
pullulant dans le foie. Les germes de ces parasites foisonnent sur le gazon des prairies humides, où ils sont absorbés dans le paître.

Ainsi les bêtes à laine s'empoisonnent dans les prés
irrigués ; par contre, elles y causent un dommage considérable, en broutant l'herbe jusqu'au collet.

*Exploitation des bêtes à laines en animaux nuisibles.*
— Le ravage des prairies n'est pas le seul mal causé par
les troupeaux, tels qu'ils sont généralement entretenus. Ils
sont un grand obstacle à l'introduction de la culture des
trèfles dont il est difficile de protéger les jeunes pousses
contre la dent des pécores mal gardées. Le souci de leur
pâture est prétexte à ne point déchaumer les champs,
aussitôt après les récoltes de l'août, ce qui perpétue le
néfaste chiendent. En outre, les jeunes châtaigniers et les
taillis sont pelés de leur écorce, broutés de leurs feuilles
par ces bêtes affamées, qu'escortent souvent les plus redoutables fléaux des jeunes arbres : la chèvre et l'âne. Enfin
le libre parcours des troupeaux mal appliqué tient en échec
le reboisement de nos landes, c'est-à-dire la reconstitution
de notre richesse forestière, l'assainissement de nos marécages, l'adoucissement de notre climat, le peuplement de
nos solitudes, le rachat de la misère et de la fièvre. Une
incalculable somme de biens dans l'avenir est ainsi aveu-
glément sacrifiée non à un gros revenu dans le présent,
mais à des ressources précaires, perpétuant l'état d'indi-
gence.

Contre tant de maux, que produit annuellement la cachexique pécore ? Une petite quantité de bon fumier, une
livre et demie de laine, un agneau de 10 francs.

*Trop de bêtes pour un bon entretien.* — Les bêtes à
laine sont encore plus que le gros bétail, victimes du faux
calcul consistant à avoir des animaux au delà des ressources alimentaires. C'est une tradition du temps où les bestiaux vivant presqu'à l'état d'abandon, leur entretien diffé-
rait peu, qu'ils fussent plus ou moins nombreux ; tandis

qu'en raison de leur faible rapport individuel, ils devaient se compter en grande quantité, pour donner quelque profit.

Mais ce mode d'entretien a changé avec la division du sol. Les cheptels vivent de moins en moins à la grâce de Dieu, et de plus en plus au prix de nos peines consacrées à la production des fourrages. Ils sont donc devenus des organismes de transformation de ces fourrages, organismes qu'il faut alimenter pour le mieux, en évitant les chômages préjudiciables en tout travail. Comme pour les vaches, une brebis bien entretenue rapporte plus, en laine, en agneaux, en fumier, que deux misérables pécores.

*Exploitation des bêtes à laine en animaux utiles.* — Les pauvres bestioles ne sont pourtant pas coupables de tous les ravages auxquels les condamnent notre incurie et notre ignorance. Elles contribueraient efficacement aux produits du domaine, si l'on entendait l'entretien de ce petit cheptel d'une façon moins barbare.

Il est à distinguer pour ce menu bétail deux modes d'utilisation, celui qui convient aux exploitations toutes en cultures et aux prés irrigués, et celui qui doit être approprié aux domaines contenant beaucoup de terrains vagues.

## § 2. *Entretien productif.*

*Production rapide des bêtes à laine sur les terrains cultivés et arrosés.* — Bien que le mouton ait pour lieu d'élection les terrains secs, néanmoins sa production lucrative n'est pas défendue sur les terres de nature contraire ; mais c'est à la condition que son séjour y soit de courte durée, pour que la bête puisse être préservée des influences défavorables. Les deux spéculations avantageuses y sont donc : la production précoce des jeunes pour une vente immédiate, et le rapide engraissement des adultes nourris aux lieux propices à cet élevage. Nous examinerons successivement chacune de ces spéculations.

*Production des bêtes à laine sur les terres de vaine pâture.* — Les troupeaux constituent le meilleur revenu des biens de montagne, qui comptent toujours une vaste superficie de terrains incultes. L'accroissement de produit de ces biens est donc essentiellement solidaire de l'amélioration des troupeaux et de celui de la lande, ce qui est tout un.

*Le reboisement pratiqué dans l'intérêt des troupeaux.* — Cette lande s'étend sur le tiers, la moitié et même les trois quarts de beaucoup de cantons de la région. Sa transformation en fonds productif constitue le plus grand et le plus grave problème agricole de cette partie de la France. Ce n'est pas seulement une affaire de revenu pour les propriétaires généralement peu aisés, et de rentes pour les communes toutes absolument pauvres. C'est une question d'assainissement d'une grande étendue de territoire, une question de santé pour une population ruinée par la fièvre, une question de force nationale.

Le reboisement par l'arbre vert est le seul remède au mal. Nous avons déjà dit comment en renonçant seulement au tiers de leurs vaines pâtures, propriétés privées ou biens communaux, les usufruitiers pourraient d'abord ensemencer ou planter ce premier lot qui serait rendu à la dépaissance, après une suffisante croissance des arbres, vers la quinzième année. Viendrait alors le tour du second tiers destiné lui-même à redevenir pâture, après une égale période. Enfin le dernier tiers serait boisé et défendu, pendant que les deux autres parties serviraient au parcours des bestiaux (1). (Voir I^re Partie, Arbres verts.)

(1) Il faut distinguer la nature des terrains, pour la constitution de ces pâturages sous bois. La vraie lande, celle qui s'étend à perte de vue sur les plateaux, recouvrant le granit d'une mince couche noire formée sous la bruyère, celle-là ne convient guère qu'au pin sylvestre qu'il faut ensemencer avec les deux tiers de graines de pin maritime. Ce dernier s'élève par une croissance rapide, mais subitement arrêtée sur les sols sans profondeur, dès que le pivot heurte le roc. Il est destiné à étouffer la bruyère, puis à disparaître par des éclaircissages successifs, laissant ainsi la place libre au pin sylvestre.

De vastes étendues de landes sont noyées une partie de l'année. Le pin noir d'Autriche est l'essence qui s'accommode le moins mal de ces terrains humides. Il faut l'y planter à trois ans d'âge, en plaçant chaque pied sur une motte de terre, qui dépasse la couche imbibée d'eau; celle-ci est par la suite rapidement épongée, dès que les arbres ont pris croissance.

Tous les versants tournés au nord, surtout ceux qui sont constitués par des éboulis de pierraille, favorisent merveilleusement la venue du mélèze. Cet arbre fournit un bois de qualité supérieure; il a la vertu de

*Spéculation spéciale aux exploitations de la montagne.*
— L'engraissement n'étant pas de la compétence de leurs fourrages peu substantiels, leur vrai rôle doit consister à élever soit des brebis destinées à la production des agneaux précoces sur les terres plus fertiles, soit des moutons à engraisser sur ces mêmes terres.

# CHAPITRE II

### Agneaux et Moutons

## § *1. Allaitement.*

*Bon entretien des brebis.* — Les brebis portent environ 150 jours, soit cinq mois (1). Après le porcelet il n'est pas

favoriser la croissance d'excellentes herbes, à son ombre légère. On peut constituer ainsi des pâturages de haute valeur sur les terrains froids, légers et secs. Mais le mélèze ne résiste pas à la moindre atteinte des eaux.

En usant avec discernement des essences vertes propre à chaque terrain, on pourrait graduellement recouvrir notre sol dénudé. Les éclaircissages successifs fourniraient des bourrées de branchages dont les aiguilles vertes sont un excellent aliment d'hiver pour la bergerie, et fournissent un excellent tonique contre la cachexie. A tel point *qu'un hectare de pinières peut ainsi contribuer plus utilement à l'entretien d'un troupeau qu'un hectare de lande nue.*

Les clairières créées par cette exploitation méthodique se garnissent d'une végétation moins coriace que la bruyère. Si elle est peu développée entre les pins maritimes, à cause de la chute de leurs longues aiguilles, cette végétation devient aromatique et savoureuse dans les vides entre les pins sylvestre; enfin elle est tout à fait succulente sous le mélèze. Le pâturage s'est abrité contre le mauvais temps ; le sol s'est assaini ; le mouton est sauvé de la pourriture, le berger de la pleurésie.

Bien à tort, on repousse les bienfaits du reboisement dans l'intérêt de la dépaissance. C'est en son nom qu'il faut l'exécuter promptement.

Chose navrante, voilà une amélioration pour laquelle l'administration vient en aide aux particuliers et aux communes, une amélioration qui produit de plein droit l'exonération temporaire de l'impôt du sol, une amélioration qui n'exige pas grand argent, et elle échoue misérablement devant l'instinct ravageur de populations d'une imprévoyance sauvage, tant pour leur aisance que pour leur santé.

(1) Les éleveurs peuvent en réglant la monte, obtenir l'agnelage, soit au printemps, soit en hiver, soit en été. La fécondation étant abandonnée à la liberté des pâturages, dans notre région, l'agnelage s'espace, en général, durant tout l'hiver, avec une irrégularité peu favorable à un bon élevage. De plus, l'époque n'est pas propice à une bonne alimentation des mères. L'agnelage de printemps, à la venue des herbes, serait plus avantageux ; il pourrait être obtenu par l'isolement des béliers.

d'animal qui ait besoin d'un plus fort allaitement que l'agneau, en raison de la rapidité avec laquelle il lui faut se développer dans sa courte existence. Donc pas de profit, quand les mères souffrent. Une brebis qui allaite un seul agneau bien gras rend plus que celle qui en produit deux chétifs.

Le lait des vaches viendra en aide aux agneaux de mères trop chétives, et à celles qui ont une double ou triple portée.

*Importance d'un enclos bien fumé pour les agneaux.* — Un bon enclos bien exposé, bien fumé et phosphaté chaque année, ce que nous appelons un *brave couderc*, voilà le premier et le plus utile des suppléments au lait maternel. Les petits agneaux y ont le soleil, la liberté, l'herbe tendre, ces trois biens inappréciables des jeunes bêtes.

*Racines.* — Quelques betteraves piquées menu, saupoudrées de farine de seigle, d'orge ou de féverole serviront également à suppléer progressivement le lait de la mère, à mesure que croît le petit.

*Sevrage.* — Il ne doit commencer qu'à la fin du troisième mois, à l'approche des premières molaires permanentes. Cette durée de l'allaitement n'épuise pas les brebis, quand elles sont suffisamment bien nourries. Le sevrage prématuré est la plus détestable des pratiques. Les petits seront privés de lait, graduellement et non brusquement. Une bonne dépaissance continue à être assurée aux agneaux, soit dans les enclos, soit dans ces prairies sèches, qu'il est bon d'établir temporairement sur les terres de labour, pour les reposer. L'alimentation à l'étable sera progressivement forcée en betteraves, raves, surtout en topinambours, en regain, en foin, voire même en bonne paille d'avoine hachée, *s'il est possible*, et qui servira à garnir les crèches pour la nuit.

*Castration hâtive.* — Les agneaux qui ne doivent pas faire des béliers, seront castrés, aussitôt que cela sera possible. L'entretien des neutres est beaucoup moins coûteux que celui des mâles, et l'opération a des suites d'autant moins nuisibles, qu'elle est faite à un âge plus tendre.

*Bon état des agneaux.* — Les agneaux seront ainsi alimentés au mieux, selon les ressources de chacun. Il n'est pas de borderie si modeste, ou de métairie en pays de bruyère si sauvage, qui ne puisse leur consacrer un enclos bien fumé, quelques poignées de farine de seigle et des topinambours, plantes si accommodantes quant au terrain.

Si l'exploitation n'est pas en état de se livrer à l'engraissement, elle n'en a pas moins un avantage marqué à amener les moutons à un bon poids, dès l'âge d'un an, pour qu'ils soient dès lors de vente facile à ceux qui peuvent terminer cet engraissement. Le but est d'amener ces agneaux d'un an au prix qu'ils réalisent ordinairement à deux ans. La chose est possible. Quant aux agnelles à conserver, elles seront plus tôt aptes pour la reproduction. Dans tous les cas, on se met ainsi à l'abri des risques des maladies, des diarrhées, conséquence des mauvais soins, par lesquels les pauvres bestioles sont si souvent déshonorées et décimées.

### § 2. *Production des agneaux de boucherie sur les exploitations en pleine culture.*

*Précocité des agneaux.* — Lorsque leur alimentation reçoit quelques soins exceptionnels, les agneaux prennent une précocité suffisante pour que ceux qui ne sont pas conservés pour la reproduction soient livrés à la boucherie dès l'âge d'un an, alors que leur viande est le plus recherchée.

*Métis précoces.* — La race du pays est loin d'être réfractaire à un tel entraînement. Néanmoins on augmente le poids des produits, mais non leur qualité, en le demandant au croisement avec des races plus spécialisées pour la boucherie.

Voici un mode d'exploitation qui commence à être très en faveur dans la Haute-Vienne.

De jeunes brebis du pays sont achetées dans la montagne. Elles sont livrées à un bélier de cette race si précoce, qu'on élève sur les dunes sud de l'Angleterre, d'où son nom de South-Down. Cette race est caractérisée par une tête noire sans cornes et une toison blanche.

D'abord très chers, les béliers de race pure commencent

à être assez répandus pour que leur prix n'excède guère une centaine de francs. Les south-down nés et élevés dans le pays ont sans doute un peu dégénéré de leur perfection native. Mais tels quels, ils suffisent pour produire des agneaux qu'ils dotent de leurs formes cubiques, tout en accroissant leur aptitude à la précocité, à titre d'hérédité.

Ces agneaux sont nourris à bouche que veux-tu, comme il convient aux bêtes qui n'ayant d'autre emploi que celui de créer de la viande, en produisent en raison même de leur alimentation (1).

A ce régime, les agneaux atteignent le poids de 3o à 40 kilog., vers sept ou huit mois ; les éleveurs en trouvent aisément le débit à o fr. go ou 1 fr. le kilog. sur pied, leur succulente chair étant très recherchée dans les grandes villes.

Quant aux brebis mères, elles sont assez fortement nourries de regain, de topinambours et de verdures, pour être vendues comme grasses, dès la fin de l'allaitement. Puis de nouvelles brebis sont acquises, pour renouveler l'opération qui comporte des bénéfices par la prompte réalisation de l'argent. Le succès exige un chef de maison sachant aussi bien acheter que vendre, et une ménagère très soigneuse pour les agneaux.

*Inconvénients de la création d'une race croisée.* — Il y aurait de moindres avantages à conserver les métis pour la reproduction. L'accouplement successif de leurs femelles avec un south-down pur ferait tendre le troupeau vers ce dernier type. La réussite de l'opération nécessite-

---

(1) Voici, à titre de renseignements, d'après M. Sanson, une ration quotidienne de précocité pour les agneaux. Elle se rapporte à 100 kil. de poids vif, c'est-à-dire, que selon l'âge des sujets, elle nourrira successivement 12 — 10 — 6 — 3 agneaux, selon qu'ils pèsent 8 — 10 — 16 — 33 kil. Une bonne dépaissance peut du reste la rendre suffisante pour un nombre double d'animaux.

1 k. » foin ou regain.
» 50 betteraves ou topinambours.
» 75 paille d'avoine ou de froment.
1 » féverole ou tourteaux, orge.
» 50 son de froment.

3 75

rait tòus les soins exigés par cette race perfectionnée, sans que pourtant les animaux aient la valeur des bêtes de pur sang. Mieux vaudrait opérer franchement sur celles-ci.

D'autre part, la reproduction des métis entre eux ou leur alliance à des animaux de races locales, affaiblirait tellement les vertus de l'origine south-down, que le résultat serait impalpable. Peu supérieurs en précocité, en laine et en viande, les croisés deviendraient plus misérables que les animaux du pays, en étant soumis au mauvais régime qui est encore trop général.

*Conservation de la race locale sur les terrains stériles.* — Ce mode d'exploitation n'est à propos que sur les exploitations parvenues à un haut degré de culture. Mais un rôle non moins utile et fructueux est réservé aux exploitations des terrains peu susceptibles d'une grande production d'herbages et de racines. A elles est demandé l'approvisionnement des brebis mères de race locale, pour le croisement avec les béliers précoces.

### § 3. Engraissement des moutons.

*Moutons du pays.* — Les exploitations dans lesquelles prédominent les terres cultivées et les prés irrigués, se livrent encore d'une autre façon au court entretien des bêtes à laine. A l'entrée de l'hiver, elles se munissent de brebis ou de moutons achetés dans la montagne. Elles les soumettent à un engraissement intensif basé sur la dépaissance des dernières herbes des prairies sèches, puis sur la consommation du regain et des topinambours, avec quelques grains ou tourteaux. Cette spéculation laisse à la fin de l'hiver une abondante et riche fumure, obtenue par l'utilisation de menus fourrages.

*Moutons du Causse.* — Les cultivateurs de la partie de la région qui limite le Lot, vont au printemps dans les Causses, pour y acheter des brebis et des moutons parfois trop vieux. Ils les engraissent tant bien que mal avec du foin pour les vendre vers le mois de juin, après les avoir tondus. Le plus souvent la toison est l'unique bénéfice de cet engraissement, que quelques topinambours et quelques

kilos de tourteaux rendraient peut-être moins désavanta-
geux.

Cette spéculation est moins bien entendue que la précédente. Les animaux soumis à la pâture par le bois, font
peu de fumier à l'étable. Ils sont très durs à l'engraissement, avec leur massive ossature, avec leurs membres
élancés mais grêles. Leur grand corps, leur grossière toison
font illusion à ceux qui ne raisonnent pas leurs actions (le
nombre en est si considérable) ; ils ne voient pas qu'au
dessous ne se trouve qu'une carcasse réfractaire à la graisse, et que le boucher sait payer en conséquence. Un simple petit mouton du pays, fin des os, dodu des membres
et des côtes, ferait mieux l'affaire du producteur et du
consommateur (1).

## CHAPITRE III

### Les Brebis

### § 1. *Leur exploitation.*

*Entretien exclusif des jeunes mères dans le troupeau.* —
Supposez que par suite des soins indiqués, une agnelle soit
assez développée pour avoir sa première portée vers vingt
ou vingt-quatre mois. Durant cette seconde année, elle a
continué sa croissance et elle a rapporté un agneau ; son
profit a été double. Elle croît encore de deux à trois ans,

(1) *Race des Causses.* — Sur le contrefort sud-ouest du massif Central,
dans les plaines sèches et calcaires qui le bordent, la race ovine de
Larzac a acquis une importance capitale par la production des fromages
de Roquefort. Cette race est haute sur jambes et très osseuse, ainsi
que l'atteste le volume excessif de la tête et du cornage.

La bête des Causses est réellement précieuse par son aptitude à vivre
sur un sol aride, où toute autre crèverait de faim. Elle est précieuse par
son abondante production de lait et par la valeur de sa toison dont le
brin est très solide, sinon très fin.

Il y aurait une imprudence très grande à compromettre le bien de
cette race, en pratiquant d'illogiques croisements ; alors qu'il est si facile
de l'améliorer par elle-même, au moyen de la sélection et de l'extension
de la luzerne et du sainfoin. Mais ce n'est pas pour nous une raison
d'aller au loin chercher pour l'engraissement une race si peu engraissa-
ble, d'autant plus que la variété qui nous avoisine, celle du Lot, paraît
moins affinée que la vraie Larzac de l'Auvergne.

époque à laquelle elle agnelle pour la seconde fois ; encore double profit. Mais la croissance est peu sensible ou cesse de trois à quatre ans ; il ne reste que l'agneau, d'où une réduction dans le profit, réduction qui ne fera qu'augmenter du moment que commencera la décrépitude de la bête. Donc, vendez toute brebis après son second agnelage, au moment où elle atteint la plus haute valeur.

Si vous vous efforcez d'opérer ainsi le renouvellement du troupeau portier, tous les ans, autant que les circonstances le permettent, vous évitez de laisser arriver vos brebis à un âge tel qu'elles áient beaucoup perdu de leur valeur, une pauvre vieille corpe n'étant guère bonne qu'à être jetée aux chiens ; vous n'avez que des mères jeunes produisant les meilleurs agneaux et donnant la plus belle laine, celle des portières hors d'âge étant très dépréciée. Enfin vous rentrez plus rapidement dans votre argent. *Ne laissez pas vieillir les, brebis.* Quant aux moutons castrés, ils deviennent des bêtes à perte, si vous les gardez au-delà de quinze mois au plus.

*Amélioration de la race par le régime et la sélection.* — La pauvre délaissée n'a encore été l'objet que de bien peu de soins. Un bon allaitement, une alimentation suffisante dans l'enfance, élèverait rapidement sa puissance d'assimilation des aliments, qualité suprême de toute espèce animale. Une moindre insouciance dans le choix des reproducteurs redresserait vite les quelques défauts de conformation, qui sont le lot d'une antique misère opiniâtrement supportée à travers les siècles. Surtout pas de croisements avec les races osseuses du Midi ; et méfiez-vous de l'amollissement de tempérament qu'introduiraient les races anglaises.

## § 2. *Soins des bêtes à laine.*

*Maladies des bêtes à laine.* — Nous avons cité la *cachexie aqueuse* comme la maladie régnante parmi nos troupeaux. Les désordres causés par les parasites dans le foie, ne sont pas immédiatement mortels. Mais l'animal tombe dans un épuisement graduel, qui le laisse sans profit pour le maître. Préserver le troupeau de, toute dépaissance dans les prairies arrosées, et le nourrir fortement, surtout avec de la bourrée de pins, tels sont les seuls moyens d'enrayer les progrès du mal.

Egalement contracté dans le séjour des prairies humides et le passage en chemins boueux, le *piétin* se manifeste par le décollement de l'onglon et la suppuration du pied. Quand il est pris au début, le piétin se guérit par l'enlèvement de la partie de corne atteinte, et par la cautérisation de la plaie à l'aide d'un caustique tel que la couperose.

Le *charbon* qui fait tant de ravages dans les pays à mérinos, est peu fréquent dans les troupeaux de la région granitique. Ils en semblent préservés par leur état cachexique.

Mais le mal du *tournis* est au contraire très commun. Il est dû à la présence d'animalcules dans le cerveau des bêtes à laine. Ces animalcules sont les germes mêmes du ver solitaire des chiens. De même que pour l'homme et le cochon, il y a contagion mutuelle entre le chien et le mouton, soit que l'un mange d'une bête affectée du tournis, soit que l'autre broute de l'herbe poussée sur un terrain imprégné des excréments d'un chien malade du ténia. Il importe donc d'enfouir profondément le cadavre des brebis mortes de ce mal, et de se défaire des chiens que leur maigreur extrême rend suspects du ver solitaire.

*Parcage.* — Le plus grand ennemi de la bête à laine, c'est la réclusion dans des étables privées d'air. Non qu'il faille les laisser exposées au mauvais temps hiver et été, nuit et jour, comme on le fait pour les poulains destinés à former des chevaux de courses, afin de leur tremper le tempérament. Mais en raison de leur toison, elles souffrent plus que toute autre bête de l'excès de chaleur. Le passage sans transition d'un réduit étouffant, à la fraîcheur du matin, les expose aux plus graves maladies.

Les bergeries bien installées devraient être contiguës à un hangar couvert et clos de murs seulement du côté du mauvais temps.

Enfin nous ne saurions trop répéter combien la méthode de faire coucher les brebis au champ durant l'été, selon la mode des *Causses*, serait profitable au troupeau, favorable à la bonne fumure et avantageuse à la réduction de la main-d'œuvre.

**Grav. 5.**                    PARC A MOUTONS.

Ce parc est formé de claies mobiles, ayant chacune 1$^m$20 de haut et 4$^m$ de long. Avec six claies, on peut former un parc de 52 mètres carrés de surface, suffisant pour un troupeau d'une cinquantaine de bêtes.
A droite, est la cabane roulante, dans laquelle couche le berger.

Exclusion absolue en toute saison des prés arrosés, bergerie bien sèche et bien aérée, pour l'hiver, parcage pour l'été, *petite ration de fourrage sec en tout temps, avant le paître du matin,* tels sont les plus importants préceptes de l'hygiène des bêtes à laine. Pâturages secs et topinambours sont les éléments mêmes de leur amélioration.

### Conclusion.

*Exploitation des bêtes à laine, spéciale à chaque partie de la région.* — Ainsi qu'elle est entendue, d'après les vieux usages, l'exploitation des bêtes à laine est non seulement peu productive, mais encore elle est funeste au progrès agricole, par les obstacles qu'elle apporte au déchaumage, à la culture des fourrages, à l'amélioration des prairies. Elle est surtout préjudiciable au reboisement qui ne trouve pas grâce devant la dent des troupeaux errants et affamés. A ce compte, les incisives de quelques misérables pécores valant à peine un petit écu, font de bien gros ravages, dans le cours de leur chétive existence, tenant ainsi en échec la reconstitution des bois, avec toute la somme de biens qui en découlerait.

Leur rôle serait tout autre, si leur exploitation était entendue d'une façon plus conforme aux conditions culturales de la région. Là encore nous avons un éclatant exemple des bienfaits de la division du travail. Les brebis dépérissent au contact de l'eau. Donc pas d'entretien d'une façon suivie, dans toute culture à grandes irrigations, mais rapide élevage de nos petites bêtes, comme machines à viande.

Par contre, sur les biens de montagne, entretien permanent de troupeaux progressant en qualité et quantité, avec les progrès mêmes d'un boisement méthodique, pour l'incessante fourniture d'animaux aux cultures de la précédente catégorie.

De part et d'autre, prompt renouvellement du capital. Tout est là. Grâce au pin, cette lande qui s'étend sur des milliers de milliers d'hectares, ne portant qu'une population misérable et livide de fièvre, cette lande pourrait devenir la grande pourvoyeuse de jeunes bêtes à laine, pour toute une part de la France. La chose est possible depuis les chemins de fer.

# LIVRE SIXIÈME
## ESPÈCE CHEVALINE

---

## CHAPITRE PREMIER

### § *1. Ancienne race du Centre. Causes de sa disparition.*

*Type.* — La région montagneuse du Centre produisait autrefois les chevaux les plus solides, les plus résistants, les plus aisés à nourrir et les plus estimés pour les longues chevauchées à travers les chemins les plus difficiles.

Par les lignes gracieuses du corps, la tête petite et carrée, les membres secs, les sabots fermes, le type de ces chevaux rappelait beaucoup la race arabe. Il la rappelait surtout par les qualités morales : la résistance à la fatigue, à la faim, au mauvais temps. Les causes de parenté avaient été nombreuses dans le passé. Vers le viie et le viiie siècles, la France fut ravagée jusque sur les bords de la Loire, par des bandes nombreuses de Sarrasins venus d'Espagne, qui maintes fois taillés en pièces, durent abandonner beaucoup de chevaux dans le pays. Plus tard, les croisades donnèrent également lieu à des importations de reproducteurs d'Orient. Leurs descendants, mêlés à la race primitive, se sont à la longue adaptés au climat, au régime et au travail exigé d'eux.

Dans le Limousin et la Marche, le cheval mal nourri croissait lentement, mais il avait une merveilleuse longévité. On conserve, dans les familles du pays, le souvenir de chevaux ayant dépassé la trentaine, et encore capables de longues courses, à une allure modérée, mais soutenue

du matin au soir. Vivant d'herbe et de foin, ils ne man-
gaient quelque avoine qu'aux grands jours de marche.

En Auvergne, le fourrage plus substantiel avait rendu
le cheval plus robuste, plus trapu, moins élégant.

*Influence du changement de la culture sur l'élevage.* —
Le morcellement des grandes exploitations, la mise en
irrigation et en fauchage des vastes pâturages dans lesquels
les jeunes poulains vivaient hiver et été, lavés par la pluie
et brossés par le vent, tous ces changements ont troublé
l'élevage.

A ce régime les animaux se développaient tardivement,
mais ils prenaient de la résistance aux intempéries et à la
fatigue ; la liberté leur conservait des membres sains. Ces
qualités faisaient passer par dessus un certain manque de
taille et de puissance musculaire (1).

Actuellement les exigences de la culture améliorée retiennent tous les animaux à l'étable durant la plus grande
partie de l'année. Mis à la chaîne dans des réduits souvent
obscurs, au contact toujours fâcheux des bœufs et des
vaches, les poulains s'étiolent par la mauvaise nourriture ;
ils se déforment par l'immobilité. Réclusion et abstinence
sont trop de maux à la fois.

*Influence des croisements.* — Tandis que le régime s'est
détérioré, l'origine a été compromise. L'administration
des haras a rompu, pendant une trop longue période, avec
la tradition d'améliorer la race par le sang arabe, infusé
depuis tant de siècles. Elle a introduit une grande quantité d'étalons de pur sang anglais ou de demi-sang.

*Étalons anglais.* — Très rarement exempts de tares
transmissibles, les chevaux de pur sang alliés aux juments
un peu misérables de la vieille souche, donnent des produits dans lesquels une excessive énergie, héritage paternel, se révolte contre la faiblesse de l'organisme, dot ma-
ternelle. Une vigoureuse nourriture combinée avec un
exercice fortifiant, combattrait sans doute cette fâcheuse
disproportion. Mais que peut faire la plus exigeante de

(1) Fils des croisés, les chevaux limousins ont brillé d'un dernier éclat
dans les luttes du premier Empire. On les compta parmi les rares sur-
vivants de la retraite de Russie.

toutes les races, quand elle est soumise au régime de la
stabulation et du mauvais foin. Le sang anglais aura été
le fatal dissolvant des qualités héréditaires de rusticité et
de patience au travail des chevaux du Centre et du Midi (1).

*Funeste accouplement des gros chevaux de demi-sang
avec les petites juments du pays.* — Beaucoup trop d'éleveurs se laissent séduire par l'apparence massive des étalons de demi-sang. Or, il y a une telle disparité entre la
corpulence des pères et l'exiguité des mères, il y a une
telle différence d'origine entre le cheval à demi-germani-
que de Normandie et la jument de descendance toute
orientale du Centre, le désaccord est tel que le produit
présente un inhabile agencement d'une grosse tête et d'un
coffre volumineux sur des membres débiles. Il pèche surtout par l'étroitesse de poitrine, vice traditionnel de la
vieille race normande, que l'entraînement et le régime
peuvent atténuer accidentellement chez l'étalon, mais qui
reparaît dans sa descendance, dès qu'elle est négligée.

Les chevaux résultant de tels croisements souffrent
d'autant plus des privations, qu'ils sont gros mangeurs de
naissance ; ils manquent d'énergie autant que de beauté ;
ils s'usent avant l'âge, alors que l'alliance de la jument
légère avec un étalon de son type, aurait donné un cheval
plein de vigueur, susceptible de prendre une suffisante
puissance musculaire par un bon régime.

*Influence des nouveaux moyens de transport.* — Pendant que les qualités du cheval de selle allaient en s'a-
moindrissant, son utilité perdait chaque jour de l'importance, l'ouverture des routes facilitant les progrès de la
locomotion en voiture, et le goût de l'équitation s'éclip-
sant par une sorte d'amollissement dans l'énergie de
l'homme.

(1) La race dite de pur sang est caractérisée par une excitation excessive du système nerveux, grâce à laquelle le cerveau commande aux
muscles des mouvements soudains et énergiques. Cette prédominance
du système nerveux a été obtenue par une alimentation tonique et un.
exercice spécial, *l'entraînement,* poussé à des limites vraiment destruc-
tives dans ces derniers temps. Le titre de *purs sangs,* attribué en France
à ces animaux, spécifie donc mal leurs qualités ; les Anglais les appellent
*chevaux* de *course,* ce qui est une qualification plus précise.

Enfin, la conquête de l'Algérie où la cavalerie légère s'est longtemps remontée en partie, a contribué indirectement à compromettre les débouchés de la production du Centre.

*Graduelle extinction de l'ancienne race.* — Tarée par la stabulation, compromise par les croisements, négligée par l'armée, la vieille race, celle de nos pères, a lentement disparu avec l'utilité du cheval de selle.

L'élevage, de moins en moins rémunérateur dans les conditions où il fonctionne, a d'autant plus décliné que la culture a fait de plus grands bénéfices par l'amélioration de la race bovine. Le poulain n'a pu soutenir la concurrence du veau.

Les conséquences n'ont pas été partout les mêmes. L'Auvergne a le mieux conservé son industrie chevaline. Elle est moins morcelée ; elle est munie de vastes pâturages d'été en montagne, et de prairies basses accessibles en hiver. Elle s'est trouvée le mieux en état de profiter des mesures réparatrices récemment adoptées. Néanmoins la production mulassière tend à y prendre de grands développements.

Mais dans la Marche et surtout dans le Limousin, l'élevage s'est très vivement ressenti des influences indiquées. La perte irréparable de l'ancien cheval est consommée. La reconstitution d'une race locale rencontre des difficultés insurmontables.

Il serait oiseux d'examiner s'il n'aurait pas été préférable de rechercher l'amélioration de la vieille race, par les deux voies concordantes du régime et de la sélection, en développant son mérite moral, tout en lui conservant sous sa nouvelle ampleur, la vaillance qu'elle avait sous ses formes grêles. Cette discussion serait doublement oiseuse, parce qu'on ne peut revenir sur le passé, et parce que le même procédé d'importation de reproducteurs exigeants, sans assurer à leurs produits les bénéfices du bien-être, a partout semé les mêmes ruines.

Aussi le choix d'un reproducteur moins difficile d'aliments et de soins paraît-il bien indiqué.

*L'étalon de sang arabe est le meilleur créateur du che-*

*val de trait léger dans le Centre.* — L'expérience prouve chaque jour davantage que *pour notre pays*, l'étalon de sang oriental est le plus apte à la création d'un poulain capable de devenir un bon cheval de service, par une bonne éducation. Un tel père dote ses enfants des meilleures qualités physiques et morales. Il leur transmet une constitution saine, un bon estomae, une grande énergie alliée à un excellent caractère, vertu précieuse chez tout serviteur, chez le cheval surtout. Voilà pour le premier fonds.

Reste la question de taille et de force. *Le cheval arabe fait grand et fort*, quand ses produits reçoivent les soins convenables, qui peuvent se résumer ainsi : bon allaitement jusqu'à six ou sept mois ; liberté et herbe nourricière avec quelques aliments toniques jusqu'à trois ans ; puis travail modéré et avoine jusqu'à la vente.

Sans citer l'exemple de la jumenterie de Pompadour, dont les poulains dépassent le plus souvent 1m6o, disons que bien des éleveurs obtiennent avec l'étalon arabe de vigoureux chevaux de trait léger en les soumettant au régime convenable. Quel est-il ?

### § 2. *Conditions nouvelles de la production chevaline. Division du travail.*

*Aptitude de notre pays à faire naître les poulains.* — Cependant le nombre des chevaux en service chez les propriétaires de la région est considérable. Or, dans ce cas, qui dit cheval, dit jument. Il y a surtout une grande abondance de ces juments blanches bretonnes, bonnes poulinières, parce qu'elles sont excellentes nourrices, et qu'en toute espèce, *pas de lait, pas de produit.* De plus ces bretonnes ont une grande affinité pour l'étalon arabe, en raison d'anciennes alliances, alors que les États de Bretagne importaient des chevaux d'Orient.

Attelées à quelque char-à-bancs léger, elles mènent une fois par semaine la famille au marché ou à la foire. Dans ces conditions, des maîtres un peu soigneux auraient toute facilité de les livrer à la reproduction.

Faire naître et allaiter les produits est la chose la plus

commode et la moins gênante ; les difficultés ne surgissent qu'après l'allaitement. La preuve en est dans la faveur prise par la production mulassière dans le pays, faveur qui tient à la facilité de se débarrasser du mulet, dès le sevrage. *La région pourrait donc devenir le berceau de nombreuses naissances chevalines.* La création de ces animaux est dans ses aptitudes, comme celle des jeunes de toute espèce. Mais est-elle aussi apte à l'élevage du serviteur actuellement nécessaire ?

*Utilité croissante du cheval à deux fins.* — Si la bête trop grêle ne répond plus désormais à aucun besoin, il n'en est pas de même du cheval de taille et de force suffisantes pour traîner un véhicule de peu de poids, tout en restant apte à la selle. Il est moins coûteux à nourrir que le gros cheval ; il donne satisfaction à la nombreuse clientèle de gens qui, pour leurs affaires ou pour leurs plaisirs, attèlent cette innombrable variété de voitures rapides, commençant au char-à-bancs de campagne, et finissant au plus somptueux coupé de grande ville.

Disons surtout combien la production d'un tel cheval est d'une suprême nécessité pour la défense de la patrie, puisqu'il constitue le cheval d'armes par excellence (1). Toutefois, malgré tant de raisons d'être utile, le cheval léger devient d'une production de moins en moins lucrative dans le pays. Il importe donc de rechercher des méthodes d'élevage plus en harmonie avec la constitution actuelle de la propriété et les services exigés de ce genre de cheval.

*Division du travail dans la production chevaline.* — Partout où cette production est la plus florissante, en Normandie, en Bretagne, dans le Perche, on s'est en quelque sorte divisé le travail. Telle partie de la région entretient spécialement les poulinières, et vend les poulains au

---

(1) Pourtant toute production chevaline qui se spécialise en vue de l'armée, se voue aux déboires les plus ruineux. Les éleveurs ont moins à se plaindre des prix, que des variabilités d'achat de la remonte. Les animaux acceptés le sont parfois en si petit nombre, que tout laisserait supposer une recrudescence dans le recrutement au moyen de chevaux étrangers.

sevrage. Telle autre contrée achète ces poulains, et ne les garde que jusqu'à l'âge du dressage. Ils passent alors chez d'autres éleveurs, dont les conditions de culture leur permettent d'utiliser le premier travail des jeunes animaux. De telle sorte qu'avant d'arriver soit à l'écurie du marchand, soit au dépôt de remonte, la presque totalité de ces chevaux a au moins passé par trois mains successives.

Ce mode de faire est une conséquence forcée du morcellement du sol, qui ne permet plus l'accumulation de trop de chevaux dans une même exploitation. Il résulte également des différences d'outillages et d'aptitudes nécessaires soit pour entretenir une poulinière, soit pour achever l'élevage d'un poulain.

La pratique est aussi avantageuse aux acquéreurs successifs qu'aux poulains eux-mêmes. Ceux-là y trouvent le rapide renouvellement de leur capital ; ceux-ci en reçoivent de meilleurs soins. *On traite d'autant mieux un animal, qu'on doit en réaliser plus promptement le prix.*

*Différence entre l'élevage moderne et l'élevage ancien.* — Du reste, la précocité s'impose pour le cheval, comme pour tout autre animal domestique. Afin de la réaliser, l'ancienne recette : *le père, la mère, l'avoine*, doit être complétée par ce qu'on pourrait appeler la gymnastique. Mille raisons exigent que le cheval soit assoupli et développé par un exercice graduel et toujours modéré, dès l'âge de trois ans. Cet exercice est indispensable pour donner de la vigueur aux membres, élargir les poumons, fortifier le cœur. Il préserve l'animal de la fougue excessive, qui vient de l'inaction et qui est la plus grave cause d'accidents. Quelque peu considérable qu'il soit, le travail paie une part de la nourriture. Mauvaise pour l'élève, l'oisiveté est coûteuse pour l'éleveur. Mais pour que cet entraînement agricole soit praticable, il faut un terrain de plaine, un sol très léger, des conditions de cultures spéciales ; il faut des hommes soigneux, patients, doux et fermes à la fois ; il faut des *hommes de cheval*, dont l'espèce est rare. Autant de raisons pour spécialiser également la fin de l'éducation des poulains en certaines contrées.

Cette division du travail, graduellement introduite dans

les grands pays d'élevage, a beaucoup contribué aux progrès de l'industrie chevaline dans l'ouest et le nord de la France. Moins développés au point de vue de l'esprit commercial, le Centre et le Midi n'ont guère pratiqué encore ce mode de faire si facilité par les chemins de fer. La production chevaline en est d'autant plus paralysée, que le morcellement du sol y a été plus accéléré que dans le Nord et l'Ouest. De plus, il faut reconnaître que la difficulté d'utiliser le poulain de trait léger est une des causes les plus graves du coût et des embarras de son élevage. Il convient donc de chercher des combinaisons plus simples.

### § 3. *Nécessité de l'émigration des poulains du pays granitique. Moyens de la développer.*

*Difficultés de l'élevage sur place.* — Les motifs qui ont provoqué ailleurs la division du travail dans la production chevaline : le manque d'espace dans l'exploitation et dans les bâtiments, le risque d'une spéculation d'aussi longue durée que celle de faire naître et de mener un cheval à l'âge adulte, la nécessité d'une plus prompte réalisation du capital ; tous ces motifs ont leur plein effet dans notre montagneuse région. Ajoutons que de plus la nature peu substantielle de nos fourrages, leur faible dose en calcaire, tout nous impose l'émigration de nos poulains vers des pays plus fertiles où leur éducation serait plus facile et plus économique (1).

*Migration des poulains.* — Les deux grands fleuves qui entourent le massif granitique du Centre, la Loire et

(1) C'est dans la Haute-Vienne et la Corrèze que l'élevage a le plus périclité. Cette partie de la région est la plus morcelée et cultivée. La Creuse, moins parcellée, s'est plus énergiquement rattachée aux vieilles traditions de l'élevage. Mais elle s'aperçoit chaque jour plus tristement que le recrutement de l'armée, tel qu'il est pratiqué, avec sa variabilité, ne peut assurer les débouchés de la production chevaline.

L'Auvergne est dans de meilleures conditions pour l'élevage que le reste de la région, grâce à ses pâtures d'été sur la montagne, et à ses prairies du fond des vallées, spécialement de la Cère, dans laquelle les poulains peuvent passer une partie de l'hiver. Les exploitations munies de ces deux genres de pâturages pourraient très utilement se spécialiser pour l'éducation des poulains.

la Garonne, sont bordés sur leurs grasses rives, par de vastes pâturages qui s'étendent également sur le littoral reliant l'embouchure de ces deux cours d'eau. C'est vers ces pâtures où tout bétail vit en liberté une partie de l'année, que nos poulains devraient descendre, selon la pente naturelle du sol, dès leur sevrage, ou tout au moins dès le printemps suivant. Ils s'y développeraient sans grands frais par la bonne qualité des plantureuses herbes, avec le supplément de nourriture nécessaire au temps de disette ou de grands froids. Ils atteindraient ainsi l'âge du départ soit pour la remonte, soit pour le dressage dans une école, ou mieux encore dans une exploitation capable d'une telle entreprise, par le sol et les hommes.

D'autre part, ces mêmes pâtures entretiennent des poulinières oisives, qui seraient mieux à leur place sur des terres en culture, où les services rendus soit par le travail au champ, soit par le transport du maître, paieraient une part de leur entretien. Il y aurait ainsi une meilleure utilisation des animaux.

Ceci n'est pas le fait d'une simple conception hypothétique. Quelques-uns de nos poulains, trop rares encore, qui ont la bonne fortune de s'expatrier ainsi, se trouvent d'autant mieux de cette émigration, qu'ils l'ont opérée à un âge moins avancé. Ceux-là acquièrent suffisamment de force et de taille, sans perdre la distinction originelle.

Ainsi élevés à la classe de chevaux d'armes ou de trait léger, au lieu des méchants bidets qu'ils auraient faits sur le sol natal, ces animaux laissent un profit rémunérateur dans les mains successives par lesquelles ils passent.

Le courant est naissant, il ne s'agirait que de l'accélérer, grâce aux chemins de fer, pour que notre pays puisse occuper une position importante dans la production chevaline, avec la spécialité qui lui convient.

*Ancienne société d'encouragement pour l'exportation des poulains vers les pays d'élevage.* — En 1847, sous l'inspiration éclairée de M. Gayot, alors directeur du haras de Pompadour, une société d'encouragement s'était formée pour débarrasser les éleveurs de leurs poulains. Des envois furent faits dans les pays de gras herbages ; et les acheteurs eurent lieu d'être satisfaits de la transformation opérée par le passage de ces animaux dans un milieu plus favorable à leur éducation.

Pourquoi le commerce n'a-t-il pas repris avec suite des opérations qui n'étaient guère le fait d'une société d'encouragement? Cela tient surtout à ce que la production chevaline étant devenue de moins en moins active, les poulains se sont dispersés, en minime quantité, dans les trop nombreuses foires de la région. L'éparpillement de l'offre n'a pu provoquer le déplacement des acquéreurs éloignés.

*Création de foires de poulains.* — Pour attirer ces acheteurs, il est de toute nécessité de leur offrir des réunions d'animaux, en nombre suffisant pour permettre un choix avantageux. L'institution de vraies foires de poulains s'impose donc comme la condition absolue de l'exportation. Les distributions de primes pourraient contribuer à la constitution de ces utiles marchés, si on leur donnait plus d'importance, plus de publicité, plus de fixité de date, à une époque plus propice à la vente des produits. Ces concours ont lieu ordinairement en juillet. C'est au temps du sevrage, vers la fin d'octobre, qu'il faudrait les fixer.

Grâce à la réduction des tarifs des chemins de fer pour les animaux de concours, il conviendrait d'avoir moins de lieux de réunion, pour obtenir une plus grande concentration de poulains. Les éleveurs ne redouteraient pas de faire quelques kilomètres de plus, s'ils avaient l'espoir de vendre au moment propice. En Normandie et en Bretagne, les concours provoquent toujours de nombreuses transactions; alors qu'ils n'occasionnent chez nous que des ventes très exceptionnelles, au grand détriment des producteurs.

C'est à eux de prendre l'initiative pour l'organisation de ces exhibitions de poulains. A eux d'exposer énergiquement à l'administration ce qu'exige l'intérêt de la production chevaline, pour se constituer sur de nouvelles bases.

La direction du haras et les Conseils généraux ne sauraient faire pour l'élevage une œuvre plus utile que celle de faciliter l'écoulement de ses produits (1).

## CHAPITRE II

### § *1. Entretien des poulinières.*

*Nécessité d'un enclos.* — L'herbe doit être le fond même de la nourriture des poulinières. Le foin sec n'en sera que l'accessoire. Il est donc indispensable d'avoir pour elles un enclos entouré de haies hautes, et bien fumé chaque automne, afin que l'herbe en soit fournie et savoureuse. La poulinière doit y vivre en liberté nuit et jour avec son produit, pour n'être recluse à l'étable que durant les gros mauvais temps d'hiver et pendant les heures de forte chaleur en été. La jouissance de cet enclos hors le temps de la dépaissance des prairies fauchées, est tellement nécessaire à une poulinière, qu'il faut réellement renoncer à l'élevage, si l'on ne peut disposer d'un tel petit pré qui, du reste, peut servir aux veaux et aux agneaux.

L'étable ne serait ni très spacieuse, ni très bonne, que de la sorte, la poulinière n'en souffrirait pas trop.

Enfin le grand air et la liberté suppléent le mieux possible les soins du pansage, qu'on ne peut que très imparfaitement donner aux chevaux dans les métairies ordinaires.

Comme complément de l'herbe broutée, les verdures et les mélanges de trèfles et de graminées sont très utiles pour donner du lait à la mère et fournir une première nourriture au poulain.

Quelques carreaux de jardin consacrés à la culture de la carotte à collet vert, quelques mauvais coins de champ employés en topinambours, peuvent rendre les plus grands

(1) Un marché de poulains tend à se fonder à Pompadour, le 5 septembre, jour de la vente des réformes du haras et de la jumenterie. Il ne serait pas difficile de lui donner plus d'importance, en faisant coïncider la distribution de primes des poulinières de l'arrondissement avec cette vente, et en fixant le tout vers la fin d'octobre, alors que les poulains sont généralement sevrés. Il conviendrait surtout de donner une plus grande publicité à ce nouveau marché, dont l'existence est encore peu connue.

services dans le temps d'hiver, en tempérant les mauvais effets de la nourriture exclusive au foin sec.

Certes, un aliment concentré ne serait pas de trop. Toutefois, l'avoine n'est pas ce qui convient le mieux aux poulinières, hors les jours de travail exceptionnel. Elle est coûteuse, et l'excitation qu'elle produit leur est plutôt nuisible qu'utile. Le son constituerait ce vrai supplément d'alimentation, s'il était possible de le trouver toujours de bonne qualité. Le maïs, surtout la féverole, sont des denrées excellentes pour donner le lait, et d'un prix toujours inférieur à celui de l'avoine et du son.

*Gestation et travail des poulinières.* — Elles portent de 340 à 360 jours. Il convient de les présenter à l'étalon, dans la huitaine ou tout au moins la quinzaine qui suit la mise-bas. Comme tout bétail, les poulinières doivent être traitées avec une extrême douceur et une attentive modération au travail. Dans ces conditions, elles sont capables de faire un bon service, *à de lentes allures.* Qu'elles aient un peu de repos au retour à l'étable, avant d'allaiter leur petit.

## § 2. *Entretien du poulain.*

*Allaitement.* — La base de tout profit dans l'élevage, c'est le bon allaitement du jeune, grâce au bon entretien de la mère. La chose est surtout vraie pour les poulains. Laissez-les téter à satiété. L'herbe est le meilleur supplément de l'allaitement ; ils peuvent la brouter peu de jours après leur naissance, puisque leurs premières molaires percent dès la première semaine, pour leur permettre la mastication des fourrages.

*Sevrage.* — Il ne peut avoir lieu qu'après l'achèvement de la première dentition, qui ne se produit qu'à six, sept et souvent huit mois. Comme pour tout animal, il doit être opéré graduellement, afin que la mère et l'enfant n'aient pas à en souffrir. Ils seront d'abord séparés durant la matinée seulement ; puis à la semaine suivante, la séparation sera de tout le jour ; enfin l'isolement sera complet durant la troisième semaine, pendant laquelle le poulain ne tétera plus qu'une fois en vingt-quatre heures.

Une bouillie tiède, faite de farine d'orge et de seigle, suppléera graduellement l'allaitement, avec une petite ration d'avoine concassée.

La dépaissance ne devra pas faire défaut, avant, pendant et après le sevrage. *De bons herbages fumés, voilà tout le secret d'un élevage profitable.* Il importe donc qué la naissance du poulain soit aussi précoce que possible, pour qu'il puisse profiter des herbes d'été et d'automne, avant l'hivernage.

*Vente du poulain au sevrage.* — Tout l'effort doit se porter sur la mise en état du produit pour une bonne vente, dès le sevrage. Jusque-là il a peu coûté ; mais la dépense va commencer, la dépense ou le dépérissement.

Pour nous rendre compte de l'avantage d'une vente au sevrage, examinons les variations de prix que suit l'animal, dans les diverses périodes de sa croissance. D'ordinaire, un poulain bien allaité, bien nourri sur un bon paître, ayant reçu quelques suppléments de grains, vaut au sevrage environ le *tiers* de la valeur qu'il atteindra au moment de son complet développement. Du sevrage à quinze mois, il gagne un *quart* de cette valeur ; de quinze mois à deux ans, ce gain n'est plus que d'un *sixième*. Enfin le croît se réduit à un *septième*, durant la troisième année, pour devenir inférieure à un *neuvième* de cette valeur, pendant la quatrième année, qui est la dernière de la croissance. Tout est donc profit à vendre dès que l'allaitement est fini.

*Régime après le sevrage.* — Un laiteron en bel état et de bonne origine, trouve preneur même en temps de baisse, alors que l'on ne regarde même pas les pauvres hères flétris par un poil hérissé, déshonorés par un gros ventre mal en équilibre sur des membres grêles. Mais s'il ne peut être écoulé qu'à trop vil prix, gardez-le pour la vente au printemps. Mâle, il sera castré dès que l'opération sera praticable. Un hongre est moins coûteux à nourrir, moins fougueux, plus à l'abri des accidents causés par une excessive pétulance. En tout cas, l'animal continuera à bénéficier de la dépaissance et de la liberté, dans un enclos bien exposé, bien fumé, et cela tout l'hiver, à part le temps de

neige et de verglas. A l'étable, la ration sera assez substantielle pour maintenir dans la croissance l'impulsion
donnée par l'allaitement et la dépaissance d'automne (1).

Le poulain se trouvera ainsi en bon état pour la vente
au printemps, surtout s'il a reçu le lustre des herbages et
des verdures printanières.

*Entretien durant la seconde et la troisième année.* —
Cet entretien ne diffère du régime précédent que par l'ac-
croissance graduelle de la ration, et aussi par l'augmentation des risques de l'élève, et des embarras de l'éleveur.
Le premier serait mieux à sa place sur des sols plus fertiles, tandis qu'il occupe dans nos étables une part de la
crèche qui serait plus profitablement garnie par de jeunes
bovins, selon les aptitudes de notre région. La poulinière
a pour excuse les services qu'elle nous rend ; son nourrisson passe par dessus le marché. Mais le manque à gagner
est indiscutable pour l'animal de deux ou trois ans, doive
la remonte le prendre vers quatre ans, s'il est assez imma-
culé pour mériter son choix.


# CHAPITRE III

## Les encouragements

*Le veau fait concurrence au poulain.* — Celui-ci prend
la place de deux veaux ; c'est là son tort le plus grave. Le
gros bétail exige moins de soins ; il comporte de moindres
risques dans son élevage; il constitue un capital plus aisément réalisable ; et même dans la période d'un à trois ans,
le poulain est actuellement, chez nous, une sorte de non-
valeur, absolument invendable. L'élevage du cheval ne
saurait donc être préféré à celui du bovin. Passe encore
la poulinière ; elle nous rend des services nécessaires ;
elle utilise au pâturage le gros fourrage laissé volontiers
intact par les bovins. Son nourrisson devient un surcroît
de revenant bon, une sorte de *production dérobée*, comme

(1) Ration journalière indiquée par M. Sanson : 2 k. 500 de bon foin,
ou équivalent en herbe, trèfle ; 2 k. de carottes, topinambours ou châtaignes ; 1 k. 500 avoine , 1 kil. de féverole concassée, plus le râtelier
garni de paille pour la nuit.

ces cultures supplémentaires, obtenues presque sans préjudice pour les récoltes régulières.

Cette situation mérite d'être envisagée à propos des encouragements. Ceux qui favorisent l'utilisation de la monture de la métairie, en poulinière, ceux-là sont opportuns. Au contraire, ceux qui tendent à imposer la conservation de ses produits au pays, ceux-là sont contre l'inflexible ordre des choses. Ils troublent la production, en voulant la faire sortir de ses voies naturelles.

*Primes aux poulinières.* — Il faut souhaiter l'accroissement en valeur et en nombre des prix accordés aux poulinières. L'État réserve absolument ces allocations pour les juments suitées et les pouliches primipares. La plupart des départements attribuent avec raison une part de leur subvention aux juments saillies, alors même qu'elles ne seraient pas suitées. C'est un juste encouragement pour les poulinières qui débutent passé·quatre ans, et pour celles qui ont avorté ou qui sont restées accidentellement stériles dans l'année.

*Primes aux pouliches.* — Des primes sont également données aux pouliches de deux ou trois ans, en vue de les conserver pour la reproduction dans le pays. Mais que d'éleveurs touchent la prime, et vendent la bête. Saisissante preuve de l'impuissance de l'administration à violenter les tendances naturelles de l'industrie! La loi suprême de l'éleveur, c'est le profit. Il le saisit dès qu'il peut, comme il peut.

Il est certes regrettable que le nombre des poulinières d'élite ne soit pas plus considérable. Mais telles qu'elles sont élevées dans le pays, les pouliches constituent des mères un peu grêles, dépassant rarement $1^m5o$; chétives elles sont, et chétives elles seront toujours, parce que tout éleveur se laisserait couper en menus morceaux, plutôt que de nourrir fortement une bête qu'il sait devoir garder dans son cheptel. On ne soigne que ce qui va être vendu. Voyez en quel état sont les vaches constituant le fonds immuable de l'étable. Mais, combien sont gras et polis les bœufs qui vont en sortir!

Quelle qu'en soit la cause, les pouliches élevées au pays

forment d'élégantes mais frêles reproductrices. Leurs produits sont encore plus minces et plus quinteux en service, par suite de leur faiblesse musculaire. Il n'est donc pas absolument logique de vouloir retenir cette productrice insuffisante. Elle vaut moins que la bonne bretonne dont l'étalon arabe anoblit suffisamment la descendance, par sa grande pureté. L'argent consacré en primes contre l'exportation des pouliches, serait donc mieux employé à forcer les primes des poulinières.

*Primes aux poulains d'un an.* — Ce qui serait utile, ce serait la création d'un concours de poulains et de pouliches d'un an, institué dans chaque département, à la première grande foire printanière de chevaux tenue au chef-lieu, dans le but de faciliter la vente des produits qui auraient manqué leur écoulement au sevrage.

Ainsi s'évanouirait, certes, le rêve de la reconstitution de la race locale, rêve véritable qui nous éloigne du monde des réalités, à notre détriment.

*Société hippique.* — Il vient de se fonder au Dorat, une société pour l'encouragement de la production chevaline dans le Centre. C'est avec raison qu'elle se préoccupe de créer des débouchés aux produits du pays. En réalité toute la question est là. Tenez pour certain que *si les éleveurs étaient assurés de vendre leurs poulains au sevrage, ne serait-ce que 150 fr., plus des trois quarts des juments du pays seraient livrées à la reproduction, tandis que c'est à peine s'il en est une sur vingt qui soit poulinière.*

*Jumenterie de Pompadour.* — Destinée à produire des étalons arabes et anglo-arabes, la jumenterie a, chaque année, un excédent de pouliches qu'elle vend régulièrement le 5 septembre. Parmi ces pouliches, les unes sont éliminées dès le sevrage, les autres à l'âge d'un an, d'autres enfin à deux ans, sans compter les poulinières périodiquement réformées. L'occasion est excellente pour se pourvoir de juments de pur sang ; d'autant mieux que les enchères sont le plus souvent inférieures aux prix courants des foires.

Dès que ces juments de pur sang sont suitées, l'administration des haras leur accorde des primes pouvant s'élever jusqu'à 5oo fr., selon le mérite de l'animal et le degré de son entretien.

La jumenterie de Pompadour est ainsi appelée à exercer l'influence la plus salutaire sur la production chevaline, en fournissant des poulinières d'élite à l'industrie privée. Les choses iraient encore mieux, si l'administration des haras pouvait acheter directement les poulains pur sang issus de telles mères. Un règlement d'une vraie bizarrerie chinoise, n'autorise cet achat qu'à l'âge de trois ans, alors qu'ils ont figuré sur les hippodromes. C'est se soucier des bénéfices des entraîneurs plus que de ceux des éleveurs. On ne saurait trop protester contre cette réglementation.

*Conclusion.* — Faire naître économiquement en pays granitique ; faire croître substantiellement en pays calcaire.


## CHAPITRE IV

### Ane et Mulet

*Utilité de l'âne.* — Peu coûteux d'achat, facile d'entretien, l'âne est le frugal et infatigable serviteur de la petite propriété. Il est très répandu dans le Centre où le morcellement du sol fait de grands progrès. Il a été utilisé de tout temps pour le labourage des plus modestes héritages ; mais il est surtout attelé à ces petites voitures légères, dont le nombre va toujours croissant avec l'amélioration des chemins. La facilité et la rapidité avec laquelle ces *charretous* circulent, n'est pas sans avoir beaucoup surexcité l'humeur voyageuse des campagnards qui vont régulièrement à la ville deux fois la semaine, pour la vente d'un sac de grain, d'une volaille ou d'une douzaine de fagots. C'est ainsi qu'avec un excès de fatigue, le pauvre bourriquet est devenu le complice d'une croissante perte de temps sur les routes, et d'un maraudage de bois plus audacieux.

Livré le plus souvent à sa propre industrie pour le soin de se repaître entre ses corvées, l'âne exerce sur les jeunes arbres et les récoltes des ravages dont il faut rendre responsable moins la bête que son maître.

*Importance de l'amélioration de l'espèce asine.* — Quoi qu'il en soit, il n'est pas au monde d'animal qui, proportionnellement à sa dépense, puisse donner une plus grande somme de travail, pendant un plus grand nombre d'années. A ce titre, la bête de somme si discréditée est des plus précieuses ; son amélioration mériterait mieux que l'indifférence avec laquelle elle est traitée. Pourtant l'exemple du Poitou, dont il fait la richesse, nous prouve que l'âne sait rémunérer les soins qu'on lui accorde.

Si elle est condamnée à une fatale misère chez des maîtres misérables, l'espèce asine devrait fournir un très notable revenu dans les exploitations d'une certaine importance. Tout en suffisant au service du ménage, une grande et forte ânesse peut donner un produit dont la valeur dépasse souvent 200 fr. à un an. C'est un joli denier facilement réalisable. L'agriculture ne doit négliger aucune source de profit, parce qu'elle est surtout une industrie de gagne-petit.

*Défaut de bons étalons.* — La grande difficulté de l'amélioration de l'espèce tient à l'absence à peu près complète d'étalons d'élite. Car pour bénéficier de beaux reproducteurs, il faudrait en bien payer le service, ce à quoi on est peu disposé. Nous avons déjà dit combien, pour toute espèce de bétail, cette économie est funeste à celui-là même qui veut la faire.

Faute de s'assurer par la rétribution le service de bons étalons, il faut en général recourir pour la reproduction aux plus vils animaux, relégués dans les plus pauvres cabanes. De là l'abâtardissement des bêtes même nourries dans les exploitations les mieux tenues, où l'entretien d'un animal de choix serait possible, sans être sensiblement plus coûteux.

On ne voit malheureusement pas de raisons pour que cet état plus que médiocre des baudets change dans le pays. D'où pourrait venir le progrès ? Les comices ne songent pas à encourager les étalons de race, dont l'achat et l'entretien sont coûteux. Ils ne sont même pas admis dans les concours régionaux de la contrée. Chose étrange, alors qu'elle accorde des prix et des médailles aux plus infimes bestioles de la ferme, aux pigeons et aux lapins, l'administration de l'agriculture n'admet même pas dans ses exhibitions une espèce importante par le nombre, importante par les services qu'elle rend, une espèce dont l'élévation à un degré supérieur se chiffrerait par un très notable accroissement du capital agricole.

Mais quelle peut être la cause de cette défaveur et même de cette hostilité ? C'est tout simplement parce que l'âne est père du mulet.

*Grande valeur du mulet.* — Alliant la résistance et la sobriété de son père à la force de sa mère, le mulet rend des services de plus en plus appréciés, surtout dans les régions dont la chaleur excessive énerve toutes les autres bêtes de bât ou de trait.

Les nombreuses colonisations tentées de toutes parts ne peuvent donc qu'étendre la zone de son utilisation. Il .est surtout appelé à un rôle de plus en plus considérable dans la mobilisation de ces masses profondes, qui constituent les nouvelles armées, et qui devront traîner un matériel immense à leur suite. La production mulassière est donc d'une importance capitale pour la force militaire d'un Etat. Anglais et Allemands, tous s'efforcent de la développer chez eux. On a donc de la 'peine à s'expliquer les préjugés contre la production mulassière, ayant cours dans les haras et la remonte.

*Migration des jeunes mulets.* — Or, il arrive que la production chevaline végète en dépit des encouragements, tandis qu'absolument déshéritée de primes, la production mulassière grandit petit à petit dans notre région. Nous avons déjà dit que la cause en est dans l'empressement avec lequel le Midi de la France, l'Espagne et l'Algérie viennent chercher nos mulets dès le sevrage. Ce qui débarrasse les producteurs des soucis de l'élevage.

*Possibilité d'une grande production mulassière dans la région.* — Si le plus grave obstacle à la production mulassière, le manque de baudets de taille venait à disparaître, nul doute que cette industrie prendrait un très rapide développement. Nous avons bon nombre de juments bretonnes qui feraient de très suffisantes mulassières. Il est déplorable que, soit par les difficultés que rencontre sinon la naissance du moins l'élevage du cheval, soit par l'absence d'ânes étalons, la grande majorité de ces juments soit soustraite à la production. C'est au grand détriment de la fortune des particuliers et de la puissance de la nation.

# LIVRE SEPTIÈME

## QUELQUES CONSEILS D'HYGIÈNE

### AUX CULTIVATEURS DU CENTRE

---

### CHAPITRE PREMIER

#### Les maladies

*Trouble causé à l'agriculture par les maladies.* —
Elles sont une cause si considérable de perte de temps, de
long affaiblissement et de dépenses, la mort précoce moissonne tant de cultivateurs dans la force même de l'âge,
qu'il importe d'indiquer par quels soins l'habitation est
rendue plus saine, par quels efforts la nourriture s'améliore, par quelles précautions les affections spéciales au
climat et au métier peuvent être rendues plus rares et
moins graves.

*Leurs germes.* — Nous avons vu (I^re Partie, p. 27) l'action universelle des ferments, ces êtres infinis par la petitesse, infinis par le nombre. La végétation est leur œuvre ;
la nutrition des animaux est leur fait.

Agents de la vie, ils sont également les acteurs de la
mort. Le trouble dans le bon fonctionnement de l'organisme, la maladie, est leur effet. En mettant en lumière ces
profonds secrets de la nature, la science moderne indique
les moyens de conserver autant que possible la santé, par
l'observation des lois de l'hygiène.

### § 1. Fièvres intermittentes.

*Leurs causes.* — Le mal le plus commun, celui qui, sous
toutes les latitudes, et principalement dans les saisons
chaudes, atteint l'homme exposé aux émanations du sol
et aux intempéries de l'air, c'est la fièvre d'accès.

Cette maladie est un véritable empoisonnement produit par les microscopiques germes se détachant des matières végétales en décomposition. Toute prairie qui n'est pas égouttée par des rigoles d'assainissement, tout réservoir mal fermé qui laisse fermenter les herbes du fond, toute basse-cour empestée d'ordures, sont autant de foyers d'infection, quand les chaleurs d'août activent la putréfaction des matières humides.

*Préservation de la fièvre par le boisement.* — En outre, des régions marécageuses alternativement, noyées et desséchées, occupent d'immenses étendues sur les plateaux du Centre ; elles sont également de vrais foyers de production de ces germes morbides, que le vent emporte à d'énormes distances. Pour racheter les populations de la fièvre, il suffirait d'ensemencer en pins ces terrains vagues, qui sont en grande partie des communaux. Dans leur croissance rapide, ces arbres assèchent le sol dont ils absorbent activement l'eau en l'aspirant par leurs racines, et en l'évaporant par leur feuillage toujours vert. Ils assainissent ainsi la terre, tout en constituant de grandes richesses forestières.

C'est à l'administration à prendre les mesures générales de reboisement et d'assainissement. Quant au cultivateur, s'il ne peut avoir d'action sur les foyers d'infection éloignés, il doit au moins se préserver des causes locales du mal, dont les plus graves sont : la malpropreté des maisons, l'état d'insalubrité des basses-cours, le défaut d'écoulement des eaux des prairies.

Fréquente sur les terrains mal travaillés, la fièvre recule devant les progrès de la culture, devant les chaulages. La chaux est en effet un énergique agent d'assainissement des prés marécageux, dont elle brûle les détritus végétaux.

*Soignez le mal au début.* — Ne laissez jamais la fièvre s'invétérer ni chez les grands, ni chez les petits. Cotisez-vous par village pour avoir une petite provision de quinine dont l'emploi est malheureusement trop connu : une première dose dès que l'accès est passé, c'est-à-dire aussitôt que la sueur est bien déclarée ; une seconde dose douze heures après, et au besoin une troisième, encore douze heures à la suite. Chaque dose sera d'un demi-gramme pour les hommes et les femmes adultes, d'un quart de gramme pour les enfants au-dessus de deux ans, d'un sixième de gramme pour les enfants en bas-âge (1).

A cause des accès pernicieux très fréquents chez les malades affaiblis par des fièvres anciennes, il est prudent d'avoir toujours sous la main ce précieux médicament dont il ne faut pas faire abus.

L'huile de foie de morue, le vin de quinquina que l'on peut économiquement préparer à la maison, le carbonate de fer sont très utiles pour combattre l'épuisement causé par la pâle maladie.

*Précautions contre la fièvre.* — En vous levant, mangez un morceau de pain frotté d'un quartier d'oignon ou d'une gousse d'ail. Vêtissez-vous de laine le matin et le soir, en toute saison. Changez autant que possible vos vêtements mouillés. Ne vous exposez pas, sans nécessité, aux fraîcheurs de la nuit. Assainissez vos prairies, nettoyez vos devants de porte.

## § 2. *Fièvres typhoïdes.*

*Leurs causes.* — Ces terribles affections sont dues à des germes de nature animale, qui se multipliant à l'infini dans les organismes atteints infestent leurs déjections de toute sorte, d'où ils se dégagent à l'air pour répandre la contagion.

Loin de s'abandonner à une lâche frayeur, les parents du malade doivent être attentifs aux soins de propreté. Les abords du lit seront purifiés avec du chlore, les déjections enfouies profondément sous terre, et point répandues à l'air libre, aux abords des bâtiments. Les vases seront lavés au chlore, les linges souillés immédiatement plongés dans de l'eau de lessive bouillante, avant d'être manipulés à la main, pour le blanchissage. Grâce à ces précautions, la contagion est moins redoutable ; et les soins peuvent être donnés en toute sécurité au malade, auprès duquel il faut se hâter d'appeler un médecin.

(1) Le prix d'un flacon de 30 grammes de quinine varie ordinairement de 5 à 10 francs ; soit au plus 30 centimes le gramme.

*Préservation de la fièvre typhoïde par les désinfectants.*
— On croyait jadis que les fumigations de genièvre, d'en-
cens, etc. préservaient de ce mal. Ces parfums ne font que
le masquer, en dominant les mauvaises odeurs. Les substances désorganisant les matières animales sont seules
capables de détruire les germes évacués par les malades.
En première ligne est le chlore, dont la dissolution dans
l'eau tue les germes par l'aspersion ; tandis qu'en se vaporisant, il purifie l'air lui-même des germes qui y sont en
suspension. L'odeur très âcre du chlore lui fait préférer
l'acide phénique, qui a une moindre énergie.

A défaut de ces substances, une pelletée de chaux vive
désinfecte les déjections. Faites au moins de l'eau de lessive très concentrée, versez-la bouillante sur les crachats
du malade, dans ses vases; plongez-y les linges souillés,
cause ordinaire de contagion.

Une bonne nourriture, une grande tranquillité d'esprit
sont nécessaires à ceux qui entourent le lit ; ils auront soin
de se laver les mains à l'eau chlorée ou phéniquée, de
temps en temps, après avoir touché le malade, ses linges
ou ses vases.

Pour ces affections, comme pour toutes celles qui ont
un caractère bilieux, il importe d'user de lavements à la
mauve, au moins deux fois par jour, pour prévenir l'accumulation des mauvais germes dans l'organisme.

*Affections bilieuses.* — Vers la fin de l'été, le travail à
la grande chaleur et la nourriture un peu échauffante,
provoquent des malaises bilieux très fréquents. Une pur-
gation, prescrite dans une consultation médicale, suffit
souvent pour en débarrasser le malade. Quelques tisanes
rafraîchissantes prises à jeun, sont ordinairement excellentes pour prévenir cette indisposition dont la fréquence
serait bien diminuée par un plus large usage du laitage
dans l'alimentation.

## § 3. Refroidissements.

*Leur gravité à la campagne.* — Les pleurésies y causent une grande mortalité. Beaucoup sont le fruit de
l'imprudence. Le berger étendu sur le gazon, après avoir

couru après les brebis, le laboureur assis au grand vent
du nord ou de l'est, pour prendre son repas, sans se vêtir
suffisamment, le faucheur haletant qui se précipite sur
une source glaciale, tous ces imprudents jouent avec le mal,
et s'ils sont sur le flanc le lendemain de leur imprudence,
ils n'ont qu'à s'en prendre à leur défaut de précautions.

Mais ce sont surtout les foires et les marchés qui occasionnent le plus de fluxions de poitrine. Durant l'hiver,
celui qui subit la pluie et la neige sur le foiral, et qui
n'arrive que fort tard au logis, tout harassé de la conduite
du bétail, celui-là se couche souvent avec un mortel point
de côté. Pendant l'été, les verres de bière ou dé vin avalés
dans la conclusion d'un marché, causent fréquemment
un fatal arrêt de la transpiration. La pleurésie prise aux
foires et aux marchés, c'est l'ordinaire mal de la mort des
chefs de maison, qui par condition fréquentent le plus
ces réunions. Le nombre excessif de ces foires est le plus
grand fléau agricole du Centre.

Toute personne qui se sent atteinte par un refroidissement attaquant la poitrine, doit se mettre au lit et s'efforcer
de suer, à l'aide de tisanes chaudes, de cataplasmes, de
cruchons d'eau bouillante. La sueur, c'est la guérison ;
pourvu qu'on s'y confine jusqu'à ce qu'on se trouve dégagé
de la difficulté de respiration. Malheureusement, les gens
de la campagne ne peuvent pas se résigner à l'immobilité
nécessaire aux transpirations (1). C'est surtout pour les
refroidissements graves, qu'il faut dès le début appeler un
médecin.

*Préservation du rhume et des refroidissements par l'eau
froide.* — L'eau froide exerce sur tout le corps une action si
bienfaisante et procure un tel bien-être, que sont bien négligents ceux qui ne se donnent pas chaque jour la jouissance
de se laver abondamment ; c'est une des conditions mêmes
de la bonne santé, et l'un des meilleurs préservatifs contre
le refroidissement, par la tonicité qu'en prend le corps.

---

(1) L'usage de la flanelle, qui s'impose aux personnes sujettes aux
pleurésies, facilite beaucoup ces transpirations et les fait mieux supporter
que le linge de toile. Mais une fois prise, la flanelle ne peut plus être
abandonnée.

*Préservation des pleurésies par les plantations.* — Les vents feront rage avec les progrès du déboisement. Les fluxions de poitrine en seront plus fréquentes et plus meurtrières. On ne saurait croire combien on rend les habitations plus salubres, en les entourant d'un rideau de sapins, du côté des grandes bises, et celui des violentes soulières.

Que les champs et les prés soient bordés de haies touffues vers le nord et l'est. Leur ombre n'y fait pas de mal ; elles abritent les gens et les bêtes. L'arbre, c'est le protecteur de l'homme.

## § 4. *Traitement par les plantes.*

*Leur facile emploi à la campagne.* — Prêtres et médecins, les Druides gaulois avaient tout un traitement par les plantes cueillies à la mystérieuse clarté de la lune. Si la médecine moderne a eu raison de repousser les pratiques superstitieuses destinées à conserver le secret de l'art à ses adeptes, elle a eu tort de trop abandonner ce traitement végétal si bien à la portée des cultivateurs. L'emploi des plantes peut rendre les plus grands services dans la médecine préventive.

La débilitation des fièvres est combattue par des tisanes amères de *chicorée sauvage*, de *pissenlit*, de *camomille* et surtout de *petite centaurée*, plante haute de quinze à vingt centimètres, qui fleurit des petites fleurs roses en août et septembre. Assez rare dans le pays, cette herbe fébrifuge par excellence mérite d'être connue et employée. L'écorce de *saule* donne une tisane très amère, très tonique. Prises à jeun, surtout au printemps, pendant des séries d'une dizaine de jours interrompues par quelque répit, ces infusions de plantes rendent l'appétit et l'énergie.

Faites toujours une provision de fleurs de *sureau*, de *tilleul*, de *violettes*, pour adoucir les rhumes, et provoquer la sueur au lit, qui est le meilleur remède contre les refroidissements.

L'infusion des feuilles de *noyer* donne des bains toniques, excellents pour les enfants débiles et les convalescents.

En recueillant ces plantes et en veillant à leur emploi, la mère de famille exercera autour d'elle une bienfaisante action.

### § 5. *Soins aux enfants.*

*Leurs affections spéciales.* — La mortalité des enfants en bas âge est excessive à la campagne ; avec ces chers petits êtres, s'évanouit l'espoir du travail. Les soins et les conseils de la sage-femme au moment de la naissance ne sont pas une dépense perdue. Ne devrait-elle que prescrire un suffisant repos aux mères, dont un très grand nombre perd la santé pour toujours, par trop de hâte à reprendre les occupations du ménage (1). Les nouveau-nés, très sensibles au froid, sont souvent enlevés par des fluxions de poitrine, qu'il faut leur faire éviter en les préservant des refroidissements. C'est contre tout bon sens, que l'on se préoccupe de leur tenir la tête plus chaude que les pieds.

Dès que le travail de la dentition se prépare, les enfants sont sujets à des convulsions qui résultent de congestions au cerveau, et que l'on attribue souvent à tort aux vers, *aux vermes.* Des lavements, des bains longs et fréquents dans de l'eau juste tiède, des langes propres sont très salutaires pour prévenir ces crises toujours aggravées par le manque de propreté.

Quand elles se produisent, il convient de recourir à de légers sinapismes en feuilles appliquées sur les mollets des nourrissons. Cela vaut mieux que le billet que l'on va quérir chez le sorcier du voisinage.

Le lait tout chaud de la traite, les œufs à la coque, les pommes de terre cuites sous la cendre, la bouillie d'avoine qui est bien préférable à l'indigeste colle de froment, telle est la meilleure des nourritures pour les enfants en bas âge. On a tout cela sous la main à la campagne ; si bien qu'un fils de prince ne saurait être plus sainement nourri que le petit du plus modeste métayer.

(1) Que de femmes font les *tourtous*, dès le lendemain de la naissance de leur enfant, alors qu'en pareil cas les bêtes de l'étable sont tenues au repos et aux petits soins, pendant plusieurs semaines.

Les enfants qui ne quittent guère le logis, souffrent surtout de la malpropreté des habitations et de l'insalubrité des alentours. Des fièvres invétérées amenant un funeste rachitisme et des cas de mort trop fréquents, en sont l'affligeante preuve.

Il est contre cette débilitation de l'enfance un fortifiant par excellence, que son prix peu élevé met à la disposition de tous : c'est l'huile de foie de morue. La plupart des enfants s'y habituent facilement, surtout si on l'adoucit par un sirop tel que celui de feuilles de noyer.

Il importe d'assurer aux enfants un long sommeil, en les couchant de bonne heure et en les levant tard, d'autant plus que la fraîcheur humide des soirées et des matinées est spécialement funeste à cet âge. Il est donc fâcheux d'y exposer les enfants, tant qu'ils ne peuvent rendre des services pour la garde des troupeaux. Il convient aussi que durant la mauvaise saison, les écoles ne s'ouvrent pas à une heure trop matinale, et qu'elles ne se ferment pas trop tardivement.

*La convalescence.* — Grâce à leur énergique constitution, les campagnards échappent le plus souvent à la première atteinte du mal. Ce qui les tue, c'est une rechute causée par des imprudences dans la convalescence. S'exposer trop tôt au vent, ne pas assez contenir sa faim voilà ce qui est surtout fatal. Que d'enfants sont orphelins, que de femmes deviennent veuves, pour avoir livré les plus gras aliments à leurs convalescents, dans la crainte d'être taxés d'avarice !

La volaille qu'on a toujours sous la main à la campagne pour faire du bouillon léger, les œufs cuits à la coque et le laitage constituent avec quelques tranches de pain blanc, la meilleure des alimentations qu'on puisse donner aux convalescents, en opérant par petites doses graduellement accrues, sauf à revenir à la diète dès que la fièvre apparaît·

*Conclusion.* — Evitez le mal, en évitant les imprudences qui le provoquent le plus souvent. Surtout soignez-le dès le début, en ayant recours à une consultation, toutes les fois que sa nature et la saison permettent le voyage chez le médecin.

Dans le cas contraire, appelez ce médecin avant que la maladie ne s'aggrave. La tendance générale est de ne le mander que trop tard, quand l'état est presque désespéré, défaut de prévoyance toujours funeste (1).

## CHAPITRE II

### L'habitation

*Défaut de propreté des maisons.* — Les constructions se sont beaucoup améliorées, quant à l'aspect extérieur, depuis ces vingt dernières années ; mais la bonne tenue intérieure n'a peut-être pas autant progressé. Les porcs et la volaille se donnent de trop fréquents rendez-vous au logis. Le pavé est gluant d'une boue fétide ; les ustensiles du laitage et de la cuisine, les meubles même répandent souvent une repoussante odeur. Enfin les germes de fièvre intermittente ou typhoïde toujours répandus dans l'air, se nourrissent, se multiplient et essaiment dans les coins humides et fangeux des habitations. Ce sont autant de foyers d'infection, dont le balai et les lessivages à grande eau, peuvent seuls écarter les dangers.

Mieux une habitation est close, plus la ménagère doit redoubler de soins de propreté, pour nettoyer toutes les immondices qui étaient moins malsaines, lorsque les logements se trouvaient, comme jadis, ouverts à tous les vents.

Que la maison soit autant que possible exposée au levant ; que le seuil en soit élevé de quelques marches au-dessus du sol ; que tous les ans, un quintal de chaux soit délayé dans l'eau et passé au pinceau par l'un des hommes de la ferme, sur les murs intérieurs, les poutres et le dessous des planchers servant de plafond. Cette mesure de

(1) *Sociétés de secours mutuels.* — L'organisation à la campagne de sociétés de secours mutuels, telles qu'il en existe dans les villes pour assurer à peu de frais l'assistance médicale aux sociétaires rencontrerait des difficultés résultant du coût des visites à des hameaux souvent très isolés. Mais il n'en est pas de même des consultations au domicile du médecin. Des sociétés de secours mutuels rurales pourraient aisément assurer la gratuité de telles consultations qui arrêteraient bien des maladies.

salubrité si peu coûteuse doit être surtout employée, lorsque la mort a désolé la famille.

La propreté de l'habitation, garantie de la bonne santé
des habitants, est donc une question de soins et d'éducation plutôt que d'argent. Chacun, dans son propre intérêt, doit se faire un devoir de seconder l'œuvre de la ménagère, et de faciliter sa besogne, au lieu de l'aggraver par
sa malpropreté.

*Le plus dangereux foyer de maladies.* — Le vrai champ
de culture des germes morbides, leur formidable repaire,
c'est le devant de porte de toutes les habitations négligées.
Les eaux de l'évier, les infiltrations des fumiers, les purins
des étables et des porcheries, tous ces liquides putrescibles
y croupissent avec les balayures et les peaux de châtaignes,
les fientes des volailles, les excréments des cochons, les
déjections des habitants, en empestant affreusement l'*air
frais et pur des champs*. Cette horrible fange fermente
pendant la saison chaude ; ses émanations délétères entretiennent toute espèce de fièvre. La livide maladie s'exhale
ainsi au seuil même du foyer, frappant surtout les hôtes
de toute heure, les femmes et les enfants.

Pourtant ces putréfactions semi-animales et semi-
végétales d'où émane la mort, sont la source même de la
vie végétale. On ne saurait trouver de plus puissant
engrais pour les champs et les prairies. Le cultivateur est
donc doublement coupable. Par sa fatale négligence à ne
pas enlever fréquemment ces trésors des récoltes, il s'em-
poisonne et il s'appauvrit.

*Basses-cours des métairies.* — Une cour de ferme ne
saurait ressembler à un parterre de fleurs. C'est une fabrique d'engrais ; et comme tout ce qui est utile possède
une beauté spéciale, rien ne pourrait mieux l'orner qu'un
fumier dressé à bonne distance de tout bâtiment, élevant
ses assises épaisses sur une aire bien sèche, et dissimulant
dans ses vastes profondeurs la lente décomposition de la
litière tout imprégnée de bouses et de purins. Un tel
fumier ne saurait être insalubre ; car la paille, la fougère,
la bruyère ou les feuilles sèches, données en quantité suffisantes pour absorber toutes les déjections solides et

liquides du bétail, sont un vrai désinfectant. Ce qui est malsain, c'est l'abandon en plein air de ces matières, surtout de celles qui suintent des étables à porcs. Ce qui est insalubre, ce sont les mares dans lesquelles grouillent des millions d'infusoires dont les cadavres achèveront d'empester l'air, au premier rayon de soleil qui les laissera à sec.

Autant pour la santé des hommes que pour l'abondance des récoltes, il importe donc d'absorber par des litières la totalité des déjections des animaux, dans les étables mêmes, à l'abri des alternatives d'humidité et de sécheresse que causent la pluie et le soleil.

*Avantages du transport immédiat du fumier dans les champs.*-S'il est bien d'accumuler en bon ordre les matières curées des étables dans un coin propice de la basse-cour, il est encore mieux de les transporter immédiatement au pré ou au champ, pour les y faire fermenter en tas bien dressés, recouverts d'une épaisseur de terre ou d'herbes sèches, suffisante pour absorber les gaz de la putréfaction. Le fumier y est réparti par tas d'une vingtaine de voitures, pour faciliter l'épandage, sans compromettre la bonne fermentation qui exige que l'engrais soit accumulé par masses profondes.

Même élimination de toutes les balayures des cours, ce qui procure une vraie multiplication des engrais. Le contact des habitations avec les fumiers est ainsi à peu près supprimé, au grand avantage des champs qui profitent des purins, au grand bénéfice de la santé des habitants, toujours plus ou moins compromise par l'inévitable écoulement de ces purins.

Qnand ce transport immédiat devient difficile au temps des grands travaux, fenaison et moisson, la saison est assez belle pour faire parquer le bétail au pré et le troupeau aux champs, ce qui simplifie les soins de litière et de curage des étables.

Que de réductions dans la main-d'œuvre, par une meilleure entente des travaux !

Enfin, une guérite en planches couvrant une fosse pleine de litière et fréquemment curée, doit servir de latrines à la famille. L'engrais du domaine est augmenté, l'habitation assainie.

*Nivellement des basses-cours.* — Les cours ne doivent pas être en plaine ; il est préférable de leur donner une pente de 2 à 3 centimètres par mètre ; la maison d'habitation se trouvant sur le côté le plus élevé. Les mares et les dépressions seront comblées au moyen de pierres bien tassées par les cultivateurs eux-mêmes. Des caniveaux entraîneront les eaux vers les terrains inférieurs à la cour, lesquels fourniront de fertiles enclos. Au moins une fois par semaine, les hommes de la ferme cureront et balayeront soigneusement les abords du logis, et les balayures seront étendues sur le fumier ou transportées à la prairie. C'est seulement ainsi que les habitants de la campagne auront l'aisance et la santé par la bonne tenue de leur logis, quelque modeste qu'il puisse être.

*Un peuple préservé par la propreté.* — Qui n'a entendu parler des Hollandais ? Ce peuple laborieux et propre par excellence, habite un pays bien plus humide et malsain que le nôtre, puisqu'il s'est créé un sol dans les marais mêmes de la mer du Nord.

Chaque samedi, toute ferme de Hollande est nettoyée de fond en comble ; les ustensiles sont fourbis, les meubles frottés, les pavés lavés, les murs blanchis au lait de chaux, et la cour est balayée avec le plus grand soin. Aussi les Hollandais sont-ils robustes, et vivent-ils longtemps dans un pays où avec nos habitudes d'apathie invétérée, nous succomberions de misère.

C'est seulement par l'éducation que ces soins de propreté passeront dans nos mœurs. Il est donc d'une importance extrême que dans les écoles de garçons aussi bien que dans celles de filles, les enfants soient habitués par les maîtres à balayer les classes, à bien entretenir le mobilier scolaire, à nettoyer la cour et ses abords, afin qu'ils aient l'idée d'en faire autant chez eux. La propreté de leur personne et de leur logement doit leur être enseignée comme un vrai devoir social.

## § 2. *Vêtements.*

***Excellence des tissus de laine.***— La laine est l'indispensable protecteur contre le froid humide et les variations de température des pays de montagne. On doit donc regretter que les solides étoffes de bure tissées dans le pays, soient abandonnées pour les draps mélangés du commerce. Ils sont moins coûteux, mais moins bons, moins solides et surtout moins chauds.

La veste, vêtement traditionnel des hommes, se boutonne difficilement, ce qui expose la poitrine au vent ; une vareuse abriterait mieux et gênerait moins les mouvements.

L'usage constant des bas de laine s'impose presque toute l'année, hors le temps le plus chaud de l'été. Que de personnes sujettes à la fièvre, en reprennent des accès, pour s'être exposées nu-jambes à la fraîcheur du matin ou du soir.

Les amples gilets de laine blanche tricotés dans la montagne se mettent par-dessus la chemise, laissant toute liberté au travail ; ils sont parfaits pour la préservation des refroidissements, surtout dans les matinées et les soirées d'été. Souhaitons que le vieil usage ne s'en perde point.

Depuis quelques années, il est venu une sorte de mode de ne plus porter de bretelles que l'on remplace par une courroie sanglant la taille du pantalon. Ce cuir étroit comprime les intestins, gêne la poitrine et porte le plus grand préjudice au développement du corps. On ne saurait trop blâmer cette détestable innovation. Il faut revenir aux bretelles ou tout au moins recourir à ces ceintures de laine rouge peu coûteuses, qui sont excellentes pour soutenir les reins et tenir le ventre chaud.

***Mérite des anciennes coiffures.*** — Les hommes ont une tendance à abandonner le large feutre, pour une coiffure plus légère. Les femmes délaissent également l'antique *pagnolle* de paille, et s'attifent de bonnets plus coquets. La santé perd à l'abandon de ces impénétrables couvre-

chefs également propres à préserver du vent, de la pluie
et du soleil.

*Inconvénient du linge de chanvre.* — L'usage de la toile
de chanvre se recommande par sa solidité. Mais n'absorbant que difficilement la transpiration, ce linge prédispose
aux refroidissements. Le mélange du coton au fil serait
préférable au point de vue de l'hygiène.

*Les vêtements mouillés causent des maladies.* — Certes il
est très mauvais de conserver sur le corps des habits trempés de pluie. Cependant on peut réagir contre le refroidissement par un travail énergique. Mais ce qui est surtout
funeste, c'est de prendre, au saut du lit, des vêtements
encore tout humides de l'eau de la veille. Que la mère
fasse donc coucher tout son monde dès le dîner, quand il
rentre transpercé par la pluie, et qu'elle veille pour sécher
les habits au feu vif du foyer. Elle sauvera la famille de
bien des rhumes, des rechutes de pleurésie ou des reprises
de fièvre. La femme vigilante est la providence de la
maison.

*Les changements de la mode vont souvent contre l'hygiè-
ne.* — Le vaste chapeau, la veste, le pantalon de bure, les
robes de même étoffe, les gros bas de laine, les solides
sabots de noyer, la *limousine* ou la *cape* pour les grandes
pluies et les rudes froids, tout cet équipement s'impose
par un usage remontant aux Gaulois, comme la meilleure
défense contre les intempéries de la montagne. Irrésistibles concessions à la mode, les innovations dans la toi-
lette à la ville comme aux champs, sont presque toujours
contraires aux plus simples lois de l'hygiène.


# CHAPITRE III

## La nourriture

*Principes de l'alimentation.* — L'homme n'échappe pas
aux règles ordinaires de la nutrition des animaux. C'est
la même nécessité de fournir pour la constitution ou la
réparation de l'organisme, les éléments qui le composent :
matières albumineuses, minérales et féculentes. De la
dose et de la bonne proportion de ces matières dépendent

la conservation de la santé, l'entretien même des forces.
Or la nourriture du cultivateur de la contrée pèche, comme celle de son bétail, par l'insuffisance de la substance
créatrice des muscles, l'albumine. Tout l'effort doit donc
porter sur l'amélioration des vivres, quant à cette substance, autant que le permettent les ressources actuelles de
l'agriculture.

### § 1. *Grains et fruits.*

Les grains et les fruits, dernier terme de l'élaboration
végétale, contiennent les substances des plantes dans l'état
le plus concentré et le plus facilement assimilable par les
animaux. Les grains forment la base de la nourriture des
cultivateurs qui les consomment en pain, en pâte ou en
bouillie.

*Pain.* — Un heureux progrès a été réalisé depuis un
demi-siècle ; le seigle trop souvent additionné d'orge et de
fécule de pommes de terre, fournissait presque seul le
pain de la campagne. Il est maintenant de plus en plus
mélangé de froment dont la farine est supérieure par la
dose et la qualité de sa matière albumineuse, le gluten.
Cette innovation est d'autant plus praticable, qu'en raison de sa supériorité nutritive, le froment ne coûte pas en
réalité plus cher que le seigle. L'extension donnée par le
chaulage des terres à la production du plus substantiel
des grains, ne peut que contribuer à en développer l'usage.
C'est l'amélioration fondamentale dans la vie des cultivateurs du Centre. Il ne faut pas désespérer d'en voir la
généralisation, grâce à un meilleur travail.

*La nourriture trop excessive par le pain, n'est pas éco-
nomique.* — Celui qui malheureusement ne vit que de
pain, soit dans la soupe, soit sur le pouce, celui-là se
nourrit mal et il se nourrit coûteusement.

Le pain est un aliment incomplet. Il a certains éléments
en excès et d'autres en défaut, de telle sorte que pour
arriver à une dose suffisante des seconds, il faut consommer une proportion trop forte des premiers. La ration
trop exclusive de pain ne permet pas d'utiliser tous les

éléments féculents, parce qu'il y a un déficit de matières grasses et de matières albumineuses.

Pour parer à ce déficit, il faut varier la nourriture par d'autres grains qui sont moins dépourvus de ces matières.

*Pâte frite.* — Les galettes de sarrasin, les *tourtous*, telles qu'elles sont faites dans le pays, constituent un excellent aliment, chaud, nourrissant, apportant une variété à la substantation par le pain.

*Bouillies.* — On ne fait pas assez usage de la bouillie d'avoine, qui est très nourrissante, très tonique, tout en étant rafraîchissante. Quelques gouttes de laitage en feraient un aliment de premier ordre, un régal de rois. Alors même qu'elle serait servie sans lait ou petit lait, la bouillie d'avoine mangée deux ou trois fois par semaine, adoucirait l'alimentation ordinaire, qui est trop échauffante, autre inconvénient de la prédominance du pain dans la nourriture.

*Fruits.* — Les châtaignes, que l'on sait si bien préparer en les repelant, sont une excellente nourriture chaude et appétissante. On ne saurait apporter trop de soin à greffer les châtaigniers avec de bonnes espèces qui sont plus savoureuses que les variétés communes.

Une vente plus lucrative et un appoint plus utile aux aliments ordinaires, sont la récompense du bon greffage et du bon entretien des autres arbres : pommiers, poiriers, cerisiers.

## § 2. *Légumes.*

*Plus grande variété dans l'alimentation par une plus grande consommation de légumes.* — Il est triste de penser que c'est du manque des produits du jardin, que souffre surtout le régime des cultivateurs de la contrée. A peine quelques choux, quelques haricots et des carottes pendant l'été, puis rien en hiver et au printemps, rien que des pommes de terre dont les derniers tubercules sont trop souvent employés aux semailles. La culture du jardin est réellement dans un trop sauvage abandon. Toute modeste que soit une exploitation, elle devrait consacrer quelques ares d'un terrain bien exposé et bien fumé, à la production plus abondante des légumes les plus usuels, de variétés hâtives et tardives.

Ces cultures seront disposées de façon que la soupe du matin et celle du soir, ainsi que le repas de trois heures soient abondamment fournis de légumes, durant la plus grande partie de l'année, et que quelques réserves puissent être faites dans un coin de la cave, pour l'hiver.

Au premier abord il semble difficile que les cultivateurs puissent s'occuper du jardinage même le plus simple, alors qu'ils ne paraissent plus suffire aux grands travaux de l'exploitation. Mais ils trouveront aisément le temps nécessaire, lorsqu'ils perdront moins de journées à courir aux foires, ou à flâner dans la ferme.

Les cultures sarclées destinées au bétail, telles que les betteraves, les carottes, les panais, les topinambours même, doivent fournir un utile appoint à la table du cultivateur, surtout en hiver.

Les instituteurs feront œuvre utile en s'appliquant à développer le goût du jardinage chez leurs élèves.

## § 3. Laitage et viande.

*Lait.* — La magnifique constitution des Auvergnats dit bien haut quelle est la valeur du laitage abondant dans l'alimentation. Malheureusement, hors les cultures pastorales de l'Auvergne, les vaches du Centre, si précieuses à tant de titres, sont peu laitières faute de nourriture. L'effort le plus énergique doit donc tendre à accroître la production du laitage, par la culture des fourrages alternés avec les céréales, et par l'amélioration des prairies qu'il faut fumer et mieux arroser. A ce prix seulement, la ménagère pourra convenablement assaisonner les légumes, les bouillies d'avoine et de froment, puis tenir la table abondamment fournie de fromages sans réduire sa vente ordinaire de laitage à la ville.

Bu à l'instant même de la traite, avec sa mousse et sa chaleur naturelle, le lait est la meilleure des nourritures pour les enfants de tout âge, pour les convalescents et pour les gens débiles. L'ébullition lui fait perdre ses gaz ; elle lui enlève une part de ses qualités.

*Fromage.* — Cette substance, composée surtout de la caséine du lait, est l'aliment le plus concentré et le plus nourrissant qui paraisse ordinairement sur la table du cultivateur. C'est presque de l'albumine pure, matière créatrice des chairs. On ne saurait faire une trop fréquente consommation de ce précieux aliment, dont la production doit s'accroître.

Ainsi de quelque côté qu'on aborde les questions agricoles, on arrive toujours à cette conclusion forcée : *bon entretien du bétail.* Il est donc lamentable de voir le cultivateur prendre la chose au rebours, en chicanant les fourrages à ses animaux, afin d'assurer la prééminence à ses céréales. Mais pour se bien nourrir lui-même, il faut qu'il commence par bien nourrir ses bêtes. Quelle rapidité dans le progrès en tout, dès que cette vérité ne sera plus contestée !

*Viande.* — A cette condition seulement, l'aliment le plus généreux pour l'homme astreint à un dur labeur, la viande paraîtra moins exceptionnellement sur la table de celui même qui la produit.

Dans une métairie bien tenue, les cultures sarclées et fourragères, le bon entretien des châtaigneraies, la production du jardin, celle de la laiterie, tout concourt à favoriser l'élevage si lucratif du porc, et par suite à en faciliter la consommation dans le ménage.

*Propreté dans la préparation et le service du repas.* — La ménagère se préoccupera donc d'apporter la plus grande variété dans l'alimentation de la famille, grâce à la variété même des denrées qu'il est possible de produire sur place. Le pain en sera économisé ; la maison en vivra mieux et moins chèrement. Cette sollicitude ne suffit pas. Comme la nourriture est d'autant mieux mise à profit, qu'elle est mangée avec plus de goût, les aliments seront toujours préparés et servis avec une propreté qui rende appétissant le mets le plus frugal.

# CHAPITRE IV
## Boisson

*Importance hygiénique de la boisson.* — Le boire joue

un rôle considérable dans l'hygiène de l'homme aussi bien que dans celle des animaux. L'eau pure est la cause de bien des maladies à la campagne ; tandis que l'usage de liquides plus ou moins frelatés peut apporter un trouble incurable à la santé et à la raison de ses victimes.

### § 1. Eau.

*Causes de l'altération des eaux.* — Les sources des terrains granitiques sont excellentes à boire dans leur pureté primitive ; mais on les laisse trop souvent se détériorer. Celles qui croupissent au milieu des herbes, ou qui reçoivent les eaux d'arrosages des prés, celles-là se chargent de détritus végétaux, et provoquent des fièvres intermittentes. Que les fontaines soient donc préservées de toute eau étrangère !

Ce qui est malsain par dessus toutes choses, c'est de laisser les puits s'infecter des suintements des fumiers ; voilà la plus grave cause des fièvres putrides. Ces puits ne sauraient jamais être trop éloignés des étables et des dépôts d'engrais.

Enfin, la meilleure eau se gâte en séjournant dans des seaux en bois, dont la pourriture se mêle à la boisson. L'emploi de brocs en terre ou des seaux en fer est préférable. Le contact du fer améliore l'eau, autant que celui du bois la détériore.

*Précautions contre la fraîcheur de l'eau.* — Cette fraîcheur extrême des eaux de montagne détermine bien des pleurésies. Il faut être assez raisonnable pour ne boire qu'après avoir mangé, quand on a chaud. Durant les grands travaux, il est bon de faire dégourdir l'eau au soleil, dans des brocs ou des bouteilles, avant de s'en désaltérer. En tout cas, buvez par petites gorgées, en réchauffant l'eau dans la bouche, avant de l'ingurgiter.

On vend des poudres contenant surtout de la réglisse, dont une pincée donne bon goût à l'eau, et coupe sa crudité. Ce qu'il faut conseiller surtout, c'est la culture de quelques pieds de houblon, pour en dessécher les fleurs. On met une petite poignée de ces fleurs tremper dans la cruche dont on se désaltère au logis, ou que l'on apporte au champ. Cette boisson légèrement amère et tonique, est aussi peu coûteuse que salutaire. C'est ainsi qu'avec du soin, une ménagère soustrait la famille à tous les risques du boire frais (1).

Pendant les fortes chaleurs, un brin d'herbe conservé entre les lèvres, tient la bouche close et fraîche. Cette précaution recommandée aux soldats dans les grandes marches, préserve de la soif et dispense de boire ces masses d'eau, qui causent toujours un grand affaiblissement, quand elles ne provoquent pas un rhume ou un point de côté.

§ 2. Vin.

*Falsification.* — Cette généreuse boisson commençait à entrer dans la consommation des familles, durant les grands travaux, lorsque la maladie de la vigne en a très malheureusement restreint l'emploi. Conséquence funeste, la fraude a pris un développement général ; elle fabrique partout du vin gracieux à l'œil, et perfide au goût, avec de l'eau, des matières colorantes, vénéneuses, et des alcools prussiens, vrais poisons. Le bas prix de ces préparations malsaines est tel que les vignerons vendent difficilement leurs produits naturels. Cette falsification difficile à réprimer, se débite surtout dans les lieux de consommation ; elle portera l'atteinte la plus pernicieuse à la santé de ceux qui en font usage.

*Vin de raisins secs.* — C'est donc avec raison que quelques familles fabriquent elles-mêmes leur vin à l'aide de raisins secs que l'on fait fermenter dans de l'eau tiède. On obtient ainsi une boisson saine, tonique et beaucoup moins coûteuse que les vins frelatés (2). Il faut surtout

(1) Les populations de l'Asie, si misérables et pourtant si soucieuses de l'hygiène, ne se désaltèrent qu'avec de l'eau purifiée, adoucie par l'ébullition, et aromatisée de thé ou de plantes plus communes. Celles de l'Afrique boivent de l'eau ayant également bouilli et reçu une infusion de café ou d'autres amers.

(2) Pour cette fabrication, faites macérer le raisin dans de l'eau tiède, à raison de trois, quatre ou cinq litres d'eau pour un kilo de raisin, selon que vous voulez du vin à dix, huit ou six pour cent d'alcool. Maintenez la température du mélange à 25 degrés, en ajoutant de l'eau bouillante,

revenir à la fabrication du cidre trop négligée depuis quelques temps, et s'occuper de la plantation des pommiers.

*Eau cafetée.* — On peut durant les grands travaux suppléer le vin d'une façon peu coûteuse par l'emploi de l'eau cafetée. On la prépare en infusant une cuillerée de poudre de café, dans une cafetière d'eau bouillante. Puis on verse un verre de cette liqueur avec son marc, dans une cruche d'eau. Une dizaine de francs consacrés à l'achat de bon café sans chicorée, peut suffire à la consommation d'une famille durant tout l'été ; cela s'économise aisément sur les dépenses du cabaret, ou sur celles du tabac dont le fâcheux usage se développe dans les campagnes du Centre.

*Alcoolisme.* — La privation du bon vin a pour fatale conséquence de développer l'usage abusif des mauvaises eaux-de-vie, qui provenant de la distillation de grains ou de racines, ne sont jamais exemptes de principes délétères. Le vice funeste de l'ivrognerie tend à se propager, surtout par suite de la trop grande multiplicité des foires. L'accroissement de l'aisance dans nos campagnes aurait un funeste résultat, s'il favorisait ce vice ruinant rapidement la fortune et la santé de celui qui en est atteint, en déterminant le rachitisme ou l'idiotisme de ses enfants.

*Conclusion.* — Plus heureux que l'habitant des villes forcé de tout acheter, le cultivateur a sous la main le moyen d'améliorer sa vie, en produisant une plus grande variété de denrées. Qu'il se pénètre surtout de l'idée qu'il lui faut d'abord bien nourrir son bétail, pour en bien vivre lui-même.

---

jusqu'à ce que la fermentation commence ; elle dure de cinq à six jours ; elle est achevée, lorsque toute effervescence cesse ; brassez souvent le raisin pendant la macération et la fermentation. Soutirez le vin ; ajoutez-y ce qui sortira du passage du marc ; collez le vin huit jours après le soutirage. A 65 centimes le kilo de raisin, le vin coûte 13 centimes le litre.

# CONCLUSION

### Le temps, le travail, l'argent

Dans l'état actuel de notre agriculture, les bénéfices manquent faute d'avances ; les avances manquent faute de bénéfices, cercle de détresse infranchissable pour les inertes. Les vaillants et les économes sont seuls capables d'en rompre l'étreinte, par une intelligente utilisation du temps et du travail. Ces deux éléments de la production agricole peuvent même, en toute nécessité, suppléer les capitaux.

*Le temps.* — Notre climat et notre sol ne conviennent guère aux récoltes dont la rapide croissance exige des aliments très assimilables. La vraie destinée de nos montagnes granitiques est la production de plantes à végétation presque permanente : arbres et herbes, dont les racines vont patiemment à la recherche des minéraux du sol.

Plus la terre est stérile, plus le climat est sévère, plus l'exploitation est vaste, plus grande est la nécessité d'abandonner à la végétation spontanée une bonne part du terrain, et de ne soumettre à la production forcée, à la *culture intensive*, que ce qu'il y a de meilleur dans le domaine.

C'est faute de ne pas s'être identifiés avec le sol, que beaucoup d'innovateurs ont échoué, en donnant, sous l'inspiration des écoles et des livres, un développement excessif aux récoltes exigeantes. L'échec a été d'autant plus fatal, que beaucoup d'entre eux ont tenté le *faire valoir ;* ce qui, chez nous du moins, conduit directement aux hypothèques.

Il faut donc, dans l'agriculture du Centre, demander le plus possible à la végétation spontanée, fruits des agents naturels de fertilisation, œuvre lente du *temps*. Ceux qui ont le bon sens de le prendre pour auxiliaire, avec l'aide de l'esprit d'épargne, ceux-là peuvent espérer arriver graduellement à l'aisance, alors même qu'ils ne disposeraient pas de grandes ressources.

La végétation spontanée, c'est l'herbe et l'arbre. L'herbe est peu exigeante de frais de culture. S'adaptant à toutes les conditions de terrain et de climat, depuis l'arbre fruitier, providence des petits héritages tournés aux chaudes expositions, jusqu'à l'arbre forestier, sauvegarde de la grande propriété communale ou privée, le boisement est œuvre de longue haleine et d'esprit de suite, plutôt que d'argent. Continué de père en fils, il est l'honneur et l'ornement du domaine ; il fait la fortune de la maison ; il crée la salubrité du pays. Toute propriété plantée avec discernement, peut rembourser la valeur du fonds, par l'exploitation du bois, dans une période moyenne de cinquante à soixante ans, après avoir largement acquitté la location annuelle du terrain, par la fourniture du bois de chauffage et de charpente, par l'approvisionnement des litières, et surtout par la récolte des fruits, dont le rôle ne saurait être impunément amoindri dans l'alimentation de l'homme et du bétail, en pays de montagne.

*Le travail.* — Certes, en raison de l'alimentation, le labeur est réellement énergique au cours de la fauchaison, de la moisson et des semailles. Mais quel gaspillage des heures et des journées, hors de ces périodes de presse. Plus assidu, mieux réparti, mieux dirigé dans le cours de l'année, le travail pourrait être plus modéré, même au temps de grandes fatigues ; et cela à l'avantage de l'homme et de la terre. Faute de tête, le pénible effort du bras n'est pas toujours le mieux utilisé. Ne pas contrarier l'œuvre de la nature, par des travaux hors de saison, discerner le bien du mal, c'est déjà le commencement de la sagesse en agriculture ; assigner le premier rang dans l'emploi des journées à la bonne et abondante confection du fumier d'étable, à la conservation de tout ce qui peut être matière à engrais et qui se perd en si grande quantité à la ferme ; donner le second rang à l'utilisation de l'eau ; exploiter le bétail de la façon la plus judicieuse, en composant les cheptels d'animaux jeunes et de bonne qualité, en les amenant aussi rapidement que possible à leur plus haute valeur ; voilà une façon de diriger le travail qui est surtout une question de soin et d'intelligence, et qui peut assurer la rémunération des peines du cultivateur, à moins qu'il ne se trouve dans une période désastreuse de baisse sur toutes choses.

Cet ensemble d'améliorations dans la culture constitue le premier degré du progrès, celui que tout cultivateur

entendu et laborieux peut réaliser sans grandes ressources.
C'est seulement lorsque ce degré est atteint, que l'agriculture d'un pays peut faire un fructueux appel au crédit,
pour s'élever à des rendements supérieurs, par des améliorations foncières, par l'achat d'engrais minéraux, par
de plus larges spéculations sur le bétail.

*L'argent.* — Un travail plus assidu et plus intelligent,
une instruction plus développée, élevant le niveau de la
moralité, voilà les indispensables précurseurs de l'établissement du crédit agricole, en tout pays. Rien ne serait
plus funeste à une agriculture arriérée que des facilités de
crédit survenant subitement. La marche des expropriations
en recevrait une effrayante accélération.

Un esprit d'ordre, une assiduité au travail suffisants
pour avoir amassé quelques économies, sont les premières
conditions de la bonne utilisation d'emprunts destinés à
faire mieux fructifier l'exploitation agricole. Ces économies trouvent leur place naturelle dans une caisse d'épargne locale, que nous savons avoir précédé l'institution des
banques agricoles, dans les pays offrant la meilleure organisation de crédit ; il faut dire de crédit simplement, car
l'établissement d'un crédit agricole spécial est une utopie
qui ne peut résister aux épreuves de l'expérience.

Nous avons vu qu'en Allemagne, en Italie, les capitaux
tenus inutilement chez nous à l'état latent, entrent en fructification dans des caisses de crédit mutuel, sagement
gérées et restreintes à un rayon d'action limité, ce qui en
facilite la surveillance.

Voilà ce qu'il faudrait introduire chez nous, par l'inoculation des idées d'association, en ce qu'elles ont de plus
fécond et de plus utile.

En réalité, celui-là seul qui a déjà montré son aptitude
à bien faire ses affaires, celui-là seul peut, sans danger, emprunter pour leur donner une plus grande extension. Que
ceux qui n'ont pas donné de telles preuves, s'en tiennent
au prévoyant dicton : « S'il est bon d'avoir du crédit, il
est encore meilleur de ne pas s'en servir. »

# TABLE DES MATIÈRES

## PREMIÈRE PARTIE



Terrains granitiques. — Ancienne condition de la culture dans le centre. — Nouvelle situation faite à l'agriculture. — Production américaine. — Commerce américain. — Economie croissante de transport par mer. — Situation comparée des producteurs américains et français. — Production indienne. — Production allemande. — Solidarité entre les diverses branches du travail national en France. — Inexorable nécessité du progrès agricole. —. Diminution des frais de production. — Meilleur emploi du temps. — Meilleure utilisation des attelages. — Réduction des surfaces cultivées. — Prédominance des productions spéciales de la région. — Arbres. — Herbes. — Culture arborale et pastorale. — L'instruction primaire et le progrès agricole.

## LIVRE PREMIER

### Agents naturels de la végétation





Circulation permanente de l'air entre l'Equateur et les pôles. — Tempêtes. — Brise diurne. — Brises locales.



Evaporation et condensation. — Rosée. — Pluie. — Neige. — Grêle. — Vents humides et vents desséchants. — Variations du temps. — Baromètres.

# LIVRE DEUXIÈME

## Les Engrais

# LIVRE TROISIÈME

## Les Champs

# LIVRE QUATRIÈME

## LA PRAIRIE ARROSÉE

### Son rôle. — Position des prairies

## LIVRE CINQUIÈME

### Les Bois

# DEUXIÈME PARTIE

Son utilité. — L'ancien métayage. — Faire valoir. — Laiteries coopératives du Danemark. — Battage à la vapeur en coopération. — Crédit agricole coopératif. — Syndicats. — Comices. — La science.

# LIVRE PREMIER

## Alimentation des animaux

# LIVRE DEUXIÈME

### Exploitation du bétail

# LIVRE QUATRIÈME

## Espèce porcine

# LIVRE CINQUIÈME

## Espèce ovine

# LIVRE SIXIÈME

## Espèce chevaline

TULLE, IMPRIMERIE MAZEYRIE.

9 782019 176396